广西畜禽遗传资源志

GUANGXI CHUQIN
YICHUAN ZIYUANZHI

陈家贵　主编

中国农业出版社

图书在版编目（CIP）数据

广西畜禽遗传资源志 ／ 陈家贵主编． — 北京：中
国农业出版社，2017.10
ISBN 978-7-109-23366-9

Ⅰ．①广…　Ⅱ．①陈…　Ⅲ．①畜禽－种质资源－概况
－广西　Ⅳ．①S813.9

中国版本图书馆CIP数据核字（2017）第229125号

中国农业出版社出版
（北京市朝阳区麦子店街18号楼）
（邮政编码 100125）
责任编辑　肖　邦

北京中科印刷有限公司印刷　新华书店北京发行所发行
2017年10月第1版　　2017年10月北京第1次印刷

开本：889mm×1194mm　1/16　印张：26
字数：740千字
定价：200.00元
（凡本版图书出现印刷、装订错误，请向出版社发行部调换）

序
FOREWORD

　　生物多样性是人类社会赖以生存和发展的物质基础，畜禽遗传资源是生物多样性的重要组成部分。广西地处南亚热带季风气候区，优越的自然生态条件和深厚的历史人文底蕴造就了丰富、独特的畜禽遗传资源。广西畜禽遗传资源不仅种类齐全，而且普遍具有抗逆性强、品质好、遗传性能稳定等特点，广泛应用于畜牧业生产，是发展优势特色畜牧业的重要资源和培育畜禽新品种不可或缺的原始素材，在畜牧业可持续发展中发挥着重要作用。

　　畜禽遗传资源是人类社会发展中历史和文化沉淀的产物，承载了丰富的内涵，同时也处于动态变化和不断更新之中。忠实记录广西畜禽遗传资源的形成、发展过程，客观描述并科学分析各品种的种质特性及其与自然、生态、市场需求的关系，对于加强畜禽遗传资源保护和管理、促进广西畜牧业可持续发展、满足人民对畜产品多样化的需求有着重大的战略意义。

　　为了更好地掌握畜禽遗传资源状况，农业部于2002年启动了第二次全国畜禽遗传资源调查。2004年6月，广东、广西、辽宁、福建4省（自治区）率先开始试点；2005年调查工作全面铺开。广西畜禽遗传资源调查作为全国畜禽遗传资源调查的重要组成部分，由广西畜牧总站承担，经过近三年的艰苦努力，基本摸清了广西地方畜禽遗传资源的家底，掌握了大量第一手基础数据和资料。在此基础上，自治区水产畜牧兽医局成立了《广西畜禽遗传资源志》编纂委员会，组织了区内有关专家、学者历时多年完成了《广西畜禽遗传资源志》的编纂，收录了广西地方畜禽遗传资源（品种、类群）31个、培育品种（配套系）8个、引入品种18个与蜜蜂品种4个。

　　《广西畜禽遗传资源志》系统地论述了每个畜禽遗传资源的演变和发展，翔实记载了广西畜禽遗传资源的最新状况，是一部承前启后，具有一定学术水平和参考价值、富有时代特色的工具书。本书的出版将为广西制定畜禽遗传资

1

源保护和开发利用相关规划、开展科学研究、发展优势特色畜牧业提供科学依据。

　　《广西畜禽遗传资源志》凝聚了广西畜牧战线广大科技人员、专家学者的大量心血和汗水。值此出版之际，谨向参与畜禽遗传资源调查和志书编纂工作的全体同志表示衷心感谢和热烈祝贺！同时，诚挚希望社会各界继续关心支持和积极参与广西的畜禽遗传资源保护与开发利用事业，希望广西广大畜牧兽医科技工作者继续努力、开拓进取，为广西优势特色畜牧业可持续发展做出更大贡献。

　　　　　　　广西壮族自治区水产畜牧兽医局

　　　　　　　　　　　　　　　　　　　2017年9月

前 言
PREFACE

　　畜禽遗传资源是生物多样性的重要组成部分，是畜牧业可持续发展的物质基础，事关国民经济发展和社会安全大局。地方畜禽遗传资源是不可再生的珍贵自然资源，同时也是国家重大战略性基础资源。了解与保护畜禽遗传资源对于促进畜牧业可持续发展、满足人类多样化需求具有重要意义。

（一）

　　广西地处低纬度地区，北回归线横贯中部，南濒热带海洋，北接南岭山地，西延云贵高原。地形上属云贵高原向东南沿海丘陵过渡地带，具有四周高中间低、形似盆地，山地多、平原少的特点。在太阳辐射、大气环流和地理环境的共同作用下，形成了热量丰富、雨热同季，降水充沛、干湿分明，日照适中、夏长冬短的气候特征。充足的水热资源为各种植物生长提供了有利条件，丰富的饲料资源和相对封闭的自然环境造就了广西独特的畜禽遗传资源多样性。

　　中华人民共和国成立以来，全国共进行了两次比较全面的畜禽遗传资源调查，各省份的资源调查是全国资源调查的组成部分。第一次全国畜禽遗传资源调查后，1984年出版了《中国家畜家禽品种志》，收录进入该书的广西地方畜禽品种有8个：两广小花猪（陆川猪）、华中两头乌猪（东山猪）、香猪（环江香猪）、隆林猪、霞烟鸡、百色马、中国水牛（西林水牛）和隆林山羊。广西第一次资源调查始于1979年年末，在大量调查素材的基础上，1987年出版了《广西家畜家禽品种志》，全书收录了23个地方畜禽品种：隆林黄牛、南丹黄牛、涠洲黄牛、西林水牛、富钟水牛、百色马、隆林山羊、都安山羊、东山猪、陆川猪、隆林猪、德保猪、桂中花猪、环江香猪、巴马香猪、广西三黄鸡、霞烟鸡、南丹瑶鸡、峒中矮鸡、竹丝鸡、靖西大麻鸭、广西小麻鸭和右江鹅；8个引入品种：摩拉水牛、尼里/拉菲水牛、黑白花牛（荷斯坦牛）、圣格鲁迪牛、约克夏猪、盘克夏猪（巴克夏猪）、长白猪和番鸭。

　　进入21世纪，我国畜牧业经过改革开放以来持续多年的快速发展，畜禽遗传资源状况发生了深刻变化。为了摸清全国畜禽遗传资源状况，农业部于2002年启动了第二次全国畜禽遗传资源调查，由国家畜禽遗传资源委员会承担，各省份业务部门组成畜禽遗传资源调查组负责具体工作。广西畜禽遗传资源调查项目由广西畜牧总站承担，于2004年6月与广东、辽宁和福建三省被国家确定为试点调查省（自治区）。2005年调查工作全面铺开，据不完全统计，从2004年10月17日第一批调查组成员深入产区现场调查开始，至2008年5月，项目组共派出5个专业调查组，近700人次参加了实地调查工作，其中项目调查组成员173人次、产区技术人员520人次。调查范围涉及57个县（市、区）200个乡镇的415个自然村及21个规模保种场（公司）。调查实测畜禽体尺、体重7 800头（匹、只），其中家畜3 887头（匹、只），家禽3 913只；屠宰测定畜禽1 606头（只），其中，黄牛16头、水牛12头、猪107头、羊51只、犬10只、鸡860只、鸭340只、鹅150只、山鸡60只；检测肌肉成分样品212份，蛋品质量样品18份共1 850个；拍摄品种资源照片近3 000幅。共完成了35个地方品种、2个地方特有引进品种、4个蜜蜂遗传资源的基本情况调查，调查预定各项指标均得到了较好完成，取得了大量第一手材料，基本摸清了广西地方畜禽遗传资源的生物学特性及生态适应性、分布情况、保种情况、开发利用情况等，分别向农业部和国家畜禽遗传资源委员会提交了41份调查报告和照片资料。其后（2009—2010年），国家在资源调查基础上集中进行了一次资源鉴定，广西龙胜凤鸡、龙胜翠鸭、融水香鸭、天峨六画山鸡、德保矮马、西林矮脚犬、广西麻鸡、广西乌鸡八个畜禽遗传资源获得通过，由农业部正式公告。灵山香鸡和里当鸡并称广西麻鸡，东兰乌鸡和凌云乌鸡并称广西乌鸡。《中国畜禽遗传资源志》于2011年5月按《猪志》《牛志》《羊志》《马驴驼志》《家禽志》《特种动物志》《蜜蜂志》分为七卷首次出版，部分品种按同种异名进行了并称，如环江香猪和贵州的从江香猪并称为香猪、南丹瑶鸡和贵州的瑶山鸡并称为瑶鸡、灵山香鸡和里当鸡并称为广西麻鸡、东兰乌鸡和凌云乌鸡并称为广西乌鸡。上报的调查报告中合浦鹅、东兰鸭没有被收录；峒中矮鸡只在防城港市防城区峒中镇有零星散养，数量稀少，数据资料欠缺较多，没有上报；竹丝鸡由于原产地不是广西，本次不再作为广西地方品种进行调查。

地理气候、人文历史因素不同，造就了畜禽遗传资源的千差万别、丰富多彩，部分由于同种异名原因而合并的畜禽遗传资源其实在分布区域、体形外貌、生产性能等方面还是有很大差异的，是否作为独立的畜禽遗传资源在业界尚有意见分歧。部分颇具特色的畜禽遗传资源，如合浦鹅、东兰鸭、灵山彩凤鸡、全州文桥鸭、大新珍珠鸭、金秀圣堂鸡等，调查资料也较充分，由于未经国家畜禽遗传资源委员会鉴定，本书暂不收录。

调查结束后，各地陆续反映尚有不少具有地方品种特性的畜禽遗传资源，如隆林菜花鸡、防城港光坡鸡、贺州南乡麻鸭、罗城熊掌豹猪、三江梅林黑猪、东兰黑香猪等，但由于数量较少、品种起源等资料欠缺及经费所限等，未能深入调查。

广西引入和饲养外来品种历史悠久,本书也收录了部分引入品种。但还有部分饲养量较大的引入品种,如番鸭、比利时兔、艾维茵鸡、海兰鸡、宝万斯鸡、樱桃谷鸭、朗德鹅、火鸡、鹌鹑、美国王鸽等,由于资料有限,未能进行整理收录。

（二）

国家对畜禽遗传资源实行分级保护,"十五"以来,国家非常重视畜禽遗传资源保护与开发利用,出台和完善了畜禽遗传资源保护相关法律法规、扶持政策。

2000年8月,农业部公告第130号发布的《国家级畜禽遗传资源保护名录》77个国家级保护品种中,广西有4个品种列入:两广小花猪(陆川猪)、香猪(含白香猪)、中国水牛、百色马,涵盖品种包括:陆川猪、巴马香猪、环江香猪、西林水牛、富钟水牛、百色马。2006年6月2日,农业部公告第662号确定的138个国家级畜禽遗传资源保护品种中广西地方品种有5个:两广小花猪(陆川猪)、香猪(含白香猪)、巴马香猪、富钟水牛、百色马。2014年2月14日,农业部公告第2061号对《国家级畜禽遗传资源保护名录》进行了修订,重新调整确定了159个畜禽品种为国家级畜禽遗传资源保护品种,广西有5个品种列入:陆川猪、环江香猪、巴马香猪、德保矮马、龙胜凤鸡。

2002年8月,广西壮族自治区水产畜牧兽医局制定了《广西地方畜禽品种资源保护计划和保护措施》,首次颁布了《广西畜禽品种资源保护名录》,对13个地方畜禽品种进行重点保护:陆川猪、东山猪、环江香猪、巴马香猪、富钟水牛、隆林黄牛、隆林山羊、德保矮马、霞烟鸡、广西三黄鸡、南丹瑶鸡、东兰乌鸡、合浦鹅。2009年3月,广西壮族自治区水产畜牧兽医局第一次对《广西壮族自治区畜禽遗传资源保护名录》进行修订,列入保护名录的品种18个:陆川猪、环江香猪、巴马香猪、东山猪、隆林猪、德保猪、广西三黄鸡、霞烟鸡、南丹瑶鸡、靖西大麻鸭、右江鹅、富钟水牛、西林水牛、涠洲黄牛、南丹黄牛、隆林山羊、都安山羊、百色马(德保矮马)。2011年,第二次修订《广西壮族自治区畜禽遗传资源保护名录》,27个地方品种列入:陆川猪、环江香猪、巴马香猪、东山猪、隆林猪、德保猪、广西三黄鸡、霞烟鸡、南丹瑶鸡、龙胜凤鸡、广西乌鸡、广西麻鸡、靖西大麻鸭、广西小麻鸭、龙胜翠鸭、融水香鸭、右江鹅、狮头鹅(合浦鹅)、富钟水牛、西林水牛、涠洲黄牛、南丹黄牛、隆林黄牛、隆林山羊、都安山羊、德保矮马、天峨六画山鸡。

2007年,农业部开展国家级畜禽遗传资源保种场、保护区、基因库申报确认工作。2008年7月7日,农业部公告第1058号发布了第一批国家级畜禽遗传资源保种场、保护区、基因库名单,广西环江香猪原种保种场、广西巴马香猪原种场、广西陆川县良种猪场3个单位分别列入国家级香猪（环江香猪）保种场、国家级巴马香猪保种场、国家级两广小花猪（陆川猪）保种场；国家级百色马保护区范围包括：德保县巴头、马隘、那甲、城关、燕峒五个乡镇。国家级德保矮马保种场于2012年通过考核，国家级龙胜凤鸡保种场于2016年申报考核。

广西壮族自治区级畜禽遗传资源保种场、保护区、基因库申报确认工作于2011年启动，至2014年6月底，共进行了三批，确认了30家自治区级畜禽遗传资源保种场、保护区、基因库。

（三）

畜禽遗传资源保护既是保护生物多样性的需要，也是开发利用的需要，地方畜禽遗传资源具有优良的特性，是培育畜禽新品种（配套系）不可缺少的素材。广西有系统地对畜牧良种进行选育始于20世纪60年代。90年代，民营资本逐渐进入畜牧良种选育领域，一批家禽企业开始了培育新品种（配套系）尝试；第二次资源调查后，广西畜禽新品种（配套系）培育进入快速发展时期。南宁市良凤农牧有限责任公司培育的"良凤花鸡"于2009年3月通过了国家级新品种（配套系）审定，获得了农业部颁发的新品种证书，成为广西第一个通过国家级审定的畜禽新品种（配套系）。至2015年年底，广西通过国家级审定的畜禽新品种（配套系）有8个：良凤花鸡（2009年）、金陵麻鸡（2009年）、金陵黄鸡（2009年）、凤翔青脚麻鸡（2011年）、凤翔乌鸡（2011年）、龙宝1号猪配套系（2013年）、桂凤二号黄鸡（2014年）、金陵花鸡（2015年），本书一并收录。2016年已通过国家审定的配套系有黎村黄鸡配套系、鸿光黑鸡配套系、参皇鸡1号配套系，本书尚未收录。目前，广西还有平原黄鸡Ⅱ号配套系、瑶黑麻鸡配套系、金陵黑凤鸡配套系、桂科猪配套系、龙宝黑猪配套系等一批畜禽新品种（配套系）等正在培育中。

2000—2006年，通过自治区级审定的配套系品种有：柳麻花鸡、桂香鸡、桂凰鸡、凤翔麻鸡、良凤花鸡、大进麻鸡、凉亭鸡、大发乌鸡、大发铁脚麻鸡、黎村黄鸡、金陵鸡（含金陵铁脚麻鸡、金陵黄鸡、金陵花鸡、金陵乌鸡）、富凤鸡等，本书暂不收录。

2000年以前，广西没有专项经费用于地方畜禽遗传资源保护；2000年，农业部确定国家级保护畜禽遗传资源后，逐年对列入国家级保护畜禽遗传资源名录的品种投入保种经费，自治区、市、县各级也有少量配套资金投入，但总体资金量并不大。据不完全统计，2001—2014年间，中央和地方各级投入广西畜禽遗传资源保护的项目经费约为4 000万元。目前，国家和自治区两级每年投入广西畜禽遗传资源保护和开发利用的经费约为520万元，其中国家级140万元，自治区级380万元。

畜禽遗传资源是动态变化的资源，在完成资源调查的同时，广西也开展了对现有畜禽遗传资源的动态监测工作，保护和开发利用这些宝贵的畜禽遗传资源，既是贯彻实施《中华人民共和国畜牧法》、保护生物多样性的需要，也是促进广西畜牧业可持续发展的需要。

（四）

《广西畜禽遗传资源志》是在第二次广西畜禽遗传资源调查的基础上编纂完成的，共收录了广西地方品种31个：猪7个（陆川猪、环江香猪、巴马香猪、桂中花猪、东山猪、隆林猪、德保猪）、黄牛3个（隆林黄牛、南丹黄牛、涠洲黄牛）、水牛2个（富钟水牛、西林水牛）、马2个（德保矮马、百色马）、羊2个（隆林山羊、都安山羊）、鸡8个（广西三黄鸡、霞烟鸡、南丹瑶鸡、灵山香鸡、里当鸡、东兰乌鸡、凌云乌鸡、龙胜凤鸡）、鸭4个（靖西大麻鸭、广西小麻鸭、融水香鸭、龙胜翠鸭）、鹅1个（右江鹅）、犬1个（西林矮脚犬）、特禽1个（天峨六画山鸡）；培育品种（配套系）8个：良凤花鸡、金陵麻鸡、金陵黄鸡、金陵花鸡、凤翔青脚麻鸡、凤翔乌鸡、桂凤二号黄鸡、龙宝1号猪；引入品种18个：大约克夏猪、长白猪、杜洛克猪、荷斯坦牛、西门塔尔牛、安格斯牛、利木赞牛、娟姗牛、短角牛、澳洲楼来牛、摩拉水牛、尼里/拉菲水牛、波尔山羊、努比亚山羊、萨能奶山羊、新西兰白兔、加利福尼亚兔、伊拉兔；蜜蜂品种4个：中华蜜蜂、意大利蜂、大蜜蜂、小蜜蜂。

本书系统地阐述了每个地方畜禽遗传资源的中心产区及分布、产区自然生态条件、品种形成和发展、群体规模、体形外貌、体尺和体重、生产性能、饲养管理、保护和利用现状、评价和展望。新品种配套系论述了培育年份、审定单位和审定时间、产地与分布，体形外貌、体尺和体重、生产性能及各代次概况，饲养管理、育种素材及来源、技术路线、培育过程、培育单位概况，推广应用情况，评价和展望。引入品种阐述了品种来源和分布、体形外貌、生产性能、适应性、饲养管理、保护与研究利用现状、评价和展望。蜜蜂品种阐述了中心产区及分布、产区自然生产条件及对品种的影响、品种来源与发展、品种的形态特征及生物学特性、群体特征、生产性能、饲养管理、保护和利用现状、评价和展望。每个地方品种、新品种配套系、引入品种、蜜蜂品种均配有彩色照片。

本书所涉及的畜禽遗传资源调查实施年限为2004—2008年，新品种配套系涉及时间跨度为2000—2016年年初，志书中数据多为调查或整理时上一年度的数据，仅供参考。

　　该书适合作为广西畜牧工作者的参考工具书，凝聚了广大参与调查的专家学者、畜牧科技人员和基层畜牧工作者的集体智慧和劳动成果，为广西制定畜禽遗传资源保护和开发利用规划、发展特色畜牧业提供了科学依据。

　　由于人手不足及资源所限，调查后资料整理时间跨度较长，至本志书出版时许多调查组成员的单位已有了变动，部分成员已经退休，个别成员已离我们而去。在此，谨向给编写工作提供支持与帮助的各级领导、单位和个人，特别向参与基层调查的广大畜牧工作者，表示衷心感谢！

　　本志书编写过程中，虽经多次补充和反复修改，但限于资料、条件和水平，缺点和不妥之处在所难免，衷心希望广大读者不吝指正。

《广西畜禽遗传资源志》编纂委员会

目录
CONTENTS

一、家畜

JIACHU DIFANG PINZHONG

地方品种

陆 川 猪

一、一般情况

陆川猪（Luchuan pig）因产于广西东南部的陆川县而得名，为脂肪型小型品种。

（一）中心产区及分布

陆川猪在陆川县境内各地均有分布，中心产区为大桥镇、乌石镇、清湖镇、良田镇、古城镇5个镇。

（二）产区自然生态条件

陆川县位于东经110°4′～110°25′，北纬21°53′～22°3′，全县总面积15.51万hm²，处于桂东南丘陵山区。陆川县属南亚热带季风气候，平均无霜期359d，气候温和，热量充足，年平均日照1 760.6h，12～22℃的气温有230d，全县平均气温21.7℃（20.9～22.5℃），7月平均气温28℃，历年极端最高温为38.7℃，1月平均气温为13℃，历年极端最低气温为−0.1℃。年均相对湿度为80%。受海洋季风影响大，降水比较丰富，年平均降水量1 942.7mm²，年均风速为2.6m/s。

产地土壤主要由花岗岩、沙页岩风化物发育而形成。水田土壤有壤土、砂壤土、黏壤土；旱地土壤主要是杂砂赤红土、赤沙土、赤壤土；山地土壤主要为赤红壤。境内有地表河流6条，年径流量15×10⁸m³。由于本县属六条河流的源头之地，所以水源不长，流域不广，河床不深，容量不大，故大雨易涝，无雨易旱。

全县粮食作物种植以水稻为主，甘薯、芋头次之，另外还种有玉米、粟类、豆类等；经济作物主要有甘蔗、烤烟、黄红麻、茶叶、淮山、花生、木薯等。

畜牧业以养猪为主，陆川猪、瘦肉型猪、三黄鸡、肉鹅、罗非鱼等是养殖业优势产品，猪品种除陆川猪外，还有长白猪、大约克猪等猪种。2005年，全县共出栏肉猪80.75万头，家禽1 250.71万只，肉类总产量9.58万t，禽蛋产量1.78万t，水产品产量达1.64万t。全县养殖业产值11.98亿元。

二、品种来源及发展

（一）品种来源

陆川猪的形成历史悠久，早在明万历己卯（1579）年编纂的《陆川县志》中已有关于陆川猪的记载。1973年中国农业科学院在广东顺德召开的全国猪种育种会议，确定陆川猪为全国地方优良品种，1982年被载入《中国畜禽品种志》。

陆川县的农业耕作以双季稻为主，农副产品丰富，用于喂猪的主要是米糠、统糠、花生麸、木薯、甘薯，还有蒸酒的酒糟，做豆腐、腐竹的豆渣，加工米粉的泔水等。青绿多汁饲料、水生饲料，如甘薯藤、芋头苗、南瓜、萝卜、白菜、椰菜、苦荬菜、牛皮菜、水花生、绿肥等，种类繁多，分布广，四季常青，资源丰富。母猪选种多为产仔多、母性好的母猪后代，并以"犁壁头、锅底肚、钉字脚、单脊背、绿豆乳、燕子尾"为优，注重花色边缘整齐、对称，禁忌养白尾、黑脚、鬼头（额部无白斑、白毛）猪；选公猪则要求"狮子头、豹子眼、鲩鱼肚、竹筒脚"；当地群众素有养猪习惯，把养猪作为一项主要家庭副业，饲养管理精细，选种、喂料、喂法都有讲究。除在小猪阶段磨些黄豆浆拌大米煮粥饲喂外，主要用碎米、米糠、木薯、甘薯及甘薯藤、芋头苗、瓜菜等青粗饲料，蛋白质和矿物质饲料缺乏，由于饲料富含糖分，加之气温较高，新陈代谢旺盛，猪早熟易肥，躯体矮小，骨骼纤细；同时饲料（包括青粗料）全部煮熟、温热、稀喂，特别是当地人们喜爱吃捞水饭，将营养丰富的粥、米汤留给猪吃，日饲三餐，圈养不放牧，不受日晒雨淋，猪在这种稳定的饲养条件下，食饱、睡好、运动少，就长得毛稀、皮薄、肉嫩。这样经过世世代代长期的定向选育、自然环境和饲养管理的影响，便形成了今天的陆川猪。

（二）群体规模

根据2005年12月调查结果，陆川县境内现有成年陆川母猪（能繁殖母猪）26 560头，用于配种的公猪现有125头。公猪用于人工采精配种的占30%，每头公猪一年可配母猪100 ~ 500头。陆川县境内用于杂交改良的陆川母猪现有16 480头，用于纯繁的陆川母猪现有10 080头。陆川猪耐粗饲，产仔多，母性好，遗传稳定，皮薄毛稀，杂交效果好，是经济杂交理想的母本。县外分布区的陆川母猪90%以上用作杂交母本。产区群众自20世纪60年代以来已广泛利用它与外来猪种，如大约克猪、长白猪、杜洛克猪进行经济杂交，杂交一代猪呈现明显的杂种优势。据县良种场2000年记录统计，长陆杂交一代比陆川猪，初生重提高36.19%，饲料利用率提高21.6%，胴体瘦肉率提高9.14个百分点。近年来，生产杜陆、杜长陆猪，其适应性、生长速度、料重比、屠宰率、瘦肉率等主要生产性能都有显著提高。

（三）近15 ~ 20年群体数量的消长

近20年来，由于人们消费习惯的改变，用于纯繁的母猪数越来越少。根据陆川县畜牧局的资料显示，2001年能繁母猪为5.27万头，纯繁母猪数为1.36万头；2002年分别为5.16万头、1.26万头；2003年为5.02万头、1.30万头；2004年为5.02万头、1.30万头；2005年为2.656万头、1.008万头；2006年为2.483万头、0.965万头。其中公猪数量保持在95 ~ 125头。

三、体形外貌

全身被毛短、细、稀疏，颜色呈一致性黑白花，其中头、前颈、背、腰、臀、尾为黑色，额中多有白毛，其他部位，如后颈、肩、胸、腹、四肢为白色，黑白交界处有4 ~ 5cm灰黑色带。鬃毛稀而短，多为白色。肤色粉红色。陆川猪属小型脂肪型品种，头短中等大小，颊和下腭肥厚，嘴中等长，上下唇吻合良好，鼻梁平直，面略凹或平直，额较宽，有"丫"形或菱形皱纹，中间有白毛，耳小直立略向前向外伸；颈短，与头肩结合良好；脚矮、腹大、体躯宽深，体长与胸围基本相等，整个体形是矮、短、宽、圆、肥。胸部较深，发育良好；背腰较宽而多数下陷，腹大下垂常拖地；臀短而稍倾斜，大腿欠丰满，尾根较高，尾较细；四肢粗短健壮，有很多皱褶，蹄较宽，蹄质坚实，前肢直立，左右距离较宽，后肢稍弯曲，多呈卧系。2006年调查41头公猪和152头成年母猪平均尾长分别为（28.91±2.97）cm和（25.9±3.27）cm。15头屠宰的陆川猪平均肋骨对数为（13.6±0.5）对。2006年调查152头成年母猪的平均乳头（13.76±0.67）个，乳头间距较宽，乳房结构合理，乳腺发育良好（图1、图2）。

图1 陆川猪公猪

图2 陆川猪母猪

四、体尺、体重

2006年7月，在陆川县清湖、大桥、乌石、滩面4乡（镇）的清湖、水亭、平安、永平、新官、瓜头、滩面、上旺等村及乌石镇紫恩村养种场，陆川猪原种场共调查测量了40头6月龄以上的陆川猪公猪，150头3胎以上的陆川猪母猪的体尺及体重，结果如表1所示。

表1 陆川猪体尺、体重

调查年度（年）	2006		1984	
性别	公猪	母猪	公猪	母猪
调查头数（头）	40	150	3	178
平均月龄	33.20±10.31	37.20±13.10	36	36
体重（kg）	79.32±18.61	78.52±6.38	81.25	78.49
体高（cm）	54.83±5.13	53.72±2.18	58.1	47.49
体长（cm）	110.8±9.79	111.73±4.48	112	104.03
胸围（cm）	107.2±12.87	107.43±5.25	96.4	95.28
尾长（cm）	28.91±2.97	25.9±3.27	—	—

从表1的数据比较可看出，与20世纪80年代的调查结果相比，母猪体尺增大，但体重基本没有太大的变化，这可能与本次调查的母猪多为空怀母猪，膘情较瘦有关。母猪体尺增大可能与老百姓多年来为提高母猪产仔数而选择体形较高大个体作种的做法有关。

五、繁殖性能

陆川猪是一个早熟品种，小公猪21日龄开始有爬跨行为，2月龄睾丸组织有精子细胞，3月龄已有少量成熟精子。1月龄母猪的卵巢出现了初级卵泡，2月龄出现了次级卵泡的早期阶段，4.5月龄有少量成熟卵泡出现，5.5月龄有少量卵子产生和排出。对150头母猪的调查、第一次发情平均日龄在（126.1±1.352）d。根据陆川县畜牧局吕宗清等人2002年对陆川30头公猪和150头母猪配种年龄的调查，母猪初配年龄绝大部分在5～8月龄，平均为（6.52±0.136 2）月龄，公猪的初配年龄是5.5～8月龄，平均为（6.13±0.694）月龄。陆川猪的发情周期因年龄和营养状况而有不同，2001年150头母猪的调查显示，一般为19～22d，多数为21d，平均（20.65±0.259）d，发情持续期2.5～4d。陆川猪妊娠期110～115d，平均为（113.29±0.31）d。公猪平均4个月体重35kg左右开始使用，一般利用2～3年，长的4～5年。母猪与外来品种公猪配种其利用年限一般5～6年，与陆川公猪配种的利用年限为7～8年（表2）。

表2　陆川猪母猪繁殖性能统计

年代	2001	1984
调查头数（头）	150	363
窝产仔数（头）	12.76±0.23	12.26
初生重（g）	公　565.85±21.51 母　575.97±10.81	620
初生窝重（kg）	7.79±0.179	—
30日龄平均窝重（kg）	—	30.63
断奶日龄（d）	40～45	60
仔猪断奶重（kg）	6.34	7.41
断奶仔猪成活数（头）	11.45±0.16	9.27
仔猪成活率（%）	89.7±0.88	75.61

注：2001年数据来自陆川县畜牧局2001年陆川猪的调查数据。

本次调查没有得到准确的母猪繁殖性能数据。用陆川县畜牧局2001年调查数据与20世纪80年代的数据相比，断奶仔猪成活数较高，说明老百姓对母猪饲养的水平有明显的提高。

六、生产性能

广西陆川县良种猪场于2000—2001年先后作2次肉猪生长测定。所用配合料，每千克含消化能13.15MJ，可消化蛋白85g，初始体重10～15kg开始，到75～100kg左右结束，日增重401～430g（表3）。根据45头育肥猪测定，陆川猪早期增重较快，后期缓慢，生长拐点在8月龄。2006年7月对16头约240日龄育肥猪进行屠宰测定，宰前平均活重为（65.0±11.2）kg；平均胴体重，屠宰率，瘦肉率分别为（44.69±7.15）kg，（69.09±6.53）%，（41.37±2.60）%。与1984年调查结果比较如表4所示。

表3　陆川猪育肥性能

批次	头数 （头）	试验天数 （d）	开始体重 （kg）	结束体重 （kg）	平均日增重 （g）	每千克增重消耗	
						配合料（kg）	消化能（MJ）
1	8	160	11.5	75.62	401	4.32	56.81
2	8	205	15.6	103.75	430	4.51	59.31

表4　陆川猪宰前体尺与屠宰性能

年代	2006	1984
测定头数（头）	21	13

（续）

年代		2006	1984
体尺（cm）	体长	90.31±7.2	—
	体高	48.24±4.71	—
	胸围	93.93±6.13	—
体重（kg）		64.05±10.25	75
胴体重（kg）		44.49±6.54	50.69
屠宰率（%）		69.74±5.80	67.58
胴体斜长（cm）		67.71±5.73	—
眼肌面积（cm²）		15.61±3.09	16.54
膘厚（mm）	6~7肋	3.87±0.56	—
	十字部	2.66±0.49	—
	平均	3.24±0.47	5.9
6~7肋皮厚（mm）		0.44±0.08	0.38
左侧胴体组成（%）	瘦肉	40.58±2.71	33.1
	肥膘	37.35±3.95	40.18
	骨	8.51±1.05	—
	皮	11.79±1.41	—

本次屠宰测定结果与20世纪80年代的相比，屠宰率，眼肌面积和脂率比较相似，但瘦肉率较高，膘厚较低，这可能与本次调查的宰前体重较小有关，也可能与当地农村在养育肥猪时饲料中添加浓缩料有关。

七、肉质性状

16头8月龄左右陆川猪背最长肌的营养成分测定结果见表5。结果表明陆川猪背最长肌脂肪含量高达7.75%，但变异范围大（3.7%~14.8%），这与屠宰体重，年龄和宰前膘情的差异有关。肌内脂肪含量受品种因素的影响，中国地方品种猪的肌内脂肪含量高于引进品种猪。普遍认为，肌内脂肪丰富是中国猪肉口感好的内在因素之一。中国包括太湖猪，内江猪，民猪在内的12个地方猪种背最长肌脂肪含量平均为5.80%，而相同条件下与外来猪种的比较，相应对照组（长白猪、大约克夏猪）肌内脂肪平均含量为2.30%。本次调查得到的数据与报道的小梅山猪（7.2%）和八眉猪（8.76%）的背最长肌脂肪含量相近。陆川猪肉质优良，肌脂肪含量高应是最重要的原因。

表5　陆川猪背最长肌的营养成分测定结果

编号	热量（kJ/kg）	水分（%）	干物质（%）	蛋白质（%）	脂肪（%）	灰分（%）
1	6 435	70.7	29.3	20.3	7.74	1.01
2	6 979	68.9	31.1	20.9	8.86	0.99
3	5 728	71.3	28.7	22.4	4.94	1.11
4	5 920	71.8	28.2	21.1	6.1	0.91

（续）

编号	热量（kJ/kg）	水分（%）	干物质（%）	蛋白质（%）	脂肪（%）	灰分（%）
5	8 973	64.6	35.4	19.7	14.8	0.97
6	7 140	67.5	32.5	22.7	8.54	1.05
7	6 205	70	30	23	6.04	1.09
8	6 414	70.4	29.6	21.3	7.35	1.1
9	6 032	71.5	28.5	21.2	6.39	1.1
10	4 954	75.2	24.8	19.4	4.34	1.02
11	7 208	69.5	30.5	19.6	10.2	0.99
12	6 765	69.4	30.6	21.4	8.23	1.07
13	8 240	65.9	34.1	20.4	12.5	1.07
14	5 959	71.1	28.9	21.6	5.91	1.15
15	5 231	72.7	27.3	22.5	3.7	1.17
16	6 906	68.8	31.2	21.8	8.42	1.13
平均数	6 568.1	69.96	30.04	21.21	7.75	1.06
标准差	1 032.4	2.57	2.57	1.12	2.92	0.07

八、饲养管理

产区陆川猪的饲养方式多为一年四季圈养，不放牧。有的农户给哺乳期母猪圈围数平方米的运动场地，让母仔增加活动和阳光，同时也便于喂料、清扫等管理工作。陆川猪耐粗饲，适应能力强，对饲养用料，日粮水平要求并不严格，目前陆川猪的生产是以农村散养为主，千家万户，喂料各异，水平也高低不一，难以统一标准。饲养场群养现行水平：种公猪日喂精料1.2kg，精粗料比例为1：1；繁殖母猪妊娠前期、妊娠后期、哺乳期日喂精料分别为0.47kg、0.88kg、1.82kg，精粗料比例分别为1：2、1：1.5、1：0.8。与饲养场比较，农村饲养水平相应低10%～15%。陆川猪个性温驯，母性强，喜安静，不好活动，宜舍饲，繁殖方式本交占70%，人工授精占30%（图3、图4）。

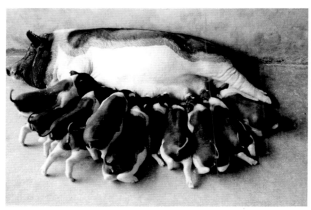

图3 陆川猪带仔母猪

图4 陆川猪群体

九、品种保护与研究利用现状

陆川猪资源保护采用保种场与保种区相结合的方法实施。始建于1972年，占地24hm²的陆川县良种猪场是国家级陆川猪保种场，隶属县水产畜牧局，位于陆川县大桥镇大塘坡，距县城18km，是陆川猪的重要繁育基地。该场曾成立陆川猪保种选育科研小组，并组织协调相关部门的有关力量，完成了陆川猪0至第5世代品系选育工作和多项科学试验研究。保种场现存栏陆川母猪162头、公猪6头，年生产种猪约1 500头。2000年年初，陆川猪保种在抓好保种场管理工作的基础上，认真抓好和统一规范保种区的管理工作，县水产畜牧局，各乡镇畜牧兽医站落实专人负责，对乌石、大桥、良田、清湖、古城五大保种区进行造册登记，建立猪群档案，并根据陆川猪保种选育的要求，制订《陆川猪保种区管理办法》和《陆川猪保种选育技术操作规定》。保种场与保种区种猪实行有序流动，相互交流，保种区内公、母猪统一由保种场供种，种公猪不对县外销售，严格按照广西标准陆川猪选留种猪，对符合标准的种猪建立档案到头到户，发给种猪合格证，并定期进行检查鉴定和评比，保证种猪质量。广西畜牧研究所利用自身科研优势，建立了省级陆川猪保种场，从1996年开始，精选了180头纯正血统的陆川猪进行研究。科研人员用杜洛克公猪与陆川母猪进行杂交，然后横交固定，开展培育"桂科1号"猪新品种研究。

十、对品种的评价和展望

陆川猪是一个优良的地方品种，属小型的脂肪型。它因历史悠久，性能独特，数量较多，分布辽阔而久负盛名。它具有许多良好性状。

（1）繁殖力高，是良好的杂交母本　性成熟早：出生后90日龄精子已发育成熟可以配种，初情期平均为126日龄；发情征候明显，无论本交或人工配种，受精率都高（平均达96%）；年产仔2窝，窝产仔11～14头，初产10.17头，经产13.18头；个性温驯，母性良好，仔猪断奶育成率达89%～95%；与长白猪、杜洛克猪杂交效果显著。

（2）耐热性好，耐粗饲　气温高达35℃时食欲不减，不出现张口呼吸现象；能大量利用青粗饲料，能在以青饲料为主适当配合糠麸的饲养条件下维持生长与繁殖，特别适合于经济能力不高或采用节粮型方法养猪的广大农户。

（3）早熟易肥，个体较小　一般育肥猪达60～70kg时，体躯已肥满可供屠宰。

（4）皮薄（0.27～0.38cm）、骨细（骨占胴体重8.7%）、肉质优良（肉色鲜艳、肉质细嫩、肉味鲜甜，无乳腥味）。

主要缺点是：生长速度慢，泌乳力不高，饲料利用率较低，脚矮身短，背腰下陷，腹大拖地，臀部欠丰满。对猪支原体肺炎的抵抗力较差，在饲养条件改变和长途运输后易发生支原体肺炎，故应注意防范饲养条件骤变和运输应激等诱因。

今后应通过本品种选育，并改进饲料配方和饲养管理方法来保持它的优良经济性状，通过杂交生产杜陆、杜长陆商品猪，充分利用陆川猪与长白猪、杜洛克猪杂交后代的杂种优势，克服它的瘦肉含量低和生长速度慢的缺点。

十一、附　　录

（一）参考文献

《广西家畜家禽品种志》编写组 . 1987. 广西家畜家禽品种志 [M]. 南宁：广西人民出版社 : 43-46.

李琼华，何若钢，殷进炎，等 . 2006. 陆川猪种质特性和经济性状的研究 [J]. 广西养猪生产，15(2): 20-25.

令军，李洪军 . 2007. 我国地方猪种肌内脂肪和脂肪酸的研究 [J]. 肉类科学，98: 35-37.

陆川县志编纂委员会 . 1993. 陆川县志 [M]. 南宁：广西人民出版社 : 413-416.

谢栋光，丘立天 . 2003. 陆川猪保种选育报告 [J]. 广西畜牧兽医，19(2): 76-77.

（二）主要参加调查人员及单位

广西大学动物科技学院：郭亚芬、兰干球、黄雄军、李芳芳、罗琴、王新平、王世凯。

陆川县水产畜牧兽医局：丘毅、谢栋光、陈业廷、李德巨、赖春英、丘立天、丘伟旺等。

环江香猪

一、一般情况

环江香猪（Huanjiang Xiang pig），中华人民共和国成立前主要分布于广西的宜北县，故该猪原称"宜北香猪"，1951年宜北县与思恩县合并为环江县，因此，现称为"环江香猪"。1986年，环江香猪列入《中国猪品种志》，1987年列入《广西家畜家禽品种志》，2000年列入国家畜禽品种资源保护名录。

（一）中心产区及分布

环江香猪中心产区为广西壮族自治区环江毛南族自治县东北部的明伦镇、东兴市、龙岩乡，邻近的驯乐乡和上朝镇有分布。

（二）产区自然生态条件

环江毛南族自治县位于广西西北部，地处桂西北云贵高原东南麓。东北部五个乡镇属环江的偏远山区，位于北纬24°44′～25°33′，东经107°51′～108°43′，东与广西的融水、罗城两县接壤，西、北分别和贵州省的荔波县、从江县毗邻，西北部为石山峰丛谷地，东南多为连绵起伏峻岭，属低中山地带，地形陡峭，海拔最高达1 693m，最低为149m，中心产区海拔多在500～800m。

产区属亚热带气候，冬无严寒，夏无酷热，年平均气温为17℃。7月最高温度为27～28℃，1月最低温度为6～8℃。年日照1 350h，无霜期306d，年平均降水量北部为1 750mm，南部为1 389.1mm，集中于4～9月，占全年降水量的70%，历年最小降水量922.8mm，蒸发量1 571.1mm，相对湿度79%。

全县境内自然土壤有红壤、黄红壤、黄壤、棕色石灰土、黑色石灰土五个土壤亚类。土壤有机质含量较高，微酸性，土层深厚，自然肥力强。境内主要有大环江、小环江、中洲河和打狗河四条河流，大小环江河在产区内贯穿而过，小环江河是历史上和中华人民共和国成立初期中心产地商品运输的唯一航道。区域内的大小支流20多条，小溪纵横，山间泉水四季涌流，水清见底，水质优良。

2005年，全县辖12个乡镇144个行政村，总人口40.58万人，有毛南、壮、瑶等12个少数民族31.3万人，毛南族占总人口的16.2%。农作物一年一熟，主要以水稻为主，水稻又以香粳、香糯为种植面积之首。旱地作物以玉米为主，尚种植有大豆等其他豆类、木薯、甘薯，芭蕉芋、芋头、小米等，此外，还有丰富的水生植物和种类繁多的森林野菜，为香猪的生产提供了充足的物质基础。

产区土地总面积45.72万hm²，其中耕地面积2.405 7万hm²，草地面积14万hm²，林业用地面积26.7万hm²。

二、品种来源及发展

（一）品种来源

产区群众祖祖辈辈饲养香猪，历史悠久。至于"香猪"起名，远古无资料上溯考究，只是在民国二十六年（1937年）出版的《宜北县志》和《产物图》上有文字记载，香猪是因肉质细嫩芳香而得名，早在清代就作为上层社会宴席名菜和作为馈赠达官贵人的珍品。当地民族，历来有宰食仔猪的习惯，特别是亲友来访时常宰仔猪招待客人，并用仔猪作为互相赠送的礼品；环江香猪产地多为石山地区，海拔较高（约700m），交通闭塞，猪群长期闭锁繁育，所以形成了体形小、肉质细嫩芳香的特点。由此香猪品种的形成可概括为：特定的自然地理、气候、耕作条件，独特的水土和民族风情，粗放型的饲养管理等因素的综合作用，在长期人工选择和自然选择下形成了该品种。环江香猪在特定的环境和条件下，自繁自养，又经过多代近亲交配，优胜劣汰，使得其血统高度纯化，遗传基因更加稳定，小体形特性等被保留下来。环江香猪是在粗放的饲养管理下生存下来的猪种，有较强的适应性和抗病能力。

（二）群体规模

据环江县水产畜牧局2005年上半年资料统计：环江香猪总存栏96 635头，其中能繁殖母猪20 916头，成年公猪185头，后备公猪28头。公、母比例一般1：50，都采取本交形式配种。

20世纪80年代后，随着人们生活水平不断提高，交通条件逐渐改善，饲养外来良种猪和杂交猪获得较好效益，部分群众引进良种猪饲养或引进种公猪进行杂交，导致了产区内外来血缘的侵入。为加强对环江香猪的保护，90年代初，在香猪主产区的明伦、东兴、龙岩、上朝、驯乐五个乡镇建立了保种区，严禁在保种区内引进外来猪进行杂交。

（三）近15～20年群体数量的消长

根据环江县资料统计，1980年，环江香猪的总存栏36 456头，其中能繁殖母猪3 740头，成年公猪87头；2002年下半年，环江香猪的总存栏74 487头，其中能繁殖母猪16 867头，成年公猪165头；2003年，环江香猪的总存栏77 133头，其中能繁殖母猪18 793头，成年公猪176头，2004年环江香猪的总存栏89 990头，其中能繁殖母猪20 386头，成年公猪180头；2005年上半年，全县环江香猪总存栏96 635头，其中能繁殖母猪20 916头，成年公猪185头。

近年来，建立了国家级环江香猪保种场，划定了保护区，环江香猪群体规模得到了较大增长，品种处于无危险状态。

三、体形外貌

环江香猪体形矮小，体质结实，结构匀称。全身被毛乌黑细密，柔软有光泽，鬃毛稍粗，肤色深黑或浅黑，吻突粉红或全黑，有少数猪只的四脚、额、尾端有白毛，呈四白或六白特征。头部额平，有4～6条较深横纹。头型有两种类型，一种头适中，耳大稍下垂，嘴长略弯，颈薄；另一种嘴短，耳小，颈短粗。体躯有两种类型，一种体重为70～80kg，身长，胸深而窄，背腰下凹，腹不拖地，四肢较粗壮。另一种体重为50～70kg，身短圆丰满，脚矮，骨细，背腰较下凹，腹大拖地。前肢姿势端正，立系，后肢稍向前踏，蹄坚实。尾长过飞节。163头成年母猪和34头成年公猪的尾长分别为（27.07±2.98）cm和（24.18±5.09）cm。2005年屠宰15头环江香猪统计，肋骨数（14.07±0.26）

对。乳头10～14个，长短适中，粗而均匀，双列对称无盲乳和支乳。种公猪腹部稍扁平，睾丸匀称结实，很少下垂（图1、图2）。

图1　环江香猪公猪

图2　环江香猪母猪

四、体尺、体重

　　根据广西人民出版社1987年9月出版的《广西家畜家禽品种志》中对环江香猪生长发育的描述，广西畜牧研究所养殖的环江香猪18月龄公猪（n=2）平均体重64.00kg，体高53.00cm，体长104.00cm，胸围103.00cm。18月龄母猪（n=15）平均体重108.50kg，体高55.28cm，体长115.57cm，胸围97.71cm。而环江农村养殖的环江香猪18月龄公猪（n=1）体重36.82kg，体高45.00cm，体长89.00cm，胸围76.00cm。18月龄母猪（n=32）平均体重41.08kg，体高47.50cm，体长87.80cm，胸围81.20cm。广西畜牧研究所养殖环江香猪所用的饲料是消化能为11 301.8kJ/kg，可消化蛋白质70g/kg的混合饲料，而农村用的是野菜喂养，因此以上两组数据相差较大。2005年6月本调查组在明伦、东兴、龙岩三个乡镇10个村27个屯对34头6月龄公猪，163头成年母猪的体尺体重进行了实地测量，统计结果见表1。

表1　环江香猪体尺和体重

性别	头数（头）	年龄（月）	体高		体长		胸围		体重	
			cm	c.v（%）	cm	c.v（%）	cm	c.v（%）	kg	c.v（%）
公	34	17.32±11.05	47.44±9.87	20.81	92.78±21.16	22.81	80.76±17.37	21.51	43.94±24.59	55.96
母	163	37.26±25.27	52.47±5.77	11.00	110.06±10.91	9.91	100.0±11.72	11.72	72.9±22.63	31.04

五、繁殖性能

　　环江香猪性早熟，公、母猪性成熟平均日龄分别为（89±5.63）d和（120±3.23）d；母猪初配年龄绝大部分在5～6月龄，平均（210±2.04）d；母猪发情周期平均（17.86±2.76）d，c.v为15.45%，发情持续期为3～4d，平均为（3.45±0.48）d；妊娠期平均（114.47±3.48）d，c.v为3.04%；平均产后62.5d发情；母猪年产1.8～2胎，初产母猪每胎产仔5～7头，经产母猪每胎产仔7～9头，平均（7.83±1.73）

头；平均窝产活仔数（7.13±0.23）头；平均初生窝重为（4.18±1.27）kg，c.v为15.09%；仔猪平均初生重为（0.54±0.08）kg；根据35头经产母猪统计，母猪的泌乳力（以仔猪出生后20d时的窝重为代表）为（17.45±4.3）kg；一般断奶日龄为50～60日龄，断奶仔猪成活数为（7.14±1.73）头；根据环江毛南族自治县畜牧局2003年的调查结果，环江香猪断奶体重为（5.5～8.5）kg。

六、育肥性能

环江香猪以双月龄断奶仔猪为主要商品，体重在6～8kg，屠宰率在55%左右，胴体瘦肉率50%左右，眼肌面积2.45cm²，第6～7肋间膘厚1.03cm。用含可消化能为11 301.8kJ/kg，可消化蛋白质83g/kg的混合饲料进行试验，开始体重为11.61kg，经199d饲养，体重可达80.25kg，平均日增重为345g。2002年、2005年和2007年分别对20头6月龄肉猪屠宰测定，平均宰前活重为（31.95±7.76）kg。平均胴体重，屠宰率，瘦肉率分别为（20.91±6.03）kg，（64.81±4.06）%，（47.49±5.17）%。6～7肋背部平均脂肪厚度为（2.57±0.75）cm，平均背膘厚度（2.05±0.52）cm；眼肌面积（12.77±3.58）cm²。皮厚为（0.35±0.05）cm。屠宰测定结果见表2。

表2　20头环江香猪屠宰测定成绩

序号	宰前活重(kg)	胴体重(kg)	屠宰率(%)	瘦肉率(%)	6～7肋背部脂肪厚度(cm)	平均背膘厚度(cm)	脂率(%)	皮率(%)	骨率(%)	眼肌面积(cm²)	皮厚(cm)	肋骨对数
1	27.39	16.08	56.42	52.89	2.15	1.58	20.39	12.76	13.95	10.67	0.355	14
2	32.5	20.13	61.93	36.02	1.85	1.65	39.73	10.43	13.82	9.83	0.33	14
3	20	13.01	65.05	58.51	1.38	1.17	14.42	11.51	15.56	12.9	0.377	14
4	31.5	20.76	65.9	48.28	1.954	1.69	26.89	10.54	14.29	11.84	0.435	14
5	40	27.79	69.48	49.85	4	3.00	22.57	12.1	9.61	16.8	0.326	14
6	33.3	23.9	71.78	46.86	2.8	2.15	27.27	11.65	10.5	19.6	0.335	14
7	33.8	24	71.01	45.76	3.5	2.50	31.84	11.12	9.2	17.64	0.46	14
8	30	18.09	60.3	45.11	2.58	2.50	33.31	9.48	12.1	11.87	0.37	14
9	28	16.96	60.57	42.3	2.35	2.15	37.03	8.49	12.18	11.45	0.3	15
10	32.5	21.11	64.95	41	2.6	2.11	36.34	9.02	13.63	10.03	0.326	14
11	27.5	17.59	63.95	52.15	2	1.58	23.54	10.37	13.95	11.57	0.327	14
12	30	19.39	64.62	54.59	2.022	1.64	20.86	11.08	13.47	16.42	0.292	14
13	29	18.71	64.5	53.26	2.09	1.81	53.26	20.17	13.43	9.54	0.312	14
14	22.5	13.93	61.91	48.86	1.652	1.28	21.24	14.4	16.84	11.4	0.375	14
15	26	15.88	61.06	42.89	2.25	1.88	27.32	18.23	11.56	8.81	0.3	14
16	50	33.62	67.24	46.37	2.7	2.15	32.5	8.36	12.76	18.65	0.448	14
17	30	19.17	63.9	45.92	2.755	2.05	30.65	10.13	13.3	9.35	0.349	14
18	32.5	20.3	62.46	48.08	3.31	2.41	28.33	10.61	12.98	8.02	0.33	14
19	52	37	71.15	45.09	4	2.95	33.05	10.42	7.69	17.32	0.367	14
20	30.53	20.76	68.02	45.91	3.5	2.75	30.83	10.76	8.74	11.66	0.325	14
平均	31.95±7.76	20.91±6.03	64.81±4.06	47.49±5.17	2.57±0.75	2.05±0.52	29.57±8.49	11.58±2.97	12.48±2.33	12.77±3.58	0.35±0.05	14.05±0.22

七、肉质性状

2005年6月采取9头环江香猪背最长肌进行营养成分测定，结果见表3。

表3   9头环江香猪肌肉成分测定

编号	热量 (kJ/kg)	水分 (%)	干物质 (%)	蛋白质 (%)	脂肪 (%)	灰分 (%)
1	5 700	72.8	27.2	20.0	5.98	1.06
2	5 935	71.9	28.1	20.6	6.35	1.03
3	5 744	72.5	27.5	20.6	5.9	1.0
4	6 772	69.8	30.2	20.4	8.6	0.99
5	6 602	70.7	29.3	19.7	8.56	1.06
6	5 104	74.9	25.1	19.2	4.83	1.04
7	4 764	74.5	25.5	21.2	2.95	1.12
8	5 375	73.5	26.5	20.4	5.0	1.04
9	5 522	73.0	27.0	20.1	5.32	1.09
平均	5 724.2 ±650.3	72.62 ±1.65	27.38 ±1.65	20.24 ±0.58	5.94 ±1.79	1.05 ±0.04

八、饲养情况

　　环江香猪饲养粗放，易于管理。产区农户惯于圈养，但秋收后仍有部分放养。养殖香猪所用饲料均是农家自产，以青饲料为主，补以粗、精料，青饲料占65%～75%，粗饲料占10%～15%，精料占15%～20%。精料主要有玉米、碎米、大豆、木薯、芋头、芭蕉芋等；粗料为米糠和其他农副产品；青饲料有甘薯叶、芋头叶、芭蕉芋叶、菜皮，尚有各种野生、水生饲料。饲喂方法基本上沿用传统熟喂，将青、精、粗料一锅煮成粥状，日喂2～3餐。种公猪、怀孕母猪、哺乳母猪及仔猪还要增加一些大豆、精料。在繁殖方式上仍以本交为主（图3、图4）。

图3　环江香猪带仔母猪　　　　　　　　　　图4　环江香猪断奶猪

九、品种保护与研究利用现状

（一）生理生化或分子遗传学研究方面

（1）姚瑞英、许镇凤、郭善康等人于1997年对60头二月龄的环江香猪34项血液生理生化指标进行了测定，结果有些项目的平均值与国内文献报道的同种动物指标的平均值基本一致，或介于最高与最低平均值之间，也有部分项目的指标平均数较文献报道的偏高或偏低。t值显著性检验结果表明：环江香猪公、母之间的红细胞总数、嗜酸性粒细胞比例、淋巴细胞比例、β-脂蛋白、血清糖、血清碱性磷酸酶、血清α1-球蛋白和γ-球蛋白含量两者差异显著（$0.01 < p < 0.05$）；而嗜碱性粒细胞比例、血清总胆红素、血清尿素氮、血清胆碱酯酶、血清总蛋白、白蛋白含量两者差异极显著（$p < 0.01$）。

（2）赵霞、宾石玉、韦朝阳等人2006年对环江香猪2月龄断奶仔猪60头（♂30头，♀30头）分别进行血液生理生化指标和血清钙、磷、钠、钾、氯的测定和分析。结果表明，母猪的红细胞总数、红细胞压积、嗜酸性粒细胞、β-脂蛋白、尿素氮和碱性磷酸酶显著高于公猪（$p < 0.05$），而淋巴细胞、血清总蛋白和胆碱酯酶显著低于公猪（$p < 0.05$），其他血液生理生化指标和血清钙、磷、钠、钾、氯无明显性别差异（$p > 0.05$）。

（3）宾石玉、石常友两人采用外周血淋巴细胞培养技术，对环江香猪染色体作了核型分析。结果表明，环江香猪正常的二倍体细胞染色体数$2n=38$，其性染色体为XY（♂）、XX（♀）。18对常染色体分为A、B、C、D四个形态组，核型呈10sm+4st+10m+12t。X染色体为中着丝点染色体，大小介于第9对和第10对染色体之间，Y染色体为最小的中着丝点染色体。

（4）申学林、姚绍宽、张勤等人采用世界粮农组织（FAO）和国际动物遗传学会（ISAG）联合推荐的27对微卫星引物，检测了4类型香猪（久仰香猪、剑白香猪、从江香猪、环江香猪）共计200个个体的基因型，分析了品系内和品系间的遗传变异。采用邻近结合法和非加权组对算术平均法进行聚类分析，结果表明，从江香猪和环江香猪亲缘关系最近，久仰香猪和剑白香猪亲缘关系次之；遗传距离最远的是剑白香猪和环江香猪，这和其地理分布、生态环境及体形外貌特征基本一致。从聚类结果可见，久仰香猪和剑白香猪聚为一组，从江香猪和环江香猪聚为另一组。

（5）姚绍宽、张勤、孙飞舟等人采用27个微卫星，对久仰香猪、剑白香猪、从江香猪、环江香猪、黑香猪（贵州省种猪场）、五指山猪和滇南小耳猪等我国7个小型猪种（类群）及杜洛克、长白和大白等3个外来猪种的群内遗传变异性和群间遗传差异进行了分析，结果表明环江香猪的群内遗传变异平均多态信息含量（PIC）为0.61～0.64，显著低于黑香猪（贵州省种猪场）、五指山猪和滇南小耳猪等猪种（平均PIC为0.80～0.84）。久仰、剑白、从江和环江4个香猪类群彼此间的遗传差异较小（奈氏标准遗传距离为0.12～0.22），但它们与其他3个小型猪种有较大的遗传差异（奈氏标准遗传距离为1.61～1.96），与3个外来猪种的遗传差异更大（奈氏标准遗传距离为1.97～3.30）。通过聚类分析，可将这些猪种清晰地分为3大类，久仰、剑白、从江和环江4个香猪类群紧密地聚为一类，其他3个小型猪种聚为一类。

（二）保种或利用方面

为加强对环江香猪的保护，20世纪90年代初，在香猪主产区的明伦、东兴、龙岩、上朝、驯乐五个乡镇建立了保种区，严禁在保种区内引进外来猪进行杂交。针对香猪存在品种退化，特征不一，繁殖性能降低等问题，于1998年、1999年先后在明伦镇2个村4个自然屯、东兴镇3个村9个自然屯建立保种核心群，选留登记种猪430头（其中种母猪422头，种公猪8头），促进了香猪的保护和选育提高。2001年在明伦镇建立了国家级香猪原种保种场，制定了保种计划，保证种猪种质纯正，生产开发已粗具规模。2007年再次提出保种方案。

（三）是否建立了品种登记制度

1998—1999年两年，先后在明伦镇2个村4个自然屯、东兴镇3个村9个自然屯建立保种核心群，选留登记种猪430头（其中种母猪422头，种公猪8头），促进了香猪的保护和选育提高。

环江香猪，历史悠久，其独特的品质品味，自古以来深受人们喜爱。近年来，环江香猪深加工产业得到了快速的发展。在传统加工工艺的基础上，运用现代科技手段成功地制作了安全卫生、又能保持环江香猪特有风味的环江烤、腊香猪，销往区内外，在区内外市场享有一定声誉，成为广西名特优绿色畜产品。随着我国加入WTO，环江香猪产品又瞄向国际市场，2002年8月，五吨环江香猪产品进入中国澳门市场获得成功，为环江香猪树品牌和进入港澳地区及国际市场打下了基础。环江香猪的深加工促进了养殖业的发展，为了维持和保护环江香猪的品种特征，规范环江香猪的养殖，1997年环江县畜牧水产局开始制定环江香猪地方标准，2002年6月11日获广西质量技术监督局标准并于2002年10月18日实施（中华人民共和国地方标准备案公告2002年第9号，DB45/T 47—2002，国家备案号：12530—2002）。2004年，环江香猪顺利通过原产地地理标记注册认证，成为国际贸易国成员间可以流通的畜产品。

十、对品种的评价和展望

环江香猪是广西优良的地方品种，属小型猪种，由于其历史悠久，性能独特，数量较多，分布辽阔，因此具有许多优点。

（1）环江香猪是在产区长期封闭繁殖所形成的猪种。其最突出的优点是断奶仔猪的肉质肉味上乘，最宜供烤制烧乳猪用。为提高繁殖率，应推广人工授精与双重配种，改进母猪的饲养管理。为提高仔猪生长速度，应注重环境卫生，早期补料，创造条件逐步实行早期断奶。

（2）环江香猪一般以双月龄断奶仔猪的肉质为肉食最佳期，其肥膘少，瘦肉多，皮薄而脆，脂肪少，不滑不腻，肉质清脆芳香，可作传统白切食用，若做烤猪，味道佳美。冷冻白条猪，腊香猪可保质保存数个月。

（3）环江香猪适应性强，耐粗饲，性情温驯，容易饲养。

据调查，环江香猪在体形外貌方面有退化趋势，应加强品种保护和选育，以达到环江香猪地方品种标准要求，同时，有针对性地进行开发利用。

十一、附　　录

（一）参考文献

《广西家畜家禽品种志》编写组.1987.广西家畜家禽品种志[M].南宁：广西人民出版社.

《中国家畜家禽品种志》编委会，《中国猪品种志》编写组.1986.中国猪品种志[M].上海：上海科学技术出版社.

宾石玉，石常友.2006.环江香猪染色体核型的研究[J].湖南畜牧兽医(2): 7-9.

李志修，覃玉成，等.1937.宜北县志[M].

申学林，姚绍宽，张勤，等.2005.香猪的亲缘关系[J].山地农业生物学报，24(5): 393-396.

姚瑞英，许镇凤，郭善康，等.1997.广西环江香猪血液生理生化指标的测定[J].广西畜牧兽医，13(2): 9-12.

姚绍宽, 张勤, 孙飞舟, 等 . 2006. 利用微卫星标记分析7品种(类群)小型猪的遗传多样性[J]. 遗传, 28(4): 407-412.

赵霞, 宾石玉, 韦朝阳, 等 . 2007. 环江香猪断奶仔猪血液生理生化指标的测定[J]. 湖南畜牧兽医 (2): 8-9.

（二）主要参加调查人员及单位

广西大学动物科技学院：郭亚芬、兰干球、杨秀荣、蒋钦杨、黄雄军、叶香尘。

环江县水产畜牧兽医局：韦朝阳、张羽富、戚敬恒、覃伟练等。

巴马香猪

一、一般情况

巴马香猪（Bama Xiang pig），俗称"冬瓜猪""芭蕉猪"。1982年该品种载入《广西家畜家禽品种志》时正式命名为巴马香猪。

（一）中心产区及分布

巴马香猪原产于广西壮族自治区巴马瑶族自治县，中心产区为巴马、百林、那桃、燕洞四个乡（镇）。巴马县全境、田东县、田阳县部分乡（镇）亦有分布。

（二）产区自然生态条件

巴马瑶族自治县地处广西西部，位于东经106°51′~107°32′，北纬23°40′~24°23′，东与大化县接壤，南同平果、田东、田阳三县交界，西邻百色市、凌云县，北接凤山、东兰两县，全县面积19.71万 hm²。境内山岭延绵，丘陵起伏，东北部为大石山地区，悬崖高耸，西南部为土山坡地，地势呈西北向东南倾斜，最高海拔1 216.3m，最低海拔176m。

巴马瑶族自治县属亚热带地理气候，境内有土山、石山和高寒三种山区气候类型，海拔每升高100m，气温随之下降0.6℃，西北地势较高，气温比南部低2.7℃左右。因邻近热带海洋，受太阳辐射和西南季风环流影响，具亚热带季风气候特征，夏季雨量充沛，气温较高。据气象资料记载，巴马瑶族自治县1959—1985年平均气温20.4℃（最高39.7℃，最低−3.3℃），相对湿度79%，干燥指数1.25，无霜期338d（霜期出现在每年12月22日至次年的1月24日），年平均日照1 552.9h，年平均降水量为1 170~1 780mm，5~8月为雨季，风速1.4m/s。

全县土坡丘陵地带为砂页岩红壤、黄红壤、黄壤、辉绿岩红壤，石山地区为石灰岩棕色石灰土。境内有地表河流27条，年径流量10.835×10⁹m³，地下河5条，年径流量2.265×10⁹m³。除百东河、册巴河流入右江外，盘阳河、灵岐河等主要河流均由西向东流下，最后汇入红水河。县内溪流密布，水量充足。

巴马县是广西传统的农业生产县，全县耕地面积（含坡地）18 874hm²，牧草地8 942hm²，园地1 507hm²，林地103 932hm²，其他用地4 773hm²，未利用土地58 508hm²。粮食作物以玉米为主，水稻次之，另外种有甘薯、黄豆、绿豆、饭豆（又名白米豆）、芋头等；经济作物以木薯为主，甘蔗、芭蕉芋次之，花生、油茶、火麻、芝麻也有少量种植。丰富多样的饲料资源为巴马香猪的饲养提供了物质保证。

二、品种来源及发展

（一）品种来源

当地苗族群众原来称巴马香猪为"别玉"，壮族群众原来称之为"牡汗"，汉族群众原来称之为"冬瓜猪"或"芭蕉猪"。由于其骨细皮薄，肉质细嫩，外地人食之，感觉其肉味鲜香，才逐渐传名为"香猪"。1982年该品种载入《广西家畜家禽品种志》时正式命名为巴马香猪。历史上产区群众逢年过节，红白喜事，均宰杀小香猪或用小香猪请客送礼。由于产区交通不便，当地群众很多时候采用留子配母的配种方式进行繁殖，一般母猪产后10日左右，在本窝仔猪中选择一头小公猪留作配种用，其余的全部去势，待母猪发情配种后再把所留小公猪去势。后备母猪也在同窝仔猪中选留。这种子配母或同胞间交配的近亲繁殖方式，已世代相袭数个世纪，高度近交和长期的自然选择造就了品种稳定的遗传性，使得大量的有害基因逐步从群体中被淘汰，所以现在该品种的死胎、畸形胎等遗传畸形现象很少见。巴马县地处桂西，气候温湿，盛产糯米和粳米。米糠等农副产品十分丰富，青绿饲料四季不断。经当地农民群众的长期实践总结，形成了以青饲料为主的香猪饲养方法，因而巴马香猪对环境的适应性和一般普通疾病抵抗力较强，在粗放的饲养管理条件下能正常地生长繁殖。巴马香猪体形矮小，耐热性强，当夏季气温在35℃以上时，母猪仍然在运动场上直射阳光下自由走动或躺卧。当气温为30℃时，巴马香猪和杂种猪（长白×巴马，对照组）的体温分别为38.75℃和40.11℃，呼吸频率分别为56.97和83.38次/min。巴马香猪性野，人工采精困难，所以巴马香猪纯繁时均以本交方式进行。

（二）群体规模

据2004年调查，巴马县2003年年底香猪饲养量共31.1万头，其中出栏商品香猪23.1万头，年末存栏8万头。存栏猪中母猪48 985头，其中能繁母猪38 638头，后备母猪10 347头；成年及后备种公猪630头；纯种香猪哺乳仔猪30 407头。2003年年底统计，用于与外来品种公猪进行商品杂交的繁殖香猪母猪数为29 966头，占母猪总数的比例为61.17%，占能繁母猪数的比例为77.56%。

（三）近15～20年群体数量的消长

从20世纪50年代末至80年代，随着交通条件的不断改善和人们对生猪产品及其产量的片面追求，香猪在市场上的竞争力逐渐减弱，导致群众逐渐放弃饲养香猪而引进体形大和生长快的外来猪种。随着外来猪种的源源进入，香猪血缘混杂的情况日趋严重，巴马香猪的纯种资源受到严重破坏。1981年全县仅有香猪母猪126头；1982年建立省级保种场，保种母猪50头；从1983—1993年10年间，全县香猪母猪群徘徊在300～500头；1993年后数量逐步回升，2000年存栏香猪母猪增加到6 600头。由于保种场和保护区的建立，使巴马香猪在数量上由濒临灭绝的100多头，逐年回升到2003年年底的8万多头，2005年年底的10.3万头存栏规模。

近年来，由于政府的重视，建立了国家级保种场及保护区，巴马香猪群体规模有了较大的增长，到2003年年底能繁母猪超过3万头，成年及后备公猪超过600头，品种处于无危险状态。

三、体形外貌

巴马香猪毛色为两头黑、中间白，即从头至颈部的1/3～1/2和臀部为黑色，额有白斑或白线，也有少部分个体额无白斑或白线。鼻端、肩、背、腰、胸、腹及四肢为白色，躯体黑白交接处有2～5cm宽的黑底白毛灰色带，群体中约10%个体背腰分布大小不等的黑斑。成年母猪被毛较长；成年公猪被毛及鬃毛粗长似野猪。巴马香猪体形小、矮、短、圆、肥。头轻小、嘴细长，多数猪额平而无皱纹，少量个体眼角上缘有两条平行浅纹。耳小而薄，直立稍向外倾。颈短粗，体躯短，背腰稍凹，腹较大，下垂而不拖地，臀部不丰满。乳房细软不甚外露，乳头排列匀称、多为品字形，乳头一般为10～16个，其中16个乳头的占1.55%。2004年11月调查统计171头成年母猪，其平均乳头数为（11.72±1.52）个。巴马香猪四肢短小紧凑，前肢直，后肢多为卧系，管围细、蹄玉色。尾长过飞节，尾端毛呈鱼尾状。据2004年11月调查结果，171头成年母猪和27头成年公猪平均尾长分别为（24.07±3.24）cm和（22.00±1.20）cm。平均肋骨数为（13.5±0.52）对。公猪睾丸较小，阴囊不明显，成年公猪獠牙较长（图1、图2）。

图1 巴马香猪公猪

图2 巴马香猪母猪

四、体尺、体重

根据1985年的调查，巴马香猪成年平均体重（59.86±1.82）kg，体高（47.8±0.55）cm，体长（92.79±1.67）cm，胸围（96.51±1.61）cm。2004年11月在巴马县中心产区巴马、西山、那桃、甲篆、燕洞5个乡（镇）的7个村（屯）对27头成年公猪、171头成年母猪的体重、体高与体长进行了测定，其统计结果与1985年调查结果比较见表1。

表1 巴马香猪体尺和体重

调查年度（年）	2004			1985
性别	公猪	母猪	合计（平均）	合计（平均）
调查头数（头）	27	171	198	36
月龄	27.73±10.70	40.88±14.97	39.12±15.17	>24
体重（kg）	34.80±8.63	41.59±10.74	40.66±10.72	59.86±1.82
体高（cm）	40.87±10.08	42.97±6.97	42.68±7.47	47.8±0.55
体长（cm）	75.28±12.24	82.75±12.04	81.73±12.31	92.79±1.67
胸围（cm）	76.56±16.85	83.40±14.05	82.47±14.61	96.51±1.61
尾长（cm）	22.81±2.92	23.96±3.21	23.81±3.19	—

从表1可见，2004年调查数据与1985年的数据相比，巴马香猪体尺、体重显著变小。这可能与巴马香猪20多年来群体近交程度不断提高，同时巴马香猪市场价格较高，饲养户为追求效益，巴马香猪母猪配种年龄变小，另外也可能与近年追求绿色食品而不断推广的粗放饲养方式有关。

五、繁殖性能

巴马香猪性成熟早，29～30日龄睾丸曲细精管中已出现精子。公、母猪性成熟年龄（日龄）分别为（72±6.40）d和（110.5±4.20）d。公、母猪配种年龄分别为（75.75±2.60）d和（159.28±20.60）d。发情周期（18.7±1.35）d；妊娠期（113.36±1.56）d；平均窝产仔数（10.07±1.50）头，平均窝产活仔数（9.5±1.30）头；平均初生窝重（4.95±0.70）kg；公、母仔猪平均初生重分别为（465±10.69）g和（463.13±8.84）g；母猪的泌乳力（以仔猪出生后21d的窝重为代表）为（18.33±1.17）kg；一般断奶日龄50～60d；断奶仔猪成活数（8.32±1.26）头。60日龄断奶体重：公猪（6.67±0.58）kg，母猪（7.08±0.50）kg。

六、育肥性能

巴马香猪常以50～70日龄，体重6～8kg即作为商品猪食用，不进行育肥。巴马香猪场曾以6头香猪作92d生长试验，开始体重4.83±0.5kg，结束体重（31.89±3.67）kg，平均日增重（294.11±35.46）g。5头50～70日龄商品仔猪屠宰前活重为（7.98±1.04）kg；平均胴体重，屠宰率，瘦肉率分别为（4.55±0.70）kg，（56.62±2.90）%，（50.90±2.73）%；6～7肋背部脂肪厚度为0.65～2.0cm，平均背膘厚度（1.22±0.50）cm；眼肌面积（4.64±0.57）cm^2。2004年12月对14头（10头去势母猪，4头去势公猪）约240日龄育肥猪进行屠宰测定，宰前平均活重为（31.4±5.2）kg，平均体长、体高、胸围分别为（73.4±8.0）cm，（41.7±2.8）cm，（73.6±5.4）cm；平均胴体重，屠宰率，瘦肉率分别为（21.1±4.1）kg，（66.8±2.7）%，（50.2±3.1）%。与1984年调查结果比较如表2所示。

表2　巴马香猪宰前体尺与屠宰性状

年代		2004	1984
测定头数		14	3
体尺（cm）	体长	73.4±8.0	—
	体高	41.7±2.8	—
	胸围	73.6±5.4	—
体重（kg）		31.4±5.2	35
胴体重（kg）		21.1±4.1	23.4
屠宰率（%）		66.8±2.7	66.86
胴体斜长（cm）		55.5±3.1	48
眼肌面积（cm^2）		14.6±2.5	10.78
膘厚（mm）	6～7肋	2.34±0.36	2.90
	十字部	1.55±0.34	—
	平均	1.95±0.29	—
6～7肋皮厚（mm）		0.335±0.05	0.13
左侧胴体组成（%）	瘦肉	50.2±3.1	35.26
	肥膘	24.1±2.3	48.29

（续）

年代		2004	1984
左侧胴体组成（%）	骨	9.5±0.9	—
	皮	11.5±2.0	—

从表2可见，本次调查屠宰测定的巴马香猪宰前体重比20世纪80年代屠宰测定宰前体重低约4kg。屠宰率没有差异，但胴体斜长、眼肌面积和瘦肉率明显高于20世纪80年代的调查数据。这可能与目前巴马香猪饲养以青饲料为主，能量水平低或日粮蛋白水平较高有关。

七、肉质性状

13头240日龄巴马香猪背最长肌的营养成分测定结果见表3。

表3　巴马香猪肌肉成分测定

水分（%）	干物质（%）	蛋白质（%）	脂肪（%）	灰分（%）	热量（kJ/kg）
71.4±1.8	28.6±1.8	21.1±1.3	5.69±2.65	1.09±0.24	5 857±84.7

表3的结果表明，巴马香猪背最长肌肌内脂肪含量达5.69%，与国内优良地方猪种如民猪（5.2%）、小梅山猪（6.1%）背最长肌肌内脂肪含量相似，明显高于大约克猪、长白猪的平均肌内脂肪含量2.3%。

八、饲养管理

在巴马香猪产区，楼上住人，楼下为畜栏。饲养管理粗放，过去农村采取放养方式，现在已改变为圈养方式。

产区气候温和，四季常青，青饲料来源丰富，人工栽培的主要有甘薯藤叶、芋头叶、芭蕉芋和蔬菜类等，野生青饲料种类繁多，数量充足，常用的主要有构树叶、野苦荬菜和雷公根等。用作喂猪的能量和蛋白饲料包括有玉米、水稻、木薯、蕉芋、芋头、甘薯、黄豆、绿豆、饭豆、火麻等。农家1～4月的养猪青饲料多为野生植物，5～12月则多用甘薯藤叶和芋头叶。由于青饲料来源丰富，四季不断，所以群众对贮料过冬度春问题考虑较少，用不完的甘薯藤叶多风干贮存，使用时粉碎与玉米粉混合煮熟后加米糠等饲喂。青饲料一般占日粮的60%～70%，精、粗料各占15%～20%。母猪空怀及怀孕前期（2个月）一般日粮为青饲料3～5kg，统糠0.5kg，玉米0.15～0.25kg，怀孕后3个月至产前，玉米粉0.75～1kg，统糠0.5～0.6kg，青饲料3kg。中等体况带10头仔猪的母猪产后两个星期内喂给1～1.5kg的精饲料、青饲料3.5kg。根据母猪体况和泌乳情况，有的补给糯米浆或黄豆浆，以沸水冲喂母猪。哺乳仔猪通常于25～30日龄另开槽吃料，少数养猪户让仔猪随母同食，不另补料。一般是最初10d喂玉米粥，之后以半粥半青饲料再加0.05～0.15kg炒熟的黄豆粉喂至断奶，数量不限，吃饱为度。哺乳母猪和仔猪一般日喂3～4餐，其他猪均日喂两餐。

专业化的巴马香猪养殖场的饲养水平较农村高，其饲料为混合饲料，平时补给甘薯藤、黑麦草、蔬菜等青饲料。巴马香猪性野。但母性好，若非母猪有生殖道疾病，每个发情期配种2次，受胎率可达98%以上（图3、图4）。

图3　巴马香猪带仔母猪　　　　　　　　　　　　图4　巴马香猪群体

九、品种保护与研究利用现状

产区设巴马香猪国家级保种场1个，位于巴马县巴马镇。另在全县5个乡镇设5个保种区，它们分别为巴马镇练乡村同贺屯，百林乡罗皮村拉皮屯，甲篆乡好合村弄玖屯，平洞乡林览村京王屯和那桃乡玻良村那洪屯。保种场存栏基础母猪182头，后备母猪56头；保护区存栏原种母猪621头。

广西壮族自治区质量技术监督局已公布了巴马香猪品种标准（标准号DB45/T 53—2002），国家质量监督检验检疫总局已予以地方标准备案并公布，于2002年10月18日实施（中华人民共和国地方标准备案公告2002年第9号）。2005年8月25日国家质量监督检验检疫总局公告第124号批准对巴马香猪实施地理标志产品保护（地理标志产品标准号DB45/T 214—2005）。

十、对品种的评价和展望

巴马香猪是长期高度近亲交配与当地饲养条件交织影响下形成的小型猪种，以肉味香浓著称于世。其遗传性能稳定、耐粗饲、抗病力强。

巴马香猪的优点是在于乳猪和60日龄断奶仔猪肉均无奶腥味或其他腥臊异味。皮薄而软、肉质脆、味甘而微香，是制作烤乳猪和腊全猪的上乘原料。巴马香猪在饲养过程中多采用青绿饲料，很少使用添加剂和抗生素，是优质的无公害食品，符合现代都市人的消费观念，在国际市场上应具有很强的竞争潜力。

巴马香猪由于高度近交，其遗传学上基因纯合度高，是育种研究和医学实验动物培育的良好素材，另外，巴马香猪性野、耐粗饲、抗病力强，也有助于抗性基因的研究。

十一、附　　录

（一）参考文献

《广西家畜家禽品种志》编写组.1987.广西家畜家禽品种志[M].南宁：广西人民出版社.
孟令军，李洪军.2007.我国地方猪种肌内脂肪和脂肪酸的研究[J].肉类科学，98: 35-37.
王爱德，兰干球，郭亚芬.1995.巴马香猪耐热性的探讨[J].家畜生态，16(4): 18-21.

（二）主要参加调查人员及单位

广西大学动物科技学院：兰干球、郭亚芬、李柏、莫毅、杨秀荣、叶香尘、蒋钦杨。
巴马县水产畜牧兽医局：陈树录、张自勤、罗明发等。

东 山 猪

一、一般情况

东山猪（Dongshan pig）因原产于广西全州县东山瑶族自治乡而得名，1982年该品种载入《广西家畜家禽品种志》，属于肉用型品种。

（一）中心产区及分布

全州县东山瑶族自治乡为东山猪的中心产区。主要分布于广西壮族自治区全州县，灌阳县、兴安县、资源县、龙胜县、灵川县、临桂县、恭城县、平乐县、荔浦县、阳朔县、富川县、钟山县、贺州市及湖南永州市的芝山区等地。

（二）产区自然生态条件及对品种形成的影响

全州县地处广西东北部，湘江上游。位于北纬25°29′～26°23′，东经110°37′～111°29′。县境西北、东南、南面高山环绕，地势由西南向东北倾斜。中部丘陵，沿湘江两岸形成狭长小平原，称"湘桂走廊"，是农业耕作区和水果产区。周边依次与广西的灌阳县、兴安县、资源县及湖南省的新宁县、东安县、永州市、双牌县、道县等县市交界。平均海拔200m左右，中心产区东山乡海拔680m左右，是瑶族居住的地区。

全州县属于亚热带湿润性季风区，无霜期长、四季分明、光照充足、雨量充沛。全年无霜期298d；年平均气温17.7℃，最低-6.6℃，最高36℃；年积温6 465℃；年平均降水量1 492.2mm；年平均相对湿度78%；年平均日照1 488.7h。

境内河流主要有湘江、灌江、万乡河、建江等，属长江水系。有中型水库5座，小型水库18座。耕地土壤沙黏适中，多为壤土或沙壤土。

全州县是典型的农业大县，农业资源丰富，农业生产条件优越，主产水稻，其他为玉米、大豆、小麦、甘薯等，是全国100个商品粮生产基地县之一。近年来，粮食生产逐步向优质化方向发展，优质谷、优质饲料粮比例达到65%以上。经济作物以生姜、红辣椒、大蒜、油菜、花生、槟榔芋等为主，是全区油菜生产的重点县，年种植面积2万hm²以上，产量1 500万kg。全州县农产品丰富。全县耕地面积4.78万hm²，其中水田3.55万hm²，旱地1.23万hm²。农田有效灌溉面积3.67万hm²，保水面积2.97万hm²。

中心产区东山乡山多地少，田少水少，土质贫瘠；粮食作物以水稻、玉米为主，其次是甘薯、旱芋、荞麦、燕麦、高粱等。野生饲料多达40余种，由于粮食产量不多，青饲料资源丰富，养猪主要靠青粗饲料，精料很少，青料中大部分是野菜，仅在育肥后期和哺乳期喂以较多的谷物和薯类。对哺乳母猪及仔猪以圈养为主，饲养管理较为精细，喂的精料也较多。群众以繁殖猪苗作为主要收入，所以对母猪的选择很重视。长期定向选育、自然环境及饲养管理方式对该品种的形成产生了重要影响。

二、品种来源及发展

（一）品种来源

据史料记载，东山猪经历代驯化和定向选育形成，产区群众对母猪选择以"狮子头、蒲扇耳、杆子腰、包袱肚、粽粑脚、锥子尾"为标准。中华人民共和国成立前东山猪中心产区交通极为不便，人民生活贫苦，养猪主要靠野生饲料。因而形成了该猪种耐粗饲的特性，加之产地老百姓对猪的管理粗放，长此以往猪的体质变得较为结实，抗逆性也较强。即使在破烂不堪的栏舍中日晒雨淋也很少发病，无论在酷热的夏天（36℃）或寒冷的冬天（−6.6℃），东山猪仍然保持正常的生长发育与繁殖。该品种没有发现有特殊易感的传染病。由于长期的定向选育、自然环境和饲养管理的影响，便形成了具有耐寒、耐粗饲、体质强壮、抗病力强、瘦肉较多的猪种。20世纪50年代末期当地畜牧部门经群体择优，定为本地良种。20世纪70年代，经中国农业科学院鉴定为全国良种猪品种之一，并载入《中国良种猪》一书中介绍推广。

（二）群体规模

据2004年调查，全州县东山母猪存栏数约70 000头，能繁殖母猪约60 000头，成年公猪150头。东山猪是广西桂北、桂东地区良好杂交母本。以东山猪作母本，与外来猪种杂交，产仔数多，断奶窝重大，仔猪生活力强，耐粗饲，增重快。据调查，约有56 000多头母猪是用于生产二元杂交肉猪。据20世纪80年代的研究，用东山母猪与约克、长白等公猪杂交（146窝）平均窝产仔数10.83头，60日龄平均断乳育成头数每窝8.8头，窝重111.46kg，比东山猪的99.26kg，提高12.3%。全州县畜牧场用长白公猪与东山母猪杂交，产仔在10头以上，最高达20头，60日龄断乳窝重最高达185.3kg，最大个体重23kg，肉猪7～8月龄体重80～95kg，长肉能力比东山猪显著提高。长东一代杂种猪与东山猪的对比试验表明，杂种猪日增重比东山猪提高30.7%，每千克增重少消耗混合料0.08kg。杂交后代产瘦肉量都有很大改进。据测定，东山猪在活重100kg时瘦肉率为34.58%，两品种杂交猪（长×东）瘦肉率平均为41.6%，三品种杂交（长×东×长）猪瘦肉率为48.99%。

（三）现有品种标准及产品商标情况

从1989年当地有关部门就开始了东山猪品种标准的制定工作，广西壮族自治区质量技术监督局已公布了东山猪品种标准（标准号DB45/T 239—2005），国家标准化管理委员会已准予标准备案并公布，于2005年10月31日实施。东山猪具肉质鲜美的优点，适合开发生产烤乳猪。

三、体形外貌

东山猪的毛色以"四白二黑"为主，即躯干、四肢、尾帚、鼻梁及鼻端为白色，耳根后缘至枕骨关节之间区域，尾根周围部位为黑色，俗称"两头乌"。据调查统计，东山乡的猪，"四白两黑"猪占89%，小花猪8%，大花猪3%。安和乡的猪，"四白两黑"猪占70%，花猪30%左右。东山猪体形高大结实，结构匀称。头部清秀，中等大小。嘴筒平直，耳大小适中下垂，额部有皱纹。根据调查统计，面宽、嘴筒短、额部皱纹多、耳大者30%；面窄，嘴筒长、皱纹少、耳大者20%。面宽窄适中、嘴筒中等长短、额部皱纹适中、耳中等大者50%。背腰平直而稍窄，腹大而不拖地，臀部较丰满，乳头12～14个，少数16个，发育良好。调查统计161头成年母猪，其平均乳头数为14±0.26个，分布均匀，发育良好。平均尾长（28.4±3.02）cm，尾端毛为白色。体长较胸围平均大15.82cm左右。

根据15头育肥猪屠宰结果，平均肋骨为（13.01±0.25）对（图1、图2）。

图1　东山猪公猪

图2　东山猪母猪

四、体尺和体重

2006年7月调查了37头6月龄以上的东山猪公猪及161头3胎以上的东山猪母猪，体尺及体重见表1。

表1　东山猪体尺和体重

调查年度（年）	2006		1984	
性别	公猪	母猪	公猪	母猪
调查头数（头）	37	161	2	35
平均月龄	19.49±9.62	47.93±28.58	24	48
体重（kg）	63.88±25.48	102.79±19.41	63.39	85.42
体高（cm）	61.79±7.06	66.67±4.76	63	64.05
体长（cm）	112.74±13.97	127.45±6.65	115	115.68
胸围（cm）	91.81±13.34	111.63±8.98	91.75	105.94
尾长（cm）	24.03±2.89	29.42±1.92	—	—

表1的结果表明，公猪的体尺、体重与1984年调查结果相差不大，但母猪的体尺、体重相差较大，这可能与老百姓近年来对母猪选择偏重选留大体形个体有关。

五、繁殖性能

东山猪生后3个月开始有性行为。据全州县畜牧局2003年对127头母猪及4头公猪调查，公、母猪平均性成熟分别为（124.4±14.4）d和（143±20.7）d，公、母猪初配年龄分别为（180±15）d和（168.9±25.2）d。东山猪四季都可以发情，没有明显的发情季节。母猪发情周期为18～24d，平均为（20.67±1.241）d（n=127），平均妊娠期（115.18±2.423）d。母猪一般使用6～7年，少数10年左右，公猪一般使用2～4年。

表2结果比较表明，目前农村饲养的东山母猪产仔数与20世纪80年代比有了明显提高，与当时农场饲养母猪的产仔数相近。这可能与20多年来当地老百姓对母猪产仔数的选择及饲养水平的提高有很大的关系。

表2 东山猪母猪繁殖性能

年代	2003	1984[*]	1984[**]
调查数	127头	35头	642窝
窝产仔数（头）	11.32±2.30	10.1	11.2
初生重（g）	公 824.3±41.7 母 830.0±44.8	—	790
初生窝重（kg）	—	—	8.83
30日龄平均窝重（kg）	—	—	47.16
断奶日龄（d）	50～60	60	60
断奶窝重（kg）	—	—	99.25
断奶仔猪成活数（头）	10.84±1.79	8.7	—
仔猪成活率（%）	96.2±6.63	—	—

注：*代表农村调查数据，**代表广西良丰农场1981年数据。

六、育肥性能

东山猪耐粗饲，在较低营养水平下，60日龄体重8kg的猪，饲养270d后，体重达70kg，日增重230g，每千克增重消耗精料2.18kg、青料4.42kg。若营养水平稍好，60日龄体重10kg的猪饲养310d后，每头增重115kg，平均日增重371g，每千克增重消耗精料1.48kg、青料3.13kg、粗料4.93kg。据桂林良丰农场两组猪的生长观察每组15头，始重分别为10.75kg和11.5kg，试验240d，末重为84.75kg和86.7kg，平均日增重分别为308g和313g，每千克增重分别需消化能54 357.5kJ和55 249.1kJ，可消化蛋白质450g与408g。

2006年对15头约240日龄育肥猪的屠宰测定结果表明，宰前平均活重为（75.01±14.73）kg；平均胴体重，屠宰率，瘦肉率分别为（50.37±12.40）kg，（66.62±4.49）%，（41.30±2.433）%，与1984年调查结果比较如表3所示。

表3 东山猪宰前体尺与屠宰性状

年代		2006	1984
测定头数（头）		15	5
体尺（cm）	体长	110.4±10.5	—
	体高	58.1±4.1	—
	胸围	92.3±7.5	—
体重（kg）		75.01±14.73	78.25
胴体重（kg）		50.37±12.40	55.40
屠宰率（%）		66.61±4.48	70.8

（续）

年代		2006	1984
胴体斜长（cm）		78.3±5.4	68.64
眼肌面积（cm²）		18.67±4.485	17.13
膘厚（mm）	5～6胸椎	3.67±0.75	—
	十字部	2.89±0.63	—
	平均	3.28±0.66	4.53
6～7肋皮厚（cm）		0.50±0.07	0.44
左侧胴体组成（%）	瘦肉	41.23±2.33	37.69
	肥膘	35.67±3.58	34.5
	骨	9.13±1.46	9.85
	皮	13.45±1.99	9.0

七、肉质性状

2006年对15头6～8月龄东山猪背最长肌营养成分测定结果见表4。

表4　东山猪背最长肌营养成分测定

热量（kJ/kg）	水分（%）	干物质（%）	蛋白质（%）	脂肪（%）	灰分（%）
5 920±802.4	71.22±1.97	28.78±1.97	21.75±0.73	5.80±2.24	1.18±0.04

表4的结果表明，东山猪背最长肌肌内脂肪含量达5.8%，与国内优良地方猪种如内江猪（5.42%），大花白猪（5.01%），民猪（5.2%），小梅山猪（6.1%）背最长肌肌内脂肪含量相似，这可能是东山猪肉质优良的机制之一。

八、饲养管理

东山猪的青料来源主要是野生饲料，如无毒的树叶、野菜、野草等，现在群众采用的达39种之多。精料有玉米、饭豆、甘薯、大麦、荞麦、粟、芋头等，农副产品有甘薯藤、芋头苗、各种菜类、茎蔓以及谷实的糠、壳、秸秆等。20世纪80年代以前群众养猪多采用古老旧式的猪栏，形式简陋，光线阴暗，地面潮湿，通风不良，食槽多用整块片石凿成。目前群众中猪舍有两种类型：一种是用野杂木做栏，栏的面积约5m²，单圈饲养，栏内设有食槽，通风光照较好，饲养管理较方便；另一种用青砖砌成，栏内有排粪沟，四周处开有通风窗，坚固牢实，管理操作也较方便。一般仔猪产后7d自由外出运动，经受低温寒冷的锻炼，20～30日龄开始补料，每日给0.25～0.4kg的玉米碎粒，加少许饭豆或碎米，混合煮熟后再加10%左右的浓缩料喂养，产后30d开始逐步给以幼嫩青料。母猪常年舍饲，无运动习惯，刚分群的后备母猪，每日给玉米碎粒0.25kg，青料7kg左右，半月后精料相对减少，青料逐步增加到最大量。种母猪每天喂青料4～6kg，谷实0.2～0.5kg，糠0.25～0.55kg。产仔时除更换垫草外，每天还补给适量酒糟，以促进泌乳。公猪一般由专业公猪户喂养，平时饲养标准和后备母猪相同，配种时则补给适量精料和少量鸡蛋、生麸之类。东山猪的育肥采用阶段育肥法，先吊架子后催肥，断乳猪养至15kg左右时逐步增加青绿多汁饲料的喂量。出栏前1～2个月内为催肥期，给予大量的玉米、甘薯等（图3、图4）。

图3　东山猪断奶仔猪　　　　　　　　　　图4　东山猪母猪群

九、品种保护与研究利用现状

（一）生理生化或分子遗传学研究方面

全国畜牧兽医总站畜禽牧草种质资源保存利用中心2001年对东山猪进行了27个微卫星DNA标记及8个血液蛋白质标记的分析，发现具有特有等位基因和／或优势等位基因S0228（276:0.06）、SW951（125:0.97）、S0002（198:0.50）（括号里的数字分别是等位基因及其频率），建议东山猪从华中两头乌猪中分离出来。

（二）品种保护和研究利用现状

东山猪原种保种场位于全州县全州镇水南村，建于1983年8月，2004年开始扩建，当时有种母猪295头，种公猪25头。现全场存栏基础种母猪305头，种公猪25头，后备母猪100头，后备公猪10头，生产粗具规模。全州县东山瑶族自治乡被规划为东山猪保种区，2003年有可繁殖母猪2 000头左右，公猪30余头，全年能向区内外提供16 000优质种猪苗。2006年全州县加大了广西地方良种猪——东山猪的保种工作，拨出专款2万元，扶持30户农户在白宝、东山两个乡建立东山猪保种区，并进行提纯复壮工作。

十、对品种的评价和展望

东山猪具有体躯高大、生长发育较快、适应性好、抗病力强、耐粗饲、泌乳性能好、肉质鲜美等优点。适合开发生产烤乳猪、火腿、腊肉、风味肠等中高档肉制品，也是良好的二元杂交猪母本。但是与引进猪种比较，瘦肉率低，生长慢，价格低，群众饲养积极性低。因此，饲养数量明显减小。自20世纪70年代开始，东山乡被列为东山猪保种区，建立了保种场，但由于政府投入小，市场疲软，东山猪保种难度很大。

十一、附　　录

（一）参考文献

《广西家畜家禽品种志》编写组 . 1987. 广西家畜家禽品种志 [M]. 南宁：广西人民出版社 .

孟令军，李洪军 . 2007. 我国地方猪种肌内脂肪和脂肪酸的研究 [J]. 肉类科学，98: 35-37.

（二）主要参加调查人员及单位

广西大学动物科技学院：郭亚芬、兰干球、罗琴、李芳芳、王新平、王世凯、朱佳杰、何荆洲。

全州县水产畜牧兽医局：周兴权、唐昭成、谭荣生、唐建新、唐绿娟、唐新艳、蒋晶等。

桂中花猪

一、一般情况

桂中花猪（Guizhong Spotted pig）因主要分布于广西中部而得名。1987年列入《广西家畜家禽品种志》，2004年列入《中国畜禽遗传资源志》名录。

（一）中心产区及分布

桂中花猪原来主要分布于广西中部的柳州、河池、南宁、百色四个市及桂林市永福县等30多个县（市）。主产区为融安、平果、崇左等县（市）。据2006年调查，中心产区为广西百色市平果县太平、耶圩、海城三个乡镇，在该县的坡造、旧城、同老、黎明、果化等乡镇也有分布。

（二）产区生态环境及品种形成

广西百色市平果县最高海拔为934.6m，最低为76m，地势较高，属高温多雨亚热带季风气候，年平均气温21.5℃，无霜期341d，年平均降水量1 374.2mm，雨量充沛，年日照时数为1 682.6h，光照充足。全县有大小河流36条，主要有右江、红水河两大水系。

产区农作物以玉米、水稻为主，其次是甘蔗、黄豆、木薯、花生、甘薯、饭豆、猫豆等，产量稳定，部分作物一年两熟，农副产品饲料来源丰富，为桂中花猪的形成提供了一定的物质基础条件。

桂中花猪在1949年前已有饲养，遍及融安、平果县等地。1949年前，山区交通不畅，群众养猪多为放养，饲料主要靠野草、野菜、树叶、农作物副产品和少量玉米、米糠、薯类等。养殖户分散，有些养殖户养母猪采用留子配母或兄妹相配等近亲繁殖手段。但经过不断的自然和人工选择，形成了体质健壮，四肢坚实，抗病力强，耐粗饲，遗传性稳定的花猪品种。20世纪60年代，平果县陆续引进了陆川猪、东山猪及国外的约克夏、长白等猪种进行杂交。特别是80年代以后，平果地区饲养的猪基本上都是以桂中花猪为母本，外来良种猪为父本杂交生产的二元杂或三元杂交猪。2004年，全国畜禽遗传资源调查时柳州市已极少存在纯种桂中花猪，主要在百色市平果县部分山区仍进行着本品种的纯种繁殖和饲养。

（三）群体规模

2006年调查，平果桂中花猪存栏8.32万头，其中能繁母猪2万头，用于纯繁生产的母猪6 173头，用于作杂交改良的母猪1.4万头，占能繁母猪的69.35%，公猪存栏138头。1981年，产区约有成年母猪40万头，融安、平果、崇左三个主要产区有桂中花猪母猪2.5万头，公猪560余头。引入外种猪以后，母猪数量逐步下降，到2002年以后有所回升，2002年年底平果县全县桂中花猪存栏8.66万头，其中能繁母猪2.4万头，公猪118头；2004年年底全县存栏8.8万头，其中能繁母猪2.1万头，公猪135头；2005年年底全县存栏8.5万头，其中能繁母猪2.1万头，公猪138头。

二、体形外貌

桂中花猪头较小，额稍窄，有2～3道皱纹，嘴筒稍短，耳中等大略长，两耳向上前伸。体形大小中等，各部位发育匀称，体长稍大于胸围，肋骨13对。背微凹，臀稍微斜，腹大不拖地，乳头12～14个，排列整齐。四肢强健有力，骨骼粗壮结实，肌肉发育适中。毛色为黑白色，头、耳、耳根、背部至臀部、尾为黑色，腹部、四肢及肩颈部为白色，背腰部有一块大小不一而位置不固定的黑斑，黑白毛之间有3～4cm宽的灰色带（黑底白毛）。嘴尖及鼻端为白色，额头有白色流星，多延至鼻端（图1、图2）。

图1　桂中花猪公猪

图2　桂中花猪母猪

三、体重体尺

2006年11月，平果县水产畜牧局对平果县的太平、耶圩、海城、新安4个乡镇12个村20个屯测量了14头8～36月龄的公猪（平均20.36月龄）和182头母猪（48.72月龄）的体尺、体重，公猪平均体重37.45kg，母猪平均体重77.31kg，见表1。

表1　成年桂中花猪体重、体尺

性别	头数	体重（kg）	体长（cm）	胸围（cm）	体高（cm）
公	14	37.45±0.93	87.21±0.76	80.07±0.81	47.21±0.35
母	182	77.31±0.12	112.90±0.06	102±0.06	56.68±0.03

据1987年出版的《广西家畜家禽品种志》记载，1982年融安、平果、崇左、龙州等县调查，当时桂中花猪公猪6月龄、24月龄的平均体重分别为（30.8±0.23）kg、（67.6±4.10）kg，母猪12月龄、24月龄的平均体重为分别（65.1±0.41）kg、（77.8±0.23）kg，变化不大，见表2。

表2　1982年成年桂中花猪体重和体尺

性别	月龄	头数	体重（kg）	体长（cm）	胸围（cm）	体高（cm）
公	6	3	30.8±2.03	71.0±1.2	67.3±3.32	38.0±0.33
	24	3	67.6±4.10	106.7±3.97	98.3±2.47	57.0±0.87
母	12	42	65.1±0.41	99.9±0.31	98.0±0.29	52.6±0.14
	24	86	77.8±0.23	113.7±0.16	105.2±0.18	55.4±0.08

四、繁殖性能

根据调查，桂中花猪性成熟比较早，小公猪30～40d有爬跨现象，小母猪一般4～5月龄，体重25～35kg开始发情。在民间饲养的公猪4月龄开始配种，24～36月龄淘汰；母猪5～6月龄初配，一般36～60月龄淘汰，个别生产良好的母猪可利用到96月龄。平均发情周期为18.4d，发情持续期3.8d，妊娠期为114.4d。

据靖西县1999年调查的24个乡镇2 012头桂中花猪母猪的繁殖性能，平均胎产仔数12.29头，最多的一胎产22头仔猪，产活仔猪数11.4头。一般65～70d断奶，断奶窝重79～92kg。据《广西家畜家禽品种志》记载，1982年，柳州种畜场统计，34窝初产母猪平均产仔11.6头，初生窝重7.3kg；54窝经产母猪平均产仔12.5头，初生窝重7.9kg。

五、育肥性能

2006年，平果县水产畜牧局对5头90日龄的肉猪进行育肥试验，试验期60d，平均始重22.6kg，平均末重56.8kg，日增重570g。2006年11月，广西大学对15头肉猪进行屠宰测定，宰前平均体重为66.20kg，胴体重为44.73kg，屠宰率为67.13%，6～7肋背部脂肪厚度为40.9mm，平均背膘厚度为36.5mm，眼肌面积为17.45cm^2，皮厚为5.10mm，瘦肉率为38.18%，脂肪率39.92%，骨率8.42%，皮率13.48%。

2006年11月，平果县水产畜牧局采取15头桂中花猪背最长肌，送广西分析测试研究中心进行营养成分测定，结果：水分66.87%，干物质33.13%，蛋白质19.87%，脂肪12.11%，灰分1.03%。

六、品种保护与利用研究

广西有桂中花猪分布的县市未建立保种场和保种区域，也没有保种和利用的计划。靖西县畜牧局曾在1995—1997年，有计划有步骤地从外地引进了4 000多头桂中花猪来取代本地混杂的桂中花猪，建立了一批示范户，以示范户来带动群众饲养，得到了较好的效果，使桂中花猪的饲养得到了一定的推广（图3、图4）。

图3　桂中花猪带仔母猪

图4　桂中花猪仔猪

七、评价与展望

桂中花猪母性好，耐粗饲，抗病力强；肉质鲜嫩可口。产仔数多，是不可多得的地方优良品种。

虽然体形不够整齐，躯体欠丰满，但随着社会经济的发展、物质的丰富，育种技术的提高，也已明显好转。应加快建立桂中花猪的保种基地和保种区域，进一步做好保种与选育提高工作。

八、附　录

（一）参考文献

《广西家畜家禽品种志》编写组 . 1987. 广西家畜家禽品种志 [M]. 南宁：广西人民出版社 .

陈伟生 . 2005. 畜禽遗传资源调查技术手册 [M]. 北京：中国农业出版社 .

莫明文，赵开斌 . 1999. 靖西县引进桂中花猪更换多代混杂母猪的效果 [J]. 广西畜牧兽医，15(2): 18-19.

（二）主要参加调查人员及单位

广西大学动物科技学院：郭亚芬、兰干球、何荆洲、朱佳杰、王世凯、王新平、罗琴。

平果县水产畜牧兽医局：吴福英、黄尧先、方海林、唐毓杰、黄爱飞等。

隆 林 猪

一、一般情况

隆林猪（Longlin pig）是广西优良的地方品种。由于额部有白色星状旋毛，四脚、尾端有白毛，其余为全黑，故又称六白猪。1987年该品种载入《广西家畜家禽品种志》，正式命名为隆林猪。属于肉用型品种。

（一）中心产区及分布

中心产区位于广西隆林各族自治县的德峨、猪场、蛇场、岩茶、介廷等乡。此外，毗邻的西林县、田林县、乐业县也有少量饲养。

（二）产区自然生态条件及对品种形成的影响

隆林各族自治县位于广西壮族自治区西北部，东经104°47′～105°41′，北纬24°22′～24°59′。地处云贵高原东南边缘，东与广西田林县为邻，南和西南与广西西林县接壤，北以南盘江为界与贵州省兴义市、安龙县、册亨县相邻。隆林海拔为380～1950.8m。全县总面积35.5296万hm²。县内聚居着苗、彝、仡佬、壮、汉5个民族，其中少数民族占总人口的79.3%。

隆林县属于亚热带季风气候区，南冷多雨，北暖干旱，"立体气候"和"立体农业"特征明显。年均日照时数1763.3h。气温最高39.9℃，最低-3.1℃，年均19.7℃，年总积温6966.3℃。无霜期为290～310d。因邻近热带海洋，受太阳辐射和西南季风环流的影响，夏季雨量充沛，冬季雨少湿冷。年降水量1023mm～1599mm，降水量南多北少。县境内风向多为东北偏东风和西南偏南风，累计各月平均风速为0.9m/s，定时观测最大风速为14m/s。

全县土质主要有红壤、黄壤、黄红壤、棕色石灰土、灌丛草甸土、水稻土6种土类，分为16个亚类，31个土属，68个土种。土壤呈酸性，pH 5～6，土层较厚，土质疏松且较肥沃。地貌结构分为熔岩区和非熔岩区，石山区面积占1/3。该县地表植被比较好，水源丰富，境内河流属珠江流域西江水系，以金钟山山脉为南北分水岭，北侧属于南盘江水系，南侧属于右江水系。流入南盘江水系的河流流域面积2959.62km²，占总流域面积的83.3%；流入右江水系的河流流域面积593.34km²，占总流域面积的16.7%。流域面积在25km²以上的地表河有21条，其中注入南盘江水系的有新州河、冷水河等15条，注入右江水系的有岩茶河、冷平河等6条。

据2003年隆林各族自治县统计，全县共有耕地面积23544.8hm²，其中水田6117.5hm²，旱地17427.3hm²。主要粮食作物有水稻、玉米，还有小麦、油菜、豌豆、蚕豆、黄豆、瓜菜、荞麦、高粱、大豆、南瓜、甘薯等。其中稻田的耕种以中稻加冬种小麦为主，旱地以玉米为主。主要经济作物是烤烟、生姜，还有茶叶、花椒、林木、花卉、甘蔗、青麻、油菜、薏米、各种牧草等。2003年，全县共有宜牧草山面积142670hm²，境内生长肥牛树、任豆树、构树、白树、番石榴等豆科灌木和淡竹、秋树、牛筋草、狗尾草、五节芒等禾本科牧草共80余种，可饲植物丰富，牧草青绿，种类繁多，生长旺盛。众多的原料为隆林猪的饲养提供了丰富的饲料资源。当地群众养猪以青粗饲料为主，猪舍建于石头窝中，防寒性能差，在这种饲养管理条件下逐步形成了隆林猪耐粗、耐寒的特性。

二、品种来源及发展

（一）品种来源

隆林猪是在一定自然地理环境和饲养条件下，经长期精心培育而成。当地聚居苗、瑶等少数民族，过去遇上红事和白事有杀母猪祭祀的风俗，而且产区的群众认为母猪养太久了体重往往太大，吃料增多，而且容易压死仔猪，所以对母猪往往仅仅养两三年就换种了，因此每年淘汰的母猪就相当多，客观上也就起到了去劣的作用。另外，养母猪繁殖小猪出卖是当地群众的主要经济来源之一。因而，群众很重视种猪的选择，要求体形较大、身长、背腰平直、嘴短、鼻孔宽、耳大下垂、耐粗、耐寒、抗病力强。由于当地苗族群众大多生活在大石山区，生活条件艰苦，大部分猪棚建于露天石窝之中，棚顶盖茅草或玉米秸，防雨和保温性能差，猪饲料大部分为野菜。这种饲养管理习惯已沿袭数世纪，从而形成了隆林猪耐寒和耐粗饲的优良特性。隆林猪对环境的适应能力很强，在极差的饲养环境条件下仍能正常繁殖、生长，对疾病的抵抗能力也较强。这样经过长期不断的选优去劣，就形成了今天耐粗饲，耐寒，抗病力强，死亡率低，适应性强，皮肤病少，易于饲养的隆林猪。

（二）群体规模

2003年，资料统计表明全县用于繁殖的隆林母猪数为352头，而其中用于杂交生产的多达300头。2005年，群体有所增加，能繁隆林母猪数为750头，种公猪有15头，其中用于纯繁的母猪仅有50头，公猪5头，其他均用于杂交生产。

（三）近15～20年群体数量的消长

1987年，隆林猪母猪存栏1.5万头，公猪300余头。2002年年底，隆林猪存栏1 040头，母猪存栏1 025头，公猪存栏15头；2003年年底，隆林猪存栏2 603头，母猪存栏417头，能繁殖母猪352头，公猪存栏40头，其中用于配种的成年公猪为25头，未成年公、母猪分别为15头和120头。2004年年底，隆林猪存栏946头，母猪存栏931头，公猪存栏15头；2005年上半年，隆林猪存栏765头，母猪存栏750头，公猪存栏15头。群体数量的明显下降，主要是由于随着农村经济的发展，农民收入水平的提高和交通条件的不断改善，导致人们对生猪产品及其产量产生片面追求。隆林猪在市场上的竞争力逐渐减弱，群众逐渐放弃饲养隆林猪而引进体型大、生长快的外来猪种。随着外来猪种的源源进入，本地猪血缘混杂的情况日趋严重，隆林猪的基因库基因污染日益严重，纯种资源受到严重破坏。目前隆林猪群体越来越小，母猪数量不断下降，公猪仅有15头。隆林猪已经成为濒危品种，该品种没有保种场，也没有稳定保种计划，保种形势非常严峻。

三、体形外貌

隆林猪被毛粗硬，毛色有六白（即额有白色星状旋毛，四脚与尾巴有白色毛，其余为黑色）、全黑、花肚（即肚子有白斑）和棕色四种，2003年调查统计表明六白占52%，花肚占42.7%，棕色占0.13%，其余全黑。2006年调查164头10月龄以上母猪和14头6月龄以上公猪共178头猪的毛色分布：六白占88.2%，花肚占11.23%，全黑占0.57%，棕色0.0%。隆林猪体形较大、身长。胸较深而略窄，背腰平直，腹大不拖地，臀稍斜，四肢强健有力，后腿轻度卧系。头大小适中，耳大下垂，脸微凹，嘴大稍翘，鼻孔大，口裂深，额略如狮头状，额中有鸡蛋大小白色旋毛。尾根低，尾长过飞节，12月龄以上母猪平均尾长（28.5±3.4）cm，6月龄以上公猪平均尾长（24.4±3.7）cm。根据对15头隆林猪的测定，平均肋骨数为（13.93±0.25）对。2006年3月，对159头母猪的调查统计，乳头数8～14个，平均（11.4±1.28）个（图1、图2）。

图1　隆林猪公猪

图2　隆林猪母猪

四、体尺、体重

2006年6月，在隆林县德峨、猪场、常么、克长四乡的保上、德峨、常么、那地、八科、新合、新华、联合、烂木杆等村的20多个村屯共调查测量了14头6月龄以上的隆林猪公猪，159头2胎以上的隆林猪母猪的体尺及体重，结果如表1所示。

表1　隆林猪体尺和体重

调查年度	2006		1984	
性别	公	母	公*	母**
调查头数	14	159	15	19
平均月龄	18.1±10.1	30.5±10.9	12	成年
体重（kg）	43.3±17.1	68.4±24.0	75.5±8.54	52.85±11.63
体高（cm）	52.6±10.1	59.1±6.39	58.85±5.94	52.84±3.06
体长（cm）	96.5±14.2	112.0±12.8	102.26±3.74	97.60±7.56
胸围（cm）	84.2±10.5	98.5±12.1	97.90±5.28	87.39±8.31
尾长（cm）	24.4±3.7	28.5±3.4	——	——

注：＊隆林种猪场数据，＊＊农村调查数据［按公式计算，体重=（胸围^2×体长）/16 500］。

从表1的数据比较可看出，与20世纪80年代的调查结果相比，母猪体尺、体重增大比较明显，这与现在农村饲养隆林猪的营养水平提高有很大关系。20世纪80年代对专业猪场的调查结果表明，22头成年母猪的平均体重、体高、体长、胸围分别为130.7kg、63.41cm、133.84cm和119.52cm。农村与专业猪场成年母猪体重相差近50%，说明营养水平的高低对隆林猪的生长发育有很大的影响。农村调查得到的公猪体尺、体重也明显低于专业猪场调查得到的数据，这与农村条件下，公猪用于配种的年龄（5～6月龄）偏小及饲养的营养水平较低有关。

五、繁殖性能

隆林公猪生长到20日龄即有爬跨行为，农村条件下一般4～6月龄，体重19～28kg即用于配种。产区群众当母猪4～6月龄开始发情，体重37～42kg时即安排配种。发情周期20～22d，持续期3～4d。妊娠期（114±3.55）d，头胎产仔数为6～7头。隆林母猪的繁殖性能统计于表2。

表2 隆林猪经产母猪繁殖性能

年代	2003	1984
调查窝数	20	109
窝产仔数（头）	8.97±2.2	8.16
初生重（g）	793	780
30日龄平均窝重（kg）	38.7±5.7	—
断奶日龄（d）	60	60
仔猪断奶重（kg）	9.1	8.3
断奶仔猪成活数（头）	7.78±1.57	7.06
仔猪成活率（%）	86.7	86.52

注：该数据来自隆林县畜牧局2003年对隆林猪的调查。

以隆林县县畜牧局2003年调查数据与20世纪80年代的数据相比，窝产仔数和仔猪断奶重有一定的提高，说明老百姓对母猪选种和饲养水平有所提高。

六、育肥性能

20世纪80年代数据表明，18头断奶隆林猪，采用比较高的营养水平进行饲养，开始平均体重10.35kg，经120d，体重达85.81kg，平均日增重628.8g，每千克增重消耗3.03kg混合料，1.19kg青饲料，折合消化能42.2MJ和401.68g粗蛋白。2006年4月，对15头180～240日龄育肥猪进行屠宰测定，宰前平均活重为（65.58±11.72）kg；平均胴体重、屠宰率、瘦肉率分别为（44.99±9.85）kg、（64.92±2.54）%、（46.29±6.21）%。与1984年调查结果比较如表3所示。

表3 隆林猪宰前体尺与屠宰性能

年代		2006	1984
测定头数		20	2
体尺（cm）	体长	102.3±9.9	—
	体高	59.2±4.8	—
	胸围	94.1±9.6	—
体重（kg）		63.16±17.85	80.62
胴体重（kg）		43.56±13.94	53.95
屠宰率（%）		66.04±3.63	66.92

（续）

年代		2006	1984
胴体斜长（cm）		71.60±6.45	72.00
眼肌面积（cm²）		17.07±5.13	16.81
膘厚（cm）	6～7肋	2.99±1.03	4.12
	十字部	2.36±0.99	—
	平均	2.67±0.93	—
6～7肋皮厚（cm）		0.33±0.13	0.65
左侧胴体组成（%）	瘦肉	45.31±5.91	41.63
	肥膘	33.42±8.22	34.09
	骨	10.12±1.8	9.24
	皮	10.92±2.12	14.48

与20世纪80年代农村调查数据相比，此次屠宰体重较小，但从眼肌面积及瘦肉率看，隆林猪的胴体瘦肉率有明显的提高，这与饲养水平特别是饲料中蛋白水平提高有关（大部分农户饲喂育肥猪时会在饲料中添加少量浓缩料）。另外，皮厚明显低于20世纪80年代农村调查数据（0.37cm∶0.65cm）。1984年的调查数据也表明，农场饲养的隆林猪皮厚为0.37cm，也明显低于农村饲养的猪的皮厚（0.65cm），这可能是饲养条件的不同所致。

七、肉质性能

180～240日龄公、母猪背最长肌的营养成分见表4，肌内脂肪含量高达10.9%，远高于国内其他优良地方猪种如内江猪（5.42%）、大花白猪（5.01%）、民猪（5.2%）、小梅山猪（6.1%）的背最长肌肌内脂肪含量。说明隆林猪肌内脂肪沉积高峰出现比较早，肌内脂肪沉积的强度较大。

表4　隆林猪背最长肌的营养成分测定结果

序号	检测日期	热量（kJ/kg）	水分（%）	干物质（%）	蛋白质（%）	脂肪（%）	灰分（%）
1	2006.6	8 947	64.0	36.0	20.5	14.3	1.02
2	2006.6	7 428	68.4	31.6	20.0	10.6	1.07
3	2006.6	6 830	69.7	30.3	20.4	8.82	1.02
4	2006.6	13 524	55.1	44.9	15.3	28.7	0.80
5	2006.6	6 634	69.8	30.2	21.0	8.00	1.06
6	2006.6	6 060	71.1	28.9	21.7	6.24	1.06
7	2006.6	6 637	70.1	29.9	20.3	8.24	1.04
8	2006.6	7 797	67.2	32.8	20.2	11.4	1.02
9	2006.6	6 669	70.5	29.5	19.6	8.72	1.04
10	2006.6	6 874	69.8	30.2	20.0	9.12	1.03
11	2006.6	9 988	62.7	37.3	18.0	18.2	1.03
12	2006.6	6 243	71.3	28.7	20.2	7.36	1.07

（续）

序号	检测日期	热量（kJ/kg）	水分（%）	干物质（%）	蛋白质（%）	脂肪（%）	灰分（%）
13	2006.6	5 907	72.0	28.0	20.6	6.32	1.06
14	2006.6	7 522	67.6	32.4	21.0	10.4	1.03
15	2006.6	6 564	69.2	30.8	22.6	7.14	1.01
	平均数	7 574.9	67.90	32.10	20.09	10.90	1.02
	标准差	1 976.2	4.39	4.39	1.66	5.85	0.07

八、饲养管理

　　隆林猪产区人畜同居，楼上住人，楼下畜栏。饲养管理粗放，过去农村采取放养，现在已改变为圈养，但仍然采用母猪、仔猪和育肥猪混养的方式。产区气候温和，青饲料来源丰富，主要有甘薯藤、芋头叶、芭蕉芋、蔬菜类和野菜。用作喂猪的能量和蛋白饲料主要包括有玉米、芭蕉芋、芋头、甘薯、黄豆、绿豆、饭豆、火麻等。

　　隆林猪的饲养管理，采用一年四季圈养的饲养方式，分为吊架和育肥两个阶段。吊架期间，每头每天喂给精料0.25～0.5kg，其余以青粗料为主；育肥时间约2个月，每头每日喂1.5～2.5kg的精料和少量青料，出售的育肥猪养一年出栏。自宰食用养两年左右，饲养一年体重为80～95kg，通常以熟喂为主。精料的来源主要是玉米、米糠、浓缩料等。对哺乳母猪、仔猪、育肥期的肉猪增加精料喂给量，每日饲喂3～4餐。由于该品种猪耐粗，而且较温驯，管理相对较容易（图3、图4）。

图3　隆林猪带仔母猪　　　　　　　　　　　　图4　隆林猪仔猪

九、品种保护与研究利用现状

　　本品种没有进行过遗传多样性测定，也没有建立品种登记制度。由于没有保种场，近年来本品种数量迅速减少，有待加强保护。由于本品种肉质味美，易育肥，适宜做烤猪，市场开发有一定的潜力。

十、对品种的评价和展望

　　隆林地处高寒山区，产区群众生活条件艰苦，交通不便，饲养管理粗放，隆林猪在寒冷和较低营养水平下，表现出很好的耐粗饲的特性。隆林猪具有体躯较高大、生长发育较快、适应性好、抗病力强、耐粗饲、泌乳性能好、瘦肉率较高、肉质鲜美、初生体重大、育成率高等优点。但是与国外瘦肉型猪比较，则瘦肉率低，生长慢，产仔数少，后腿肌肉欠丰满。因此，群众饲养积极性低，饲养数量明显减小。

一般农村的饲养条件下，隆林猪10月龄可达75～80kg，其肉脂比例仍符合当前市场需要。适合开发生产烤乳猪、火腿、腊肉、风味肠等中高档肉制品，也是良好的二元杂交猪母本。要进一步开发隆林猪品种资源，使其市场价值发挥到最大。一是加强本品种选育。二是划定隆林猪保种区，建立基本种猪群。三是建立相应的育种机构，配备一定的技术力量及适当的经费。四是制订选种标准和鉴定标准，并要按选种标准和鉴定标准，只要坚持长期有效的选种选配，必能取得较大进展。五是通过杂交产生杂交优势，提高产仔数，技术部门要认真研究理想的杂交组合。

十一、附　　录

（一）参考文献

《广西家畜家禽品种志》编写组.1987.广西家畜家禽品种志[M].南宁:广西人民出版社:47-50.

孟令军,李洪军.2007.我国地方猪种肌内脂肪和脂肪酸的研究[J].肉类科学,98:35-37.

（二）主要参加调查人员及单位

广西大学动物科技学院：郭亚芬、兰干球、朱佳杰、邓继贤、王世凯、王新平。

隆林县水产畜牧兽医局：陈小红、罗仁彬、龚天洋、班顺兴、黄云理等。

德 保 猪

一、一般情况

德保猪（Debao pig），原名德保黑猪。属于肉用型品种。

（一）中心产区及分布

根据1956年8月、1973年1月、1981年2～4月由自治区猪种调查队、德保县畜牧水产局及兽医站的三次调查情况来看，德保猪遍布德保全县，以那甲、马隘、巴头乡为中心产区，其他乡镇及田阳的巴别、五村、洞靖也有分布。而2003年德保县畜牧水产局调查结果表明，德保猪目前主要分布在马隘、巴头、大旺三个乡。

（二）产区自然生态条件及对品种形成的影响

广西德保县位于桂西南，东经106°37′～107°10′，北纬23°10′～23°46′，东面与田阳、田东县交界，东南面与天等县相邻，西面与靖西县交界，北面与田阳、右江区接壤。地势西北高东南低。西北谷地海拔一般在600～900m，山峰海拔1 000～1 500m；而东南谷地海拔只有240～300m，山峰海拔800～1 000m。

德保县属于南亚热带季风气候，冬无严寒、夏无酷暑、气候温凉、春秋分明。年平均气温为19.5℃，年降水量为1 462.5mm，年平均日照时数为1 554.1h，年蒸发量为1 437.6mm，年无霜期为332d，年平均湿度为77%。

德保县属于云贵高原东南边缘余脉，是桂西南岩溶石山区的一部分，地形地貌结构十分特殊复杂，喀斯特地形纵横交错，成土母质以石灰岩、沙页岩为主。全县大小河流31条，以鉴河为最大，绝大部分河流分布在东南部，西北部冬春比较干旱。

产区农作物以种植玉米、水稻为主，一年两熟，小麦、荞麦次之，兼种高粱、木薯、甘薯等杂粮。野生饲料资源也极为丰富，为养猪提供了优良条件。

2006年，德保县有18个乡（镇），187个行政村，2 079个自然屯，人口34万，农业人口31.6万。全县总面积25.75万hm²，其中耕地面积23 396hm²，耕地中水田10 218hm²，粮食总产量101 174t。

二、品种来源及发展

（一）品种来源

德保猪的形成缺乏历史记载，根据几次调查了解，中心产区的七八十岁老农反映，这个品种早已深受德保人民喜爱，是老祖宗遗留下来的当家猪种。据祖先的传说，几百年前已有德保猪饲养，原先这个猪种个体不大，但经过劳动人民漫长岁月的精心选育，才逐渐育成现在个体大、耐粗饲的地方猪品种。

（二）群体规模

据德保县水产畜牧局2006年各乡上报统计，群体总数只有305头。当时发现已无纯种公猪和用于纯繁的母猪，引起了管理部门的重视。随着调查的深入，在德保县东凌乡偏远的瑶族村屯陆续发现少量纯种公、母个体，并加以收集保护。

20世纪80年代中期以后，随着外来猪种的引进及猪品种改良技术的推广，用德保猪母猪作为母本与外来的长白猪、大约克猪或杜洛克猪杂交获得了较好的效果和效益。2006年上半年统计的305头母猪全部用于与外来品种公猪杂交。

（三）近15 ～ 20年群体数量的消长

20世纪80年代中期以前，德保猪一直是当地生猪生产的当家品种，随着外来良种猪的引进和猪品种改良技术推广，近20年来，由于养猪业重改良轻保种，德保猪品种资源迅速减少，在个别乡（镇）已经消失。据县畜牧局调查统计，2002年年底有能繁母畜747头，种公猪1头，群体总数853头；2003年年底有能繁母畜510头，群体总数515头；2004年年底有能繁母畜495头，群体总数495头；2005年年底有能繁母畜397头，群体总数397头；到2006年上半年德保猪的群体数量只有305头。2003年后的几年间，由于德保猪很少用于纯繁，造成纯种公猪总数及家系数偏少，母猪也只有300头左右，品种濒临灭绝。

三、体形外貌

德保猪全身黑色，故有德保黑猪之称。被毛长而粗硬，鬃毛长约5cm。该品种体大身长，胸深身宽，体质结实，结构匀称。头部以直小和适中为主，少数短深。脸微凹，额头有明显皱纹，有的呈复式X形，有横行纹，也有菱形纹，额端平直。嘴筒圆，长短不一，上下额平齐。耳小平直或稍下垂，少数耳大下垂。背腰稍平直，腹大但不拖地，臀部丰满适中，稍向肩部倾斜。四肢短而强壮有力，肌肉发育适中。尾下垂，少数上卷，有尾帚。据对94头猪测量统计，尾长为（30.26±2.89）cm。乳头细，10 ～ 14个，排列均匀、整齐（图1、图2）。

图1　德保猪公猪　　　　　　　　　　　　图2　德保猪母猪

四、体尺、体重

1. 成年公猪体尺及体重　由于本次调查时找不到德保公猪，根据广西猪种调查队德保分队1956年8月在足荣、那甲、马隘等三个区三个乡（其中石山三个乡，平原五个乡）的调查、测定，德保猪成年公猪的平均体长为98cm、胸围73cm、体高为48cm。

2. 成年母猪体尺及体重　2003年12月，德保县畜牧水产局分别对马隘乡、巴头乡、大旺乡三个乡的8个行政村进行调查，测量了153头12月龄以上猪的体尺和体重，结果见表1；2006年8月，调查组分别对马隘乡、巴头乡、龙光乡的8个行政村进行调查，测量了94头3胎以上猪的体尺和体重，结果见表2。

表1　153头德保猪成年母猪体尺及体重

年龄 （岁）	头数	平均体高 （cm）	平均体长 （cm）	平均胸围 （cm）	平均体重 （kg）
1～2	28	53.39±12.22	83.93±6.289	104.61±22.61	63.21±19.57
2～3	48	55.6±10.27	86.54±14.975	108.85±18.08	72.25±18.934
3岁以上	77	58.47±9.71	89.95±16.038	113.79±9.614	80.77±16.927

表2　94头德保猪成年母猪体尺及体重

性别	头数	平均体高 （cm）	变异系数	平均体长 （cm）	变异系数	平均胸围 （cm）	变异系数	平均体重 （kg）	变异系数
母	94	62.44±6.50	10.42%	120.76±11.01	9.11%	104.82±12.26	11.69%	82.62±24.52	29.68%

五、繁殖性能

德保猪是一个早熟品种。据德保县畜牧水产局于2003年12月分别对马隘乡、巴头乡、大旺乡三个乡的8个行政村调查的153头12月龄以上母猪的情况看，多数个体在5～6月龄开始发情，早的有4月龄发情的，发情时体重25～35kg。小公猪出生后25～30d有爬跨同窝仔猪行为，一般养四个月便可配种。初配年龄较早在6月龄，多数在8月龄，体重40kg左右。德保猪发情周期的长短因年龄和营养状况不同而有所差异，一般为20～21d，发情持续3～4d。按农家习惯，多在发情第二天到第三天上午配种，受胎率可达90%以上。根据对153窝猪进行统计，多数妊娠天数为115～116d，变化在113～118d。据2002年和2003年调查558窝的统计，德保猪平均每窝产仔数8.18头，仔猪初生个体重0.62kg。60日龄仔猪断奶个体重公猪8.02kg、母猪8.02kg。对2005—2006年449窝的统计，产仔总数4 148头，断奶时死亡473头，成活3 675头，仔猪断奶成活率88.6%。

六、育肥性能

德保猪在一般饲养条件下，肉猪平均日增重为360g。自1981年德保县兽医站对该品种三头育肥猪进行屠宰测定以后，2003年德保县水产畜牧局对2头280日龄以上的德保猪进行了屠宰测定分析，结果见表3。从表中看出，280日龄以上的宰前体重为（84.5±9.19）kg，胴体重为（62.54±

8.29）kg，屠宰率为（73.91±1.77）%，背膘厚为（4.25±0.57）cm，眼肌面积为（22.75±4.45）cm²，皮厚（0.46±0.014）cm。本次调查中，因该品种已没有育肥猪，故未进行屠宰测定。

表3 　2头德保猪屠宰测定

序号	宰前活重（kg）	胴体重（kg）	屠宰率（%）	胴体长（cm）	膘厚（cm）	皮重（kg）	板油（kg）	肉重（kg）	骨重（kg）	眼肌面积（cm²）	皮厚（cm）
1	78	56.67	72.65	71	4.7	4.05	3.9	16.66	3.03	19.6	0.47
2	91	68.4	75.16	70	4.5	3.8	4.2	22.18	3.28	25.9	0.45
平均	84.5 ±9.19	62.54 ±8.29	73.91 ±1.77	70.5 ±0.71	4.6 ±0.14	3.93 ±0.18	4.05 ±0.21	19.42 ±3.90	3.16 ±0.18	22.75 ±4.45	0.46 ±0.014

七、肉质性能

2004年德保县水产畜牧局调查时，采背最长肌送广西分析测试研究中心进行了检测，结果见表4。

表4 　德保猪背最长肌的营养成分测定结果

热量（kJ/kg）	水分（%）	干物质（%）	蛋白质（%）	脂肪（%）	灰分（%）	膳食纤维（%）
7 920	66.4	33.6	20.9	11.5	1.08	0.0

八、饲养情况

近年来，人们对德保猪主要以圈养为主，部分饲养户只有在母猪产仔前后才放牧，个别常年放牧。据调查当地饲养户对该品种母猪的饲养是很粗放的，一直沿用以前的饲养方式，一般以青粗饲料为主，精料为补。青料主要为甘薯藤、青菜叶、野菜等，粗料主要为米糠，精料主要是玉米粉，很少饲喂配合、混合料。调剂方法简单，青料砍碎与米糠、玉米粉混合饲喂，只有在产前、产后才加些少量黄豆粉或混合猪精料，每头日喂三餐，仔猪上槽时亦单独加精料饲喂，一般60日龄出售。精粗饲料比为1：2.5左右。德保猪性情温驯，饲养粗放，较易管理（图3）。

图3 　德保猪群体

九、品种保护与研究利用现状

（1）生理生化或分子遗传学研究方面　未进行过任何生化或分子遗传方面的测定。
（2）保种和利用方面　未建立保种场或保护区，也没有提出过保种和利用计划。

十、对品种的评价和展望

德保猪耐粗饲、抗病力强、适应性广，母猪利用年限较长，产仔成活率高，是广西优良地方品种之一。德保猪有两种类型：一种嘴长且平直、额头少皱、耳大下垂、体躯较大；另一种嘴短、额头、四肢多皱纹、耳稍垂、体躯较前者小。德保猪皮厚，头、四肢均有皱纹，给屠宰加工带来一定困难，但只要进一步选育提高是可以克服的。德保猪与外来猪种大约克猪、长白猪、杜洛克猪等相比生长速度较慢，但杂交后代的生长速度提高较为明显。

十一、附　　录

（一）参考文献

《广西家畜家禽品种志》编写组 . 1987. 广西家畜家禽品种志 [M]. 南宁 : 广西人民出版社 : 51-53.
陈伟生 . 2005. 畜禽遗传资源调查技术手册 [M]. 北京 : 中国农业出版社 .

（二）主要参加调查人员及单位

广西大学动物科技学院：郭亚芬、兰干球、王世凯、罗琴、朱佳杰、王新平、何荆洲。
德保县水产畜牧兽医局：韦显熙、言旭光、罗必就、黄种足、黄盛恒、陆明旭、黄国、黄振安、农定赞、黄加书等。

富钟水牛

一、一般情况

富钟水牛（Fuzhong buffalo）原名富川水牛。中国13个优良的地方水牛品种之一，属沼泽型水牛，役肉兼用型。1987年被列入《广西家畜家禽品种志》，改名为富钟水牛。

（一）中心产区及分布

中心产区在广西壮族自治区贺州市的富川瑶族自治县、钟山县，贺州市的其他区县及邻近的桂林市、梧州市等均有分布。

（二）产区自然生态条件

原产地富川、钟山两县位于桂东北丘陵地区，属五岭中都庞岭与萌渚岭两大山脉系统（富川县位于东经115°5′~111°28′，北纬24°37′~25.9°9′；钟山县位于东经110°58′~111°32′，北纬24°17′~26°47′）。产区地形多样复杂，有平原、丘陵、盆地、山地，除个别山峰为海拔1 000~1 800m以外，其余1 000m以下，大部分地区为海拔200~500m，山岭、丘陵较多，属"八山一水一分田"地区。由于地处热带与亚热带季风气候过渡地带特殊的地理位置，兼有两者的气候特征，但偏向于大陆性气候，形成了独特的"光热丰富、雨量充沛、雨热同季、冬干春湿"的气候特点，非常有利于牧草的生长。年均气温19℃左右，全年不低于10℃的活动积温为6 072℃（富川），极端最高气温38.8℃，出现在1987年7月21日；极端最低气温-3.7℃，出现在1969年1月31日。

年平均无霜期钟山为322d，富川317.9d。最长为1966年364d，最短为1958年277d。平均初霜日期为12月21日，平均终霜日期为1月28日；最早初霜日期是1958年的11月24日，最迟终霜日期是1986年3月6日。年平均降水量钟山县1 530.1mm，富川1 699.7mm。雨季平均开始时间为3月下旬，平均结束时间为8月中旬，平均长167d。

富钟水牛产地的全年平均干燥指数为93［以mm为单位的全年总降水量/（以℃为单位的全年平均气温+10）］，为湿润地区。风向受季风气候影响，季节变化明显，年平均风速钟山2.3m/s、富川2.9m/s，最大风速每秒达3.2m。年平均相对湿度钟山县76%、富川县75%，每年3~4月分别增至81%和86%，9月后相对湿度降至60%左右。

原产地水源资源丰富，境内河流有富江、思勤江、珊瑚河、白沙河、麻溪河、秀水河等众多河流。其中富江、思勤江、珊瑚河为桂江一级支流，均属珠江流域的西江水系。同时，地下水分布普遍，水量充沛。水利设施、山塘水库配套较齐备，水资源丰富，可解决人畜饮水问题。土质以沙页岩或石灰岩形成的碳酸盐红黏壤土为主，pH 6.3~6.6，有机物质含量1.5%~2%。土质种类有水稻土、红壤土、黄壤土、石灰岩土、红色石灰土、紫色土、冲积土等。

两县土地面积3 434.36km²（富川1 572.36km²，钟山1 862km²）。其中耕地435.91km²，占总面积的12.69%；森林面积1 251.2km²，占总面积的36.43%；草场1 063.02km²，占总面积的30.95%；荒地面积511.2km²，占总面积14.89%。

产区耕作制度主要为一年两熟，耕作方式主要有"水稻-水稻-菜（绿肥、冬小麦等）""玉米-玉米（甘薯、木薯等）""黄豆（花生）-甘薯（木薯）"等。作物种类主要是水稻、玉米、黄豆、花生、甘薯、木薯、小麦等。经济作物有烤烟、脐橙、红瓜子等。

富川、钟山两县农作物以水稻为主，旱地作物有玉米、黄豆、花生、甘薯、木薯等，可生产大量的秸秆用于养牛；两县还有草山草地面积11.81万hm²，为水牛的养殖提供了丰富的饲料资源。

二、品种来源及发展

（一）品种来源

富川、钟山两县均属于人少地多的地区，耕田种地是当地农民的主要收入来源，当地水田大多为低洼田，旱地又多为黏性土壤，体形较小的牛难以胜任耕作。据产区有关人士介绍，过去在产区有斗牛的习惯，逢年过节及会期，户与户、村与村之间，常相邀斗牛，斗胜者，牛主及全村均引以为荣。再者，富川、钟山两县中华人民共和国成立前交通很不方便，木制大轮牛车是主要交通工具，水牛是交通运输的主要役畜，公牛可以拉超过1 000kg、母牛可拉超过600kg；直至现在，由于考虑到运输成本及道路状况等原因，牛车仍是很多农户进行生产的主要运输工具。随着商品经济的不断深入；水牛由单纯的生产资料逐步向生活资料转变，如养母牛的以产犊牛出售作为主要收入；养公牛拉车者从2岁左右购入，在生长发育的过程中可供拉车，到6岁左右成年时大多作菜牛出售，然后又购回小公牛饲养，从中赚取差价。凡此种种原因，促使当地农民选留体格高大的公牛作为种公牛。长此以往，经过自然环境条件的影响和人为的选择，形成了今天体格高大、性能优良的富钟水牛。

（二）群体规模

据2003年年底统计，富川、钟山两县共存栏水牛123 003头（富川59 904头，钟山63 099头），其中可繁母牛73 781头（富川36 870头，钟山36 911头），占存栏总数的59.98%；种公牛3 922头（富川760头，钟山3 162头），占存栏总数的3.19%。种公牛与能繁母牛的比例为1∶18.81。

2003年用于纯种繁殖（本交）的母牛62 577头（富川30 164头，钟山32 413头），占能繁母牛的84.81%、总存栏水牛的50.87%；用于杂交改良（人工授精）的母牛11 204头（富川6 706头，钟山4 498头），占能繁母牛的15.19%、总存栏水牛的9.11%。

据2006年年底广西畜禽遗传资源社会分布情况统计表明，全广西富钟水牛存栏总数387 224头（富川、钟山两县121 172头）。其中，成年公牛34 293头（富川780头，钟山4 796头），成年母牛230 193头（富川35 576头，钟山27 961头），其他122 738头（富川25 437头，钟山26 622头）。

（三）近15～20年群体数量的消长

据1987年出版的《广西家畜家禽品种志》介绍，富钟水牛1981年在原产地富川、钟山两县的存栏数为57 393头，而2003年统计的存栏数为123 003头，20年间增长了一倍多，增长率为114.32%。

经过产地农民的不断选育，富钟水牛品质上已发生了一定的变化，体尺、体重均比20年前有所增加，母牛后躯更发达，部分母牛侧望略呈楔形，偏乳用体形，如经系统选育应可提高其泌乳性能。濒危程度为无危险等级。

三、体形外貌

1.体形　富钟水牛具有体格高大、结构紧凑、发育匀称、性情温驯、四肢发达、行动稳健、繁殖性能高等特点。

2.毛色　被毛较短，密度适中，有灰黑及石板青两种颜色，其中以灰黑为主。颈下胸前大部分有一条新月形白色冲浪带，有两条者极少，另有小部分无颈下冲浪带。下腹部、四肢内侧及腋部被毛均为灰白色。部分牛腹下有一条半圆淡黄色带。

3.头部　头大小适中，公牛头粗重，母牛头清秀略长。角根粗，大部分为方形，少数为椭圆形，角色为黑褐色；公牛角较粗，母牛角较细长。角形主要为小圆环、大圆环、龙门角三种，其中小圆环居多，其次为大圆环。嘴粗口方，鼻镜宽大、黑褐色。眼圆有神，稍突。耳大而灵活，平伸，耳郭厚，耳端尖。母牛额宽平，公牛额稍突起。下嘴唇白色，上嘴唇两侧各有约拇指大小白点一个，部分牛眼睑下方有双白点。

4.颈部　头颈与躯干部结合良好，颈宽长适中。公牛颈较粗，母牛颈较细长。

5.躯干部　背腰宽阔平直，前躯宽大，肋骨开张，尻部短、稍倾斜。公牛腹部紧凑，形如草鱼腹；母牛腹圆大而不下垂。无肩峰、无腹垂、脐垂、胁部皮肤及毛色逐渐淡化。公牛体格高大，前躯较发达；母牛则发育匀称，后躯较发达。乳房质地柔软，乳头呈圆柱状，长约3cm，距离较宽，左右对称。乳房绝大部分为粉红色，只有极少部分为黑褐色。公牛睾丸不大，阴囊紧贴胯下，不松垂。

6.尾部　富钟水牛尾短而粗，不过飞节，尾帚较小。

7.四肢　四肢粗壮，前肢正直，管粗而结实，后肢左右距离适中，大部分后肢弯曲微呈X状（飞节内靠）。蹄圆大，蹄壳坚实，蹄色黑褐色，蹄叉微开，少部分牛蹄呈剪刀形（图1、图2）。

图1　富钟水牛公牛

图2　富钟水牛母牛

四、体尺和体重

1.体尺和体重　据广西水牛研究所、富川县畜牧水产局、钟山县畜牧水产局2004年10月对30头成年公牛和154头成年母牛的体尺、体重测定，公牛平均体高为128.8cm，体重482.3kg，最高为659kg；母牛则体高为125.2cm，体重453.8kg，最高为623kg。详见表1。

表1 富钟水牛体尺、体重

性别	公	母
头数（头）	30	154
体高（cm）	128.8±5.00	125.2±5.02
体斜长（cm）	139.9±6.32	133.0±7.31
胸围（cm）	195.4±8.18	194.3±9.39
管围（cm）	22.6±0.85	20.8±1.05
体重（kg）	482.3±54.32	453.8±56.80

注：体重（kg）=胸围（m）^{2}×体斜长（m）×90。

经与1987年出版的《广西家畜家禽品种志》所载资料相比较，富钟水牛的体高、体重、胸围、管围、体斜长等各项体尺、体重指标均有所提高，其中体重增加最明显。公、母牛比较，公牛的提高又比母牛更加明显。这主要是改革开放后，产区农民根据市场经济的需求，更加重视公牛的选育，以提高富钟水牛的生长速度及肉用性能，从而带来更好的经济效益的结果。具体见表2。

表2 富钟水牛体尺体重变化比较

年份	2004年		1987年		2004年比1987年增减			
性别	公	母	公	母	公		母	
					增减	比例（%）	增减	比例（%）
头数（头）	30	154	37	156				
体高（cm）	128.8	125.2	123.8	124.5	+5	+4.0	+0.7	+0.6
体斜长（cm）	139.9	133.0	131.9	131.0	+8.9	+6.8	+2	+1.5
胸围（cm）	195.4	194.3	187.3	186.6	+8.8	+4.7	+7.7	+4.1
管围（cm）	22.6	20.8	21.9	20.1	+0.7	+3.2	+0.7	+3.5
体重（kg）	482.3	453.8	419.9	415.0	+62.4	+14.9	+38.8	+9.3

2. 体态结构 富钟水牛的体长指数、胸围指数、管围指数见表3。

表3 富钟水牛体形指数

性别	公	母
头数	30	154
体长指数（%）	108.6	106.0
胸围指数（%）	151.7	155.2
管围指数（%）	17.5	16.6

注：体长指数（%）=体斜长÷体高×100%，胸围指数（%）=胸围÷体高×100%，管围指数（%）=管围÷体高×100%。

经与1987年出版的《广西家畜家禽品种志》所载资料相比较，富钟水牛公牛的体态结构变化不大，而母牛的管围指数增加明显，胸围指数也有所增加。详见表4。

表4 富钟水牛体态结构变化比较

年份	2004年		1987年		2004年比1987年增减			
性别	公	母	公	母	公		母	
					增减	比例（%）	增减	比例（%）
头数	30	154	37	156	增减	比例（%）	增减	比例（%）
体长指数（%）	108.6	106.0	107.0	105.3	+1.6	+1.5	+0.7	+0.7
胸围指数（%）	151.7	155.2	152.0	149.9	−0.3	−0.2	+5.3	+3.5
管围指数（%）	17.5	16.6	17.5	14.1	0	0	+2.5	+17.7

五、繁殖性能

性成熟年龄公2.5岁，母2～2.5岁。配种年龄公3～4岁，母2.5～3岁。富钟水牛无明显发情季节，全年均可发情，但多集中在7～11月，占80%。发情周期21d，妊娠期315d，产犊间隔390d，一胎产犊数1头，犊牛初生体重公27.3kg、母24.7kg。

犊牛断乳体重（8月龄）公154.8kg、母151.8kg，哺乳期日增重公0.53kg、母0.53kg。犊牛成活率94.9%，犊牛死亡率5.1%。

六、生产性能

1.役用性能 富钟水牛一般2岁后正式使役，使役年限一般18～20年，挽力大而持久。耕田速度：犁沙质壤土水田，公牛507m²/h，母牛440m²/h。成年公牛拉车载重量1 000kg，日行25～30km。

2.乳用性能 富钟水牛哺乳期为8～10个月。

泌乳量：根据测定150头公、母牛犊生长情况，产后28d平均每天增重0.779 6kg，用美国国家科学技术委员会标准公式计算，富钟水牛一个泌乳期（305d计）泌乳量平均为1 217kg，最高为1 844.65kg，最低为908.23kg。

七、屠宰性能和肉质性能

1.屠宰性能 经2004年11月1日随机选取成年公牛（5岁）、成年母牛（7岁）、育成公牛（1.5岁）各1头进行实地屠宰测定，富钟水牛产肉性能如表5所示。

表5 富钟水牛产肉性能

项目	成年公牛	成年母牛	育成公牛	平均
宰前体重（kg）	530	490	300	—
胴体重（kg）	260.8	239.9	141	—
屠宰率（%）	49.21	48.96	47	48.61
净肉重（kg）	205	169.6	105	—
净肉率（%）	38.68	34.61	35	36.33
胴体净肉率（%）	78.3	68.44	73.32	74.74

（续）

项目	成年公牛	成年母牛	育成公牛	平均
皮厚（cm）	1.1	0.775	1.08	—
腰部肌肉厚（cm）	5.4	5.4	4.4	—
大腿肌肉厚（cm）	9.2	9.8	9	—
背部脂肪厚度（cm）	1.9	2.4	1.1	—
腰部脂肪厚度（cm）	0.7	0.6	0.4	—
骨肉比	1：3.99	1：3.37	1：3.32	1：3.60
眼肌面积（cm²）	54.66	38.98	30.18	—

　　经与1987年出版的《广西家畜家禽品种志》所载资料相比较，屠宰率提高了4.64个百分点（48.61%：43.97%），提高了10.6%；净肉率提高了3.87个百分点（36.33%：32.46%），提高了11.9%。这是产区人民长期坚持选育，使得富钟水牛肉用性能得以保持稳定并提高的结果。

　　2.肉质性能　2005年6月，经广西分析测试研究中心分析，富钟水牛肌肉的主要化学成分如表6所示。

表6　富钟水牛肌肉主要化学成分

项目	成年公牛	成年母牛	育成公牛	平均
热量（kJ/g）	4 048	4 285	4 614	4 316
水分（%）	76.9	75.6	75.1	75.9
干物质（%）	23.1	24.4	24.9	24.1
蛋白质（%）	20.5	21.3	20.8	20.9
脂肪（%）	1.38	1.48	2.61	1.82
灰分（%）	0.99	1.02	0.98	1.00

八、饲养管理

　　富钟水牛的饲养管理一般以终年放牧为主，有牧地的乡镇多采取轮流群牧，牧地少的地区进行零星划地牵牧。农忙季节部分养牛户早晚补喂盐水、米糠等，冬季下雨下雪时舍饲饲喂稻草、花生藤等秸秆，还适量加喂米糠、食盐等。母牛产仔20d内精心护理，进行牵养和加喂米糠、玉米粉、鸡蛋、食盐等。

　　产区群众历来有饲养母牛繁殖、出售小牛的习惯。特别是改革开放以来，农民已把养牛作为发展农家经济收入来源之一，习惯饲养1～2头母牛做繁殖牛，并做到精心护养，细致管理，牛栏不仅牢固，而且冬季防寒保暖、夏季通风凉爽。经调查母牛难产、流产极少。富钟水牛性情温驯，不用穿鼻照样能够调教水牛使役和拉车，表现出温驯、灵活、耐劳等特点（图3、图4）。

图3　富钟水牛带仔母牛

图4　富钟水牛群

九、品种保护与研究利用现状

富钟水牛未进行过生化或分子遗传测定，亦未建立品种登记制度。

在20世纪60年代末和70年代初，为提高富钟水牛的牛群质量，开展了本品种提纯复壮工作，办起富川县种畜场，建立富钟水牛母牛繁殖核心群50头，对乡镇村提供优良种水牛，对全县开展本品种选育，提高牛群质量，起到了一定的作用。到80年代中期，因经费问题种畜场转产种果树。

2002年，由富川县畜牧水产局起草制定了《富钟水牛》地方标准并经自治区质量技术监督局批准发布，标准号DB45/T 44—2002。

十、对品种的评价和展望

富钟水牛结构匀称，结实紧凑，性情温驯，行动稳健有力，繁殖性能尤为突出。母牛后躯发达，乳房结构良好，泌乳潜力较大，是较好的杂交改良母本。中心产区应通过建立保护区、加强选种选配等，以提高富钟水牛的各项生产性能。在非中心产区可适当进行杂交改良，进一步发展成为乳、肉兼用型水牛。

富钟水牛具有体质健壮、耐粗饲、抗病力强、生长发育快、繁殖性能好、肉质鲜嫩等优点，且具有较强的适应能力和抗逆性，能适应当地低丘山天然草场，在很少精料补饲的情况下，牛生长发育、繁殖以及役用性能均正常，无论是酷暑（不低于35℃）或严寒（不高于0℃）或刮风下雨，能正常行走放牧。使役灵活、温驯，合群能力较强。据历年资料统计，牛的发病率不超过0.5%，但体内外寄生虫较多，未发现口蹄疫、牛出败等传染病。

十一、附　　录

（一）参考文献

《广西家畜家禽品种志》编写组.1987.广西家畜家禽品种志[M].南宁：广西人民出版社：24-25.
陈英姿，何衍琦.2008.富钟水牛[J].广西农学报，23(2):58-60，65.

（二）主要参加调查人员及单位

广西水牛研究所：杨炳壮、梁辛、莫乃国、梁贤威。
富川县畜牧水产事业局：何衍琦、邓寿志、潘颐。
钟山县畜牧水产事业局：钟华算、何一尝、李先标、白呈旺。

西林水牛

一、一般情况

西林水牛（Xilin buffalo），役肉兼用型。西林水牛为中国13个地方优良水牛品种之一。

（一）中心产区及分布

西林水牛属沼泽型水牛品种，中心产区在广西壮族自治区西林县，主要分布在西林、田林、隆林等县，毗邻的云南省广南县、师宗县，贵州省的兴义市也有分布。

（二）产区自然生态条件

西林水牛中心产区西林县位于广西最西端，地处云贵高原边缘，位于东经104°29′～105°30′，北纬24°1′～24°44′，是云南、贵州、广西三省（自治区）的交汇处，全县平均海拔890m。县境土地辽阔，全县总面积为3 020km²，土山面积占93.7%，现有宜牧草山1 000.05km²，宜牧疏残林地、灌木林306.68km²。全县境内河流纵横，清水江、南盘江流入县境北部，驮娘江横贯中部，南部有西洋江，山间溪水长流。土地肥沃，农作物种植以水稻、玉米为主，经济作物有甘蔗、豆类、薯类，农副产品丰富。植被种类也很丰富，主要牧草有须芒草、野古草、扭黄茅、龙须草、马唐、刚秀竹、吊丝草与狗尾草等，覆盖率达79%。这些条件都极有利于水牛的生长繁殖。

西林属亚热带季风性气候区，雨热条件好，气候温和，雨量充沛，雨热同季。中心产区极端最高气温39.1℃，极端最低气温-4.3℃，年平均气温19.1℃（16～21℃），平均日照1 400～1 800h，年均积温5 400～7 300℃。全年无霜期达310～340d。平均降水量为900～1 300mm。西林水牛产地的全年平均干燥指数为67.6，为湿润地区。受季风气候影响，季节变化明显，年平均风速3.1m/s，最大风速每秒达8m。年平均相对湿度为76%，每年3～4月分别增至80%和83%，9月后相对湿度降至68%左右。

西林水牛原产地处处深山，山山有水，境内溪河密布，仅西林县就有大水河溪295条，分属南盘江水系和右江水系，其中驮娘江穿越西林县城而过，流经3个乡城，贯经县域长143km，水能开发量2.5万kW。此外，流量较大的江还有南盘江、清水江、西洋江，四江共贯经县域长233km。清水江、南盘江流入西林县境北部，南部有西洋江，构成全县灌溉系统较好的天然条件。加上水利设施、山塘水库及地头水窖配套较齐备，水资源丰富。土质属沙页岩或石灰岩形成的碳酸盐红黏壤土为主，pH 6.2～6.7，有机物质含量1.6%～2%。地形地貌主要以土山为主，土壤以山地红壤土为主，类型有水稻土、红壤、黄壤、石灰土、冲积土五类。

主产区西林、田林两县土地面积8 597km²（西林3 020km²，田林5 577km²）。其中耕地498.37km²，占总面积的5.8%；林业用地5 808.64km²，占总面积的67.6%；牧业用地1 873.2km²，占总面积的21.8%；荒地、水域和其他特殊用地412.45km²，占总面积4.8%。

产区耕作制度主要为一年两熟，耕作方式主要有"水稻-水稻-菜（绿肥、冬小麦等）""玉米-玉米（甘薯、木薯等）""黄豆（花生）-甘薯（木薯）"等。作物种类主要以水稻、玉米为主，其他的还有甘蔗、黄豆、花生、甘薯、木薯、小麦等。

二、品种来源及发展

（一）品种来源

桂西山区人民养牛历史悠久，据宋代《田西县志》记载，"饮酒及食牛、马、犬等肉""殷实遗嫁并胜，以使婢女、牛、马……"。西林水牛产区属于高原山地，植被资源丰富，产区农作物以水稻、玉米为主，习惯用水牛耕田，自繁自养。由于当地水田土壤的黏性大，犁耙等耕作工具都很粗重，所以要选留大牛耕田。

在长期的生产和生活实践中，当地群众总结出一套选种经验：公牛要求雄性强，"三大"（眼大，蹄圆大，尾根粗）、四肢正；胸宽深，臀部肌肉丰满，身上旋毛以着生在肩胛者为佳。

由于自然生态环境条件的影响和当地社会经济活动，经过长期的自然驯养和人工选择，逐步形成了今天的西林水牛。

（二）群体规模

据2004年年底统计，西林、田林两县西林水牛存栏数为12.6万头。母牛总数10.3万头，占存栏总数的81.75%，其中能繁母牛6.6万头，占52.38%；未成年及哺乳母犊3.7万头，占29.37%。公牛总数2.3万头，占存栏总数的18.25%，其中成年种公牛0.4万头，占3.17%；阉牛、未成年及哺乳公犊1.9万头，占15.08%。种公牛与能繁母牛的比例为1：16.5。西林水牛的繁殖基本上以本品种纯繁为主，杂交改良数量很少。

据2006年年底广西畜禽遗传资源社会分布情况统计表明，全广西西林水牛存栏总数约40万头（西林、隆林、田林三县约占37.8%）。其中，成年公牛4.7万头（西林、隆林、田林三县约占23.2%），成年母牛18.6万头（西林、隆林、田林三县约占40.3%），其他16.7万头（西林、隆林、田林三县约占38.5%）。

（三）近15～20年群体数量的消长

据1987年出版的《广西家畜家禽品种志》介绍，西林水牛1981年在主产区西林、田林、隆林三县的存栏数为59 266头，而2004年的统计仅西林、田林两县的水牛存栏数即达12.6万头，2006年统计数为14.9万头，20年间增长了1倍多。

西林水牛由于近年缺乏系统选育，加上成年种公牛严重不足，近交、回交现象严重，已出现了较严重的退化现象，无论体尺、体重均比20年前有所降低。西林水牛群体无濒危危险。

三、体形外貌

1.体形 西林水牛属高原山地型水牛，体格健壮较高大、结构紧凑、发育匀称，四肢发达、粗壮有力，身躯稍短，后躯发育稍差。

2.毛色 被毛较短，密度适中，基本以灰色为主，少数为灰黑色，另有少部分为全身白色。颈下胸前大部分有一条新月形白色冲浪带，有两条者极少。下腹部、四肢内侧及腋部被毛均为灰白色。

3.头部 头大小适中，头形长窄，公牛头粗重，母牛头清秀略长。角根粗，大部分为方形，少数为椭圆形，角色为黑褐；公牛角较粗，母牛角较细长。角形主要为小圆环、大圆环两种，其中以小圆环居多。嘴粗口方，鼻镜宽大、黑褐色居多，只有少数白色水牛的鼻镜为粉红色；下嘴唇白色、上嘴唇两侧各有约拇指大小白点一个（即常说的"三白点"）。眼圆有神，稍突。耳大而灵活，平伸，耳郭厚，耳端尖。母牛额宽平，公牛额稍突起。部分牛两眼眼睑下方有白点。

4.颈部 头颈与躯干部结合良好，颈宽长适中。公牛颈较粗，母牛颈较细长。

5.躯干部 背腰平直，前躯宽大，肋骨开张，尻部稍短、斜尻。身躯较短，前躯发达，后躯发育较差，为役用体型。公牛腹部紧凑，形如草鱼腹；母牛腹圆大而不下垂。无肩峰、无腹垂、脐垂，胁部皮肤及毛色逐渐淡化。母牛乳房不够发达，乳头呈圆柱状，长约3cm，距离较宽，左右对称。乳房绝大部分为粉红色，另有极少部分为黑褐色。公牛睾丸不大，阴囊紧贴胯下，不松垂。

6.尾部 西林水牛尾短而粗，达飞节上方，尾帚较小。

7.四肢 四肢粗壮，前肢正直，管粗而结实，后肢左右距离适中，大部分后肢弯曲微呈X状（飞节内靠）。蹄圆大，蹄壳坚实，蹄色黑褐色，蹄叉微开。除白牛外，四肢下部均有一小白块，即俗称的"白袜子"（图1～图3）。

图1 西林水牛公牛

图2 西林水牛母牛

图3 西林水牛（白色个体）

四、体尺和体重

1.体尺和体重 据广西水牛研究所、西林县畜牧水产局、田林县畜牧水产局2005年10月对35头成年公牛和151头成年母牛的体尺体重测定，公牛平均体高为124.8cm，体重433.5kg，最高为474kg；母牛则体高为118.3cm，体重379.3kg，最高为524kg。详见表1。

表1 西林水牛体尺体重

性别	公	母
头数（头）	35	151
体高（cm）	124.8±2.40	118.3±4.93

（续）

性别	公	母
体斜长（cm）	135.8±3.56	125.0±7.37
胸围（cm）	188.2±4.65	183.0±9.62
管围（cm）	22.5±0.70	20.6±1.17
体重（kg）	433.5±28.08	379.3±56.00

注：体重（kg）=胸围（米）^{2}×体斜长（米）×90。

经与1987年出版的《广西家畜家禽品种志》所载资料相比较，西林水牛的体高、体重、胸围、管围、体斜长等各项体尺、体重指标除母牛胸围有所增加外，其余全面降低，其中尤以体重减少最明显，减幅达10.7%，具体见表2。这主要是产区长期缺乏本品种选育和提高，成年种公牛严重不足，近交、回交现象严重，从而造成品种退化，生长速度及生产性能降低。

表2　西林水牛体尺体重变化比较

年份	2005年		1987年		2005年比1987年增减			
性别	公	母	公	母	公		母	
头数	35	151	21	150	增减	比例（%）	增减	比例（%）
体高（cm）	124.8±2.40	118.3±4.93	126.1±5.63	120.1±2.91	-1.3	-1.0	-1.8	-1.5
体斜长（cm）	135.8±3.56	125.0±7.37	147.9±5.63	136.6±7.82	-12.1	-8.2	-11.6	-8.5
胸围（cm）	188.2±4.65	183.0±9.62	191.9±11.77	180.5±9.76	-3.7	-1.9	+2.5	+1.4
管围（cm）	22.5±0.70	20.6±1.17	23.7±1.43	21.2±0.85	-1.2	-5.1	-0.6	-2.8
体重（kg）	433.5±28.08	379.3±56.00	485.4±87.22	406.0±53.80	-51.9	-10.7	-26.7	-6.6

2.体态结构　西林水牛的体长指数、胸围指数、管围指数见表3。

表3　西林水牛体形指数

性别	公	母
头数	35	151
体长指数（%）	108.8	105.7
胸围指数（%）	150.8	154.7
管围指数（%）	18.0	17.4

注：体长指数（%）=体斜长÷体高×100%，胸围指数（%）=胸围÷体高×100%，管围指数（%）=管围÷体高×100%。

经与1987年出版的《广西家畜家禽品种志》所载资料相比较，西林水牛公牛的体态结构变化不大，而母牛的胸围指数、管围指数增加，体长指数减少，具体表现就是脚变粗、肚变大、体变短，进一步说明了西林水牛的退化现象。详见表4。

表4 西林水牛体态结构变化比较

年份	2005年		1987年		2005年比1987年增减			
性别	公	母	公	母	公		母	
					增减	比例（%）	增减	比例（%）
头数	35	151	20	125	增减	比例（%）	增减	比例（%）
体长指数（%）	108.8	105.7	110.0	110.5	−1.2	−1.1	−4.8	−4.3
胸围指数（%）	150.8	154.7	150.6	147.9	+0.2	+0.1	+6.8	+4.6
管围指数（%）	18.0	17.4	17.9	17.1	+0.1	+0.6	+0.3	+1.8

五、繁殖性能

性成熟年龄：公2岁，母1.5岁。配种年龄：公3岁，母2.5岁。

全年均可发情，无季节限制，但多集中在9～10月，占全年总发情数的61.73%。发情周期为21d，妊娠期为312d；产犊间隔时间约540d，一胎产犊1头。犊牛初生体重：公29.2kg，母27.8kg；犊牛断乳体重（周岁）：公173.8kg，母171.8kg；哺乳期日增重：公0.396kg，母0.394kg。犊牛成活率：89.2%，犊牛死亡率：10.8%。

六、生产性能

1.役用性能 西林水牛一般1.5岁开始调教，2岁后开始使役，耕作能力比较强。据广西畜牧研究所在西林县的古障镇进行测定，阉牛每小时能耕水田320m²，每日6h可耕1 920m²，每分钟速度为31.5m，耕作拉力135kg（110～180kg），最大拉力243kg（160～320kg），工作后30min恢复正常生理状态；母牛每小时耕地213.33m²，日耕6h，可耕1 280m²，速度每分钟32m，耕作拉力131kg（100～180kg），最大拉力232kg（140～300kg），工作后30min恢复正常生理状态。具体见表5。

表5 西林水牛拉力测定

性别	测定头数	耕作拉力	最大拉力
母牛	21	131kg（100～180kg）	232kg（140～300kg）
阉牛	6	135kg（110～180kg）	243kg（160～320kg）

2.乳用性能 西林水牛以役用为主，产乳性能差，由于没有进行挤奶利用，也没对西林水牛的产能性能进行过系统测定，故没有相关的乳用性能指标。但用摩拉水牛和尼里/拉菲水牛对本地西林水牛进行杂交改良，改良后的水牛母牛具有产奶量高、奶质好等优点，产奶平均在2 200kg/泌乳期，而奶质营养成分高于荷斯坦奶牛，其含锌量为荷斯坦奶牛的12.3倍，蛋白质为1.49倍，铁量为79倍、钙为1.28倍，氨基酸为2.97倍，维生素A为33倍、维生素B族1.16倍。

七、屠宰性能和肉质性能

1.产肉性能 经2005年10月18日选取成年公牛（3.5岁）、成年母牛（5岁）各1头进行实地屠宰测定，西林水牛产肉性能如表6所示。

表6 西林水牛产肉性能

项目	成年公牛	成年母牛	平均
宰前体重（kg）	317	292	304.5
胴体重（kg）	140	139.1	139.55
屠宰率（%）	44.2	47.6	45.9
净肉重（kg）	102.8	104	103.4
净肉率（%）	32.43	35.62	34.03
胴体净肉率（%）	75.6	75.91	75.76
皮厚（cm）	0.9	0.55	0.72
腰部肌肉厚（cm）	4.8	3.8	4.3
大腿肌肉厚（cm）	6.6	6.4	6.5
背部脂肪厚度（cm）	0.2	0.1	0.15
腰部脂肪厚度（cm）	0.1	0.1	0.1
骨肉比	1：3.25	1：3.51	1：3.38
眼肌面积（cm^2）	39.84	34.32	37.08

经与1987年出版的《广西家畜家禽品种志》所载资料相比较，由于西林水牛品种退化严重，屠宰性能全面下降，胴体重及净肉重均大幅度下降，屠宰率及净肉率亦有所降低。详见表7。

表7 西林水牛产肉性能比较

项目	2005年	1987年	2005年比1987年增减	
			增减	比例（%）
宰前体重（kg）	304.5	452.8	−148.3	−32.8
胴体重（kg）	139.55	211.95	−72.4	−34.2
屠宰率（%）	45.9	46.81	−0.91	−1.9
净肉重（kg）	103.4	160.6	−57.2	−35.6
净肉率（%）	34.03	35.47	−1.44	−4.1
骨肉比	1：3.38	1：3.7	−0.32	−8.6

2.肉质性能 经广西分析测试研究中心2005年11月分析，西林水牛肌肉的主要化学成分如表8所示。

表8 西林水牛肌肉主要化学成分

项目	成年公牛	成年母牛	平均
热量（kJ/kg）	4 309	4 249	4 279
水分（%）	76.2	77.1	76.65
干物质（%）	23.8	22.9	23.35

（续）

项目	成年公牛	成年母牛	平均
蛋白质（%）	20.4	19.2	19.8
脂肪（%）	2.08	2.49	2.285
灰分（%）	1.02	0.98	1.00

八、饲养管理

西林水牛的饲养管理一般终年以放牧为主，很少补料。放牧方式随季节而改变，大致有三种。一是全天放牧，即从早上到下午5～6点放牧，多在春秋与冬季；二是两头放牧，即早上、下午放牧，中午、晚上把牛赶回牛栏，多在夏天炎热季节和农忙使役季节；三是野营放牧，即在秋收后，把牛赶到大山沟里，用木头把山沟口拦起来，任其在山沟里日夜自由采食，目前这种放牧方法已不多见。

西林水牛全年以放牧为主，舍饲时间很少，亦很少补料。公牛仅在配种季节和役用牛使役期间，补喂稀粥、泔水和食盐等，增进食欲，保持体力。母牛于产仔后的半个月内，由养牛户在附近草地牵牧，并补喂稀粥、泔水和食盐等。

产区群众历来有饲养母牛繁殖、出售小牛的习惯。特别是改革开放以来，农民已把养牛作为发展农家经济收入来源之一，习惯饲养1～2头母牛作为繁殖牛。管理比较粗放，牛栏多数为木质结构，牢固性较差，且大多数牛栏积粪较厚，卫生条件较差。经调查母牛难产、流产极少。

犊牛一般1～2岁出售，特别是公犊牛，留养至成年的极少，有些地方没有配种公牛导致母牛的产犊间隔较长，有些地方还出现了未达配种年龄的小公牛提前用于配种，甚至子配母的现象，这是西

图4　西林水牛群体

林水牛出现退化的主要原因（图4）。

九、品种保护与研究利用现状

西林水牛未进行过生化或分子遗传测定，亦未建立品种登记制度。

为提高西林水牛的牛群质量，在20世纪60年代末和70年代初，开展了本品种提纯复壮工作；20世纪80年代至90年代初，在主产区西林、田林等县进行种公牛的评比鉴定，并对优秀种公牛进行表扬及奖励，从而使牛群质量得到了明显提高。后来由于种种原因，提纯复壮工作停顿下来，从而使西林水牛又出现了近亲繁殖及品种退化的现象，应引起有关方面的注意。

2001年，由西林县畜牧水产局起草制定了《西林水牛》地方标准并经自治区质量技术监督局批准发布，标准号DB45/T 40—2002。

十、对品种的评价和展望

西林水牛结构匀称，体格粗壮，四肢强健，性情温驯，役用性能好，耐粗饲，抗病力强、生长发育快、繁殖性能好、肉质鲜嫩，善爬山，适应性和抗逆性强，遗传性能稳定，役用性能良好，在四季放牧条件下，生长发育和繁殖性能良好，能适应我国南方高寒山区及桂西地区的高温、高湿气候，能适应当地高原山地型草场，在很少精料补饲的情况下，牛生长发育、繁殖以及役用性能均正常，无论是酷暑（不低于35℃）或严寒（不高于0℃）或刮风下雨，能正常行走放牧。使役灵活、温驯，合群能力较强，是广西壮族自治区优良的地方良种水牛品种。据历年资料统计，牛的发病率不超过0.5%，但体内外寄生虫较多，未发现口蹄疫、牛出败等传染病。

但长期以来，西林水牛缺乏科学、系统的保护和本品种选育，造成了主产区西林水牛逐渐退化，个体间差异较大，生产性能下降。为了更好保护和发挥西林水牛的品种优势，在中心产区应通过建立保护区、加强选种选配等，提高西林水牛的各项生产性能。在非中心产区可适当进行杂交改良，进一步发展成为乳、肉兼用型水牛。

十一、附　　录

（一）参考文献

《广西家畜家禽品种志》编写组.1987.广西家畜家禽品种志[M].南宁：广西人民出版社：20-23.

（二）主要参加调查人员及单位

广西水牛研究所：杨炳壮、梁辛、莫乃国。

西林县畜牧水产养殖局：梁何昌、韦文艺、何明国、颜国先、李光才。

田林县畜牧水产养殖局：卢安平、廖岭腾、文扬奋、覃能忠。

隆林黄牛

一、一般情况

隆林黄牛（Longlin cattle）是在特定的环境条件下经过长期风土驯养、选育和培育成役、肉兼用型黄牛品种，是广西壮族自治区优良地方黄牛品种之一。1987年载入《广西家畜家禽品种志》，2004年载入《中国畜牧业名优产品荟萃》。

（一）中心产区和主要分布

隆林黄牛中心产区在广西壮族自治区隆林各族自治县境内，繁殖中心又以该县的德峨、猪场、蛇场、克长、龙滩、者保等乡、镇为主。分布产区在西林和田林县等境内，并逐步扩展到毗邻的云南省广南、师宗县及贵州省的兴义市等地，该品种的数量已形成一定的规模。

（二）产区自然生态条件

隆林各族自治县位于广西西北部，东经104°47′～105°41′，北纬24°22′～24°59′，海拔380～1950.8m，属云贵高原东南部边缘，地势南部高于北部，由于境内河溪流的强烈切割，形成了无数高山深谷。受地形的影响，产区各地降水量差异大，高山的降水量比谷地多，而谷地则少雨干燥，降水量南多北少，降水量的差异在冬季更为明显。据近十年的统计，年降水量在1023～1599mm，年平均降水量为1157.9mm。主产区隆林各族自治县全年干燥指数75.41，属于低纬度高海拔南亚热带湿润季风气候区，南冷多雨，北暖干旱，"立体气候"和"立体农业"特征明显。

隆林各族自治县占地总面积3552.96km²，地貌结构分为岩溶区和非岩溶区，石山区占三分之一。该县地表植被比较好，土壤以山地红壤土为主，类型有水稻土、红壤、黄壤、石灰土、冲积土五类。土壤呈酸性（pH 5～6），土层具疏松、深厚、潮湿、肥沃的特征，水源较为丰富，境内河流属珠江非岩溶流域西江水系。境内林牧荒山荒地较多，自然地理环境适宜各种林木、牧草的生长繁殖。境内生长有肥牛树、任豆树、构树、白树、季石榴等豆科灌木和淡竹叶、秋树叶、牛筋草、狗尾草、五节芒等禾本科牧草共80余种。

种植业以旱地作物为主，种有玉米、水稻、豆类、小麦、黄豆、甘蔗、薏米、瓜菜类等，大部分农作物耕作制度为一年一作。近年来稻田的耕作以中稻加冬种作物为主，旱地以种植玉米加冬种作物（油菜、豌蚕豆、小麦）或烟叶加冬种作物及间种套种（玉米间种套种黄豆、瓜菜类等）为主。

隆林各族自治县是广西较边远的山区少数民族县，交通欠发达，本地黄牛的杂交改良工作开展比较缓慢。该地区的壮族居住区域（主要为地势较平缓和交通方便区域）水牛饲养量较黄牛多，而高寒山区的苗、彝等少数民族则以黄牛为主，一般坡度在45°以下均可用黄牛耕地。黄牛除了役用外，还是当地主要商品肉用牛。2004年，隆林县出栏黄牛约10 470头，产值达1 885万元，成为农民养殖增收主要经济来源之一，占全县畜牧业产值7 931万元的23.8%。分布产区西林、田林县分别出栏黄牛头数为4 500头和7 200头。产品主要销往贵州、云南、广东及广西等地，均受到广大消费者的青睐。

二、品种来源及发展

（一）品种来源

隆林黄牛形成历史悠久，该品种是在喀斯特地貌环境和植物群落条件下，经过长期风土驯化、选育而形成的广西优良地方黄牛品种，是较理想的役、肉兼用黄牛品种。产区隆林、西林和田林县的壮、苗、彝、仫佬族等少数民族，历代都有饲养隆林黄牛的习惯，并有杀牛兴办红白喜事的民族风俗。隆林黄牛适应性强，疾病少，易于饲养，肉质细嫩，营养丰富，味道鲜美，深受消费者欢迎，发展和利用潜力较大。

（二）品种数量与规模

据2004年年底主产区隆林县和分布产区西林、田林等县的统计结果，当年黄牛存栏总数为125 264头。其中主产区隆林县存栏量为60 795头，占48.53%；分布产区的西林县存栏21 854头，占17.45%，田林县存栏42 615头，占34.02%。

据主产区隆林各族自治县提供统计资料，2003年年底，黄牛的存栏总数为73 120头。其中，公牛存栏数为31 632头，用于配种成年公牛12 503头，配种公牛占当年黄牛存栏总数的17.10%，其他小公牛19 129头，公牛总数占当年黄牛存栏总数的43.26%。母牛存栏数为41 488头，其中能繁母牛24 108头，占当年黄牛存栏总数的32.98%，其他小母牛17 380头，母牛总数占当年黄牛存栏总数的56.74%。

种用公、母比例为1：1.9，全品种公、母比例为1：1.3。

由于主产区及分布产区均属于广西山区小县，交通欠发达，当地各族人民特别喜好饲养本地黄牛。因此，本地黄牛几乎都采取以本品种自然交配为主的繁殖方式。公牛的品质则是通过选秀评比活动来提高，确保每个村、屯都有几头好公牛。2000年以来，由于传统的养殖方法已不能适应当地和市场对牛肉的需求，有部分养殖专业户试图通过利用外来品种来改良本地黄牛，如利用利木赞牛、德国黄牛、西门塔尔牛等黄牛品种进行杂交来提高本地黄牛的各项生产性能，但投入成本太高，受胎率低，收效甚微，杂交牛存栏的比例极少。

（三）近15～20年群体数量的消长

产区长期以来都重视养牛业的发展，并把饲养黄牛作为当地人民经济增收的一大产业支柱，加之当地农民对饲养本地黄牛的依赖和喜好，使得黄牛饲养量由少到多，规模由小到大。根据产区3个县统计结果表明，20年来，隆林黄牛品种（含2个分布产区县）饲养量得到稳步的发展，从1985年的黄牛存栏87 982头发展到2004年的130 264头，存栏量提高了48.1%，与10年前的1994年119 311头比，也提高了9.2%。详见表1。因此，濒危程度为无危险等级。

表1　1985—2004年隆林黄牛存栏情况

（单位：头）

年度	1985	1986	1987	1988	1989	1990	1991	1992	1993	1994
头数	87 982	92 982	99 617	105 016	110 525	115 653	118 773	117 004	117 961	119 311
年度	1995	1996	1997	1998	1999	2000	2001	2002	2003	2004
头数	123 849	127 106	131 376	135 186	133 161	126 976	128 510	130 474	128 986	130 264

三、体形外貌

2005年10月对隆林、西林等县共6个乡、镇广大散养农户牛群进行实地抽样调查，被调查的牛群并不完全是选择最好的牛群，但样本仍然不失当地牛群的基本情况。本次调查登记3岁以上成年公牛39头和成年母牛154头。

（一）被毛颜色、长短与肤色

据193头统计，隆林黄牛的基础毛色以黄褐色为主，公牛占82%，母牛占97%，全身被毛贴身、短细而有光泽，多数牛全身毛色一致，少量公牛随着年龄的增长，背白带斑线较为明显，也有少量黄牛有晕毛或局部淡化现象。尾梢颜色以黑褐色和蜡黄色为主。鼻镜多为粉肉色和黑褐色，眼睑、乳房为粉肉色。

（二）外貌特征

1.体形特征 隆林黄牛体形中等，体重大，体形较好，背腰平直，四肢健壮，体躯紧凑、体质结实，全身结构匀称，性情温驯，灵敏活泼，爬山能力强。

2.头部与颈部特征 头部大小适中，宽度中等，额平或微凹，头颈与躯干部结合良好。公牛角形以倒八字角和萝卜角为主，其中倒八字角占62%，萝卜角占23%，其他占15%。母牛则以铃铃角（向内弯平角）及倒八字角为主，其中铃铃角占44%，倒八字角占18%，龙门角14%，其他占24%。角色以黑褐色及蜡黄色为主，公牛角黑褐色占54%，蜡黄色占46%；母牛角黑褐色占53%，蜡黄色占42%，其他占5%。耳形平直、耳郭薄、耳端尖钝而灵活。

3.躯干特征 前躯公牛表现为鬐甲较高、宽，肩峰高大，个别牛的肩峰高出鬐甲19cm，母牛鬐甲低而平薄，胸部深广，公牛颈垂、胸垂较大，母牛稍小。中后躯特征表现为躯体紧凑，公牛生殖器官下垂，器官顶端周围生长2～5cm不等的阴毛。母牛乳房较小，质地柔软，乳头呈圆柱状，乳头大如食指，长3～5cm。

4.四肢特征 肢势较直，前腿间距较宽，但后腿间窄，少数牛后肢外弧。蹄质细致坚固。蹄色以黑褐色及蜡黄色为主，公牛黑褐色占51%，蜡黄色占49%；母牛黑褐色占52%，蜡黄色占45%。

5.尾部特征 尻部长短适中，但较倾斜。尾大小适中，尾梢长过后肢关节。

6.骨骼及肌肉发育情况 骨骼粗细中等，发育良好，肌肉较发达，特别是成年公牛肌肉发育丰满（图1、图2）。

图1 隆林黄牛公牛　　　　　　　　　　　　图2 隆林黄牛母牛

四、体尺和体重

（一）体尺和体重

被测量牛群在自然放牧，不补充任何精料的情况下，随机抽样测量登记3岁以上的成年公牛39头，成年母牛154头，体重按计算公式进行估算。根据这次普查和测量结果，隆林黄牛成年公牛的平均体高114.1cm，体重264.9kg，与1979年比分别下降4.97%和24.46%，成年母牛的平均体高106.6cm，体重221.0kg，与1979年比分别下降1.20%和13.36%，各项体形指标和体重指标与1979年相比有下降之势。详情见表2。

表2　隆林黄牛在不同时期体尺、体重比较

时间	性别	测定数量（头）	体高（cm）	体斜长（cm）	胸围（cm）	管围（cm）	体重（kg）
1979	公	24	120.5±6.4	131.9±10.2	166.1±10.0	17.4±1.2	350.7±66.0
	母	175	107.9±4.8	118.6±6.7	151.1±8.2	14.6	255.1
2005	公	39	114.1±5.4	120.3±8.3	153.4±9.3	16.3±1.1	264.9±47.0
	母	154	106.6±4.6	114.7±6.6	143.8±7.9	14.0±0.7	221.0±32.1

（二）体形指数

据193头测定结果，从表3所列体形指数表明，隆林黄牛体形中等，体态匀称，结构紧凑而灵活，为役、肉兼用品种。

表3　隆林黄牛在不同时期体形指数比较

时间	性别	测定数量（头）	体长指数（%）	胸围指数（%）	管围指数（%）
1985	公	24	109.5	137.8	14.4
	母	175	109.9	140.0	12.9
2005	公	39	105.4	134.4	14.3
	母	154	107.6	134.9	13.1

目前，当地农户对黄牛的饲养管理技术还是比较传统，管理粗放，方式原始，没有系统的做好选育及保种工作，近亲繁殖现象较严重。加上人民生活水平不断提高后，人类对肉食需求的结构发生了变化，牛肉越来越受到消费者的青睐，在黄牛价格不断攀升的同时，当地群众开始把较大较好的牛只拿到牛市上进行销售、流通，而不注重选育提高，造成现有牛群整体素质参差不齐，某些生产性能出现下降现象，是导致各项指标下降的主要原因。

五、繁殖性能

根据1987年版《广西家畜家禽品种志》、广西壮族自治区畜牧研究所黄牛场和隆林县畜牧部门提供的技术资料，其结果为：

（1）**性成熟年龄**　对25头母牛统计，其性成熟年龄平均为（531.3±0.25）d。公牛在12～18月龄。

（2）初配年龄　32头母牛统计平均为（825.4±0.22）d。公牛在18～24月龄。

（3）繁殖季节　全年均可繁殖配种，但多集中在春秋两季（4～9月）的青草旺盛期。

（4）发情周期　32头母牛统计平均为（19.5±1.68）d，而1987年根据隆林平林牧场30头的观察，发情周期平均为18.5d。

（5）妊娠期　32头母牛统计平均为（279.3±7.16）d，而1987年根据隆林平林牧场30头的观察，妊娠期平均为274.9d。

（6）犊牛初生重　隆林县农户犊牛初生重公犊为16.5kg，母犊为14.4kg。广西壮族自治区畜牧研究所黄牛场对21头公犊及26头母犊统计，初生体重分别为（16.0±2.54）kg和（14.5±2.48）kg。而1987年根据对隆林沙梨牧场公犊32头、母犊25头的观察，公、母初生重分别为16.4kg和14.3kg。

（7）犊牛断奶重（6月龄）　隆林县农户犊牛断奶重公犊为66kg，母犊为64kg。而在广西壮族自治区畜牧研究所黄牛场的一般条件下，据对14头公犊和22头母犊统计，其断奶体重分别为（100.7±19.33）kg和（92.8±9.60）kg。

（8）哺乳期日增重（0～6月龄）　隆林县农户哺乳期日增重公犊为0.27kg，母犊为0.27kg。广西壮族自治区畜牧研究所黄牛场14头公犊和22头母犊统计，其日增重分别为0.47kg和0.43kg。

（9）犊牛成活率及死亡率　调查主产区隆林县德峨乡弄杂村卜糯屯2005年产犊牛90头，断奶时成活88头，该村犊牛成活率为97.8%，犊牛死亡率为2.2%。

总之，繁殖性能的各项指标与20年前差别不大，说明该品种的遗传性能是较稳定的。

六、生产性能

（一）生长发育

据2006年2月隆林各族自治县水产畜牧兽医局提供资料表明，该县德峨乡保上村和那地村农户养殖的黄牛在全年放牧不补料的情况下，各阶段生长发育如表4所示。

表4　隆林黄牛在不同时期的生长发育

阶段	性别	头数	体重（kg）	体高（cm）	体斜长（cm）	胸围（cm）	管围（cm）
初生	公	28	16.18±014	60.10±0.18	50.52±0.14	57.45±0.13	8.25±0.31
	母	21	13.80±0.22	58.25±0.28	48.83±0.11	55.27±0.13	7.13±0.15
6月龄	公	10	61.92±0.18	79.07±0.16	80.40±0.15	93.66±0.14	10.00±0.12
	母	11	66.20±0.17	80.46±0.19	80.60±0.12	93.60±0.11	9.91±0.12
12月龄	公	8	103.50±0.15	92.35±0.16	95.23±0.17	110.10±0.10	11.04±0.10
	母	9	109.61±0.14	91.36±0.15	93.17±0.13	112.00±0.11	11.01±0.12
18月龄	公	8	157.40±0.19	96.32±0.18	110.11±0.16	124.00±0.17	13.80±0.10
	母	12	112.50±0.13	96.52±0.14	96.05±0.16	134.01±0.12	12.28±0.11
24月龄	公	7	212.70±0.14	110.70±0.13	115.40±0.15	145.60±0.17	15.00±0.19
	母	10	115.10±0.21	103.00±0.18	108.35±0.19	135.80±0.14	14.02±0.10

据《广西家畜家禽品种志》记载，隆林黄牛初生重公16.48kg、母14.36kg，6月龄体重公62.18kg、母66.64kg，12月龄体重公107.92kg、母110.17kg，<4月龄公牛体重213.2kg。从表4中看出，散养户与1987年比较，公、母初生体重分别下降1.82%和下降3.90%；6月龄分别下降0.42%和0.66%；12月龄分别下降4.10%和0.51%；24月龄公牛下降0.23%。体形体质下降主要与选种选育方法及近亲繁殖有关。因此，要提高本地黄牛品种体形和体质，必须要通过科学的选种选育和加强饲养管理。

通过加强管理，提高科学饲养水平是可以提高隆林黄牛各项生长性能的。1997年广西畜牧研究所饲养的隆林黄牛，在冬春季节，除放牧和有足够的草料供应外，适当补充精料，测定结果比散养户只靠放牧的牛只体形大，其中6月龄公、母体重分别提高62.76%和40.18%；12月龄提高42.55%和32.45%；18月龄提高32.05%和58.34%；24月龄提高0.24%和71.81%。广西畜牧研究所隆林黄牛在各个生长发育阶段的体重和体尺详见表5。

表5　广西畜牧研究所隆林黄牛在不同时期的生长发育

阶段	性别	头数	体重（kg）	体高（cm）	体斜长（cm）	胸围（cm）	管围（cm）
初生	公	21	16.07±2.54	58.86±3.36	48.88±4.73	59.26±3.44	9.21±0.68
	母	26	14.56±2.48	57.81±3.03	47.81±3.02	58.87±3.43.72	8.67±0.80
6月龄	公	16	100.78±19.33	87.34±4.71	89.22±7.34	111.50±9.54	12.88±0.83
	母	22	92.80±9.60	85.61±3.41	87.86±5.14	107.57±4.15	12.15±0.48
12月龄	公	17	147.54±29.46	96.96±6.36	100.04±6.02	125.92±9.95	14.19±0.78
	母	17	145.18±29.46	97.29±4.11	102.50±6.79	124.74±5.24	13.62±0.49
18月龄	公	10	207.85±38.73	109.10±4.27	114.20±7.22	144.85±9.84	15.80±0.89
	母	15	178.13±24.50	104.37±2.97	107.93±5.99	134.50±5.80	14.30±0.59
24月龄	公	9	213.20±32.51	110.70±3.79	118.00±5.62	146.20±9.01	15.56±0.81
	母	16	197.75±31.24	105.71±3.86	117.22±4.00	141.38±6.82	14.44±0.91
成年	公	111	334.47	117.89	129.59	165.93	18.75
	母	100	255.1±50.6	107.08±4.26	126.38±8.10	159.18±9.88	15.41±2.39

（二）役用性能

隆林黄牛个体较大，体形好，具有较强耐劳和耕作能力。据《广西家畜家禽品种志》介绍，一头成年公牛每小时能耕水田约333.33m²，每天可耕2 333.33～3 533.33m²，可犁、耙地2 800～3 166.67m²；能耕旱地1 980m²。母牛每小时能耕水田约266.67m²，每天最多可耕1 666.67m²；每小时能耕旱地333.33m²，每天最多可耕2 000m²，工作后1h可恢复正常生理状态。用木胶轮车（车重120kg）在较平坦的泥路，公牛可拉300～400kg，母牛300～350kg，一天可行走20km左右。阉割公牛载重250～350kg，平均挽力278kg，在泥质公路上拉木胶轮车，一般可日行23km左右。个别公牛短途最大载重量可达1 000kg。

（三）乳用性能

根据广西壮族自治区畜牧研究所资料提供，共记录3头成年母牛的产奶量，乳成分的测定工作由该所的中心实验室承担。其结果是：泌乳期天数为225d，产乳量为300kg。乳的成分：蛋白质3.8%，乳脂率4.3%，乳糖5.2%，干物质14.1%，相对密度1.029，非脂固体9.8%，pH 6.63。

隆林黄牛个体较大，用该品种与外来血缘的黄牛品种进行杂交，其产奶性能有较大的提升潜力。根据广西壮族自治区畜牧研究所资料提供，10头荷杂一代共36胎次、1至7胎，平均泌乳期（297.75±81.30）d，平均泌乳量（1 913.18±690.02）kg（折合标准乳2 439kg），若以305d计，产奶量可达1 960kg（折合标准乳2 499kg）。而西杂一代1至3胎，平均泌乳期（319.6±77.1）d，产奶（1 822.7±605.5）kg。因此，隆林黄牛经过杂交改良后，产奶明显提高，是广西较理想的黄牛杂交组合母本之一。

七、屠宰性能和肉质性能

2003年12月，隆林县水产畜牧兽医部门屠宰3头公牛（当时3头公牛没有分开进行肉品化学成分分析），宰前活重分别为330kg、328kg、324kg。2005年10月中旬，在当地水产畜牧兽医局的协同下，再选择当地农户自然放牧的公、母黄牛各1头，公牛宰前活重300kg，膘情二等膘（4.5分）；母牛宰前活重231.25kg，膘情二等膘（4.0分），在隆林县屠宰场进行产肉性能屠宰试验。本次统计共4头公牛，1头母牛。公、母屠宰率等平均结果详见表6。

表6　隆林黄牛产肉性能成绩

项目	母	公
年龄（岁）	4	4
活重（kg）	231.2	320.5±13.8
胴体重（热胴体，kg）	105.5	182.0±17.0
净肉重（kg）	84.5	142.6±11.2
骨重（kg）	20.0	32.0±14.5
屠宰率（%）	45.6	56.7±3.4
净肉率（%）	36.5	44.5±2.5
胴体产肉率（%）	80.0	82.1±2.5
眼肌面积（cm²）	51.2	65.3±3.4
肉骨比	4.2∶1	（4.5±1.3）∶1
熟肉率（%）	62.5	62.4±0.5
5～6腰椎皮厚（cm）	0.4	0.9±0.2
最后腰椎皮厚（cm）	0.6	0.7±0.4
大腿肌肉厚（cm）	24.5	25.5±0.2
腰部肌肉厚（cm）	6.1	5.8±0.4
5～6胸椎膘厚（cm）	0.7	0.3±0.2
十字部膘厚（cm）	0.8	0.8±0.2

从表6可见，隆林黄牛公、母屠宰率分别为56.7%和45.6%，与1987年的52.1%和52.4%比，公牛略有提高，而母牛略有下降。

肌肉主要化学成分：屠宰后取背最长肌2～8℃冷藏12h后送由广西分析测试研究中心进行检测，其主要化学成分见表7。

表7 背最长肌主要化学成分

样品号	热量 (kJ/kg)	水分 (%)	干物质（%）	蛋白质（%）	脂肪 (%)	膳食纤维 (%)	灰分 (%)
1（3头公牛混合采样）	4 830	74.8	25.2	19.6	3.4	0.04	1.04
2（公牛）	5 375	73.2	26.8	20.3	4.76	0.00	1.06
3（母牛）	5 188	75.0	25.0	18.3	5.26	0.00	0.98
平均（$\overline{X}\pm S$）	5 131±276.9	74.33±0.99	25.67±0.99	19.40±1.01	4.47±0.96	—	1.03±0.04

八、饲养管理

隆林黄牛是在喀斯特地貌环境和植物群落条件下，经过当地风土驯化形成的，性情温驯、合群性好、适应性强、疾病少，既可放牧，亦可圈养，易于管理。

饲养方式：隆林黄牛的饲养方式以自然放牧为主，一般是全天放牧，早出晚归，也有两头放牧，中午休息。有些村屯在农闲时几户或全屯集中牛群赶入深山放养，长年不收牧，到农忙时才收牧，极少圈养。牛舍较简易，大部分是木棚栏，茅草顶，泥土地面，卫生条件差。

舍饲与补饲情况：对妊娠、哺乳母牛或农耕牛在冬季较冷、草料不足时，才补给一定的精料（如玉米、水稻、野菜和南瓜拌米糠煮熟等），如玉米、水稻类的每天补给1kg左右，稻草、玉米茎秆、叶及甘薯藤等每天5～10kg，采用舍饲补料。而其他牛只全靠放牧来维持自身的营养需要（图3、图4）。

图3 隆林黄牛带仔母牛

图4 隆林黄牛群体

九、品种保护与研究利用现状

隆林县种畜场1973—1985年曾开展过隆林黄牛的保种和开发利用工作。工作内容是采用保种场和保护区、保护与开发利用相结合原则，加快发展隆林黄牛产业，后来因陈旧落后的生产方式及资金缺乏，先进的选种选育技术没有真正落到实处，保种计划未得到长期而有效实施。

品种登记制度：隆林县水产畜牧兽医局从1958年开始建立隆林黄牛品种登记制度，当时县级种牛场配备较齐全，档案制度也较完善，且每个乡镇畜牧兽医站都有各个村屯种公牛档案，给当地种牛选育工作带来很大的方便。但进入20世纪90年代后，由于天生桥水库建成蓄水，原场址被水淹没，登记工作已基本停止。

近几年来，由于当地政府认识到品种资源保护工作的重要性，每年都邀请有关权威畜牧专家，每年举办1～2次种牛评比活动，通过评分方法选出优秀种牛，发给证书和奖金，部分种牛由县种畜场收购进场进行保护、登记，这些优秀种公牛将承担本县黄牛的纯繁工作任务。

十、对品种的评估和展望

隆林黄牛既有较强的使役和爬山能力，又有较高的符合山区人民生活需要的肉用性能。隆林黄牛体躯较高大，发育匀称，肌肉发达，性情温驯，耐粗饲，力大耐劳，耐热、耐寒，适应性好，肉质细嫩，屠宰率较高，胴体中肌肉比例大，有向肉、役多用方向发展的前途，亦可通过杂交改良获更佳的杂交优势。但也存在生长较慢，泌乳量低，以及斜尻、四肢肢势欠正的缺点。加上饲养管理较粗放，选种选配工作跟不上，某些生产性能已出现退化的趋势。

产区应按照新修订的《隆林黄牛》（DB45/T 343—2006）地方标准要求，加强系统选育选配，对现有种牛进行等级评定，通过开展本品种选育，实行种公牛异地交换，合理搭配公、母牛比例，减少近亲概率，达到防止生产性能衰退的目的，并有计划地在非主产区开展黄牛品种改良工作，适当引进一些外来乳、肉黄牛品种与其杂交，以提高隆林黄牛的各项生产性能，逐步向奶、肉、役兼用方向发展，以满足人民日益增长的物质生活需要。

十一、附　　录

（一）参考文献

《广西家畜家禽品种志》编写组 . 1987. 广西家畜家禽品种志 [M]. 南宁：广西人民出版社：7-11.

（二）主要参加调查人员及单位

广西畜牧研究所：黄敏瑞、陆维和、李秀良、黄光云、磨考诗、吴桂月、杨贤钦、蒋小刚、莫柳忠。

隆林县畜牧水产局：陈小红。

隆林县德峨畜禽品改站：王充、杨光标、杨成义。

隆林县德峨兽医站：岑章爱、廖强、杨金旺。

隆林县猪场兽医站：罗庭青、杨华杰。

隆林县长发兽医站：梁秋元、王建新。

西林县畜牧水产局：韦文艺、班琦。

西林县畜禽品改站：韦定荣、颜国生。

西林县动物防检所：何明国。

西林县普合兽医站：廖世才、农永刚。

西林县八达兽医站：韦少兵。

南丹黄牛

一、一般情况

南丹黄牛（Nandan cattle）是在特定的环境条件下选育和培育而成役、肉兼用型地方黄牛品种。1987年载入《广西家畜家禽品种志》，是广西壮族自治区优良地方黄牛品种之一。

（一）中心产区及分布

南丹黄牛中心产区在广西壮族自治区南丹县境内，境内又以中堡、月里、里湖、八圩四个乡、镇为主。分布产区是在该县的其他十三个乡、镇及相邻的环江县、天峨县、东兰县、金城江区等地，并逐步扩展到毗邻的贵州省边境市、县。该品种的数量已形成一定的规模，目前在南丹县六寨镇建立一个两省之间较大的牛市，给双方贸易带来新的生机。

（二）产区自然生态条件

南丹县位于广西西北部，东经107°1′～107°55′，北纬24°42′～25°37′，地处云贵高原南缘，全境地势为高原至丘陵过渡地带，海拔800～1 000m。全县土地总面积3 196km²，中低山地占总面积的86.3%，坡地25°～35°，切割深，坡度陡。

南丹县气候条件比较优越，冬无严寒，夏无酷暑，年均日照1 243h，太阳辐射376.74kJ/cm²。年均气温16.9℃（年最高气温35.5℃，最低气温-3.3℃），不低于10℃的日数为285d，无霜期为291d，年均降水量为1 477.4mm，干燥指数为97.40AI，相对湿度为81.9%。每年夏季为雨季，属亚热带山地湿润季风气候地区。

南丹县有因山坡自然形成的大小山川汇成不同的河流共11条，全长共5 842km。全县还建成大小水库23座，水资源十分丰富。土壤以黄壤土、红壤土、石灰土和紫色土为主，土质属火山沉积灰层土，地下蕴藏丰富的有色金属矿，一般表土层厚为5～25cm，土层厚为10～100cm不等。约有5.33万hm²草山，以黄土为主，有机质和钙质丰富，光、热、水肥条件好，适宜牧草生长。

全县土地面积39.16万hm²，其中耕地面积1.7万hm²，人均耕地面积0.063hm²，属人多地少的贫困山区县。有森林面积6万hm²，宜放牧和宜牧草山地面积7.958万hm²，其中可利用草地面积4.67万hm²。

农作物品种主要有水稻、玉米、小麦、黄豆、饭豆、油菜等。夏季主要种植水稻、玉米，由于日照时间较短，一年只能种植一作。冬季北部乡、镇种有少量小麦、油菜等农作物品种。

二、品种来源及发展

（一）品种来源

南丹黄牛原产于广西西北部南丹县境内，在当地自然条件和少数民族长期选择和商品贸易的促进中形成，历史悠久。产区南丹等县的壮、瑶、苗、彝、仫佬等少数民族，历代都有饲养黄牛的习惯，并有杀牛兴办红白喜事的民族风俗。黄牛一般用来使役，在山地耕作灵活，耐力强。南丹黄牛爬坡能力强，适应性好，易于饲养，肉质细嫩，营养丰富，味道鲜美，深受当地人民和广大消费者欢迎，发展和开发潜力十分广阔。

随着交通、通信技术的发展，当地人民市场经济观念的更新，黄牛已从单一的耕作使用逐步走向市场，成为当地人民脱贫致富的有效途径之一。近年来，主产区黄牛年销售量均在2 000多头，产品主要销往云南、贵州、广州及广西等地。

（二）群体规模

据2004年年底统计，南丹黄牛品种总存栏量为152 769头。其中，主产区南丹县黄牛存栏量为50 352头，占33.0%；分布产区的天峨县存栏量为31 050头，占20.3%；环江县存栏量为66 435头，占43.5%；金城江区存栏量为4 932头，占3.2%。

南丹县2004年年底统计表明，该县黄牛存栏总数为50 352头。其中，公牛存栏数为20 040头，用于配种成年公牛13 343头，种公牛在全群中占26.5%，其他或小公牛6 697头。公牛占当年黄牛存栏总数的39.8%。母牛存栏数为30 312头，其中能繁母牛20 242头，能繁母牛在全群中占40.2%，其他或小母牛10 070头。母牛占当年黄牛存栏总数的60.2%。

种用公、母比例为1∶1.5。全品种公、母比例为1∶1.5。

主产区和分布产区均属广西山区小县，交通尚欠发达，要开展黄牛杂交改良工作难度比较大，且成本高。因此，开展杂交改良工作比较缓慢，而黄牛的繁殖育种方法一般都采用本品种自然交配，即一村、一屯留下几头好公牛，放牧时几户一起全群混养。近几年来政府也比较重视养牛业的发展，通过公牛的选秀评比活动来提高本地黄牛品质，保证每个村、屯都有几头体形较好的种公牛来承担本地的黄牛繁殖育种工作。

（三）近15～20年群体数量的消长

根据产区3县1区统计结果表明，20年来养牛业得到较大发展，特别在1994年后牛群数量增加迅速，黄牛存栏最高时期分别在1998年和2004年，黄牛存栏数达15万头以上。2004年年底存栏152 769头与1985年年底存栏82 014头相比，提高了86.27%。详见表1。

表1 1985—2004年黄牛存栏情况

（单位：头）

年份	1985	1986	1987	1988	1989	1990	1991	1992	1993	1994
头数	82 014	84 997	88 544	93 828	96 015	103 633	107 281	110 460	116 489	123 371
年份	1995	1996	1997	1998	1999	2000	2001	2002	2003	2004
头数	130 739	139 554	143 692	151 324	148 711	139 673	133 321	138 636	136 148	152 769

　　由于养牛业是产区传统产业，是经济收入的重要来源。近几年来，当地政府高度重视养牛业的发展，群众养牛积极性高，加上南丹黄牛历来都是以混群自然放牧，本品种自然交配为主。因此牛群繁殖率高，死亡率低，使得养牛业得到稳步发展，牛群存栏数明显提高。

　　目前，黄牛的数量及规模得到较快的发展，且保持平稳的发展势头，濒危程度等级为无危险等级。

三、体形外貌

　　2005年6月，对南丹、天峨两县共6个乡、镇广大散养农户牛群进行实地抽样调查，由于在调查期间正是当地的雨季时期，调查途中交通受阻，被抽调的牛群并不全是选择最好的牛群，但仍然可代表当地牛群的基本情况。本次调查登记3岁以上成年公牛41头，成年母牛153头。

（一）被毛颜色、长短与肤色

　　南丹黄牛基础毛色以黄褐色或枣红色为主，多数牛全身毛色一致。据41头公牛和153头母牛统计，公牛黄褐色或枣红色占73%，其他占27%；母牛黄褐色或枣红色占92%，其他占8%。四肢下部为浅黄或黑褐色，少量牛有背线，特别是年长的公牛较为多，尾帚毛多为黑色，间有蜡黄色，毛细、短、直而有光泽，少量有晕毛和局部淡化。尾梢颜色以黑褐色和蜡黄色为主。

　　鼻镜多为黑褐色和粉肉色为主，其中公牛黑褐色占73%，粉色占22%，其他占5%；母牛黑褐色占88%，粉色占11%，其他占1%。眼睑、乳房为粉肉色。

（二）外貌特征

　　1.体形特征　南丹黄牛体形中等，体形结构较好，背腰平直，四肢健壮，体躯紧凑、体质结实，全身结构匀称，性情温驯，爬山灵活而有力。

　　2.头部与颈部特征　头较宽短，公牛头雄壮，母牛则较清秀，额宽平，眼大而明亮敏锐，鼻梁狭而端正，鼻镜与口唇较大。角的形状以倒八字居多，公牛倒八字约占93%，角长度在13～24cm不等；母牛角的形状比较多，倒八字角占53%，小圆环占18%，铃铃角占16%，其他占13%，但角形明显短小，松动的角罕见。角色以黑褐色为主，其中公牛角黑褐色占61%，蜡黄色占17%，黑褐纹占22%；母牛角黑褐色占85%，蜡黄色占10%，黑褐纹占5%。

　　公牛颈粗厚重，母牛颈部较轻薄，头颈与躯干部结合良好。耳形平直、耳郭薄、耳端尖钝而灵活。

　　3.躯干特征　前躯特征公牛表现为鬐甲高厚，肩峰高达10～15cm，肩长而平，母牛肩峰则不明显或较低而平薄。胸部较深宽，公、母颈垂都较发达，胸垂较小。中后躯特征表现为背腰平直、略短，腰角突出，尻形短斜，臀中等宽。母牛乳房较小，质地柔软，乳头呈圆柱状，乳头大如钢笔套，长3～4cm，乳静脉不够显露，少数母牛的乳房上着生稀毛。公牛阴囊颈短，生殖器官顶端周围长有2～5cm长度不等的阴毛。

　　4.四肢特征　肢势一般正直，前腿间距较宽，但后腿间窄，少数牛后肢外弧。蹄质细致坚固。蹄色以黑褐和蜡黄为主，其中公牛黑褐色占83%，蜡黄色占15%，黑褐纹占2%；母牛黑褐色占93%，蜡黄色占7%。

　　5.尾部特征　尻形短斜，臀中等宽。尾根大小适中，尾端长过后肢飞节（图1、图2）。

图1　南丹黄牛公牛　　　　　　　　　　　图2　南丹黄牛母牛

四、体尺和体重

1.体尺和体重　被测量牛群在农村自然放牧，不补充任何精料的情况下，随机抽样测量登记3岁以上的成年公牛39头，成年母牛153头，体重则按计算公式进行估算。根据这次普查和测量结果，南丹黄牛公牛的平均体高109.3cm，体重248.1kg，与1987年比分别下降10.70%和30.17%；母牛的平均体高104.9cm，体重211.4kg，与1987年比分别下降5.24%和18.91%。因此，南丹黄牛个体的体重、体形指标都有下降之势。详见表2。

表2　南丹黄牛在不同时期体尺、体重比较

时间	性别	测定数量（头）	体高（cm）	体斜长（cm）	胸围（cm）	管围（cm）	体重（kg）
2005	公	41	109.3±6.5	120.1±11.0	147.8±12.5	16.0±1.6	248.1±61.0
	母	153	104.9±5.1	117.3±8.7	139.2±6.9	13.8±1.4	211.4±32.0
1987	公	25	122.4±6.7	140.3±6.6	168.5±10.6	17.8±0.9	355.3±60.4
	母	150	110.7±3.7	121.8±4.3	153.9±5.8	15.4±1.0	260.7±30.3

2.体形指数　南丹黄牛体型中等，体态匀称，结构紧凑，为广西较为理想的役、肉兼用品种之一。其体形指数等详见表3。

表3　南丹黄牛在不同时期体形指数比较

时间	性别	测定数量（头）	体长指数（%）	胸围指数（%）	管围指数（%）
2005	公	41	109.8	135.2	14.7
	母	153	111.7	132.6	13.1
1987	公	25	114.6	137.7	14.5
	母	150	110.1	139.0	13.9

由于当地群众对黄牛的饲养管理较粗放，方式原始，没有系统的做好选种选育工作，近亲繁殖现象较严重。加上在市场经济的冲击下，牛的用途已发生较大的变化，当地农民把体形大、膘情好的

牛（特别是公牛）投放到市场进行流通、交易，造成该品种整体素质下降，主要表现在个体体形偏小，如表3所示，近年来南丹黄牛的各项体形指数和1987年相比略有下降，应引起高度重视。

五、繁殖性能

据《广西家畜家禽品种志》资料记载及调查结果表明，南丹黄牛性成熟稍晚，繁殖力强，利用年限长，泌乳性能较差，其繁殖性能如下所述。

（1）性成熟年龄　31头育成母牛初情期平均为（912.0±157.5）d，公牛在18～24月龄。

（2）初配年龄　35头母牛初配日龄平均为（1 044.2±178.3）d，38头初产母牛平均日龄为（1 347.5±188.7）d。公牛初配月龄在24～30月龄。

（3）繁殖季节　全年均可繁殖配种，但多集中在4～10月。

（4）发情周期　4～6月发情最多，占总数的73.4%，发情期2.5d，周期为（19.6±1.4）d。12头各龄母牛15胎产后（173.9±159.8）d发情。

（5）妊娠期　37头各龄母牛48胎孕期平均为（279.9±1.7）d，44头各龄母牛70胎产仔间隔平均为（477.0±175.2）d。

（6）犊牛初生重　公牛平均初生体重为15.7kg，母牛平均初生体重为15.3kg。

（7）犊牛断奶重（6月龄）　公牛75kg，母牛68kg。

（8）哺乳期日增重（0～6月龄）　公牛0.33kg，母牛0.29kg。

（9）犊牛成活率及死亡率　2006年11月，南丹县畜牧水产局对该县芒场镇的磨岩村和尧林村进行调查，共调查213户607头繁殖母牛，其结果是：该村2005年共繁殖生产犊牛607头，到断奶月龄时共死亡24头，犊牛成活率为96.0%，犊牛死亡率为4.0%。

六、生产性能

（一）生长发育

据1987年《广西家畜家禽品种志》资料记载，测定牛群在自然放牧、不补料的情况下，牛只的生长发育如表4所示。初生体重约15kg，6月龄75～83kg，1岁100kg，2岁173kg。公、母犊在6月龄和1岁时，其体高、体斜长、胸围分别达到成年牛的50%和60%以上；周岁体重达到成年的26%和42%。说明由初生到周岁生长发育最快，这个时期母犊生长较公犊快。

表4　月里牛场南丹黄牛生长发育情况

阶段	性别	头数	体重（kg）	体高（cm）	体斜长（cm）	胸围（cm）	管围（cm）
初生	公	32	14.76±1.03	63.67±1.53	57.33±3.97	63.67±1.16	—
	母	40	14.72±0.63	62.67±3.06	54.33±3.21	61.00±1.00	—
6月龄	公	10	75.10±8.90	78.40±1.73	79.70±6.08	87.93±6.96	10.86±0.81
	母	10	82.85±9.80	78.57±1.73	79.57±5.33	89.43±5.48	11.42±0.36
1岁	公	9	100.20±37.94	99.60±7.50	95.60±4.58	116.40±8.22	11.80±0.84
	母	9	105.10±32.25	98.80±2.06	90.00±3.16	114.60±7.07	12.00±1.23
2岁	公	3	172.83±12.85	104.33±2.08	108.33±3.22	133.33±3.06	15.50±0.50
	母	3	171.83±9.52	99.35±3.51	102.66±1.53	135.66±5.03	13.66±0.58

（续）

阶段	性别	头数	体重（kg）	体高（cm）	体斜长（cm）	胸围（cm）	管围（cm）
3岁	公	3	241.83±9.36	112.33±2.52	120.66±0.58	149.00±4.58	10.16±0.29
	母	3	202.83±7.32	104.00±2.65	113.33±2.08	145.60±5.51	14.67±0.29
4岁	公	3	286.00±14.42	119.00±1.00	127.67±2.52	159.33±2.31	17.67±0.58
	母	3	233.17±2.38	109.61±1.53	118.00±1.73	151.67±1.53	14.50±0.50
成年	公	10	390.40±51.30	124.90±4.83	141.30±5.37	173.00±7.53	17.00±0.66
	母	10	248.90±24.60	111.40±7.23	124.70±3.94	151.30±9.94	15.60±0.01

但是，近几年来，随着气候变暖，旱情给草山牧地的质量带来影响，加之可用牧地面积减少，使南丹黄牛整体素质没有得到提高。据南丹县水产畜牧兽医局提供资料表明，2008年9月该县大平黄牛保种场在全年放牧冬季适当补给少量精料的情况下，各阶段生长发育详见表5。与1987年不补精料的牛只相比，表现显著下降。初生犊牛公、母体重分别下降6.17%和27.11%；6月龄公、母下降32.21%和48.32%，1岁公、母分别下降14.21%和23.33%，2岁分别下降31.91%和33.85%，可见母牛下降的幅度更大。

表5　大平牧场南丹黄牛生长发育情况

阶段	性别	头数（头）	体重（kg）	体高（cm）	体斜长（cm）	胸围（cm）	管围（cm）
初生	公	10	13.85±0.36	65.00±3.00	72.00±1.58	74.00±1.49	87.00±0.16
	母	10	10.73±0.51	59.00±1.66	67.00±1.32	83.00±2.33	8.00±0.15
6月龄	公	10	50.91±3.58	80.00±1.97	85.00±1.64	107.00±2.15	11.00±0.18
	母	10	42.82±2.22	75.00±1.89	73.00±1.58	98.00±1.86	9.11±0.17
1岁	公	10	85.96±2.91	96.00±1.58	97.00±1.55	120.00±2.06	12.00±0.21
	母	10	80.58±2.16	89.00±1.75	99.00±2.00	119.00±1.78	11.00±0.2
18月龄	公	10	110.64±3.02	95.00±1.89	102.00±1.58	124.00±2.08	13.00±0.23
	母	10	105.43±2.5	94.00±1.26	99.00±2.02	121.00±2.14	12.00±0.22
2岁	公	10	117.68±1.91	100.0±1.89	108.00±1.85	131.00±1.98	12.50±0.2
	母	10	113.67±1.83	97.00±1.91	105.00±1.63	128.00±1.86	13.00±0.19

（二）役用性能

据当地畜牧部门介绍和《广西家畜家禽品种志》记载，南丹黄牛一般只作耕地使用，适宜在山坡、平地、旱地耕作，役力持久，用当地的黄牛公、母各5头犁沙质壤土，公牛每小时耕地433.33m²，母牛273.33m²。在山区泥土平路上拉木胶轮车，车重约120kg，公牛可载重300～500kg，母牛可载重300～450kg。役牛经常攀登坡度大于45°的崎岖乱石山路，月里牛场的牛群（70～100头）用6min爬越45°的草坡100m距离，下坡仅要3.5min。

（三）乳用性能

据2004年南丹县畜牧部门介绍，当地黄牛在自然放牧而不补任何精料的情况下，用最高日产奶法粗略估测1胎和3胎母牛各1头，泌乳期的产乳量折为285kg和305kg，泌乳期天数为270d，但未能做乳成分分析。

七、屠宰性能和肉质性能

2005年6月24日，在南丹县畜牧水产局的协助下，选择1头在农村自然放牧饲养条件下的阉割公牛，膘情二等膘（4.0分），在县城屠宰场进行屠宰试验。26日从南丹县运回公牛1头，膘情三等膘（3.2分）；母牛3头，膘情二、二、三等膘（3.8分、3.5分、3.0分），共4头，在南宁市肉联厂进行屠宰测试。本次统计1头公牛、1头阉公牛和3头母牛共5头。其屠宰率等平均结果是：屠宰率阉公牛为45.9%；成年公牛为48.5%，与1985年的52.2%比，下降3.7个百分点；母牛为45.5%，与1987年的45.2%相比，基本保持原来的水平。详见表6。

表6　南丹黄牛产肉性能成绩

项目	阉公牛	公牛	母牛
年龄（岁）	6	4.5	5
活重（kg）	239	281	205.5 ± 46.3
胴体重（热胴体）（kg）	109.9	136.3	93.0 ± 17.1
净肉重（kg）	93.0	96.1	74.2 ± 14.3
骨重（kg）	15.7	35.2	19.4 ± 2.9
屠宰率（%）	45.9	48.5	45.5 ± 1.8
净肉率（%）	38.9	34.2	36.2 ± 1.1
胴体产肉率（%）	84.6	70.5	79.6 ± 0.8
眼肌面积（cm^2）	58.7	63.4	54.1 ± 8.0
肉骨比	5.9：1	2.7：1	$(3.8 \pm 0.1)：1$
熟肉率（%）	61.0	58.0	63.1 ± 2.6
5～6腰椎皮厚（cm）	0.5	0.5	0.5 ± 0.2
最后腰椎皮厚（cm）	0.5	0.5	0.6 ± 0.0
大腿肌肉厚（cm）	18.0	23.5	18.3 ± 1.6
腰部肌肉厚（cm）	3.4	5.5	4.1 ± 0.2
5～6胸椎膘厚（cm）	0.1	0.1	0.1 ± 0.0
十字部膘厚（cm）	0.5	0.6	0.6 ± 0.3

肌肉主要化学成分：屠宰后取背最长肌冷藏12h后送广西区分析测试研究中心检测，其主要化学成分见表7。

表7　背最长肌主要化学成分

样品号	热量（kJ/kg）	水分（%）	干物质（%）	蛋白质（%）	脂肪（%）	膳食纤维（%）	灰分（%）
1（阉公牛）	5 137	73.5	26.5	21.5	3.82	—	1.0
2（公牛）	3 832	77.4	22.6	20.8	0.76	—	1.0
3（母牛）	4 475	74.8	25.2	22.5	1.72	—	1.0

（续）

样品号	热量（kJ/kg）	水分（%）	干物质（%）	蛋白质（%）	脂肪（%）	膳食纤维（%）	灰分（%）
4（母牛）	4 306	75.3	24.7	22	1.48	—	1.20
5（母牛）	4 103	75.8	24.2	21.7	0.96	—	1.25
母牛平均	4 295±186.3	75.3±0.5	24.7±0.5	22.1±0.4	1.4±0.3		1.2±0.13
全部平均	4 371±491	75.4±1.43	24.6±1.43	21.7±0.63	1.7±1.22		1.1±0.12

2004年1月，南丹县水产畜牧局进行南丹黄牛调查时也采集了背最长肌冷冻后送由广西分析测试研究中心检测，结果为：水分75.2%，干物质24.8%，蛋白质22.6%，脂肪0.62%，膳食纤维0.04%，灰分1.07%，热量4 160kJ/kg。

八、饲养管理

南丹黄牛经过长期风土驯化，禀性较温驯，群性好，母牛难产现象较少，公牛好斗，但使役好，易于管理。

饲养方式：南丹黄牛在当地自然生态条件下，能适应当地高海拔丘陵山区生长繁殖条件。因此，在不补给任何精料的情况下，牛生长发育和繁殖性能均正常，疾病少，死亡率低，繁殖率较高。南丹黄牛饲养方法比较粗放，有终年自由放养不收牧的习惯，牛群一般采用一村或一屯混群合牧放于水、草比较好的深山草场内，长年不收牧，故也出现寒冷季节牛冻死现象。近年来，由于封山育林，终年放养不收牧的习惯已逐年减少，转为以几户混牧放养、傍晚收牧的饲养方式，散养时，一般均以牛、羊、马混养为多，且放于山上有草的通风处。

牛舍形式多样，大部分是以木棚栏、茅草顶、泥土地面为主。也有干栏式建筑结构，上面住人楼下牛栏。牛栏大多数深凹，用草料铺垫地面，地面较潮湿，卫生条件差，犊牛此时在栏内生活死亡率亦高。

舍饲与补料情况：农忙季节时将一部分黄牛收牧用于农耕，条件好的农户补喂南瓜、甘薯藤、米糠、玉米等精粗饲料。其他牛则以农作物秸秆及各种藤蔓植物饲喂为主。对妊娠、哺乳母牛及小犊牛则适当添加南瓜、米糠、玉米粉、大豆等较好的饲料。每天南瓜投喂量一般为2～5kg，糠投喂量1～2kg不等，采用单独或混合煮熟后和其他青料拌喂（图3）。

图3 南丹黄牛群体

九、品种保护与研究利用现状

据南丹县水产畜牧兽医局介绍，1970年南丹县政府在月里建立了1个300头南丹黄牛的品种资源保护场，开始进行南丹黄牛的保种选育工作，但由于牛场科研和生产的环境条件比较差，保种工作进展仍较慢。1977年，根据河池地区科委下达的"南丹黄牛选育"中试任务，选育工作正式列入计划，历时4年到1981年选育工作结束，取得了初步选育效果。到2003南丹县畜牧水产局在大平乡开始建立大平畜牧场，由30多头南丹黄牛组成核心牛群，开始进行南丹黄牛的保种选育工作，在艰难发展中核心牛群发展到70多头，但也受到经费不足等条件限制，保种工作难以开展。2004年，该场转由个体户承包，但牛群已改变原有的温驯性情而成了野牛，2006年以经营不善而告终。

为了保护本地黄牛品种资源，防止退化，近几年来，全县每年举行一次黄牛种公牛选秀评比活动，通过评比活动，提高了当地群众保护品种资源意识，促进当地畜牧业健康发展，全县由乡、镇畜牧兽医站建立村级种公牛档案，以便掌握全县种公牛分布情况。2004年，全县共登记优秀种公牛120头，为地方黄牛品种资源保护及纯繁工作提供了便利的条件。

十、对品种的评估和展望

南丹黄牛产于温湿山地，经当地人民长期选育和风土驯化，具有性情温驯、耐粗饲、耐热、耐寒、疾病少、适应性好、体形紧凑、攀爬能力强、役力好、遗传性能稳定等优点。其肉质细嫩、肉味鲜甜，深受广大消费者的青睐。但体躯短狭，生长较慢，产奶性能低，亟待努力改进。

产区应按照新修订的《南丹黄牛标准》要求，加强系统选育选配，对现有种牛进行等级评定，通过开展本品种选育，实行种公牛异地交换，合理搭配公、母比例，减少近亲概率，以逐步提高南丹黄牛的各项生产性能。建立保种基地，把中堡、月里等乡划为品种保护区，与其他品改区严格分开，实行本品种选育，以达到提纯复壮和自然保种的目的。同时在非中心区可适当进行杂交改良，进一步发展成为乳、肉兼用型黄牛。

十一、附　　录

（一）参考文献

《广西家畜家禽品种志》编写组．1987．广西家畜家禽品种志[M]．南宁：广西人民出版社：12-15.
广西壮族自治区质量技术监督局．2002．南丹黄牛[S]．DB45/T 48—2002.

（二）主要参加调查人员及单位

广西畜牧研究所：黄敏瑞、陆维和、李秀良、黄光云、磨考诗、吴柱月、杨贤钦、蒋小刚、莫柳忠。

南丹县畜牧水产局：黄德虎、韦勇、黄秀月。

南丹县畜禽品改站：韦云飞。

南丹县兽医站：韦文林。

南丹县畜禽品改站：吴秀高。

南丹县里湖乡兽医站：陆永德、李桂珍。

南丹县八圩乡兽医站：韦建刚、卢丹莉、周翠英。

南丹县月里镇兽医站：罗泽虎、廖克勇、梁文禄。

南丹县中堡乡兽医站：罗雪。

天峨县畜牧水产局：华盛利。

天峨县六排镇畜牧兽医站：樊仁刚、韦联根。

天峨县畜牧水产局：廖庆学、张宗志、陆泽华。

涠洲黄牛

一、一般情况

涠洲黄牛（Weizhou cattle）是广西优良的役、肉兼用型地方黄牛品种之一。

（一）中心产区及分布

涠洲黄牛的中心产区是广西北海市的涠洲和斜阳两岛，2003年存栏1 803头。北海市的合浦县、银海区、铁山港区也有少量分布。

（二）产区自然生态条件

涠洲岛位于东经109°10′，北纬21°15′，在北海市东南36海里的北部湾北部，是中国最大最年轻的火山岛，海拔高度79.6m。地貌类型为海岛台地，呈半月形，从南向北倾斜。面积24.74km²。年平均气温为22.9℃，最高是7～8月，平均28.5℃，最低是1月，平均15.2℃。年平均降水量1 287.1mm，年平均光照2 198.7h，全年无霜。全年干燥指数66.95，属南亚热带湿润季风气候区。岛上无河流，水源来自雨水、地下水，有小型水库1座，靠水库灌溉。土质属火山沉积灰层土，主要有黏壤土、沙土、沙壤土、壤土。2003年，岛上使用耕地面积931hm²，林地580hm²，宜牧草地1 040hm²。岛上主要种植的农作物有水稻、玉米、甘蔗、花生、木薯、甘薯、香蕉等。由于岛内日照时间长、气候温和，水稻一年两熟或三熟，其他农作物一年两熟。宜牧草地属台地灌木丛类和农隙地草地，有蛋白质含量较高的银合欢灌木林。禾本科牧草主要有刺芒、野古草、狗牙根、纤毛鸭嘴草、铺地黍、马唐、臭根子草、牛筋草等。农作物秸秆如稻草、玉米秆、花生藤、甘蔗尾叶、芭蕉秆叶等饲料资源也十分丰富。

涠洲黄牛的形成与该岛的自然生态条件和人们长期驯养、选育关系密切。涠洲黄牛除供岛内人们役用、肉食外，也受到岛外人们的青睐，不断有人前往购买来饲养或屠宰。

二、品种来源及发展

（一）品种来源

涠洲黄牛是从岛外迁移到岛内经驯化、选育而形成。据《涠洲大事记》记载，"1662年，清代初年，厉行海禁。1806—1807年，清朝统治者以盗匪出外抢劫多居于涠洲为借口，再次厉行海禁，强迁岛上居民至雷廉各郡（即今雷州半岛和合浦等县）。1810年，清政府常派兵船来往搜查，涠洲遂为荒岛。1821—1850年遂溪、合浦等地贫苦百姓百余人，因生活困难，偷渡涠洲，从事渔、农业生产"。史实资料证明，涠洲岛开发于一百多年前，岛上居民多从雷州半岛和合浦县迁入，耕牛也随着移民带往该岛，可见涠洲黄牛来源于雷州半岛及合浦县一带。

（二）群体规模

2003年，涠洲、斜阳两岛涠洲黄牛存栏1 803头，其中成年公牛（内有43头种公牛）237头，占存栏总数13.1%，阉割公牛328头，占18.2%。成年母牛716头，占39.7%。中、小牛522头，占29.0%。牛群分布涠洲岛占总数的96%，斜阳岛占4%。

岛上居民对涠洲黄牛的选育积累了丰富经验，认为肩胛张（前躯及胸宽），横梁开（肋骨开张），铁尺腰（背腰平直），寸金短（系部短），尾帚长，碗盅蹄，走起路来翻碗底，这样的牛役力强。岛上采用本品种繁育方法，对公牛去劣选优，对劣质公牛实行阉割，选育种公牛，采用自然交配、自然繁殖的方法，公牛与能繁母牛比例，自然交配1 :（10 ~ 30），人工辅助交配1 :（70 ~ 80）。

（三）近15 ~ 20年群体数量的消长

涠洲黄牛从1981年（当年存栏1 892头）起曾缓慢增长，1985年存栏2 350头，2000年存栏达2 385头。近年来，由于岛上旅游开发，种植经济作物逐渐增多，农作物减少，放牧草地、银合欢灌木丛林带减少，加上牛只用于耕作劳役、运输也相对减少，牛群存栏量出现下降的趋势，2003年存栏1 803头。其濒危程度尚处于维持等级。

三、体形外貌

据2004年10月对40头公牛和177头母牛调查，涠洲黄牛毛色多为黑色和黄褐色，公牛黑色占55%，黄褐色占45%；母牛黄褐色占73%，黑色占27%。腹下及四肢下部颜色较浅，略呈白色，有局部淡化。尾帚以黑色或黑褐色居多。鼻镜黑褐色占97%，粉色（肉色）占3%。眼睑、乳房为粉肉色。全身被毛短而细密，柔软而富有光泽。

涠洲黄牛头长短适中，额平。公、母牛颈粗短而肉垂较发达，头颈与躯干部结合良好。角基粗圆，多呈倒八字，角色多为黑褐色。公牛肩峰明显，平均高达12.4cm。母牛不明显。中后躯较深广，胸围较大，背腰平直，肋骨开张。母牛乳房发育良好，乳头匀称。四肢粗壮稍矮，蹄质坚实。尻部稍斜，尾帚长过飞节（图1、图2）。

图1 涠洲黄牛公牛　　　　　　　　　　图2 涠洲黄牛母牛

四、体尺和体重

2004年10月，在全国畜禽遗传资源调查期间，广西壮族自治区水产畜牧局组织的涠洲黄牛品种调查组对长期不补精料的涠洲黄牛实地调查，测量3岁以上公牛38头，成年母牛173头，体尺体重、体形指数见表1、表2。

表1 涠洲黄牛体尺、体重

性别	测定数量（头）	平均年龄（岁）	体高（cm）	体斜长（cm）	胸围（cm）	管围（cm）	体重（kg）
公	38	3.18	112.1±6.5	125.3±8.6	158.7±11.4	16.1±1.0	295.8±59.0
母	173	5.37	104.3±4.3	118.2±6.2	148.5±8.8	13.8±0.8	242.9±37.0

表2 体形指数

性别	体长指数（%）	胸围指数（%）	管围指数（%）
公	111.7	138.0	14.3
母	113.3	142.3	13.1

与历年资料比较，牛群遗传性能稳定，体尺、体重基本上没有退化，并稍有提高。涠洲黄牛母牛的生长发育情况见表3。

表3 涠洲黄牛母牛生长发育

年龄	头数（头）	体高（cm）	体斜长（cm）	胸围（cm）	管围（cm）	体重（kg）	备注
初生	6	—	—	—	—	14	—
一岁	12	90.3	100.6	114.8	12.0	124.4	—
二岁	16	98.2	108.9	129.8	13.2	170.8	—
成年	151	101.9	114.4	137.7	13.9	196.8	1981年测
成年	173	104.3	118.2	148.5	13.8	242.9	2004年测

五、繁殖性能

涠洲黄牛性早熟，公牛8月龄、母牛10月龄已达到性成熟。初配年龄公牛在16～18月龄、母牛在14～16月龄。母牛一年四季可发情配种，但在6～9月较多。发情周期18～22d，发情持续时间24～48h。一般产后4～6周发情。母牛妊娠期（276±5.8）d。犊牛初生重，公牛为15kg，母牛为14kg。六月龄体重，公牛为96.3kg，母牛为90.3kg，平均日增重公牛为0.45kg，母牛为0.42kg。犊牛成活率98.2%。公牛、母牛利用年限15～16年。

六、生产性能

选择涠洲黄牛公牛、阉割公牛各1头，在特定土壤条件下进行60min犁耕测定，每小时犁地726.67m²，休息30～60min后体温、呼吸和脉搏恢复正常。

选择9岁阉割公牛1头，拉木轮车，车轮直径120cm，车重100kg，载重465kg，共重565kg，行走在约5°坡的泥路上，17min完成1000m路程，行速为0.98m/s，挽力为56.5kg。停役后20min基本恢复正常体温、呼吸和脉搏。

七、屠宰性能和肉质性能

2004年10月，选择自由放牧的阉割公牛3头，膘情中上等膘（4分），在当地进行屠宰测定，其产肉性能见表4。

表4 涠洲黄牛产肉性能

牛编号	1	2	3	平均
年龄（岁）	4	4	3	—
活体重（kg）	284.0	311.0	297.0	297.3±13.5
胴体重（kg）	153.6	156.7	158.1	156.1±2.3
净肉重（kg）	129.3	131.0	131.4	130.6±1.1
骨重（kg）	21.2	21.9	24.5	22.5±1.7
屠宰率（%）	54.0	50.3	53.2	52.5±2.0
净肉率（%）	45.5	42.1	44.2	43.9±1.7
胴体产肉率（%）	84.2	83.6	83.1	83.6±0.6
眼肌面积（cm²）	117.4	113.8	128.0	119.7±7.4
肉骨比	6.1:1	5.9:1	5.3:1	(5.8±0.3):1
熟肉率（%）	72.2	66.6	66.6	68.5±3.2
5~6腰椎皮厚（cm）	0.3	0.5	0.4	0.40±0.10
最后腰椎皮厚（cm）	0.6	0.7	0.6	0.63±0.06
大腿肌肉厚（cm）	22.0	22.0	25.0	23.0±1.7
腰部肌肉厚（cm）	6.0	4.3	5.0	5.1±0.9
5~6胸椎膘厚（cm）	1.9	0.4	0.4	0.9±0.9
十字部膘厚（cm）	3.7	0.9	0.7	1.8±1.7

分别取上述3头牛第8～11肋后缘肌肉样块（去掉背最长肌）冷藏12h后送广西分析测试研究中心检测，肉的主要成分见表5。

表5 牛肉主要成分

牛编号	热量（kJ/kg）	水分（%）	干物质（%）	蛋白质（%）	脂肪（%）	膳食纤维（%）	灰分（%）
1	4 442	75.6	24.4	23.0	1.4	—	1.03
2	4 173	75.8	24.2	22.2	1.05	—	1.02
3	4 325	76.0	24.0	22.6	1.27	—	0.88
平均	4 313.3±134.9	75.8±0.2	24.2±0.2	22.6±0.4	1.24±0.18	—	0.98±0.08

另外于2004年1月抽取1头，2005年7月抽取3头涠洲黄牛背最长肌，冷藏12h后送上述单位进行检测，其主要成分见表6。

表6　背最长肌主要成分

牛号	热量 (kJ/100g)	水分 (%)	干物质 (%)	蛋白质 (%)	脂肪 (%)	膳食纤维 (%)	灰分 (%)
2004年0号	483.0	73.8	26.2	22.2	2.73	0.04	1.1
2005年1号	389.2	78.4	21.6	17.1	1.86	—	0.99
2005年2号	378.1	78.6	21.4	18.2	1.57	—	1.1
2005年3号	446.8	75.9	24.1	19.7	2.56	—	0.98
平均	424.28±49.39	76.68±2.28	23.33±2.28	19.3±2.21	2.18±0.55		1.04±0.07

涠洲黄牛属役肉兼用牛，未做过乳用性能测定。

八、饲养管理

涠洲黄牛多以放牧为主，也有拴牧和牵牧。在当地独特的自然生态条件下，经岛上居民长期精心驯养、选育，涠洲黄牛具有性情温驯，合群性好，有较强的耐热性能和适应能力。涠洲岛银合欢资源丰富，涠洲黄牛消化系统内含有降解含羞草素及其代谢产物DHP的细菌，采食银合欢不发生中毒。加上岛上花生藤丰富，岛上居民对牛的饲养管理水平不断提高，牛群常年吃得饱、吃得好，牛体格健壮，膘情好，牛生长发育、生长性能、繁殖性能良好。母牛繁殖率较高，很少有流产、早产、难产、死产的现象发生。犊牛自然哺乳，随母放牧，生长发育良好，成活率高（图3、图4）。

图3　涠洲黄牛带仔母牛

图4　涠洲黄牛群体

九、品种保护与研究利用现状

20世纪80年代开始，北海市将涠洲岛列为涠洲黄牛重点保护区，建立核心群，牛群2 000头左右。80～90年代当地畜牧部门对该品种公牛进行了登记，存档种公牛60多头，对涠洲黄牛的纯繁和选育起了很大的促进作用。但近几年随岛上旅游业的发展，牛存栏量逐年减少，牛群改良的方向有由本品种自然交配逐步被用外来品种牛冻精进行杂交改良所替代的趋势。

涠洲黄牛1987年列入《广西家畜家禽品种志》。2006年，广西壮族自治区质量技术监督局颁布《涠洲黄牛》地方标准，标准号DB45/T 344—2006。

十、对品种的评价和展望

涠洲黄牛具有适应性强、耐热、耐粗饲、繁殖率和育成率高、生长迅速、体形饱满，屠宰率高等优点，应在主产区建立保种基地，选育提高。应建立人工草场，营造更好的条件。针对体形较矮小的不足，在非主产区引进外来优良品种开展杂交改良，促进其发展和开发利用，提高涠洲黄牛的经济效益。

十一、附　　录

（一）参考文献

《广西家畜家禽品种志》编写组 . 1987. 广西家畜家禽品种志 [M]. 南宁：广西人民出版社：16-19.
广西壮族自治区质量技术监督局 . 2006. 涠洲黄牛 [S]. DB45/T 344—2006.

（二）主要参加调查人员及单位

广西畜牧研究所：陆维和、磨考诗、杨贤钦、黄光云、蒋小刚、吴柱月、李秀良。
北海市畜禽品种改良站：李立智、石永胜、刘家齐。
北海市农业局畜牧科：黄增法。
涠洲镇畜牧兽医站：王振光、龚敬文。
北海市畜禽品种改良站：王克明。

百 色 马

一、一般情况

（一）品种名称

百色马（Baise horse）因主产于百色地区而得名，属驮挽乘兼用型地方品种。

（二）中心产区及分布

主产于广西壮族自治区百色市的田林县、隆林县、西林县、靖西县、德保县、凌云县、乐业县和右江区等，约占马匹总数量的2/3。分布于百色市所属的全部12个县（区）及河池市的东兰县、巴马县、凤山县、天峨县、南丹县，崇左市的大新、天等，南宁市的隆安县，以及邻近云南省文山壮族苗族自治州的广南县、富宁县、马关县等。

（三）产区自然生态条件

1.地势、海拔、经纬度 产区百色市地处广西壮族自治区西部，位于东经104° 28′～ 107° 54′，北纬22° 51′～ 25° 07′。属云贵高原东南面的延伸部分，地势自西北逐渐向东南倾斜，地形复杂，地理上天然形成山多平原少，东南部小丘陵和小盆地较多，海拔1 000 ～ 1 300m，高峰达2 000m以上。

2.气候条件 百色市气候属亚热带季风气候。光、热、水资源较丰富。由于境内大气环流和地形、地貌的复杂多样，立体气候显著。太阳辐射总量405.62 ～ 477.62kJ/ cm^2，年平均日照时数1 404.9 ～ 1 889.5h。不低于10℃的年积温6 230 ～ 7 855℃，年平均气温16.3 ～ 22.1℃，最冷月平均气温10.1 ～ 16.0℃，极端最低温度–5.3 ～ 1.2℃，最热月平均气温35.5 ～ 42.5℃。相对湿度80%（76% ～ 83%），绝对湿度18.65%（16.4% ～ 21.1%），无霜期330 ～ 363d，年平均降水量1 113 ～ 1 713mm，雨季在5 ～ 9月，降水量可达年降水量的80%以上，冬春少雨，春旱明显。主要自然灾害有干旱、低温寒害、寒露风、冰雹和洪涝五大类。

3.水源及土质 水资源极为丰富，主要有右江和南盘江，除此之外还有驮娘江、西洋江、乐里河、布柳河、龙须河、灵渠河、百东（都）河等及人工筑建的澄碧湖、天生桥、巴蒙三座水库。山泉溪流，纵横交错。集雨面积在50km^{2}的河流共有102条，地下河流48条，多年平均地下水资源52.903 4亿m^3，水力资源理论蕴藏量450.7万kW。土壤类型有7个土类，19个亚类，71个土属，145个土种，其中以赤红壤、红壤、黄壤、山地灌丛草甸土、石灰（岩）土、紫色土、冲积土、沼泽土和水稻土为主；土壤质地主要是沙土、壤土和黏土。水稻土的熟化程度较好，耕作性能良好，其他种类的土壤土层太薄或太贫瘠。

4.土地利用情况，耕地及草地面积 百色市2005年土地总面积363万hm^2，其中山地面积占98.98%，石山占山地总面积约30%。耕地面积24.47万hm²（包括水田10.4万hm²，旱地14.07万hm²），占土地总面积的6.7%。森林面积134.6万hm²，占土地总面积的37.1%，森林覆盖率55%。喀斯特石山面积49.9万hm²，占土地总面积的13.7%。草山面积80万hm²，占22%。

5.农作物、饲料作物种类及草地面积 农作物有玉米、水稻、甘薯、豆类、小麦，经济作物有油菜、甘蔗、棉花。农业生产条件差，旱地多，水田少，粮食产量不稳定。草山植被茂盛，牧草种类繁多，主要有刚秀竹、五节芒、白茅、大小画眉草、石珍茅、水蔗草、马唐、野古草、金茅、斑茅、青香茅、雀稗、拟高粱、臭根子草、甜根子草、棕叶芦、竹节草等50多种，覆盖度60%～80%，鲜草产量每666.67m²达1 000～1 300kg。牧草丰富，有利于草食牲畜的养殖。

6.品种对当地条件的适应性及抗病能力 百色马适应山区的粗放饲养管理，在补饲精料很少的情况下，繁殖和驮用性能正常，无论是酷暑还是严寒，常年行走于崎岖的山路上。离开产地，也能表现出耗料少、拉货重、灵活、温驯、刻苦耐劳等特点。

7.近十年来生态环境变化情况 产区气候变化不大，基本在正常范围内。目前天然草地可利用面积61.33万hm²，比1985年草地资源调查减少43.2万hm²，一些放牧地变为甘蔗地或低产果园。草地退化严重，现有667hm²以上连片的天然草地共27处，总面积2.23万hm²。目前有人工草地保留面积约1.71万hm²；有林面积为152.16万hm²，耕地面积24万hm²，其中水田8万hm²，比1985年减少1.19万hm²。

二、品种来源及发展

（一）品种来源

西南马品种与北方草原马品种不同源。现在的西南马是由西南各族人民的祖先在新石器时代驯养野马而成的。

汉朝时，巴蜀商人已在边界交易马及其产品，东汉安帝六年在西南设置马苑五处。北宋时代，蜀边已成为国家重要的马匹来源地。南宋时马源紧张，向西南征集马匹，先汇集广西，经桂林，转水路东进称之为广马东进，促进了西南各地马业的发展。同时亦将云南一带的马匹传播至我国东部。目前，百色马仍有往桂林、梧州及广东方向销售的传统。

百色马的历史已近2 000年，在文献和出土文物、房屋装饰和壁画中均有反映。据《田林县志》记载，"迎娶时用轿马、鼓锣、灯笼火。"民间有饮酒及食牛、马、犬等肉的习惯。《凌云县志》记载，"行之一事，殊感两难，有余之家，常用轿马，畜马一匹。"1972年，百色地区西林县普合村出土的文物鎏金铜骑俑；清康熙时修建的粤东会馆，屋脊上的雕塑壁画绘制有许多马俑和骑士，以上史实和文物都说明百色地区养马历史悠久。

产区交通不便，历史上百色至南宁和贵州兴义的往返货物均靠马匹运输。人民世世代代养马用马，对马的选育和饲养积累了丰富的经验。所以百色马是在产区自然条件、社会经济因素的影响下，经劳动人民精心培育而形成的。

（二）发展变化

1.数量变化 根据《中国农业年鉴》的数据，近20年来，广西马匹数量由20多万匹稳步增长至40万匹左右。百色市是广西马匹的主要产区，百色马的增长速度略低于广西马的增长速度，占广西马匹总数量的比例由过去的2/3下降至50%左右。近年变化详见表1。

表1　百色马群体数量

年　度	2002年	2003年	2004年	2005年
年末存栏数（匹）	189 122	200 000	201 154	201 497
能繁母畜数（匹）	52 415	60 000	61 880	66 359
当年产驹数（匹）	21 359	20 000	22 144	24 966

2.品质变化　百色马2005年测定结果与1981年的体重和体尺相比，体尺普遍下降（表2），下降的主要原因是近20年来很少开展选育工作，品种保护与选育的重视程度降低。

表2　1981年、2005年成年百色马体重和体尺变化

年份	性别	匹数	体重（kg）	体高（cm）	体长（cm）	胸围（cm）	管围（cm）
1981	公	79	187.40	114.00	113.90	133.30	15.50
2005		55	172.77	113.97±9.31	114.21±10.86	127.82±11.64	15.08±1.59
1981	母	287	185.29	113.00	115.90	131.40	14.70
2005		242	160.07	109.73±5.4	107.88±14.02	126.59±8.08	13.95±1.42

三、体形外貌

（一）外形与体质

百色马成年体形具有矮、短、粗、壮，结构匀称，四毛（鬃、鬣、尾毛、距毛）浓密等特点，体质干燥结实，整体紧凑。

由于土山地区和石山地区的饲养条件不同，长期以来，百色马逐渐形成了土山马（中型）和石山马（小型）两种类型。土山地区的马较为粗重，石山地区的马略呈清秀。

（二）外貌特征

头部短而稍重，额宽适中，鼻梁平直，眼圆大，耳小前竖，头颈结合良好；颈部短、厚而平，鬃、鬣毛浓密；鬐甲较平，肩角度良好；躯干较短厚；胸明显发达，肋拱圆；腹较大而圆；背腰平直；尻稍斜。前肢直立，腕关节明显，肩短而立，管骨直，肢势端正，后肢关节强大，飞节稍内靠。石山地区的马，后肢多外弧。四蹄较圆，蹄质致密坚实，系长短适中，距毛密而长。尾毛长过飞节，甚至拖地。毛色，据443匹马调查结果，骝毛的242匹，占54.63%，沙毛的62匹，占14.00%，青毛的25匹，占5.64%，其余为斑驳毛，黑毛、褐毛与栗色毛等，占25.73%。可见百色马以骝毛的居多，占一半以上（图1、图2）。

图1　百色马公马

图2　百色马母马

四、体尺、体重

（一）成年马体尺及体重

百色马成年体尺、体重见表3。

表3　百色马体尺、体重

性别	统计匹数	体高（cm）	体斜长（cm）	胸围（cm）	管围（cm）	体重（kg）
公	55	113.97±9.31	114.21±10.86	127.82±11.64	15.08±1.59	176.59±46.94
母	242	109.73±5.4	107.88±14.02	126.59±8.08	13.95±1.42	161.84±34.43

（二）体态结构

百色马体形指数见表4。

表4　百色马体形指数

性别	统计匹数	体长指数（%）	胸围指数（%）	管围指数（%）
公	55	100.22±4.82	112.15±4.53	13.22±0.74
母	242	101.19±11.53	112.65±5.42	16.53±1.11

五、生产性能

（一）役用性能

百色马一般马匹驮重50～80kg，在坡度较大的山路上，每小时走3～4km，日行40～50km；平坦路面每小时行4～5km，日行50～60km。据当地群众反映，最大驮重一般可达200～250kg，曾有驮过350kg的马匹。

群众习惯使用单马拉小型马车，车载重相当于驮重4～6倍。单马挽驾可拉300～500kg。至于挽车的行走速度则是不讲究的，因为山区公路坡多，马匹挽车不论上坡下坡都是不能跑步的。

据在那坡测定7匹母马单马挽胶轮车载重500kg，行程20km，最快需时1h 11min 10s，最慢1h 25min 25s，平均1h 18min 12.3s。据测定最大挽力，10匹公马平均为230kg（190～260kg），占体重的92%。

（二）运动性能

据百色马骑乘速度测定记录，跑完1 000m用时1min 22.5s～1min 23.4s；跑完3 200m需时5min 41s。1980年9月在西林县测定4匹马，走50km，最快的5h 21min 5s，最慢的5h 51min 31s。

六、繁殖性能

百色马母马性成熟年龄一般为10月龄，2.5～3岁开始配种。一般利用年限约14岁，最长达25岁。发情季节2～6月，多集中在3～5月，7月以后发情明显减少。发情周期平均22d（19～32d），妊娠期平均为331d（317～347d）。幼驹初生重：公驹11.32kg，母驹11.31kg；幼驹断奶重：公驹39.27kg，母驹38.86kg；年平均受胎率：15年的受胎率84.04%（后8年为92.54%），1年1胎的占54%，3年2胎的占31%，终生可产驹10匹左右。幼驹育成率94.76%。

马的人工授精在百色市没有开展过，20世纪80～90年代乐业县曾进行过利用公驴鲜精配母马的工作，受胎率约45%左右。

七、饲养管理

（一）饲养方式

饲养甚为粗放，以拴牧为主。白天拴牧，晚上补充夜草30～40kg，有的昼夜全放牧，使役时才牵回。

（二）日饲喂量

除使役、拉车的马匹每天补饲玉米2～3kg或4～5kg糠麸外，其余的很少补饲精料。

（三）抗病、耐粗情况

久而久之逐步形成本品种耐粗饲、刻苦耐劳、抗病力强，适应山地生产、生活的优点。但皮肤不耐摩擦，摩擦皮肤容易感染。

百色山区牧地广阔、牧草丰富，全年有1/4的时间，马匹在无棚舍条件下放牧于高山峡谷之中，任其自由采食和繁殖，需要役用时将马牵回圈养。使役时补饲玉米2～3kg或糠麸4～5kg以及青草5～10kg（图3）。

图3 百色马群体

八、品种保护及利用情况

20世纪60～70年代初，在扶绥种马场进行了品种保护和本品种选育，并利用卡巴金公马、古粗公马与百色马母马进行杂交。杂种马在体尺、体重、乘骑速度和挽拉能力等方面优于百色马。但杂种马体形大，不适于山区饲养与役用。

尚未建立百色马保护区和保种场。百色马主要用于驮用、拉车、骑乘，深受农户的喜爱，适于山区饲养；还作为旅游娱乐用马输送至内地旅游区、城郊等。百色马于1982年收录于《中国家畜品种志》，1987年收录于《中国马驴品种志》和《广西家畜家禽品种志》，2000年列入《国家畜禽品种保护名录》，我国2009年11月发布了《百色马》国家标准（GB/T 24701—2009）。

九、对品种的评估和展望

百色马是我国古老的地方马种，具有短小精悍、体质结实、性情温驯、小巧灵活、适应性强、耐粗饲、负重力极强、能拉善驮、持久耐劳、步态稳健等特点，适宜山区交通运输，驮挽性能兼优，并具有一定的速度。

今后应根据市场需求，加快本品种选育，重点提高繁殖性能，向驮挽、驮乘和乘用等方向进行分型选育，尤其要注意培育乘用型专门化品系，以满足儿童骑乘、旅游娱乐用马市场的需求。同时要加强资源保护，划定保护区，建立品种登记制度。

十、附　　录

（一）参考文献

《广西家畜家禽品种志》编写组.1987.广西家畜家禽品种志[M].南宁:广西人民出版社.
《凌云县志》编纂委员会.2007.凌云县志[M].南宁:广西人民出版社.
黄旭初,岑启沃.1974.田西县志[M].台北:成文出版社.

（二）主要参加调查人员及单位

广西畜禽品种改良站：许典新、梁云斌、刘德义。
广西大学动物科技学院：邹知明、杨膺白。
隆林县水产畜牧局：陈小红。
隆林县畜禽品种改良站：杨元贵。
隆林县德峨乡畜牧兽医站：王充。

德保矮马

一、一般情况

（一）品种名称

德保矮马（Debao pony），原名百色石山矮马，古时又称果下马，属于西南马系、山地亚系的一个品种。

经济类型：驮挽乘和观赏兼用型地方品种。

（二）中心产区及分布

德保矮马中心产区为广西壮族自治区德保县的马隘乡、古寿乡、那甲乡、巴头乡、东凌乡、朴圩乡、敬德乡和扶平乡8个乡，德保县其他乡镇及毗邻的靖西、那坡、田阳等县也有分布。

（三）产区自然生态条件

1.地势、海拔、经纬度　德保县属于云贵高原东南边缘余脉，北纬23°10′~23°46′、东经106°37′~107°10′，东西长85.9km，南北宽73.2km，是桂西南岩溶石山区的一部分。地形地貌结构十分特殊复杂，喀斯特、半喀斯特地形纵横交错，成土母质以石灰岩、沙页岩为主。地势呈西北高东南低，西北谷地海拔一般在600~900m，山峰海拔为1 000~1 500m；东南谷地海拔只有240~300m，山峰海拔为800~1 000m。

2.气候条件　德保县属于南亚热带季风气候，冬无严寒，夏无酷暑，气候温凉，春秋分明，夏长冬短，夏湿冬干，雨热同期。年最高气温37.2℃，最低气温-2.6℃，平均气温为19.5℃；年平均湿度为77%；无霜期从1月下旬至12月下旬，平均332d；年降水量为1 463.2mm，其中降雪仅0.7mm；雨季一般为5~10月；年静风占51%，平均风速1.1m/s。

3.水源及土质　德保县共有大小河流31条，其中以鉴河为最大。绝大部分河流分布在东南部，西北部冬春比较干旱。水资源总量为25.7亿m³，可利用水5亿m³。地表水年平均径流总量16.4亿m³，其中外来水1亿m³，地下水9.3亿m³。成土母质以石灰岩、砂页岩为主，石灰岩占51.35%，砂页岩占36.60%，其他占12.05%。

4.土地利用情况、耕地及草地面积　德保县土地总面积为2 559.52km²，其中山地面积2 217.61km²，占总面积的86.64%，耕地227.63km²（22 763hm²），占总面积的8.89%。耕地中有水田10 218hm²。草地面积67 441.20hm²。

5.农作物、饲料作物种类及生产情况　德保县主要农作物种植面积：玉米14 058hm²，水稻11 683hm²，小麦619.73hm²，荞麦587hm²，高粱29hm²，豆类6 165hm²，甘蔗411hm²。主要种植的牧草有桂牧1号10.67hm²，黑麦草16.67hm²。

6.品种生物学特性及适应性 德保矮马是在石山地区的特殊地理环境下形成的一个遗传性稳定品种。对当地石山条件适应性良好，在粗放的饲养条件下，能正常用于驮物、乘骑、拉车等农活，生长、繁殖不受影响。抗逆性强，无特异性疾病。

7.近十年来生态环境变化情况 10年来，世界银行贷款项目共种植任豆树等6 667多 hm²，坡改梯、开展沼气池建设大会战建设，实行退耕还林，森林覆盖率有所提高，山区石漠化和水土流失状况得到缓解。但随着德保县工业建设的不断加快，在开发建设中不可避免地会扰动地貌形态，破坏植被，影响矮马生存，应引起重视。

二、品种来源及发展

（一）品种来源

据《德保县志》记载，"明朝嘉靖年间（1368年），议定各土司贡马，就彼地变价改布政司库，其降香、黄蜡、茶叶等物仍解京师"。"国朝额定各土司三年一次贡马。"说明在此前德保人民已饲养马匹。长期以来在各种不良环境条件下驮、役，形成具有体形结构紧凑结实，行动方便灵活，性情温驯而易于调教等特性的德保矮马。我国古代矮马，又称"果下马"，始于汉代，因体小可行于果树下而得名。"果下马"见于古书及出土文物，远在西汉时，在广西便有铜铸矮马造型，"中间一人骑马，人大马小，周围多人作舞。"广西百色粤东会馆的雕梁中仍可见矮马造型。

现今的矮马是1981年11月由中国农业科学院畜牧研究所王铁权研究员组织的西南马考察组在广西靖西与德保交界处第一次发现，发现一匹7岁，体高92.5cm的成年矮马母马。1981—1985年，王铁权研究员多次考察了广西德保矮马，以后又将调查面扩大到贵州、云南、四川、陕西南部，基本明确了矮马的地理分布。

1986—1990年间，以广西德保为基地，结合养马学、生态学、血型学、考古学、历史学多学科进行研究，明确了矮马的矮小性是由古老的遗传所形成。农业院校、研究所及中国科学院等单位进行了深入研究，大量数据证实了德保矮马的矮小性是遗传的，是一个东方矮马老马种。中国科学院古脊椎动物所得出矮马是来自一种变异型祖先的推论，是我国汉代史书中所称的"果下马"的后裔，是中国微型马种。

（二）群体数量

除宁夏、西藏和中国台湾外，德保矮马遍布全国各地。

2003年年底，德保县矮马存栏总数为1 104匹，其中基础母马659匹，成年公马281匹。

（三）近15 ~ 20年消涨形势

1.数量规模变化 自1981年德保矮马被发现以来，1981—2000年的20年间，社会存栏量呈逐年减少态势。据德保县调查资料和记载，1983年全县矮马存栏数量曾达到2 200匹，但到了2000年全县仅存栏矮马856匹，减少比例达61.09%。2000年后数量有所回升，到2006年末，存栏数量为984匹。

2.品质变化大观 2000年后，随着《德保矮马》地方标准的制定，保种选育工作的开展，矮马品质有所提高，36月龄以上平均体高为96.52cm。现已培育出成年体高75 ~ 80cm矮马2匹，81 ~ 90cm16匹。

3.濒危程度 德保矮马属濒危等级。

三、体形外貌

德保矮马体高较为矮小，体形结构协调，整体紧凑结实、清秀，小部分马较为粗重；头稍显大，后躯稍小，四毛（鬃、鬣、尾、距）浓密，蹄形复杂，毛色有红、黄、黑、灰、白、沙毛及片花等，以骝毛居多。头长且清秀，额宽适中，少数有额星，鼻梁平直，个别稍弯，眼圆大，耳中等大，少数偏大或偏小、直立，鼻翼张弛灵活，头颈结合良好。颈长短适中，清秀，个别公马稍隆起，鬃、鬣毛浓密。鬐甲平直，长短、宽窄适中。胸宽、深，发达。腹圆大，向两侧凸出，稍下垂，后腹上收。背腰平直，前与鬐甲、后与尻结合良好。个别马有明显黑或褐色背线，宽2～3cm，界线明显清晰。尻稍小，肌肉发达紧凑，略倾斜。四肢端正，前肢直，后肢弓，部分马略呈后踏肢势，整体稍有前冲姿势。腕关节、飞节、系关节坚实、强大，个别马有白斑或掌部白毛，部分马为卧系或立系。蹄形较复杂，蹄尖壁和蹄踵壁与地面形成的夹角部分马较大（80°左右）或较小（30°左右），且蹄尖壁向上翘起，掌部被毛长而浓密。尾毛浓密，长至地面。

据对德保县856匹矮马的统计，骝毛470匹，占总数的54.91%（其中，红骝毛262匹，黑骝毛45匹，褐骝毛69匹，黄骝毛94匹）；青毛135匹，占总数的15.77%（其中，灰青47匹，铁青36匹，红青11匹，菊花青10匹，斑青20匹，白青11匹）；栗毛128匹，占总数的14.95%（其中，紫栗35匹，红栗40匹，黄栗30匹，朽栗23匹）；黑毛58匹，占总数的6.78%（其中，纯黑22匹，锈黑毛36匹）；兔褐色28匹，占总数的3.27%（其中，黄兔褐毛6匹，青兔褐毛15匹，赤兔褐毛7匹）；沙毛21匹，占总数的2.45%；斑毛16匹，占总数的1.87%（其中，黑斑4匹，黄花斑4匹，红花斑8匹）。少量马的头部和四肢下部有白章（图1、图2）。

图1　德保矮马公马　　　　　　　　　　　图2　德保矮马母马

四、体尺、体重

德保矮马体尺、体尺指数及估重见表1与图3。

表1　德保矮马体尺、体尺指数及估重

性别	阶段	统计匹数	体尺（cm）				体尺指数（%）			估重（kg）
			体高	体长	胸围	管围	体长指数	胸围指数	管围指数	
公	1岁以内	6	69.67±13.34	67.33±13.97	72.83±11.11	8.17±1.47	98.01±20.87	105.75±12.51	11.99±2.88	35.38±18.17

（续）

性别	阶段	统计匹数	体尺（cm）				体尺指数（%）			估重（kg）
			体高	体长	胸围	管围	体长指数	胸围指数	管围指数	
公	1~2岁	14	96.21±5.71	94.93±6.79	101.86±6.49	11.61±1.00	98.67±4.01	105.91±4.22	12.07±0.89	92.10±16.95
	3岁以上	39	97.42±3.76	98.42±6.07	107.97±7.67	11.94±0.80	101.01±4.52	110.78±5.86	12.25±0.74	107.43±19.88
母	1岁以内	4	77.00±12.25	69.25±15.00	78.75±17.35	9.38±1.49	89.36±6.97	101.59±8.52	12.18±0.48	44.03±26.02
	1~2岁	7	93.86±6.96	90.71±9.88	99.00±12.22	11.14±1.68	96.46±4.04	105.26±7.42	11.82±1.00	85.15±29.63
	2~3岁	17	91.59±2.90	88.65±5.71	95.71±6.23	10.94±0.75	96.74±4.23	104.45±5.03	11.95±0.70	75.68±12.60
	3岁以上	123	98.35±4.55	100.02±7.29	109.71±8.31	11.76±0.91	101.66±5.10	111.50±5.68	11.96±0.72	113.07±23.84

图3　3月龄马驹

五、生产性能

德保矮马善于跋山涉水，动作轻便灵活，步伐稳健，在崎岖狭小的山路上载人或驮运货物都很可靠安全，常作为山路的骑乘、驮载工具，深受农户喜爱。德保县测定了德保矮马骑乘、驮载、拉车、骑跑等性能，详见表2。

表2　德保矮马步伐速度测定

项目	路途长度（m）	匹数	负重（kg）	最快	最慢	平均
骑乘	1 000	3	62.5	9min 3s	9min 10s	9min 7s
驮载	1 000	3	107.5	9min 30s	10min 8s	9min 50s
拉车	1 000	3	448.0	10min 20s	12min 31s	11min 26s
骑跑	1 000	3	63.8	3min 10s	3min 49s	3min 30s

六、繁殖性能

德保矮马一般10月龄开始发情。发情季节为2~6月，多集中在2~4月。发情周期平均为22d（19~32d）。初配年龄为2.5~3岁，初产期为3~4岁。妊娠期为（331.74±4.58）d。终生可产驹8~10匹，繁殖年限约14岁，最长达25岁。年平均受胎率为84.04%。幼驹育成率为94.76%。

七、饲养管理

德保矮马具有体小、食量少、耐粗饲特点。当地群众乘马赶集，常常从家里带把稻草、麦秆之类喂马，不需补充任何精料。德保矮马历来都是以户养为主，管理粗放，一年中，自9月至次年2月为全天放牧，当年3月至8月为半放牧，个别割草舍饲。有的与牛混放，有的用绳子系在田头地边、或拴在房前屋后荒坡上，一天轮换一两个地方，任其采食野草，予以饮水。

养母马主要是以繁殖为主，公马是乘骑驮运为主。母马空怀或妊娠初期同样参加劳役，但妊娠后期一般都减少或停止使役，以防造成流产。母马妊娠后一般都补饲精料，如日喂0.5kg玉米或傍晚喂些猪潲、盐水等。

德保群众没有专门饲养种公马配种的习惯。养公马的人家不愿让公马配种，怕精力消耗，影响乘驮能力。故母马发情配种多属牧地"偷配"，生下小马驹，人们称之"偷驹"。由于当地群众对选种选配工作还认识不足，一般只求有马驹就行，对种公马一般不进行选择。德保矮马不使役时，很少补料，只白天放牧，晚上补些夜草。在劳役时一般一匹马每天补给1~1.5kg玉米。

幼驹随母马哺乳，产后一周左右，因马驹体弱和抗病力不强，一般不远行，6月龄后人工强行隔离断奶，俗称"六马分槽"。德保当地有一个习惯，认为马驹离乳超过6月龄以上，马驹汗腺发达，待到成年使役时，泌汗多影响耐力。一方面马驹断乳前一个月要割"槽结"，即割掉颌腺，可减少终身疾病，另一方面如延期断奶可能影响母马健康和影响下一胎马驹生长发育。马驹养到1~1.5岁时开始装龙头调教。德保矮马有较强的模仿性和驯服性，在平时随母马出门使役过程中，可接受小孩骑乘，温驯近人。如调教驮运要注意方法，先轻后重，先近后远，使之逐步适应外界环境，到2.5岁以上可正式驮运、独立远行（图4、图5）。

图4　德保矮马母子

图5　德保矮马群

八、品种保护及利用情况

（一）生化和分子遗传测定

1981—1986年，中国农业科学院畜牧所在广西德保矮马主产区实地考察研究，据德保矮马产地、生态条件、矮马体形、历史成因的研究结果，初步得出矮马与矮小性有其历史成因的结论。

1986年，中国农业科学院畜牧所、广西区畜牧研究所和德保县畜牧局立足于本国资源，在西南部山区大范围考察，多次进行了广西德保矮马基地定点考察，结合实验室血清蛋白分析、移地变异比较，矮马矮化选种选配试验以及历史的追溯，从多项致矮因子比较中得出德保矮马矮小性以遗传为主因的结论。探索矮化育种途径，从而使我国在矮马资源的占有及矮马成因的理论在世界上占有一定优势。

（二）保种和利用

德保县于1981—2000年在中心产区巴头乡多美村和马隘乡隆华村共10个自然屯建矮马保种基地，保持10匹公马，40匹母马的饲养规模，但由于各种原因，保种效果不理想。2001年，德保县畜牧水产局承担农业部"百色马（德保矮马）保种选育"项目，把矮马繁育基地列入"十五"计划和2015年远景规划。建立了县级矮马保种场、马隘乡隆华村、古寿乡古寿村、那甲乡大章村、巴头乡荣纳村5个核心群保种基地和巴头、马隘、古寿、那甲、东凌、朴圩、敬德、扶平8个重点保护区。2000—2004年，对932匹矮马登记造册。在中国农业科学院畜牧所王铁权研究员的指导下，建立了2个三代以内没有血缘关系的家族品系——DBⅠ系、DBⅡ系。根据德保矮马地方标准要求选购种马，以"国有民养"方式，按照"一公多母"的比例放到300多个农户中饲养。采用活体保种方法，科学地选种选配进行繁育，建立了详细的系谱档案。

九、对品种的评估和展望

德保矮马具有矮短、粗壮的体形，体质强健，性情温驯，动作灵活，步伐稳健，耐粗饲，繁殖力强的特点，作为驮用、乘骑、拉车的工具，深受农户的喜爱，适于山区饲养。

德保矮马是中国矮马最矮的马种、最标准的类型，体态匀称，娇小可爱；性情温驯，不惧怕人或无主动伤人的野性，小孩、妇女都可以随便牵动；以饲喂青草为主，日进精料量少，饲养成本低。1980年后多远销外地，做观赏、游乐与儿童骑乘之用，适应性良好，深受欢迎。今后应加强品种保护，办好保种场和保护区。加强本品种选育，进一步改善体形外貌，提高其品质，向矮化、观赏、骑乘方向发展，提高矮马饲养的经济效益。

十、附　　录

（一）参考文献

《广西家畜家禽品种志》编写组.1987.广西家畜家禽品种志[M].南宁：广西人民出版社.

（二）主要参加调查人员及单位

广西畜禽品种改良站：许典新、梁云斌、刘德玉。

广西大学动物科技学院：杨膺白、邹知明。

德保县畜牧水产局：韦显熙、陆建皇。

德保县畜牧兽医站：言旭光。

德保县马隘乡畜牧兽医站：农定赞。

隆林山羊

一、一般情况

隆林山羊（Longlin goat）是以肉用型为主的山羊地方品种。原产于桂西北山区的隆林各族自治县，故称隆林山羊。以生长快、肌肉丰满，产肉性能好，屠宰率高而著称，是广西山区山羊中体格较大的品种之一。

（一）中心产区及分布

隆林山羊中心产区为广西壮族自治区隆林各族自治县的德峨、蛇场、克长、猪场、长发、常么等乡镇。毗邻的田林县、西林县也有分布。

（二）产区自然生态条件

隆林山羊主产区位于广西壮族自治区西北部，东经104°47′～105°41′，北纬24°～25°，海拔380～1 950.8m，属云贵高原东南部边缘，地势南部高于北部，由于境内河溪的强烈切割，形成了无数高山深谷。

隆林山羊主产区年均日照时数1 763.3h。气温最高39.9℃，最低-3.1℃，年均17.7℃，年总积温6 966.3℃。无霜期为290～310d，霜期一般发生在12月上旬至3月上旬，平均初霜日期是12月22日，高寒山区的初霜期比温暖地区来得早些，终霜期结束迟。由于受地形的影响，产区各地降水量差异较大，冬季尤为明显，高山降水量比谷地多，且南多北少，谷地少雨干燥。多年来，年降水量在1 023～1 599mm的范围内，年平均降水量为1 157.9mm。全年干燥指数75.41。主产区境内多东北偏东风和西南偏南风，累计各月平均风速为0.9m/s，定时观测最大风速为14m/s。产区属低纬度高海拔南亚热带湿润季风气候区，南冷多雨，北暖干旱，"立体气候"和"立体农业"特征明显。

隆林各族自治县占地总面积3 552.96km²。该县地貌结构分为岩溶区和非岩溶区，石山区占三分之一。该县地表植被比较好，土壤以山地红壤为主，类型有水稻土、红壤、黄壤、石灰土、冲积土五类。土壤呈酸性，pH 5～6，土层具疏松、深厚、潮湿、肥沃的特征。水源较为丰富，境内河流属珠江流域西江水系，以金钟山山脉为南北水系的河流流域面积2 959.62km²，占总流域面积的83.3%；流入右江水系的河流流域面积593.34km²，占总流域面积的16.7%。流域面积在25km²以上的地表河有21条，其中注入南盘江水系的有新州河、冷水河等15条，注入右江水系的有岩茶河、冷平河等6条。

据隆林县2003年统计，全县共有耕地面积23 544.74hm²，其中水田6 117.47hm²，旱地17 427.27hm²。县境内宜牧荒山荒地较多，自然地理环境适宜各种林木、牧草的生长繁殖。2003年，全县共有用材林4 909.93hm²，经济林1 609.87hm²，宜牧草山面积14.27万hm²。境内生长有肥牛树、任豆树、构树、白树等豆科灌木和淡竹叶、秋树叶、牛筋草、狗尾草、五节芒等禾本科牧草共80余种，为隆林山羊和各种草食家畜的发展提供了优越的物质基础。

种植业以旱地作物为主，种有玉米、水稻、豆类、小麦、黄豆、甘蔗、薏米、瓜菜类等，粮食生产品种繁多，十分丰富。近年稻田的耕作制度以中稻加冬种为主，旱地以玉米加冬种（油菜、豌豆、蚕豆、小麦）、烟叶加冬种和间种套种（玉米间种套种黄豆、瓜菜类等）为主。

二、品种来源及发展

（一）品种来源

隆林山羊形成历史悠久，该品种是在喀斯特地貌环境和植物群落条件下，经过当地少数民族传统文化方式熏陶及长期的自然选择而形成的地方山羊品种。据《西隆州志》，自清康熙五年开始，即有关于马、牛、羊、猪、鸡、鸭等物产的记载，可见隆林县早在几百年前就已饲养山羊。隆林县地处云贵高原边缘，山峦重叠，交通闭塞，直到1958年才筑成公路与百色通车。长期以来，由于交通不便，隆林山羊很难向外推广，外地品种也不易引进，而这一品种的形成，除了自然生态因素的影响外，主要是长期人工选择的结果。当地少数民族历来就喜爱山羊，凡遇婚丧大事都少不了山羊肉，尤其迎亲时，更必送猪、羊大礼，亲友们便牵羊、拉牛、抬猪前往，大家还进行现场评议，谁送的牲畜个头大，谁就光荣。为了培育选用个大种羊，他们不惜徒步翻山越岭，用重金收购或借回最大的公羊配种，母羊也选留个体大的、产奶多的作为种用。日积月累的选种选配，便逐渐形成体形大、产肉性能好的地方优良品种。

（二）群体规模

广西全区2005年年底隆林山羊存栏总数38.5万只。其中能繁母羊18.3万多只，用于配种的成年公羊4.2万多只。中心产区的隆林县2005年年底存栏总数为8万多只，能繁母羊5.5万多只，公羊0.55万只。

（三）近15～20年群体数量消长形势

1.数量规模变化 近20年来，隆林山羊饲养量得到较快的发展，饲养量由少到多，规模由小到大。1985年隆林县的隆林山羊存栏数3万多只，发展到2005年8万多只，存栏量提高了167%，与10年前的1995年6万多只比，也提高了33%。由于人民生活水平不断提高，人们的肉食结构也发生较大的变化，山羊肉越来越受到人们的青睐。随着市场需求量的增加，调动了产区群众发展养羊业的积极性，促进产区山羊业的发展，饲养量和出栏量也在不断增加，2005年出栏达3.5万多只。近年，隆林山羊的存栏量仍有逐年增加的发展趋势。

2.品质变化大观 本次调查统计与1985年统计比较，隆林山羊体形外貌指标及体尺和体重略有下降，公羊体高由67cm降为（65.10±4.64）cm，体斜长由74cm降为（63.54±5.85）cm，胸围由84cm降为（81.94±7.02）cm；母羊体高由65cm降为（60.36±3.81）cm，体斜长由73cm降为（67.5±5.25）cm，胸围由84cm降为（78.38±5.87）cm。1985年屠宰率为57.7%，2005年公羊屠宰率（47.41±3.6）%，羯羊屠宰率（49.44±9.77）%，母羊屠宰率（46.81±5.09）%。产区长期以来重利用，轻选育，没有做好系统的选育工作，仍以自然放牧、本品种自然交配为主，近亲繁殖现象较严重，造成群体品质参差不齐，也是导致某些生产性能下降主要原因之一。但羊肉依旧保持原有的品质和风味，仍受广大消费者的青睐。

3.濒危程度 据2005年年底广西畜牧总站统计，隆林山羊总的饲养量达38.5万多只，濒危程度等级为无危险。

三、体形外貌

隆林山羊体格健壮，体质结实，结构匀称，肌肉丰满适中。头大小适中，额宽，母羊鼻梁平直，公羊稍隆起，耳直立，大小适中，耳根稍厚；公、母羊均有角和须髯，角扁形向上向后外呈半螺旋状弯曲，角有暗黑色和石膏色两种，白羊角呈石膏色，其他羊角呈暗黑色，须髯发达。颈粗细适中，少数母羊颈下有肉垂。胸宽深，背腰稍凹，肋骨拱张良好，后躯比前躯略高，体躯近似长方形。四肢端正粗壮，蹄色与角色基本一致，尾短小直立。被毛颜色较杂，以白色为主，其次为黑白花、褐色和黑色。其中白色占38.25%，黑花毛色占27.94%，褐色占19.11%，黑色占14.7%。腹下和四肢上部的被毛粗长，其发达程度与须髯密切相关，公羊特别明显。这是隆林山羊与广西其他山羊的主要区别之一（图1、图2）。

图1 隆林山羊公羊

图2 隆林山羊母羊

四、体尺和体重

2005年12月，广西壮族自治区畜牧总站组织有关专家对隆林县德峨、蛇场、克长、猪场、长发、常么等乡镇的34只成年公羊，115只成年母羊，51只1～2岁母羊进行了测定，结果见表1。

表1 隆林山羊体尺测量体重

羊群类别	成年公羊	成年母羊	1～2岁母羊
平均年龄（岁）	1.87±0.77	2.84±0.84	1.43±0.17
体重（kg）	42.51±7.89	41.95±7.56	33.74±5.12
体高（cm）	65.10±4.64	61.18±3.67	58.5±3.48
体长（cm）	70.41±5.85	68.90±5.19	64.33±3.84
胸围（cm）	81.85±6.93	79.96±5.71	74.81±4.54
胸宽（cm）	18.74±1.85	17.84±1.78	16.35±1.15
胸深（cm）	32.09±2.81	30.06±3.36	18.14±1.72
尾宽（cm）	3.54±0.45	3.85±0.44	3.7±0.56
尾长（cm）	9.75±1.5	9.79±1.57	9.4±1.22

五、繁殖性能

据对36头产羔母羊统计，在一般农户粗放的饲养管理条件下，年平均繁殖1.66胎，83胎次共产羔162只，平均产羔率为195.18%，大部分母羊产双羔，也有产三羔和四羔的。

性成熟年龄一般4～5月龄。初配年龄公羊为8～10月龄，母羊为7～9月龄。利用年限公羊一般为5～6岁，母羊一般为8～10岁。采用自然交配，在配种季节，将公羊放进母羊群中或公、母羊长年混群放牧，公、母羊的搭配按1:（15～30）的比例。发情季节以夏、秋季节为主。发情周期为19～21d。发情持续期多数为2～3d。妊娠期150d左右。羔羊初生重2.13kg。羔羊体重3月龄14.71kg，6月龄23.37kg。1岁公羊35.98kg，母羊34.23kg。哺乳期日增重140g。

六、生产性能

2005年12月、2006年1月和2007年1月在隆林县主产区德峨乡和扶绥县广西种羊场对23只隆林山羊（公11只、母9只、羯羊3只）进行屠宰测定，其结果见表2。

表2 隆林山羊产肉性能成绩

项目	头数	宰前活重（kg）	胴体重（kg）	屠宰率（%）	净肉重（kg）	净肉率（%）	肉骨比	眼肌面积（cm²）	大腿肌肉厚度（cm）	腰部肌肉厚度（cm）	皮厚（cm）
羯羊	3	38.50 ±4.44	17.73 ±1.42	49.44 ±9.77	11.27 ±1.23	29.71 ±6.02	3.31 ±0.67	8.87 ±2.83	8.17 ±1.76	3.33 ±1.26	0.29 ±0.09
成年公羊	9	40.89 ±12.00	19.55 ±6.39	48.07 ±3.38	12.22 ±4.00	30.02 ±4.36	3.28 ±0.54	11.62 ±5.41	6.64 ±1.12	2.87 ±1.01	0.31 ±0.07
成年母羊	11	37.53 ±7.51	16.53 ±3.91	46.00 ±5.05	10.13 ±3.75	28.84 ±3.75	4.10 ±1.33	8.55 ±3.48	6.17 ±0.72	2.41 ±0.93	0.27 ±0.07

在屠宰测定的同时，对部分羊肉进行了检测分析，其结果如表3。

表3 隆林山羊背最长肌主要化学成分

羊群种类	头数	热量（kJ/kg）	水分（%）	干物质（%）	蛋白质（%）	脂肪（%）	灰分（%）
公羊	4	4 062.8±209.8	76.28±0.87	23.73±0.87	21.53±0.87	0.95±0.32	1.00±0.03
羯羊	3	5 010.0±508.1	74.60±1.04	25.40±1.04	20.30±1.45	4.06±1.79	0.97±0.03
母羊	7	4 973.7±1 793.6	74.69±4.56	25.31±4.56	20.21±0.99	3.95±4.83	0.97±0.05

七、饲养管理

成年羊以常年小群放牧为主。每天采取上、下午两次放牧，每天放牧时间4～8h。平时把羊赶到山上野草灌木丛生的牧地，让羊自由采食，秋后则放牧与圈养相结合。每天出牧或收牧前后喂给少量食盐和一些潲水或补饲作物秸秆等农副产品。羊栏用木条或竹片围搭，地面架空，保持羊栏干燥清洁。

羔羊出生后一直跟随母羊哺乳，直至自然断奶，一般需要2～3个月的时间。但坚持羔羊早吃草料，逐渐增加采食量（图3）。

图3　隆林山羊群

八、品种保护与研究利用现状

1981年陆燧伟、屈福书、樊煦和等对隆林山羊进行调查，认为隆林山羊是优良的地方品种。1987年，广西家畜家禽品种志编辑委员会在《广西家畜家禽品种志》中将其正式命名为隆林山羊。1988年，该品种被列入了《中国家畜家禽品种志》。1990年，隆林县畜牧渔业局在德峨、猪场和介廷三个乡选购种公羊22只，母羊278只建立隆林山羊核心群，至1996年核心群羊达1 871只，其体重情况见表4。

表4　隆林山羊选育后的增重成绩

阶段	初生		2月龄		3月龄		6月龄		12月龄		24月龄		成年	
	羊数（只）	体重（kg）	羊数（只）	体重（kg）	羊数（只）	体重（kg）	羊数（只）	体重（kg）	羊数（只）	体重（kg）	羊数（只）	体重（kg）	羊数（只）	体重（kg）
公	33	1.96	29	13.66	26	15.23	12	35.05	28	46.09	18	58.04	7	55.42
母	43	1.80	28	13.63	36	15.84	31	24.68	32	36.08	32	44.15	25	52.00
平均		1.88		13.65		15.54		29.87		41.09		51.10		53.71

2002年，广西畜牧研究所，广西畜禽品种改良站联合将隆林山羊引入南宁，主要采取圈养方式饲养，周岁与成年体尺体重数据见表5。

表5　隆林山羊引入南宁后的体重、体尺

性别	年龄	测定数量（只）	体重（kg）	体高（cm）	体长（cm）	胸围（cm）	管围（cm）
公羊	周岁	13	36.3±3.1	65.9±3.3	66.5±4.1	77.1±3.4	8.8±0.5
	成年	8	62.0±3.5	70.0±2.8	74.0±4.5	85.3±2.5	9.4±0.3
母羊	周岁	25	33.7±4.1	62.5±3.1	61.2±2.5	78.0±2.4	8.3±0.5
	成年	30	54.6±4.3	64.1±3.5	68.6±3.2	79.3±2.7	8.6±0.2

2005年，广西壮族自治区质量技术监督局颁布地方标准《隆林山羊》（DB45/11—1998）。

2005年，柳州种畜场进行了乐至黑山羊杂交改良隆林山羊的试验，其结果表明乐隆杂种一代体尺、体重均明显提高。结果见表6、表7。

表6 乐隆杂种一代黑山羊与隆林山羊各阶段体重比较

品种	性别	初生重（kg）	1月龄重（kg）	3月龄重（kg）
隆林山羊	公（$n=22$）	2.15 ± 0.20	4.82 ± 0.215	9.75 ± 0.194
	母（$n=26$）	2.09 ± 0.174	4.54 ± 0.325	9.22 ± 0.430
	平均	2.12	4.68	9.48
乐隆杂交一代	公（$n=29$）	2.69 ± 0.28	5.79 ± 0.59	15.50 ± 0.47
	母（$n=25$）	2.57 ± 0.20	4.92 ± 0.303	12.8 ± 0.419
	平均	2.63	5.36	14.15

表7 乐隆杂交一代黑山羊与隆林山羊各阶段体尺测量结果

	月龄	体高（cm）	体长（cm）	胸围（cm）
隆林公 （$n=22$）	初生	28 ± 1.46	27 ± 1.58	29 ± 11.89
	1	35 ± 2.17	35 ± 2.25	37 ± 2.48
	3	44 ± 3.03	46 ± 3.02	53 ± 4.13
隆林母 （$n=26$）	初生	26 ± 1.33	24 ± 1.41	27 ± 1.66
	1	33 ± 3.23	34 ± 2.31	35 ± 2.23
	3	37 ± 3.46	41 ± 4.11	47 ± 3.95
乐隆杂交一代公 （$n=29$）	初生	32 ± 1.39	30 ± 1.57	32 ± 1.96
	1	39 ± 2.05	40 ± 2.16	41 ± 2.44
	3	48 ± 3.14	51 ± 2.89	58 ± 4.55
乐隆杂交一代母 （$n=25$）	初生	30 ± 1.43	28 ± 1.34	31 ± 2.03
	1	38 ± 1.87	38 ± 2.19	40 ± 2.86
	3	42 ± 2.99	46 ± 3.01	52 ± 3.83

2007年，中国热带农业科学院热带作物品种资源研究所、中国农业科学院北京畜牧兽医研究所应用14对微卫星引物检测了隆林山羊和雷州山羊群体遗传多样性，结果表明隆林山羊和雷州山羊遗传多样性水平匮乏，隆林山羊的两个群体聚为一类，再与徐闻雷州山羊群体聚在一起，最后为海南雷州山羊群体，其聚类结果与两个品种的来源及地理分布基本一致。建议在重视保存群体内不同类型的个体的同时保存好不同区域的群体，保种场应尽量采取随机交配的方式，避免作有方向性的选择。

2008年，中国农业科学院水牛研究所、广西大学动物科技学院联合进行了波尔山羊×隆林杂交羔羊育肥期能量和蛋白质营养需要的研究，得出育肥期波隆杂肉羊对象草-玉米-棉粕型日粮干物质采食量与代谢体重和日增重的关系：DMI（g/d）$=181.3W^{0.75}-0.61\Delta W-886.2$（$r=0.9287$）和能量和蛋白质营养需要量的预测方程：$CP$（g/d）$=19.56W^{0.75}+0.25\Delta W-128.6$（$r=0.7836$）、$GE$（MJ/d）$=2.98W^{0.75}+0.023\Delta W-18.69$（$r=0.8257$）、$DE$（MJ/d）$=1.26W^{0.75}-0.006\Delta W-3.56$（$r=0.6236$）及能量和蛋白质最佳饲喂量参数等。

隆林山羊列入《广西壮族自治区畜禽遗传资源保护名录》。广西壮族自治区牧草工作站种羊场（2011年）和隆林陆兴畜产综合开发有限公司种羊场（2012年）经考核确定为自治区级隆林山羊保种场。

近几年，由于黑羊较受市场欢迎，价格也比其他羊贵，产区有意多选留黑羊，黑羊比例将会明显上升。

九、对品种的评价和展望

隆林山羊适应性强，在粗放饲养管理条件下生长发育快，产肉性能好，繁殖力高，适应亚热带山地高温潮湿气候。隆林山羊肌肉丰满，胴体脂肪分布均匀，肉质好，膻味小。6～8月龄羊25kg以下活体很受消费者欢迎。

隆林山羊虽是我国南方优良地方品种，但因产区自然条件、社会条件及技术力量等因素影响，还需加强本品种选育，注重肉用性能，兼顾乳用性能，进一步提高品种质量。

隆林山羊以放牧为主，产区又属喀斯特地区，山羊放牧对当地的自然植被影响很大，合理的载畜量可以促进石山植被的生长，过牧造成的植被退化不仅对山羊生产不利，还会影响整个生态环境，甚至影响人类。加强对载畜量，放牧时间，放牧技术及放牧对植被演变影响的研究与控制，保持隆林山羊持续稳定发展是非常必要的。

加强对隆林山羊消化生理特点及营养需要的研究，加强舍饲技术的研究、应用与推广，加强当地饲料资源的开发利用，加强杂交改良方案的研究与推广，提高隆林山羊及其杂交羊的产肉性能，是未来一段时间内隆林山羊发展的主要方向。

隆林山羊在石山区条件下生长发育良好、抗病力强、死亡率低、繁殖率高。山羊的抗病能力强，只要饲养管理得当，一般不会发生疾病。但确因饲养管理不好，不重视防疫和驱虫防病，也发生寄生虫病、消化系统疾病、呼吸系统疾病。例如，羊口疮、山羊传染性角膜炎、结膜炎、传染性胸膜肺炎、瘤胃膨气、肺丝虫病及腹泻病等。

隆林山羊以种羊和商品活羊的形式畅销区内外，远销至海南、广东等地。据隆林县2004年畜牧水产局统计，全县畜牧业总产值7 931万元，其中出栏山羊3.5万多只，产值875万元，占11%。

十、附　　录

（一）参考文献

《广西家畜家禽品种志》编写组.1987.广西家畜家禽品种志[M].南宁：广西人民出版社.

《隆林各族自治县志》编纂委员会.2002.隆林各族自治县志[M].南宁：广西人民出版社.

《中国羊品种志》编写组.1988.中国羊品种志[M].上海：上海科学技术出版社.

戴福安,覃建欢,梁淑芳.2007.乐至黑山羊杂交改良隆林黑山羊的效果初报[J].广西畜牧兽医(6)：258-260.

广西壮族自治区质量技术监督局.1998.隆林山羊[S].DB45/ 11—1998.

黄青山.1996.隆林山羊的核心群[J].广西畜牧兽医(2)：28-29.

梁贤威,杨炳壮,包付银.2008.波尔山羊×隆林杂交羔羊育肥期能量和蛋白质营养需要的研究[J].中国畜牧兽医(6)：13-17.

刘克俊,赖志强,蒋玉秀.2004.隆林山羊引种南宁饲养观察初报[J].广西畜牧兽医(2)：64-67.

陆燧伟,屈福书,樊煦和.1982.隆林黑山羊是优良的地方品种[J].南方农业学报(2).

谭丕绅,杨熙平.1996.高效益养山羊技术[M].南宁：广西科学技术出版社.

王东劲, 侯冠彧, 王文强. 2007. 雷州山羊和隆林山羊遗传多样性的微卫星分析[J]. 中国农学通报 (12): 37-41.

（二）主要参加调查人员及单位

广西畜禽品种改良站：许典新、梁云斌、刘德义。

广西大学动物科技学院：邹知明、杨膺白。

隆林县水产畜牧局：陈小红。

隆林县畜禽品种改良站：杨元贵。

隆林县德峨乡畜牧兽医站：王充。

都安山羊

一、一般情况

都安山羊（Du'an goat），也称马山黑山羊。产于都安县及其周围各县的石山地区，中心产区在都安县，故称都安山羊。都安山羊是分布于广西境内饲养群体数量最多的地方优良品种之一。该品种于1987年载入《广西家畜家禽品种志》，正式命名为都安山羊。属肉用型山羊地方品种。

（一）中心产区及分布

原产于都安瑶族自治县，中心产区为该县的地苏、保安、澄江、龙湾、菁盛、拉烈、三只羊等乡镇，周围的马山、大化、平果、东兰、巴马、忻城等县石山地区有大量分布，隆安、兴宾、龙胜等县（区）以及其他平原丘陵地区也有一定数量分布。

（二）产区自然生态条件

都安瑶族自治县位于广西壮族自治区中西部，地处云贵高原南缘，都阳山脉东段，以石山丘陵为主。东经107°41′～108°31′，北纬23°42′～24°35′。地势西北高，东南低。海拔170～1 000m，境内有石山叠嶂，洼地密布的大石山区，属典型的喀斯特地貌。

都安县属于南亚热带季风气候区北缘，雨量充沛，气候湿润、温暖，日照充足，无霜期长。年平均气温18.2～21.7℃，最高气温39.3℃，最低-1.2℃。相对湿度为74%。无霜期347d。降水量1 737.9mm。因季风气候影响，四季雨量有明显差异，每年夏季为雨季。全年最多风向为西北风，平均风力为1.6m/s。

都安县内主要有红水河、刁江、澄江、拉仁河、板岭河、地苏河、同更河等河流。有地下河系38条、干支流99条，大多属季节性溪河。其中地苏地下河系为广西最大的地下河系之一，其覆盖面积超1 000km²，最大流量为493m³/s，洪期流量可超500m³/s，最枯期流量为3.8m³/s。耕作土类分为旱作土和水稻土。产区旱作土主要为棕色石灰土、红壤和冲积土。自然土类有红壤、黄壤、石灰岩土、红色石灰土、紫色土、冲积土等。石灰土为主要土类，遍布全县岩溶石山。

据都安瑶族自治县2005年统计，全县面积4 095km²，其中石山面积3 634km²，占全县总面积的89%；耕地面积3.52万hm²，人均耕地仅0.06hm²。全县草场面积13.7万hm²，主要是以石山高中禾草草丛和灌丛草丛为主的草场植被。山上植物种类繁多，以藤类和灌木居优势。藤类以金银花、野山葡萄、千里光等为常见。禾本科以野古草、白毛、五节芒、马唐、狗牙根等组成群落。据对266份牧草标本鉴定，共有188种56科，其中禾本科牧草60种，豆科牧草15种。山羊喜欢采食的乔灌木达200多种。

农作物主要有玉米、水稻、旱芋、甘薯、豆类和荞麦等。2005年，产区农作物种植面积为63 297hm²，经济作物种植面积5 845hm²。全年粮食总产量12.81万t。其中，水稻种植9 916hm²，总产量3.99万t；玉米种植30 360hm²，总产量7.82万t；大豆种植9 454hm²，总产量0.532 4万t。

主产区的瑶族群众历来就有把羊作聘礼、杀羊供祭、烹制羊肉招待贵宾的风俗习惯，《隆山杂志》

载，"婚时，男家备鹅羊及酒茶、盐糖为礼物……"主产区之一的马山县年活羊出口和销售量一直名列全区第一。中华人民共和国成立前年出口1 000～2 000只，1990年以后，外贸出口活山羊年均达7 000只左右。2005年，都安、马山县出栏山羊18万多只，产值4 500万元，占全县畜牧业产值约20%。都安山羊以皮薄肉嫩、无膻味、营养丰富，赢得了区内外市场的赞誉，产品主要销往南宁、广东、海南等地区。近年来，该县大力发展山羊养殖业，2005年饲养量达36万多只，年出栏约15万只，已形成规模化养殖。

二、品种来源及发展

（一）品种来源

都安山羊形成历史悠久，是当地瑶族群众经过长期自然选择和在商品交易中形成的具有地方特色的优良品种。《都安县志稿》畜牧产量调查表"本县家畜，大的如牛、马、猪、羊；小的如鸡……惟山地则兼养羊……"。"清以前，本县为地方官统治，赋税制度系特殊……赋则征收土奉，并供树麻……竹木料，打山羊等。"地处都安县北部三万山丛中的瑶族同胞聚集地"三只羊乡"，历来盛产山羊，以山羊作为赋税上交后一直称谓为"三只羊乡"。都安县属喀斯特地貌，山上植物种类繁多，牧草丰富，以藤类和灌木丛居优。山羊全年可在山上轮片放牧，任其自由采食和繁殖。都安县及其周边地区特有的生态条件及植被群落均适宜于山羊的生活习性，为发展山羊饲养提供了独特的自然生态条件。都安县地处大石山区山坡陡峭，气候干旱少雨，可耕地少，复种指数不高，当地群众凡遇上有红白事都有杀羊祭祀的风俗，养羊已成为当地群众主要的经济收入来源。在不宜放牧的地区，则以圈养为主，只于秋后放牧3～4个月。在此环境中，经过长期自然和人工选择而形成体形较小，结构紧凑，行动敏捷，善于攀爬的优良地方山羊品种。

（二）群体规模

据广西畜牧总站2005年年底统计，全区都安山羊存栏量约85万只；其中都安县36万多只、马山县20万多只。都安山羊是广西饲养数量最多的山羊品种。

都安、马山两县繁殖母羊分别为6.8万多只、3.8万只，成年种公羊分别为0.31万只、0.25万只，成年种公羊与繁殖母羊之比分别为1：21.9、1：15.2。育成羊分别为12.46万只、3.1万只；哺乳公羔羊分别为2 493只、310只，哺乳母羔羊分别为4.36万只、1.5万只；后备公羊分别为3 440只、310只。占育成羊全群比例分别为2.76%、1%；后备母羊分别为0.44万只、1.5万只，占育成羊全群比例分别为3.53%、48.39%。

1987年，都安山羊列入《广西家畜家禽品种志》；1985年列入《中国家畜品种及其生态特征》；1989年，广西开始了地方畜禽品种地方标准的制定工作，广西壮族自治区质量技术监督局于2003年正式发布《都安山羊》地方标准，标准号DB45/T 102—2003。

（三）近15～20年群体数量的消长

15～20年来都安山羊的饲养量得到较快的发展。都安县1988年全县饲养量为16.67万只，年内出栏4.12万只，年末存栏12.56万只，能繁母羊4.4万只。2005年，全县饲养量为33.6万多只，比1988年增加16.93万多只，增长101.56%；年内出栏山羊14.9万只，比1988年增加10.78万只，增长261.65%；年末存栏19.70万只，比1988年增加7.14万只，增长56.9%；能繁母羊6.9万只，比1988年增加2.5万只，增长56.82%。

马山县1985年山羊饲养量5.25万只，年内出栏1.34万只。2005年全县饲养量20.21万只，比1985年增加14.96万只，增长284.95%；年内出栏山羊9.06万多只，比1985年增加7.72万多只，增长576.12%。

随着市场对优质畜产品需求日益增加，产区山羊饲养量增加明显，但一直缺乏系统的选育与保种工作，仍以自然放牧、本品种自然交配为主，近亲繁殖现象较严重，造成羊群体质参差不齐，出现某些生产性能下降现象。

据统计，2005年年底都安山羊存栏量85万多只，无灭绝危险。

三、体形外貌

都安山羊体形较小，骨骼结实，结构紧凑匀称，肌肉丰满适中。

头稍重，额宽平，耳小竖立向前倾，眼睛明亮有神，鼻梁平直、公羊稍隆起，颈稍粗，部分山羊有肉垂；躯干近似长方形，胸宽深，前胸突出，肋弯曲开张，背腰平直，腹大而圆。十字部比鬐甲部略高，尻部稍短狭向后倾斜，尾短小上翘，肢长与胸深相当，四肢稍短，健壮坚实，蹄形正，肢势良好，四肢间距宽，动作灵活有力。蹄质坚硬，蹄间稍张开，蹄色呈暗黑或玉黄色。公、母羊均有须有角，角向后上方弯曲，呈倒八字形，其色泽多为暗黑色。公羊睾丸匀称，中等大小，登山时无累赘感；母羊乳房形似小圆球，多数为两个乳头，向前外方分开。

被毛以全白、全黑为主，灰和麻花等杂色次之。2006年11月，调查组对都安县132只山羊的毛色进行分类统计：白色34.85%，黑色30.30%，麻花色16.67%，灰色10.60%，黑白花色7.58%。而对马山县148只山羊毛色进行统计为：黑色占81%，棕黑色10%，棕黄色8%，黑白花色占1%。种公羊的前胸、沿背线及四肢上部均有长毛，被毛粗长而微卷曲；母羊被毛较短直；皮薄富有弹性。

近年来根据市场需求导向，部分地区选留的毛色趋向于以黑色为主（图1～图4）。

图1　都安山羊公羊1

图2　都安山羊公羊2

图3　都安山羊母羊1

图4　都安山羊母羊2

四、体尺和体重

2006年11月，对都安县地苏、澄江、保安、加贵、三只羊5个主产区，马山县白山、古零、百龙滩、金钗4个主要产区成年羊进行随机抽样测定，结果见表1。

表1　都安山羊成年羊体重和体尺

性别	只数	体重(kg)	体高(cm)	体长(cm)	胸围(cm)	胸宽(cm)	胸深(cm)	管围(cm)
公羊	30	41.88±4.41	61.25±4.09	73.97±3.80	81.70±5.22	19.67±1.79	30.55±2.29	9.22±0.66
母羊	99	40.56±6.01	58.43±3.86	73.19±5.10	81.25±6.00	19.65±2.51	29.40±2.83	8.88±0.80

五、繁殖性能

性成熟年龄：公羊5～6月龄，体重12～16kg；母羊6～7月龄，体重11～15kg。初配年龄：公羊7～8月龄，体重13～22kg；母羊8～10月龄，体重12～20kg。使用年限：公羊6～7年，以3～5岁配种效果最佳；母羊7～8年，最高可达11年。发情季节：终年均有发情，以2～5月和8～10月居多。发情周期19～22d，平均21d；发情持续期24～48h；妊娠期150～153d，平均151d。当地养羊一般安排在2～5月配种，8～10月产羔。产羔率为115%。饲养条件差的地区多为1年1胎，较好的地区，则为2年3胎，但也有不少能年产两胎的。据对104只母羊产羔情况的调查，产双羔的有53只，占50.96%；产单羔的有50只，占48.08%；产三羔的有1只，占0.96%。成年母羊年均产羔1.66胎，年均产羔2.53只。

羔羊初生重公羊（1.93±0.48）kg（n=97），母羊（1.87±0.51）kg（n=81）；羔羊6月龄断奶体重公羊（13.06±0.59）kg（n=92）；母羊（12.9±0.38）kg（n=75）；哺乳期日增重公羊61.83g，母羊为61.28g。据对157只羔羊进行调查，羔羊成活数（断奶后）为148只，羔羊成活率为94.27%，羔羊死亡率5.73%。

六、生产性能

2006年11月，广西水产畜牧兽医局组织有关专家调查组对都安山羊成年羊进行了屠宰测定，采集背最长肌样本送广西分析测试研究中心检测，结果见表2、表3。

表2　都安山羊成年羊屠宰测定

性别	只数	宰前活重(kg)	胴体重(kg)	屠宰率(%)	净肉重(kg)	净肉率(%)	肉骨比	眼肌面积(cm²)	大腿肌肉厚度(cm)	腰部肌肉厚度(cm)	皮厚(cm)
公羊	4	27.63±4.03	13.68±2.88	52.94±5.98	8.17±2.23	30.07±5.43	3.10±0.87	8.59±2.51	7.10±1.04	1.88±0.43	0.24±0.03

（续）

性别	只数	宰前活重（kg）	胴体重（kg）	屠宰率（%）	净肉重（kg）	净肉率（%）	肉骨比	眼肌面积（cm²）	大腿肌肉厚度（cm）	腰部肌肉厚度（cm）	皮厚（cm）
羯羊	6	30.25 ±7.06	15.67 ±4.45	53.70 ±3.32	9.97 ±2.90	32.44 ±1.96	3.24 ±0.37	9.54 ±2.17	7.62 ±2.10	2.08 ±0.53	0.26 ±0.04
母羊	10	25.63 ±3.59	11.60 ±1.84	47.26 ±3.46	6.90 ±1.86	27.58 ±2.42	2.72 ±0.43	7.24 ±1.20	6.71 ±0.63	1.44 ±0.37	0.26 ±0.04

表3　都安山羊背最长肌主要化学成分

性别	只数	热量（kJ/kg）	水分（%）	干物质（%）	蛋白质（%）	脂肪（%）	灰分（%）
公羊	4	4 841.0 ±266.4	74.68 ±1.09	25.33 ±1.09	20.70 ±1.54	3.43 ±0.86	1.13 ±0.06
羯羊	3	5 849.67 ±697.63	72.3 ±2.0	27.7 ±2.0	20.37 ±0.81	6.25 ±1.74	1.05 ±0.02
母羊	7	4 846.7 ±760.5	74.86 ±2.02	25.14 ±2.02	20.37 ±0.55	3.61 ±2.02	1.11 ±0.08

都安山羊的泌乳量不高，在放牧饲养、不喂精料的条件下，平均日产乳0.2kg（0.06～0.4kg），鲜乳含脂率4.6%，水分80.89%。

七、饲养管理

（一）饲养管理方式

在山区以常年放牧为主，补饲、圈养为辅；在农区也尽可能放牧，仅在作物生长季节（3～10月）及补饲时实行圈养，喂给一些饲草或农作物秸秆。近年来在"山羊的圈养技术研究与规模化养殖技术示范"项目的带动下，逐步推广山羊圈养技术。

1.成年羊的饲养管理方式　羊群的饲养主要靠放牧为主，户主对牧地进行有计划的轮牧，不超载过牧，控制羊群数量，一般上午9时许放牧，下午4时许收牧。部分养羊户还种植牧草或利用农作物秸秆给山羊进行补料。

2.羔羊的饲养管理方式　在母羊分娩前10d左右实行圈养保胎，羔羊30日龄内以母羊哺乳为主，以后逐步跟随母羊群放牧。

（二）舍饲期补饲

舍饲期以添补农作物秸秆及部分青料为主，一般都在羊栏内吊挂"盐筒"任由羊群舔食。个别饲养户补饲少量精料。羊舍一般建在避风、向阳、地势高燥、排水良好的地方，羊床离地面不低于0.8m。

都安山羊具有耐粗饲、适应性强、合群性好、发病少、易管理的特点，通过领头羊带队或畜主的口令能自动归牧。母羊性情温驯，保姆性强，难产、早产、流产等现象少有发生（图5）。

图5　都安山羊群

八、品种保护及利用

都安山羊未进行过遗传多样性测定。

2005年11月，《都安山羊繁育技术规程》《都安山羊饲养管理技术规程》《都安山羊疾病防治技术规程》《都安山羊标识、运输技术规程》《都安山羊种羊评定标准》5个都安山羊系列地方标准经评审获得通过。

近几年，由于黑羊较受市场欢迎，价格也比其他羊贵，产区有意多选留黑羊，黑羊比例将会明显上升。

都安山羊主产区都安县2002年山羊饲养量达33.3万只。都安山羊以其耐粗饲，适应性强、抗病力强，肉质好，营养丰富而驰名。在石山、半土山半石山、土山以及平原地区均可以饲养。在粗放的饲养管理条件下，也有一定的生产性能。但与其他品种相比，都安山羊体形偏小，泌乳量低，生长缓慢。要改变这一现状，首先，要加强选种，按照广西壮族自治区质量技术监督局发布的《都安山羊》地方标准要求，对现有种羊进行等级评定，选择二级以上公、母羊进行选配。后代选择繁殖力、泌乳力和生长能力都强的个体留作种用，同时按都安山羊毛色性状，选育出黑色、白色、黄色等品系，以满足市场的需要，通过开展本品种选育提高都安山羊的生产性能。其次，要加强对都安山羊的生理特点、营养需要、疫病防治和饲料资源开发的研究，进一步推广种草圈养山羊技术，不断改进山羊饲养管理。再次，是有计划地开展杂交改良工作。其主导方向是向肉用或肉乳兼用方面发展。近年来，先后引进了隆林山羊、波尔山羊、南江黄羊公羊，与都安山羊母羊杂交，取得了良好的效果。

九、对品种的评价和展望

都安山羊是广西数量最多、分布最广的山羊品种。都安山羊耐粗饲，适应性强、抗病力强，肉质好，营养丰富，适宜于在石山、半土半石山、土山以及平原地区饲养。但都安山羊体形小，泌乳量低，生长缓慢。应注意加强选种选育工作，提高生产性能和经济效益。

十、附　录

（一）参考文献

《都安瑶族自治县志》编纂委员会.1993.都安瑶族自治县志[M].南宁：广西人民出版社.

《广西家畜家禽品种志》编写组.1987.广西家畜家禽品种志[M].南宁：广西人民出版社.

广西壮族自治区质量技术监督局.2003.都安山羊[S].DB45/T 102—2003.

郑丕留.1985.中国家畜品种及其生态特征[M].北京：农业出版社.

（二）主要参加调查人员及单位

广西畜禽品种改良站：许典新、梁云斌。

广西大学动物科技学院：邹知明、杨膺白。

都安瑶族自治县畜牧水产局：蓝志生。

都安瑶族自治县畜牧兽医站：韦瑞良。

马山县畜牧水产局：黄诚。

马山县畜禽品改站：陈俊宁。

西林矮脚犬

一、一般情况

西林矮脚犬（Xilin Shortfoot dog），俗称西林矮爬狗，肉用看家观赏兼用型。2009年10月通过国家畜禽遗传资源委员会鉴定，2010年1月农业部公告第1325号确定为畜禽遗传资源。

（一）中心产区及分布

中心产区在广西壮族自治区西林县。主要分布在西林县八达镇、普合乡、那劳乡、西平乡、古障镇及与西林毗邻的隆林县德峨乡，田林县的定安镇与云南省广南县也有一定的数量。

（二）产区自然生态条件

西林县位于云南、贵州、广西三省（自治区）的交汇处，地处云贵高原边缘，广西最西端，东经104°29′～105°30′，北纬24°10′～24°44′，平均海拔890m。

产区属亚热带季风性气候区，雨热条件好，气候温和、雨量充沛、雨热同季。极端最高气温为39.1℃，极端最低气温-4.3℃，年均气温19.1℃（16～21℃），日照1 400～1 800h，年积温5 400～7 300℃。无霜期310～340d。降水量为900～1 300mm。年均干燥指数为67.6，为湿润地区。风向受季风气候影响，季节变化明显，每年10月至翌年3月盛行东北风，风向频率为35.8%～45.2%，与东南偏东风的频率差22.5%～43.7%。4月至5月为过渡期，西北偏北风频率与东南偏东风频率基本接近。6月到8月盛行东南风，风向频率24.2%～36.3%，与北风的频率差15.3%～38%，年平均风速3.1m/s，最大风速每秒达8m，最小风速每秒仅1.2m。年均相对湿度76%，每年3月至4月分别增至80%和83%，9月后相对湿度降至68%左右。

境内溪河密布，有大小河溪295条，分属南盘江水系和右江水系。主川驮娘江，穿越县城而过，贯经县域长143km；此外，流量较大的江有南盘江、清水江、西洋江等，贯穿县域长233km。清水江、南盘江流入县境北部，南部有西洋江，构成全县灌溉系统较好的天然条件。土质以沙灰岩或石灰岩形成的碳酸盐红粉壤土为主，pH6.2～6.7，有机物含量1.6%～2%。地形、地貌主要以土山为主，土壤以山地红壤为主，类型有水稻土、红壤、黄壤、石灰土、冲积土5类，土层具疏松、深原、潮湿、肥沃的特征。

全县面积30.19万hm²，其中耕地总面积1.65万hm²，人均耕地面积0.13hm²，林业用地约20万hm²，森林覆盖率达68%。牧业用地约7.27万hm²，荒地、水域和其他特殊用地约9.53万hm²。

农作物以水稻、玉米为主，经济作物有甘蔗、豆类、薯类等，农副产品丰富。

西林矮脚犬性情温驯，活泼好动，对主人极为亲和友善，有灵性易调教，食性广，耐粗放，耐寒耐高温，适应性强，抗病能力强，疾病少、死亡率低，繁殖率高。主要传染疾病有狂犬病，但免疫效果好。

作为肉用价值，西林矮脚犬以皮细嫩、骨少、瘦肉多，肉质鲜美、风味独特颇受广大消费者的青睐，市场开发潜力大。

二、品种来源及发展

（一）品种来源

桂西山区的群众素有养犬狩猎看家习惯。据宋代《田西县志》记载，"饮酒及食牛、马、犬……等肉""殷实遗嫁并胜，以使婢女、牛、马、犬……"。西林当地的少数民族群众逢年过节有吃狗肉习俗，在新居开工落成时，有杀狗纳福去邪的仪式，特别是"端午节"必杀狗来祭祀祖宗。西林矮脚狗历史悠久，其起源据说还与"西林教案"历史有关，19世纪50年代法国天主教神父马赖（中文名）到中国传教，随身带来了宠物犬，与西林县一带的家犬进行交配，在西林特有的自然生态条件下，经当地群众长期的选择和人工选育而逐步形成。

（二）群体数量

据调查，2008年年底广西区内西林矮脚犬存栏约700只，其中母犬约600只、公犬约100只。核心区西林县存栏453只，其中母犬393只、公犬60只。

（三）近15～20年群体数量的消长

西林县1991年存栏600多只，1996年存栏400多只，2001年存栏410只，2005年存栏500多只，2008年存栏453只。

西林矮脚犬均由山区农户分散饲养，未经任何选育，具有个体大小不均、被毛颜色多样的特点。据2006年11月西林县畜牧兽医站对452只矮脚犬统计，其中只有约35%的雌性犬纯繁，其余矮脚犬与当地其他犬杂交。

西林矮脚犬品种形成历史久远，由于没有得到重视和保护，在20世纪90年代西林发生狂犬病，家犬被大量屠杀，西林矮脚犬几乎惨遭灭绝。近几年来，随着宠物饲养兴起，矮脚犬的种群数量有所回升。西林矮脚犬由于没有得到开发利用，长期以来处于自生自灭状态，同时缺乏科学系统的选育和保护，加上外血混杂，原有一些选育特性逐渐退化，面临濒临消失的危险。

三、体形外貌

整体体形成年公犬略呈前高后低，母犬略呈前低后高。上层毛长度2～4cm，被毛柔细，以黑色、黄色、灰色、灰白色的居多，约占85%。少量纯白色和黑色。头部大小适中，额段短浅。嘴筒长12～14cm，耳型较小约50%直立，约50%下扑；耳宽约5cm，长约10cm。杏眼型、虹彩鲜艳明亮。正常齿20颗。颈部适中。躯干圆长挺直、收腹、臀部丰满，乳头四对，泌乳性好。四肢短、矮；前肢窄，肘部向外弯转呈"八"字；后肢粗壮、直挺有力，飞结无内弯。尻部宽、丰满。脚趾厚粗，有狼爪。尾部粗长约40cm。背部蜷起，毛浓密卷曲（图1～图4）。

图1　西林矮脚犬公犬1

图2　西林矮脚犬公犬2

图3　西林矮脚犬母犬1

图4　西林矮脚犬母犬2

四、体尺、体重

（一）体尺和体重

2006年12月，调查组先后在西林县八达镇、普合乡、那劳乡、西平乡、者夯乡及与西林毗邻的隆林县德峨乡进行了调查（表1）。

表1　成年矮脚犬公犬体尺和体重测量成绩

性别	公（平均数、变异系数）		母（平均数、变异系数）	
数量（只）	24		48	
年龄（岁）	5.0±2.31		3.18±1.11	
体重（kg）	12.82±2.19	17.08%	11.5±2.5	21.74%
体长（cm）	48.77±4.85	9.94%	47.74±8.29	17.36%
体高（cm）	30.30±2.20	7.26%	29.45±3.82	12.97%
胸围（cm）	48.27±4.89	10.13%	46.52±6.37	13.69%
胸深（cm）	18.83±3.17	16.83%	18.21±2.82	15.49%
管围（cm）	11.13±1.00	8.98%	10.34±1.51	14.60%

（续）

性别	公（平均数、变异系数）		母（平均数、变异系数）	
头长（cm）	17.29±1.65	9.54%	16.40±2.18	13.29%

（二）体态结构

体态结构见表2。

表2　西林矮脚犬体形指数

性别	头数	体长指数	胸围指数	胸深指数	管围指数	头长指数
公	24	160.95	162.10	62.14	36.73	57.06
母	48	162.10	157.96	61.83	35.11	55.68

五、生产性能

2006年12月，调查组在主产区西林县畜牧兽医站选取成年西林矮脚犬（公5只、母5只）进行实地屠宰测定，产肉性能见表3。

表3　6～36月龄矮脚狗屠宰测定成绩

序号	性别	宰前活重（kg）	胴体重（kg）	屠宰率（%）	净肉重（kg）	净肉率（%）	肉骨比	眼肌面积（cm²）	大腿肌肉厚度（cm）	腰部肌肉厚度（cm）	皮厚（cm）
1	公	11.5	6.91	61.09	4.28	37.13	3.34	2.73	6.00	1.90	0.35
2	公	7.00	4.13	60.90	2.40	34.29	2.24	2.31	5.50	2.30	0.27
3	公	10.20	6.20	62.89	3.42	33.53	3.26	3.64	6.10	2.10	0.29
4	公	9.50	5.71	64.00	2.84	34.63	2.27	4.41	4.20	2.40	0.45
5	公	11.50	7.11	63.22	4.28	37.13	3.23	3.93	5.20	2.20	0.27
	平均数	9.94	6.01	62.42	3.44	35.34	2.87	3.40	5.40	2.18	0.33
	标准差	1.86	1.19	1.36	0.84	1.68	0.56	0.87	0.76	0.19	0.08
6	母	12.00	6.84	66.88	4.80	39.92	3.09	5.60	6.00	2.40	0.37
7	母	14.70	10.11	71.87	5.58	48.84	5.57	11.55	7.50	2.00	0.37
8	母	7.80	4.28	56.35	2.50	32.05	2.29	4.16	6.20	0.60	0.27
9	母	8.50	5.11	62.06	3.02	37.76	3.18	4.41	5.20	2.50	0.45
10	母	9.75	5.90	61.79	4.28	44.62	6.30	3.78	4.60	2.50	0.27
	平均数	10.55	6.45	63.79	4.04	40.64	4.09	5.90	5.90	2.00	0.35
	标准差	2.82	2.26	5.86	1.27	6.44	1.74	3.23	1.10	0.81	0.08

2006年12月，调查组取西林矮脚犬背最长肌肉送广西壮族自治区分析测试中心进行测定，结果见表4。

表4　6～36月龄西林矮脚犬背最长肌主要化学成分检测结果

性别	检测序号	热量（kJ/kg）	水分（%）	干物质（%）	蛋白质（%）	脂肪（%）	灰分（%）
公犬	1	6 004	71.3	28.7	21.4	6.20	1.04
	3	6 579	70.4	29.6	20.2	8.24	1.08
	4	5 128	72.2	27.8	24.4	2.58	1.04
	7	6 542	70.6	29.4	19.7	8.33	1.21
	8	6 244	71.3	28.7	20.2	7.38	1.07
母犬	2	5 742	71.7	28.3	21.9	5.26	1.02
	5	7 133	68.3	31.7	21.6	9.10	0.98
	6	5 811	72.2	27.8	20.8	5.97	0.99
	9	6 328	71.3	28.7	20.3	7.57	1.02
	10	7 575	68.6	31.4	19.3	11.3	0.96
平均数		6 308.6	70.79	29.21	20.98	7.19	1.04
标准差		704.8	1.36	1.36	1.46	2.37	0.07

六、繁殖性能

（1）性成熟年龄　公犬8～10月龄，母犬8～10月龄。

（2）初配年龄　公犬10月龄，母犬10～12月龄。

（3）配种方式　本交，一个配种季节每只公犬配母犬数10～15只。

（4）一般利用年限　7年。

（5）发情季节　春、夏季和秋季。

（6）发情周期　10d。

（7）妊娠期　60d。

（8）窝产仔数　3.5只。

（9）初生窝重　1.7kg。

（10）初生重　公0.35kg，母0.30kg。

（11）断奶重　公3.16kg，母2.95kg。

（12）哺乳期日增重　公0.067kg，母0.067kg。

（13）保育成活率　98%。

（14）断奶育成犬成活率　100%。

（15）年产仔率　95%。

七、饲养管理

（1）方式　家养兼放牧式饲养。

（2）日饲喂量　每日饲喂量在1～1.5kg。

（3）抗病、耐粗情况　西林矮脚犬食性广，饲喂粗放，适应性和抗病力强，易于饲养（图5）。

图5　西林矮脚犬小犬

八、品种保护与研究利用现状

　　西林矮脚犬品种虽然历史悠久，由于群体数量不多，饲养分散，长期以来没有得到足够重视和保护，20世纪90年代西林发生狂犬病，家犬被大量屠杀，西林矮脚犬几乎惨遭灭绝。近几年来，随着宠物饲养兴起，矮脚犬的种群数量有所回升。目前该品种尚未开发利用，处于自生自灭状态。同时缺乏科学系统的选育和保护，加上外血混杂，原有的一些优良特性正逐渐退化，有濒临灭绝的危险。利用方式主要是作为看家犬、观赏犬或肉用犬直接利用。《西林矮脚犬》品种地方标准已于2016年发布，编号DB15/T 1712—2006。

九、对品种的评估和展望

　　西林矮脚犬体形外貌独特，具有观赏和看家护院的特性，与其他犬遗传资源有明显区别。在一般饲养条件下，生长发育和繁殖性能良好，是广西特有的珍稀犬类品种，可选育当作观赏宠物犬、狩猎犬等，具有广阔的市场前景和重要的开发利用价值。

十、附　　录

（一）参考文献

陆辉.2006.西林县志[M].南宁:广西人民出版社.

（二）主要参加调查人员及单位

广西畜禽品种改良站：许典新、梁云斌、刘德义。
广西大学动物科技学院：邹知明。
西林县畜牧水产养殖局：韦文艺、班琦、廖世才。

二、家禽

JIAQIN DIFANG PINZHONG

地方品种

广西三黄鸡

一、一般情况

广西三黄鸡（Guangxi Yellow chicken）俗名三黄鸡，因喙黄、皮黄、胫黄而得名，属肉用型地方鸡品种。

（一）原产地、中心产区及分布

传统中心产区为桂平麻垌与江口、平南大安、岑溪糯洞、贺州信都。经选育繁殖的三黄鸡主要在玉林、北流、博白、容县、岑溪等地；其次是分布在梧州、苍梧、贵港、钦州、灵山、北海、合浦、南宁、横县等市县；桂林、柳州、来宾、百色、河池也有零星饲养。鸡苗和肉鸡除销往广东、湖南、浙江、海南等南方省份外，河南、四川、云南等省也有销售。

（二）原产区自然生态条件

1.产区经纬度、地势、海拔 主产区玉林市位于广西东南部，地处东经109°32′～110°53′，北纬21°38′～23°07′，均处在北回归线以南。地貌属丘陵台地，地势西北高、东南低，自西向东、自北向南倾斜走向。境内山地、丘陵地、谷地、台地、平原互相交错，尤以丘陵、台地分布广泛。平原盆地占全市面积17.4%，丘陵地占土地总面积的49.4%，山地占33.2%。其中高丘海拔250～500m，坡度绝大部分在15°～45°；中丘海拔100～250m，坡度在5°～45°；低丘海拔在100m以内，坡度在15°～35°。

2.气候条件 产区属典型的南亚热带季风气候，光照充足、热量丰富、雨量充沛、气候温和。平均气温21.6～22.5℃，年平均降水量1 900～2 400mm，年平均日照1 700h左右，年平均无霜期350d左右。

3.水源及土质 境内地域分为两大水系：一是珠江流域西江水系；二是单独流入东南沿海水系，主要河流是南流江，经过玉林、博白于合浦县入海。集雨面积1 000km^{2}的河流有7条，集雨面积50km^{2}的河流有72条，年平均地下水量模数为3.08×10^4m^3/km^2。地表径流量1.03×10^{10}m^3，水资源总量为1.315×10^{10}m^3。

土壤分为水稻土、黄壤、红壤、紫色土、冲积土、石灰（岩）土、赤红壤7个土类，对热带亚热带作物生长极为有利。矿产资源主要有铝、锌、锰、铁、锑、锡、铜等10多种金属矿和硫、磷、石灰石、高岭土、花岗石、稀土、大理石、水晶石、矿泉等20多种非金属矿。

4.农作物、饲料作物种类及生产情况 主要农作物主要有水稻、玉米、甘蔗、甘薯、木薯、豆类、花生等。粮食和油料作物生产是当地种植业主导产业。丰富的农作物为广西三黄鸡的产业发展提供了充足的饲料资源。

5.土地利用情况、耕地及草场面积 玉林市耕地面积19.49万hm^2，占土地面积的23.53%，宜林果地27.8万hm²，森林覆盖面广，经济林果树种植量大，草山草坡较多，林草覆盖率达58.47%。牧草地10.33万hm²，其中人工种草4 280hm²，改良草地2 530hm²。为广西三黄鸡的放牧饲养提供了良好的环境条件。

6.品种对当地的适应性及抗病能力 广西三黄鸡是产区劳动人民经过长期人工选育和自然驯化而形成的优良地方品种，历史悠久，完全适应本地的气候条件。具有觅食力强、适应性广、耐粗饲、抗病力强、性成熟早等特点，能适应舍内平养、笼养、放牧饲养等各种饲养形式，能适应在全国大部分省份饲养。

二、品种来源及发展

（一）品种来源

三黄鸡的形成是当地群众长期选择的结果。在封建社会，红色表示吉庆，黑色、白色表示不吉利，而黄色则是有权势的表示，古来皇帝都穿黄袍，群众也喜爱黄色。每逢送礼，一对三黄鸡，公红母黄，称为开面鸡。鸦片战争后，香港在英国的殖民统治下，每年都需大量的三黄鸡供应。广西自桂平至梧州一带沿浔江县份，由于水路交通方便，就有商人前来收购三黄鸡，经多年群众性的自发养殖和选育，形成了连片产区。

中华人民共和国成立以后，外贸活动不断发展，活鸡出口的需要量不断增加，所以三黄鸡的产区也日渐扩展到桂东南一带。1971年，广西外贸局确定桂东南的16个县为活鸡出口基地县，每个基地县都办起了外贸鸡场，饲养规模逐年扩大，出口量也由200多万只增至1982年的400多万只。

20世纪80年代中以后，由于市场经济的冲击，多数外贸鸡场面临倒闭。而玉林市畜牧主管部门、岑溪外贸鸡场、博白外贸鸡场为了适应市场发展变化的需要，坚持开展本品种选育，以生态养鸡的发展理念，利用山坡地、果园从事养鸡生产，主销广东、中国香港和中国澳门，以其特有的地方风味赢得市场欢迎。同时指导养殖企业加大新品种的培育力度，推出了企业的特有品种，创出了企业的品牌。如"参皇鸡""巨东鸡""金大叔土三黄鸡""古典型岑溪三黄鸡""博白宝中宝三黄鸡""凉亭鸡"等。

（二）群体数量

据2006年年底统计，存栏总数为4.43亿只，其中种公鸡209万只，种母鸡1 366万只。90%以上为规模养殖。

（三）近15 ~ 20年消长形势

1.数量规模变化 三黄鸡是广西所有地方品种中发展最快的，年出栏量已由1982年的400多万只增加到2006年的2亿多只；种鸡场由16个出口基地发展到24家大规模场，这些场的种鸡数量由几十万只发展到400多万只。其中岑溪市外贸鸡场有限公司种鸡群从1 260只发展到20万只。宝中宝畜牧有限公司种鸡场1986—1996年的种鸡饲养量为1万~3万只，1997年后迅速增加，至2006年，种鸡饲养量为20万只。2000年以来，除了销售地区从南到北扩展外，全国很多饲养黄羽优质鸡的种鸡场都导入广西三黄鸡作为育种素材。

2.品质变化 由于采取了放牧饲养，肉鸡在放养过程中按需觅食，既吃到全价料，又可觅食小虫、草根，经过长期放养和选育，三黄鸡形成了自己的特点，除具有"喙黄、皮黄、胫黄"的三黄特征外，还具有体型矮小、体质结实、结构匀称、皮毛紧凑有光泽、肉质鲜美的特点。一般饲养4 ~ 5个月，母鸡重1.25kg，公鸡重1.75kg，和20世纪80年代资源普查情况相比，肉质风味、体重变化不大，但饲养周期缩短了1个月，同时群体整齐度有了很大提高，经选育后种鸡平均产蛋已由原来的78个提高到（135±15）个。

3.濒危程度　无危险。

三、体形外貌

1.雏鸡、成鸡羽色及羽毛重要遗传特征　雏鸡绒毛呈淡黄色。

传统的三黄鸡成年公鸡羽毛酱红色，颈羽色泽比体羽稍浅，翼羽带黑边，主尾羽与瑶羽黑色并带金属光泽。成年母鸡羽毛黄色，主翼羽和覆主翼羽带黑边或呈黑色，有的母鸡颈羽有黑色斑点或镶黑边。而经选育后的三黄鸡则因各公司选择的方向不同形成了浅黄、金黄、深黄等类型的毛色。如岑溪的古典型三黄鸡成年公鸡羽色以金黄色为基本色，颈羽比体羽色深，背羽颜色深于胸、腹羽，胸、腹部羽毛基本为黄色；母鸡羽毛颜色以淡黄色为基本颜色，颈羽比体羽色深，翼羽展开后才可见黑色条斑。博白三黄鸡成年公鸡颜色以深黄或酱红色为基本色而颈羽比体羽色淡，背羽颜色深于胸、腹羽，胸、腹部羽毛基本为黄色，翼羽和尾羽有黑色或蓝黑色条斑并带金属光泽；母鸡羽毛颜色以金黄色为主，颈羽比体羽色淡。

2.肉色、胫色、喙色及肤色　肉白色。喙黄色，有的前端为肉色渐向基部呈栗色。脚胫、爪黄色或肉色。皮肤黄色。

3.外貌描述

（1）**体形特征**　躯体短小而丰满，外貌清秀，屠宰去羽毛后的躯干，形状略呈柚子形，即前躯较小、后躯肥大，胸部两侧的肌肉隆起而饱满，后躯皮下脂肪比前躯丰足，整个背部光滑，髂骨与耻骨部位以及肛门附近饱满，富有皮下脂肪，皮质油亮而有光泽，毛孔排列整齐而紧密。

（2）**头部特征**　单冠、直立、颜色鲜红，冠齿5～8个，20日龄公鸡冠明显比母鸡冠高大、鲜红。耳叶红色，虹彩橘黄色。

四、体尺、体重

传统的广西三黄鸡体形体重中等偏小，而选育后的广西三黄鸡基本分为小型、中型、大型三类（图1～图6）。

图1　广西三黄鸡公鸡（大型）

图2　广西三黄鸡母鸡（大型）

图3　广西三黄鸡公鸡（中型）

图4　广西三黄鸡母鸡（中型）

图5　广西三黄鸡公鸡（小型）

图6　广西三黄鸡母鸡（小型）

1.小型广西三黄鸡（以古典型岑溪三黄鸡为代表）　2006年1月，调查组对32只成年公鸡和30只成年母鸡体尺及体重测量，结果见表1。

表1　小型广西三黄鸡体尺及体重

项目	体斜长 （cm）	龙骨长 （cm）	胸深 （cm）	胸宽 （cm）	骨盆宽 （cm）	胫长 （cm）	胫围 （cm）	胸角（°）	体重（kg）
公	20.59±0.69	11.30±0.57	8.65±0.48	6.50±0.41	8.09±0.44	9.04±0.38	4.07±0.10	85.78±3.51	1.85±0.10
母	17.91±0.43	8.57±0.53	6.81±0.28	5.66±0.30	6.98±0.36	7.21±0.28	3.09±0.09	82.93±3.16	1.34±0.05

2.中型广西三黄鸡（以玉林三黄鸡为代表）　2006年1月10～12日，调查组分别在玉林巨东公司种鸡场、玉林参皇公司种鸡场、兴业春茂公司种鸡场随机对300日龄左右的成年广西三黄鸡抽样测定（公鸡40只、母鸡44只），结果见表2。

表2　中型广西三黄鸡体尺及体重

项目	体斜长 （cm）	龙骨长 （cm）	胸深 （cm）	胸宽 （cm）	骨盆宽 （cm）	胫长 （cm）	胫围 （cm）	胸角（°）	体重（kg）
公	21.4±1.1	11.3±0.7	9.0±0.4	6.7±0.7	7.5±0.7	8.7±0.3	4.2±0.2	88±2.8	2.1±0.2
母	18.9±2.6	9.4±1.6	8.3±1.1	5.9±1.0	7.0±1.0	7.4±1.1	3.4±0.6	83±10	1.6±0.4

3. 大型广西三黄鸡（以博白三黄鸡为代表） 2006年4月13日，调查组在博白宝中宝公司种鸡场随机抽样测定280日龄公鸡和220日龄母鸡各30只，结果见表3。

表3 大型广西三黄鸡体尺及体重

项目	体斜长（cm）	龙骨长（cm）	胸深（cm）	胸宽（cm）	骨盆宽（cm）	胫长（cm）	胫围（cm）	胸角（°）	体重（kg）
公	22.06±0.89	12.02±0.81	8.62±0.38	5.85±0.41	8.25±0.41	9.29±0.43	4.80±0.24	89.07±1.98	2.71±0.29
母	20.54±0.76	11.32±0.67	8.53±0.43	5.97±0.47	7.95±0.43	8.16±0.24	4.04±0.14	85.23±5.75	2.22±0.14

五、生产性能

（一）生长性能

1. 小型广西三黄鸡 根据岑溪市外贸鸡场有限公司1987—2005年的记录，小型广西三黄鸡出生到13周龄各周体重见表4。

表4 小型广西三黄鸡各周龄体重

周龄	1	2	3	4	5	6	7	8	9	10	11	12	13
公（g）	35±5	56±5	87±5	125±10	168±17	230±25	280±32	370±62	480±84	570±97	660±110	740±125	850±146
母（g）	40±5	63±5	100±5	142±10	190±18	265±25	322±32	430±75	540±98	630±111	740±130	850±140	990±160

2. 中型广西三黄鸡 根据玉林巨东公司种鸡场、玉林参皇公司种鸡场、兴业春茂公司种鸡场2005年的生产统计，中型广西三黄鸡初生到13周龄各周体重见表5。

表5 中型广西三黄鸡各周龄体重

周龄	1	2	3	4	5	6	7	8	9	10	11	12	13
公（g）	58±3	111±5	171±11	24±3±8	318±16	397±25	490±38	598±54	722±72	868±97	1 019±113	1 158±145	1 275±172
母（g）	55±3	101±6	154±6	210±9	269±12	333±19	405±25	492±41	589±58	693±74	788±96	876±118	957±136

3. 大型广西三黄鸡 根据博白宝中宝公司种鸡场2005年的生产统计，大型三黄鸡90、120、130日龄体重见表6。

表6 大型广西三黄鸡90、120、130日龄体重

指标	公鸡	项鸡*	阉鸡
日龄（d）	90	120	130
体重（kg）	1.6～1.75	1.75～1.9	2.6～2.75

（续）

指标	公鸡	项鸡*	阉鸡
料重比	2.8 : 1	3.4 : 1	3.5 : 1

（二）屠宰性能和肉质性能

1. 屠宰性能

（1）小型广西三黄鸡　2006年1月18日在岑溪市外贸鸡场有限公司随机抽样测定公、母各30只进行屠宰测定，结果见表7。

表7　小型广西三黄鸡13周龄、300日龄鸡屠宰测定成绩

项目	公（阉）鸡		母鸡	
	13周龄	300日龄	13周龄	300日龄
活重（g）	—	1 951.6±188.1	—	1 315.5±62.7
屠体重（g）	1 070	1 730±175.2	880	1 199.3±58.0
屠宰率（%）	93.04	88.6±1.1	91.67	91.2±1.1
半净膛重（g）	973	1 557.9±157.9	800	1 025.6±73.3
全净膛重（g）	900	1 270.6±126.2	740	833.2±60.5
腿肌重（g）	120	275.9±41.4	149	168.1±18.0
胸肌重（g）	180	205.5±28.2	116	143.8±17.3
腹脂重（g）	—	93.9±34.18	—	67.1±17.4

（2）中型广西三黄鸡　2006年1月10～12日分别在玉林巨东公司、玉林参皇公司、兴业春茂公司的肉鸡养殖基地随机抽样公、母各30只进行屠宰测定，结果见表8。

表8　中型广西三黄鸡上市日龄屠宰测定成绩

项目	阉鸡（150～180日龄）	母鸡（110～120日龄）
活重（g）	2 257.3±318.9	1 340±110.4
屠体重（g）	1 972.5±355.1	1 201.7±109.2
屠宰率（%）	87.3±8.1	89.63±2.3
半净膛重（g）	1 821.4±306.2	1 059.5±106.1
全净膛重（g）	1 486.7±248.4	863.5±91.9
腿肌重（g）	314.7±61.1	181.1±18.9
胸肌重（g）	232.144.5	152.2±18.8
腹脂重（g）	124.4±61.1	59.1±18.5

（3）大型广西三黄鸡　2006年4月14日在博白宝中宝公司的肉鸡养殖基地随机抽样120日龄公鸡、220日龄母鸡各30只进行屠宰测定，结果见表9。

---

　*：项鸡指未开产的母鸡。

表9 大型广西三黄鸡屠宰成绩

项目	公鸡	母鸡
日龄 (d)	120	220
活重 (g)	2 466±121.35	2 187.33±117.93
屠体重 (g)	2 136.67±124.42	1 944.67±121.29
屠宰率 (%)	86.62±1.71	88.89±2.01
半净膛重 (g)	1 983.33±121.99	1 643.33±116.84
全净膛重 (g)	1 668±112.77	1 393±103.28
腿肌重 (g)	457.8±39.17	322.67±41.66
胸肌重 (g)	248.33±32.16	241.47±20.16
腹脂重 (g)	19.13±17.86	63.17±32.97

2.肉质性能

(1) 小型广西三黄鸡 2006年1～3月，调查组做屠宰测定同时采阉鸡和母鸡胸肌鲜样送广西分析测试中心进行营养成分分析，结果见表10。

表10 胸肌肉质检测结果

性别	采样地点	样品编号	水分 (%)	干物质 (%)	蛋白质 (%)	脂肪 (%)	灰分 (%)	氨基酸总量 (%)	肌苷酸 (mg/kg)	热量 (kJ/kg)
阉鸡	岑溪外贸鸡场	S06-ww01168	70.60	29.40	24.40	3.82	0.96	20.67	—	5 637.0
		S06-ww01167	68.60	31.40	23.00	7.45	1.01	19.55	—	6 741.0
		S06-ww01166	70.10	29.90	24.30	4.36	1.00	20.38	—	5 829.0
		S06-ww03078～081	—	—	—	—	—	—	3 570.0	
		S06-ww03078～081	—	—	—	—	—	—	3 550.0	
		平均	69.77	30.23	23.90	5.21	0.99	20.20	3 560.0	6 069.0
母鸡	岑溪外贸鸡场	S06-ww04326	71.90	28.10	24.40	2.60	1.15	20.43	3 720.0	5 138.0
		S06-ww01170	69.00	31.00	25.30	4.24	1.10	20.92	—	5 973.0
		S06-ww01169	68.60	31.40	23.40	7.01	1.05	19.62	—	6 632.0
		S06-ww03078～081	—	—	—	—	—	—	4 000.0	
		S06-ww03078～081	—	—	—	—	—	—	3 710.0	
		平均	68.80	31.20	24.35	5.63	1.08	20.27	3 855.0	6 302.5

(2) 中型广西三黄鸡 2006年1月，调查组做屠宰测定同时采阉鸡和母鸡胸肌鲜样送广西分析测试中心进行营养成分分析，结果见表11。

表11 胸肌肉质检测结果

性别	采样地点	样品编号	水分 (%)	干物质 (%)	蛋白质 (%)	脂肪 (%)	灰分 (%)	氨基酸总量 (%)	肌苷酸 (mg/kg)	热量 (kJ/kg)
阉鸡	容县	S06-ww01120	69.00	31.00	24.00	6.05	0.90	20.27	3 280	6 388

（续）

性别	采样地点	样品编号	水分（%）	干物质（%）	蛋白质（%）	脂肪（%）	灰分（%）	氨基酸总量（%）	肌苷酸（mg/kg）	热量（kJ/kg）
阉鸡	容县	S06-ww01119	69.90	30.10	24.60	4.45	1.08	21.15	3 160	5 873
		S06-ww01118	70.80	29.20	24.40	3.64	1.01	20.73	3 780.0	5 557.0
	宝中宝	S06-ww01117	70.20	29.80	23.30	5.50	0.96	19.29	3 440.0	6 058.0
		S06-ww01116	71.10	28.90	23.60	4.26	0.88	19.95	3 470.0	5 658.0
		S06-ww01115	71.80	28.20	24.00	3.17	1.10	20.41	3 290.0	5 285.0
	巨东	S06-ww01110	71.30	28.70	24.50	2.92	1.11	20.12	3 210.0	5 304.0
	平均		70.59	29.41	24.06	4.28	1.01	20.27	3 375.7	5 731.9
母鸡	春茂	S06-ww01114	71.30	28.70	24.40	3.30	1.00	20.71	2 800.0	5 402.0
		S06-ww01113	72.40	27.60	23.80	2.24	1.18	20.46	2 840.0	4 962.0
	唐拾	S06-ww01112	71.90	28.10	23.50	3.75	1.05	20.00	2 790.0	5 420.0
		S06-ww01111	71.30	28.70	24.30	3.34	1.02	20.90	2 500.0	5 407.0
	巨东	S06-ww01109	71.50	28.50	24.00	3.32	1.08	20.53	2 940.0	5 359.0
	平均		71.68	28.32	24.00	3.19	1.07	20.52	2 774.0	5 310.0

（3）大型广西三黄鸡　2006年4月，调查组做屠宰测定同时采阉鸡和母鸡胸肌鲜样送广西分析测试中心进行营养成分分析，结果见表12。

表12　胸肌肉质检测结果

性别	采样地点	样品编号	水分（%）	干物质（%）	蛋白质（%）	脂肪（%）	灰分（%）	氨基酸总量（%）	肌苷酸（mg/kg）	热量（kJ/kg）
公鸡	宝中宝鸡场	S06-ww04325	71.20	28.80	25.30	2.31	1.14	20.72	3 100.0	5 187.0
母鸡	宝中宝鸡场	S06-ww04326	71.90	28.10	24.40	2.60	1.15	20.43	3 720.0	5 138.0

（三）繁殖性能

根据玉林巨东公司种鸡场、玉林参皇公司种鸡场、兴业春茂公司种鸡场、岑溪外贸鸡场、博白宝中宝鸡场2005年对6 500只种鸡的生产统计。结果如下。

1.开产日龄　小型广西三黄鸡147d；中型广西三黄鸡（105±18）d；大型广西三黄鸡168d。利用期50～62周。

2.性能指标　繁殖性能指标见表13。

表13　繁殖性能指标

品种类型	62周龄饲养日产蛋数（个）	种蛋受精率（%）	受精蛋孵化率（%）	蛋重（g）	就巢性（%）
小型	121	92	90	40±6	20
中型	135±15	92±2	90±2	40±6	20±2

（续）

品种类型	62周龄饲养日产蛋数（个）	种蛋受精率（%）	受精蛋孵化率（%）	蛋重（g）	就巢性（%）
大型	168	93	93	45±6	10

注：中型品种的数据来源于玉林巨东公司种鸡场、玉林参皇公司种鸡场、兴业春茂公司种鸡场的平均数，小型和大型品种的数据分别来源于岑溪外贸鸡场和博白宝中宝鸡场。

六、饲养管理

广西三黄鸡的肉质胜于其他肉用鸡品种，除品种因素外，与饲养方式也有关系。传统的饲养方式是庭院散养，早晚各喂一餐谷物。20世纪80年代以来，随着规模养殖的发展，种鸡既可地面平养或网上平养，也可笼养；既可让鸡群自然交配，也可进行人工授精；小鸡培育既可地面平养，也可网上平养，还可进行笼养。90年代以后，种鸡笼养人工授精成为主流。因为三黄鸡活泼好动，育肥鸡饲养应采用放牧或半放牧的饲养方式，特别是利用林区和果园进行轮牧放养。在这种条件下养出的肉鸡，羽毛特别光亮，肌肉特别结实，在市场上最受消费者的欢迎。轮牧放养的鸡群应有充足的采光和活动场所，每1 000只鸡的自由活动场地不少于1 333.33m²。要注意防止场地的老化，及时补充植被，每批鸡出栏完毕后，场地最少间隔1 ～ 2个月才能进养另一批鸡（图7 ～图8）。

图7　广西三黄鸡群（中型）

图8　广西三黄鸡群（小型）

七、品种保护与研究利用现状

（一）生化和分子遗传测定方面

迄今，该品种尚未开展过生化和分子遗传方面的测定研究工作。

（二）保种与利用方面

岑溪三黄鸡保种场于1982年建立，1983年提出保种计划，1987年开始对古典型岑溪三黄鸡进行选育提高。用E系公鸡配B系母鸡选育出的商品肉鸡，其体形外貌（市场卖相）及肉质在市场上最受欢迎。目前，B、E系核心群种鸡数量达20多万只，年产鸡苗1 000多万羽。肉鸡主要供应酒家、饭店和珠三角富裕地区的优质鸡高端市场。

广西玉林市参皇养殖有限公司种鸡场于1994年建立，广西北流市凉亭禽业发展有限公司种鸡场于1991年建立，广西容县祝氏农牧有限责任公司种鸡场于2003年建立，并对三黄鸡进行以提高产蛋性能，体形大小一致、羽毛颜色一致为目的的选育，形成了各种品牌的三黄鸡，如"参皇鸡""凉亭鸡""黎村黄鸡""巨东鸡""金大叔土三黄鸡"等。父母代种鸡年产蛋量110～140个，商品代肉鸡112～140日龄体重1.2～1.8kg。1996年以来，广西涌现了一大批规模化集约化的优质鸡生产企业，并逐步形成"公司加农户"的产业化经营和"山地养鸡""果园养鸡"等生产模式。据2005年统计，以企业为龙头，产业化模式生产的优质鸡1.77亿只，占广西优质鸡出栏总数的46.62%。

（三）品种登记制度

2005年，由广西玉林畜牧兽医站制定了广西地方标准——广西三黄鸡，经广西壮族自治区质量技术监督局发布，标准号DB45/T 241—2005。

八、对品种的评价和展望

广西三黄鸡是一个肉质优良的地方肉用品种。因其肉质细嫩，味道醇香而鲜甜，皮薄骨细，皮下脂肪适度，鸡肉味浓郁，非常适合于华南地区市场的传统白切鸡，市场潜力非常大。近年来广西对该品种的选育和开发利用方面取得了举世瞩目的成就，使之成为广西的优势产业。全国很多地方进行黄羽肉鸡配套系选育都导入广西三黄鸡血统。然而，种鸡产蛋量偏低、肉鸡整齐度差等问题仍然是制约该产业进一步发展的技术瓶颈，饲养三黄种鸡的企业育种技术力量还较薄弱。因此，加强对广西三黄鸡品种资源的保护和选育提高将是一项十分重要的工作，需要各企业充实技术力量和加大投资力度，也需要各方面给予关心、重视和支持。

九、附　　录

（一）参考文献

[作者不详]. 2007.广西优质三黄鸡品种介绍[J].农家之友(3S): 28.

《广西家畜家禽品种志》编写组. 1987.广西家畜家禽品种志[M].南宁：广西人民出版社: 67-73.

陈伟生. 2005.畜禽遗传资源调查技术手册[M].北京：中国农业出版社: 45-55.

陈祥林，吴梦琴，宁淑芳，等. 2006. 7～12周龄古典型岑溪三黄鸡营养需要量研究[J].广西农业科学, 37(5): 589-591.

广西岑溪市外贸鸡场有限公司. 2005.古典型岑溪三黄鸡[S]. DB450481/T 2.1—2005.

玉林市畜牧兽医站. 2005.广西三黄鸡[S]. DB45/T 241—2005.

李开达，陈健波. 2003.不同的饲料组合对古典型岑溪三黄鸡的生长性能及肉质的影响[J].广西畜牧兽医, 19(1): 5-9.

李开达. 2005.古典型岑溪三黄鸡的绿色革命[J].广西畜牧兽医, 21(5): 211-213.

梁远东. 2006.广西三黄鸡配套系选育技术（二）——留种鸡选择与配套制种技术应用分析[J].广西畜牧兽医, 22(3): 134-136.

梁远东. 2006.广西三黄鸡配套系选育技术（一）——选育性状与纯系培育技术应用浅析[J].广西畜牧兽医, 22(2): 86-88.

覃桂才. 2005.岑溪三黄鸡坐飞机赶宴席[J].中国禽业导刊, 22(13): 42.

韦凤英，林二克. 2006.地方鸡育种特色与创新[J].中国家禽, 28(22): 41-42.

（二）主要参加调查人员及单位

广西畜牧研究所：韦凤英、秦黎梅等。

广西畜牧总站：梁彩梅、苏家联等。

玉林市畜牧兽医站：李开坤、宁冬梅等。

玉林巨东公司种鸡场：宁承兴、苏惠健等。

玉林参皇公司种鸡场：唐传志、刘瑞华等。

兴业春茂公司种鸡场：全春茂、罗世嫦等。

岑溪市外贸鸡场有限公司：李开达、陈健波、刘广森、陈伟华、黄海英等。

岑溪市水产畜牧兽医局：谢日强、邓芳明。

博白县水产畜牧局：吴家玲。

博白县畜牧兽医站：张伟、吴官生、刘洋。

广西宝中宝畜牧有限公司种鸡场：叶世福、庞旺等。

霞烟鸡

一、一般情况

霞烟鸡（Xiayan chicken）原名下烟鸡，又名肥种鸡，肉用型地方鸡品种。

（一）原产地、中心产区及分布

原产于广西容县的石寨乡下烟村，主要分布于石寨、黎村、容城、十里等乡镇。鸡苗和肉鸡主要销往广东、湖南、浙江、海南等南方省份。

（二）产区自然生态条件

1.产区的经纬度、地势、海拔 容县位于广西东南部，东经110°14′58″～110°53′42″，北纬22°27′44″～23°07′45″，海拔150～300m。属丘陵山区。

2.气候条件 容县属亚热带季风气候，年均气温21.3℃（最热月平均气温28.2℃，最冷月平均气温12.2℃）；年均降水量1 660mm，雨季168d，相对湿度为80%，风度2.7级，无霜期332.5d，日照1 753.6h。

3.水源及土质 境内有50多条大小河流，主流绣江属珠江水系；土壤共分水稻土、黄壤、红壤、赤红壤、紫色土和冲积土6大类，优质土壤约占全县土壤面积6.4%。

4.农作物、饲料作物种类及生产情况 容县是广西的粮食产区，近年全县粮食产量约25.5万t；主要农作物有水稻、甘薯、木薯、花生以及豆类和蔬菜等，为饲养霞烟鸡提供了丰富的饲料资源。

5.土地利用情况 全县面积225 739hm²，其中耕地面积21 546.67hm²，草地面积54 273.33hm²。县内成片果园、林地面积大约154 220hm²，为霞烟鸡的放牧饲养提供了适宜场所。

容县气候温和、雨量充沛、四季常青，十分适合家禽栖息与繁殖，尤其是优质鸡品种繁育。

6.品种生物学特性及生态适应性 霞烟鸡是产区劳动人民经过长期人工选育和自然驯化而形成的优良地方品种，历史悠久，完全适应本地的气候条件。具有觅食力强、适应性广、耐粗饲、抗病力强等特点，能适应舍内平养、笼养、放牧饲养等各种饲养形式，能适应在全国大部分地区饲养。各种饲养形式下，饲养成活率都较高，生产性能发挥正常。

二、品种来源及发展

（一）品种来源

据史料记载，霞烟鸡形成于晚清时期，由容县石寨乡下烟村尹姓家族长期从当地鸡种选育而来。当时在下烟村颂仙塘有一个土地庙，叫平福社，历代逢年过节群众有祭社的习惯，祭神时，群众有比赛鸡的肥大这一风俗习惯，特别是春节均要家家户户杀大阉鸡去祭社，而鸡的大小往往象征着人的身份和地位。因而，祭社活动无意中成为赛鸡集会，促进了群众性选育工作的开展，经历年赛鸡大会评选，由尹姓家族选育的肥种鸡成为大众育种目标，选留肥大、毛黄、皮黄为种用，认为毛羽细致者肉质嫩，黄皮鸡则味香；而下烟村一面靠山三面环河的自然环境为育种提供了闭锁繁育、不引入外来血源杂交的有利条件。村民原誉之曰下烟鸡，1973年广西外贸部门将"下"改为"霞"，乃成现名。

（二）群体数量

2005年年底，种鸡存栏16.27万只，肉鸡存栏22.1万只，农村散养存栏6.33万只。

（三）近15 ～ 20年消长形势

1.数量规模变化　1986—1990年，全县霞烟鸡种鸡饲养量约为6.6万只；1991年后，年均增速加快；至2005年年底，全县霞烟鸡种鸡饲养量为16.27万只。

2.濒危程度　无危险，但近年来，由于原种霞烟鸡保种经费短缺，经济杂交的广泛应用，纯种鸡数量呈现减少趋势。

三、体形外貌

1.雏禽、成禽羽色及羽毛重要遗传特征　雏鸡绒毛、喙和脚黄色。公鸡60d可长齐体羽，羽色淡黄或深黄色，颈羽颜色较胸背深，大翘羽较短；母鸡羽毛生长比公鸡快，50d可长齐体羽，羽毛黄色，但个体间深浅不同，有干稻草样浅黄色，也有深黄色。

2.肉色、胫色、喙色及肤色　肉白色，胫黄色，喙栗色或黄色，肤黄色。性成熟的公鸡脚胫外侧鳞片多呈黄中带红。

3.外貌描述

（1）体形特征　成年公鸡胸宽背平，腹部肥圆，体躯结实，体形紧凑，中等大小；母鸡背平，胸角较宽，龙骨较短，腹稍肥圆，耻骨与龙骨末端之间较宽，能容三只手指以上。

（2）头部特征　单冠直立，呈鲜红色，冠齿5 ～ 7个，无侧支，公鸡冠粗大肥厚，母鸡冠小而红润。耳叶红色，虹彩橘黄色（图1、图2）。

图1　霞烟鸡公鸡　　　　　　　　　　　　　图2　霞烟鸡母鸡

四、体尺体重

2006年1月12日，在容县科学实验所养殖场对公、母各30只成年霞烟鸡测量，结果见表1。

表1　体尺体重

项目	体斜长（cm）	龙骨长（cm）	胸深（cm）	胸宽（cm）	骨盆宽（cm）	胫长（cm）	胫围（cm）	胸角（°）	体重（kg）
公	18.9±2.8	11.3±1.7	11.2±1.7	8.9±1.6	10.0±1.4	8.31±1.2	4.5±0.2	88±2.4	2.6±0.5
母	16.3±0.4	9.5±0.6	9.4±0.8	8.0±0.4	9.1±0.9	6.3±0.4	3.8±0.1	87.5±2.6	1.8±0.2

五、生产性能

（一）生长性能

据霞烟鸡原种场2005年测定，初生到13周龄各周体重如表2。

表2　霞烟鸡周龄体重

周龄	体重 公（g）	体重 母（g）	周龄	体重 公（g）	体重 母（g）
出壳混合雏	30±2.1	30±2.1	7	710±64	565±58
1	65±3	63±3	8	850±76	703±55
2	138±19	125±17	9	995±86	793±83
3	249±33	206±30	10	1 152±81	875±75
4	402±53	287±48	11	1 304±85	950±81
5	520±50	375±52	12	1 410±108	1 070±88
6	660±57	450±49	13	1 534±107	1 175±85

（二）屠宰性能和肉质性能

1.屠宰性能　2006年1月12日，在广西容县祝氏农牧有限责任公司鸡场和容县科学实验鸡场随机抽样测定公、母各20只进行屠宰测定，结果见表3。

表3　霞烟鸡的屠宰成绩

性别	公（150~180日龄；阉割）	母（110~120日龄）
测定数量（只）	20	20
活重（g）	2 398.3±226.9	1 653.3±154.6
屠体重（g）	2 203.0±228.9	1 517.9±144.9
半净膛重（g）	2 005.8±214.9	1 256.0±134.7

(续)

性　别	公（150～180日龄；阉割）	母（110～120日龄）
全净膛重（g）	1 637.3±180.6	1 017.8±107.2
腹脂重（g）	120.4±32.1	71.9±16.1
腿肌重（g）	373.3±57.3	216.6±26.1
胸肌重（g）	276.9±35.9	181.5±29.9
屠宰率（%）	91.8±1.6	91.8±1.1
半净膛率（%）	83.6±1.7	75.9±2.6
全净膛率（%）	68.2±2.4	61.5±2.6
胸肌率（%）	16.9±1.1	17.8±2.0
腿肌率（%）	22.8±1.8	21.3±1.9
瘦肉率（%）	39.7±2.5	39.1±3.4
腹脂率（%）	6.8±1.6	6.6±1.2

2.肉质性能　2006年1月，调查组做屠宰测定同时采阉鸡和母鸡胸肌冰鲜样各4个送广西分析测试中心进行营养成分分析，综合结果见表4。

表4　霞烟鸡肉质检测结果

检测项目	检测结果	
	阉鸡	母鸡
热量（kJ/kg）	5 232.5	5 414.0
水分（%）	71.55	71.15
干物质（%）	28.45	28.85
蛋白质（%）	24.88	24.65
氨基酸总量（%）	20.91	21.13
脂肪（%）	2.60	3.20
灰分（%）	0.97	0.99
肌苷酸（mg/kg）	3 212.5	3 452.5

2004年1月5日，容县水产畜牧局进行霞烟鸡调查时也采集了母鸡胸肌冰鲜样品送广西分析测试中心进行营养成分检测，结果为：水分72.2%，干物质27.8%，蛋白质24.3%，脂肪2.61%，灰分1.14%，膳食纤维0，热量5 120kJ/kg。

（三）繁殖性能

（1）开产日龄　130～150日龄。

（2）种蛋受精率　91%。

（3）受精蛋孵化率　88%。

（4）产蛋数　66周龄饲养日产蛋量150～160个。

（5）蛋重　（42±6）g。

（6）就巢性　有，（20±2）%。

（7）利用年限 9个月。

（8）公、母比例 1：28。

六、饲养管理

霞烟鸡育雏阶段，室温要求比环境高0.5～1℃。商品肉鸡耐粗饲，各阶段营养要求可相对降低，采用放牧饲养肉质风味更佳，出栏率在96%以上（图3）。

图3 霞烟鸡群

七、品种保护与研究利用现状

（一）生化或分子遗传测定

目前为止，尚未开展针对霞烟鸡品种生化和分子遗传方面的测定研究工作。

（二）保种情况

容县于1982年2月建立了霞烟鸡原种场，占地面积2.27hm²，建设有适于原种鸡饲养环境要求的种鸡舍51幢（间）。建场至今一直开展保种选育和扩繁工作：1982—1992年，建立核心群，开展霞烟鸡保种与纯化、提高产蛋量工作；1993—2000年，家系选育、扩繁，提高纯繁受精率、孵化率和健雏率；2001年至今，选育快羽、慢羽、浅黄羽、稻草色黄羽、腹脂率低品系，适度杂交配套。广西区水产畜牧局每年支持保种经费5万～10万元。至2006年年底，共保种选育原种霞烟鸡15多万只，投入资金390多万元。

（三）标准制定情况

2004年广西壮族自治区质量技术监督局颁布《霞烟鸡》地方标准，标准号DB45/T 180—2004。

八、对品种的评价和展望

（1）霞烟鸡经长期保种选育，使各品系保持了地方良种霞烟鸡的体形外貌、肉质风味及其他重要特性，具有较强适应性、抗逆性和抗病性，耐粗饲，宜于山地林间放养，适应我国南方各地饲养。

（2）长期市场销售证明，霞烟鸡国内市场占有率相对稳定，价格高于同类优质鸡1～2元/kg，消费者充分肯定其骨细、肉嫩、味香特点，由于销量稳定、价高，养殖效益显著。

（3）长羽较慢，公鸡大翘羽较短，且公、母鸡腹部肥圆，腹脂率较高等是霞烟鸡固有特征性状，保种单位应把这些地方品种资源特有的遗传基因保留下来，而不应作为品种缺陷，选育淘汰。

（4）霞烟鸡产肉性能、繁殖性能及早熟性能尚需进一步提高。原种场继续利用现有素材加强选育，将研究、开发和利用方向重点放在提高本品种的繁殖、生产性能（腿肉率）与抗病能力（主要是马立克氏病）上，不断提高产品质量和科技含量。

九、附　　录

（一）参考文献

[作者不详]. 2001. 容县霞烟鸡具有广阔的发展前景[J]. 计划与市场探索(10): 36.41.

《广西家畜家禽品种志》编写组. 1987. 广西家畜家禽品种志[M]. 南宁：广西人民出版社：74-76.

曾宪为. 2005. 霞烟鸡品种标准化研究工作初报[J]. 广西畜牧兽医. 21(1): 8-10.

陈福柱. 梁日新. 2002. 容县"霞烟鸡"：傲立枝头待时飞[J]. 广西经济(12): 35-36.

陈伟生. 2005. 畜禽遗传资源调查技术手册[M]. 北京：中国农业出版社：45-55.

广西壮族自治区质量技术监督局. 2004. 霞烟鸡[S]. DB45/T 180—2004.

李康然. 曾泽海. 1993. 广西霞烟鸡抗马立克氏病选育报告[J]. 广西农业大学学报. 12(1): 57-64.

唐明诗. 1993. 霞烟鸡杂交改良经济性能探讨[J]. 畜牧与兽医. 25(6): 264-265.

韦凤英. 廖玉英. 2002. 银香麻鸡和霞烟鸡早熟品系选育与应用研究[J]. 中国家禽. 24(18): 12-14.

（二）主要参加调查人员及单位

广西畜牧研究所：韦凤英、秦黎梅等。

广西畜牧总站：梁彩梅、苏家联等。

容县水产畜牧局：曾宪为、李声、洪绍文、胡森业、何瑞英、彭炎森、江月兰等。

南丹瑶鸡

一、一般情况

南丹瑶鸡（Nandan Yao chicken），属肉蛋兼用型品种。以肉质脆嫩、皮下脂肪少著称。

（一）中心产区及分布

原产于南丹县，中心产区为里湖、八圩两个白裤瑶民族乡镇，主要分布于南丹县的城关、芒场、六寨、车河、大厂、罗富、吾隘等地，其他乡镇亦有分布，毗邻的广西河池市、贵州的独山及荔波等县亦有分布。

（二）自然生态条件

南丹县位于广西西北部，云贵高原南缘，东经107°10′～107°55′，北纬24°42′～25°37′，北与贵州省的荔波、独山、平塘、罗甸县相接，东与本区的天峨、东兰、河池及环江县相接。黔桂铁路及成都至北海高等级公路纵穿南丹县全境，是西南出海大通道广西第一站及通向大西南的咽喉要塞。县城距省会南宁330km，距柳州市280km，距贵阳市320km。全县总面积3 196km²，凤凰山脉自西北往东南纵贯南丹县中部，形成北高南低，中间突起，东西两侧低矮的"一脊两谷"复杂地形。全县平均海拔800m，最高点海拔1 321m，最低点海拔205m。北部为石灰岩溶峰丛洼地，中部为中低山间河谷地，东、西、南侧为石灰岩溶峰林谷地。2005年，南丹县辖8镇5乡，148个村（居）委会，总人口28万人，其中农业人口21万，总户数7万多户，其中农户4.7万户。全县耕地面积1.7万hm²，人均606.67m²，有农村劳动力11.86万人，属人多地少贫困山区县。县境内居住着壮、汉、瑶、苗、水、毛南等十多个民族，少数民族人口占总人口的86%。

南丹县地处亚热带季风气候区，年均日照1 243h，年均气温16.9℃，最高气温35.5℃，最低气温-5.5℃，昼夜温差较大，平均达8～10℃。年均无霜期达300d以上，初霜期在11月25日前后，终霜期在2月10日前后，冬无严寒、夏无酷暑。年日照1 257h以上。年降水量1 257～1 591mm，雨量充沛。

南丹县河流共11条，全长共5 842km，全县还建成大小水库23座，水资源十分丰富。土地分为黄壤土、红壤土、石灰土和紫色土，分别占50.5%、11.4%、37.7%和0.4%，一般表土层厚5～25cm，地层厚为10～100cm，草山草坡资源丰富，约有53 300hm²草山，以黄壤土为主，有机质和钙质丰富。光、热、水、肥条件好，适宜牧草生长。

南丹盛产水稻、玉米、小麦、饭豆、竹豆、火麻、油菜等，有丰富的豆藤、米糠、秸秆等农副产品可作冬季畜禽补饲。据统计，2005年，全县水稻产量达2 850t，玉米产量达2 130t，黄豆产量达1 480t，甘薯产量达2 640t，油菜产量达195t，饭豆、竹豆产量达75t，其他作物产量8 560t。

全县土地面积319 600hm²，其中耕地面积1.7×10^4hm²，人均0.061hm²，水田面积8 800hm²，旱地面积8 200hm²，草山草坡面积7.958×10^4hm²，可开发利用面积4.67×10^4hm²。

二、品种来源及发展

（一）品种来源

南丹瑶鸡的形成与当地的自然条件、社会经济有密切关系：一是产区树林草地资源丰富，农副产品多样，为养鸡提供了物质基础。二是养鸡历来为产区瑶族群众的主要副业来源，当地瑶族群众历来有养鸡的习惯，家家户户少则养3～5只，多则养数十只，而且瑶族群众素有以养大鸡为荣的习俗，每年春天选留体形大的公、母鸡留种繁殖。三是瑶寨地处偏僻的山区，交通不便，养鸡都是自繁自养、闭锁繁育，从不与外来鸡种混杂，经过长期的繁育驯化而形成今天的南丹瑶鸡。

（二）发展变化

1998年，南丹提出"百万瑶鸡"工程，将之当作"以农富民"的重点项目来抓，经过几年来的发展，瑶鸡养殖已扩大到全县13个乡镇，成为南丹农村经济的支柱产业。2004年，全县瑶鸡饲养量为605.23万只，其中年末存栏152.5万只，出栏450.4万只；2005年饲养量达658.7万只，其中年末存栏182.5万只，出栏472万只。3个种鸡场存栏种鸡2万套，年产优质鸡苗200万只。

三、体形外貌

南丹瑶鸡体躯呈长方形，胸深广，按体形大小分为大型和小型两类，以小型为主。公鸡单冠直立、鲜红发达，冠齿6～8个，肉垂、耳叶红色，体羽以金黄色为主，黄褐色次之，颈、背部羽毛颜色较深，胸腹部较浅，主翼羽和主尾羽黑色有金属光泽；母鸡单冠，冠齿5～6个，冠、肉垂、耳叶红色，体羽以麻黄、麻黑色两种为主；颈羽黄色，胸腹部羽毛淡黄色，主翼羽和主尾羽为黑色。公、母鸡虹彩为橘红色或橘黄色，喙黑色或青色，胫、趾为青色，有40%的鸡有胫羽，少数有趾羽。皮肤和肌肉颜色多为白色。出壳雏鸡绒毛多为褐黄色（图1、图2）。

图1　南丹瑶鸡公鸡　　　　　　　　　　　图2　南丹瑶鸡母鸡

四、体尺体重

根据对30只母鸡和30只公鸡的体尺体重测定，南丹瑶鸡平均体尺、体重如表1。

表1　南丹瑶鸡的体尺、体重

性别	体重（kg）	体斜长（cm）	胸宽（cm）	胸深（cm）	龙骨长（cm）	骨盆宽（cm）	胫长（cm）	胫围（cm）	胸角（°）
公	2.29±0.39	22.82±1.09	7.88±0.46	11.75±1.51	12.06±1.01	7.14±1.23	9.51±0.56	4.76±0.41	63.53±7.17
母	1.57±0.32	19.81±1.70	6.72±0.69	9.87±0.71	10.17±1.13	5.11±0.49	7.62±0.46	3.94±0.26	61.6±8.35

五、生产性能

（一）生长速度

在放牧饲养，饲喂全价配合饲料的情况下，南丹瑶鸡饲养120d，公鸡体重达1.60kg，母鸡达1.52kg，平均料重比3.4∶1。

（二）产肉性能

根据对20只公、母南丹瑶鸡的屠宰测定，屠宰成绩见表2。

表2　南丹瑶鸡屠宰成绩

日龄（d）	性别	活重（kg）	屠宰率（%）	半净膛率（%）	全净膛率（%）	胸肌率（%）	腿肌率（%）	腹脂率（%）
120	公	1.60±0.17	87.21±2.89	77.37±2.35	64.63±2.19	15.93±1.90	24.99±1.93	0.50±0.58
	母	1.52±0.17	88.70±2.83	77.91±3.38	64.16±3.42	18.63±1.06	23.46±1.94	3.78±2.1

（三）生活力

南丹瑶鸡的适应性强，在集约化饲养的条件下，育雏期存活率为96%，育成期存活率为98%。

（四）蛋品质量

根据对60个南丹瑶鸡蛋的测定，其蛋品质量见表3。

表3　南丹瑶鸡蛋品质量

种鸡日龄（d）	测定数	蛋重（g）	蛋形指数	壳厚（mm）	蛋相对密度	蛋黄色泽	蛋黄比率（%）	哈夫单位	蛋壳强度（kg/cm²）
300	60	45.99±3.92	1.34±0.11	0.29±0.03	1.075±0.06	7.55±1.05	35.23±2.38	92.95±2.38	3.95±0.44

（五）繁殖性能

公鸡性成熟期为90～100日龄，母鸡开产期为130日龄。年均产蛋量113个，蛋重46g，蛋壳颜色为褐色，少数为浅褐色或棕色。种蛋受精率95%，受精蛋孵化率为94.2%。母鸡有就巢性。

六、饲养管理

南丹瑶鸡可以在户外搭棚饲养，鸡棚多建在水源、牧草较丰富的山坡上，坡度以20°为佳。饲养方式采用半舍饲半放牧，小鸡在舍内育雏，30日龄后可以放牧饲养，白天任其在山林间自由觅食，每天早中晚各补喂一次玉米、水稻、大豆、火麻等。放牧饲养的鸡，由于长期在野外觅食活动，接触阳光和新鲜空气，肌肉结实，肉质风味好，生活力强。在户外搭棚饲养，要注意场地和用具的清洁卫生和消毒，在瑶鸡各饲养阶段严格把好防疫关。同时在饲养过程中，严格执行无公害生产的各项准则和要求，以保证瑶鸡的健康和产品的质量（图3）。

图3　南丹瑶鸡群

七、品种保护与研究利用情况

2002年开始对南丹瑶鸡进行选育，经过四个世代的选种选育，南丹瑶鸡的生产性能有了明显的提高。目前种鸡年产蛋量达110个以上，肉鸡生长速度120d达1.5kg，群体整齐度达76%。另外，还选育出具有矮小青脚、体形紧凑，母鸡为麻黄花羽色，公鸡为红羽黑翅、尾羽长而黑的个体，商品代肉鸡高脚、粗毛鸡的比例不断下降，白羽鸡基本消失。

2002年，自治区质量技术监督局颁布《南丹瑶鸡》地方标准，标准号DB45/T 43—2002。

八、对品种的评估和展望

南丹瑶鸡耐粗饲、生活力强、适应性广、肉质细嫩、肉味鲜美清甜、皮脆骨香、皮下脂肪少，是广西大型的地方品种之一，对高寒石山地区具有良好的适应性。经过近几年的选育，南丹瑶鸡在毛色、整齐度、生长速度、繁殖性能等方面都有了较大的提高，效果显著。南丹瑶鸡以肉质脆嫩、皮下脂肪少著称，是不可多得的"瘦肉型"鸡种，用南丹瑶鸡和火麻等原料做出来的鸡汤，鲜美宜人，营养价值高，深受广大消费者的欢迎。今后应根据市场需求，进一步加强本品种选育，不断提高生长速度和繁殖性能，以满足市场需求。

九、附　录

（一）参考文献

《广西家畜家禽品种志》编写组 . 1987. 广西家畜家禽品种志 [M]. 南宁：广西人民出版社：74-76.

陈伟生 . 2005. 畜禽遗传资源调查技术手册 [M]. 北京：中国农业出版社：45-55.

广西壮族自治区质量技术监督局 . 2004. 南丹瑶鸡 [S]. DB45/T 43—2002.

（二）主要参加调查人员及单位

广西大学动物科技学院：谭本杰、梁远东。

广西畜牧总站：苏家联、梁彩梅。

南丹县畜牧水产局：黄德虎、韦勇、黄秀月。

南丹县畜禽品改站：韦云飞、吴秀高。

南丹县兽医站：韦文林。

南丹县里湖乡兽医站：陆永德、李桂珍。

南丹县八圩乡兽医站：韦建刚、卢丹莉、周翠英。

灵山香鸡

一、一般情况

灵山香鸡（Lingshan Xiang chicken）为肉用型，当地群众称之为"土鸡"。2007年，通过广西壮族自治区家禽品种资源委员会认定为广西地方品种。2009年7月，通过国家畜禽遗传资源委员会家禽专业委员会现场鉴定，建议与"里当鸡"合并，命名为"广西麻鸡"。2010年1月，农业部公告第1325号正式发布。

（一）中心产区及分布

灵山香鸡原产于灵山县，中心产区为灵山县伯劳、陆屋、烟墩等镇，主要分布于灵山县的新圩、檀圩、那隆、文利、武利、丰塘、平南、旧州等镇。灵山毗邻的钦州、浦北、合浦、横县、北海、防城港等市、县也有饲养。

（二）产区自然生态条件

灵山县地处六万大山余脉。位于东经108°44′～109°35′，北纬21°51′～22°38′，在北回归线以南，即广西壮族自治区南部的北部湾地区。北靠西江，南望北海，东邻玉林、贵港等市，西接钦州市南北两区。全县东西长88km，南北宽84km，整幅土地略呈三角形，总面积3 558.576km²。全县地形以丘陵为主。地势东北略高，西南部略低。地形东北部为山地，中部平原，西南部丘陵。县境内主要山脉有罗阳山脉、东山山脉。县内海拔最低为30～100m，最高为869.6m。灵山属南亚热带季风气候。一年中气候温和，夏长冬短，雨量充沛，光照充足。据县气象资料记载，年最高气温38.2℃（1957年8月15日），最低气温-0.2℃（1963年1月15日）。年平均气温21.7℃，年际变动在19～20℃，年平均日照时数为1 673h，无霜期平均为348d，年平均有霜日数仅为2.5d，年平均降水量为1 658mm，多集中在4～9月，年平均降水日数为161d。

县内河流分沿海（北部湾）、沿江（西江）2大水系，沿海水系又分钦江、南流江、大风江和茅岭江4个水系。较大的河流有钦江、武利江、平银江、沙坪江、平南江、修竹江、黔炉江等。全县多年平均径流总量为3 360 000m³。在县境总面积中，耕地面积51 081.4hm²，占总面积的14.35%。土壤成土母质主要是花岗岩风化物，占总面积的54.15%，其次是沙页岩风化物，占总面积的38.71%，其他7.14%。前者土壤肥沃，后者较瘦瘠。

灵山县农作物主要有水稻、甘薯、玉米、花生、木薯，素有"稻米之乡"之称；其次是黄粟、黄豆、绿豆、饭豆、豌豆、蚕豆、冬瓜、南瓜、芋头、花生、马铃薯、凉薯等。主产水稻，占总产量80%以上。经济作物主要是茶叶，享有"茶叶之乡"之称。水果有荔枝、龙眼、甘蔗、西瓜、香蕉、柑橘等，素有"中国荔枝之乡"美誉。

灵山县的气候环境和矮山丘地势，加上农作物丰富，非常适宜养殖业。当地人对吃鸡也很讲究，以原汁原味为美，喜食"白切鸡"，几乎是无鸡不成宴，无鸡不上席，所以灵山香鸡"骨细""肉嫩""味香"，也就成为当地饲养和食用的首选，并得到广泛的饲养。

二、品种来源及发展

（一）品种来源

灵山香鸡祖先为野生红原鸡，又称北部湾原鸡。据县志记载，在灵山古人类遗址中发现旧、新石器时代的人类骸骨，同时发现用禽鸟类骸骨制作的骨鱼钩、骨针，今天的灵山土种鸡（即灵山香鸡）可能就是由这些原鸡驯养、发展而成。

灵山县群众历来就有养鸡的习俗，20世纪60年代以前它是灵山县内唯一的鸡种。因该鸡"骨细""肉嫩""味香"，灵山香鸡也由此得名。

（二）群体规模

灵山香鸡广泛分布在产区农家中，尤其是边远山区，据2005年调查统计，中心产区的伯劳镇、陆屋镇、烟墩镇香鸡存栏量分别为10.26万只、10.12万只、8.07万只。同时也以种禽公司、种鸡场、肉鸡生产专业养殖户的形式进行规模饲养。据统计，至2004年年底，全县灵山香鸡种鸡存栏28万套，生产鸡苗2 700万只，肉鸡存栏300万只，年出栏732.56万只。

灵山香鸡的选育工作始于2000年，先进行群体选育，随后进行品系选育，根据外形羽色特点，目前有丰羽型和短羽型两个品系。

近年，南宁、玉林、北海等地多有引进灵山香鸡，作为培育新品种原始素材加以利用、推广。

（三）近15 ~ 20年群体数量的消长

20世纪80 ~ 90年代，灵山香鸡主要是农家散养，当时以收购活鸡的形式外销肉鸡，全县每年运销珠江三角洲地区数量高达300万 ~ 600万只。90年代初，灵山香鸡开始规模养殖，种禽公司开始系统选育灵山香鸡，经10多年的选育，肉鸡质量和生产性能也得到逐渐提高，规模养殖得到不断发展，一直保持年产几百万只的生产规模。近两三年，灵山香鸡的饲养量有所减少，主要是受到省外销售的影响。

三、体形外貌

灵山香鸡体形特征可概括为"一麻""两细""三短"。一麻是指灵山香鸡母鸡体羽以棕黄麻羽为主；两细是指头细，胫细；三短是指颈短、体躯短、脚短（矮）。头小，清秀，单冠直立，颜色鲜红，公的高大，母的稍小，冠齿5 ~ 7个。肉垂、耳叶红色。虹彩橘红色。喙尖，小而微弯曲，前部黄色，基部大多数呈栗色。

体躯短，浑圆，大小适中，结构匀称，被毛紧凑，其中短羽型鸡尤为突出。

公鸡颈羽棕红或金黄色。体羽以棕红、深红为主，其次棕黄或红褐色。覆主翼羽比体羽色稍深。主翼羽以黑羽镶黄边为主，少数全黑。覆主翼羽棕黄或黑色。腹羽棕黄，部分红褐色，有麻黑斑。主尾羽和瑶羽墨绿色，有金属光泽。

母鸡以棕麻、黄麻为主。麻黑色镶边形似鱼鳞，多分布于背、鞍部位，翼羽其次。颈羽基部多数带小点黑斑；胸、腹羽棕黄色居多；尾羽黑色；主翼羽、覆主翼羽以镶黄边或棕边的黑羽为主。

雏鸡绒毛颜色以棕麻色或黄麻色为主，有条斑。棕麻色约占40%，黄麻色约占35%，其他色约占25%。

胫细而短，呈三角形，表面光滑，鳞片小，胫色多为黄色，少量青灰色，胫侧有细小红斑；喙色为栗色或黄色；肤色以浅黄色为主，个别灰白或灰黑色。皮薄，脂少，毛孔小，表面光滑。肉色为白色（图1、图2）。

图1　灵山香鸡公鸡　　　　　　　　　　　　图2　灵山香鸡母鸡

四、体尺和体重

2004年11月6日至2005年6月20日期间，先后在烟墩、伯劳、旧州、丰塘、文利、武利、陆屋等镇开展灵山香鸡个体调查测定，结果见表1。

表1　灵山香鸡体尺、体重（300日龄，*n*=75）

性别	体重（g）	体斜长（cm）	龙骨长（cm）	胸深（cm）	胸宽（cm）	骨盆宽（cm）	胫长（cm）	胫围（cm）
公	2 112.73±353	20.80±1.01	11.57±0.78	11.41±0.60	6.45±0.51	7.27±0.33	8.11±0.37	4.42±0.26
母	1 664.89±256.17	18.18±0.81	9.83±0.62	10.20±0.66	5.71±0.51	6.10±0.49	6.82±0.34	3.69±0.19

注：本数据主要是在农村规模养鸡场测定而得。

五、生产性能

（一）生长性能

2004年11月至2005年6月间，对灵山香鸡商品代生产性能进行了测定，结果详见表2～表4。

表2　灵山香鸡1～3周龄体重

饲养方式	1日龄体重（g）	1周龄体重（g）	2周龄体重（g）	3周龄体重（g）
规模饲养	28.94±1.79	48.56±7.65	93.08±13.32	139.25±17.54
自然放养	27.1±1.75	41.1±5.83	68.6±7.75	101.2±11.1

注：上述数据为公、母混合饲养，混合称重。

表3　灵山香鸡4 ～ 13周龄体重

周龄	规模养殖体重（g）		自然放牧体重（g）	
	公	母	公	母
4	214.5±23.64	185.3±21.64	149.8±23.4	132.77±20.9
5	326.0±58.52	278.6±50.37	226.1±27.4	200.0±24.0
6	381.5±56.3	354.9±52.74	264.6±38.63	253.2±25.2
7	464.9±63.86	402.4±36.98	319.9±28.06	306.0±23.7
8	536.3±63.26	483.6±57.45	387.8±24.26	355.77±30.0
9	793.47±72.80	722.27±77.43	570.7±29.9	509.7±22.66
10	899.03±79.37	776.5±56.49	641.3±21.33	559.0±17.68
11	972.57±91.26	858.3±74.67	694.03±31.7	619.6±26.14
12	1 129.0±99.34	966.87±87.30	819.6±30.06	706.6±24.48
13	1 380.3±88.66	1 087.1±98.00	943.4±29.89	797.8±27.92

表4　灵山香鸡出栏体重、成活率、料重比

性别	出栏体重（g）	日龄（d）	成活率（%）	料重比
公	1 587.5±164.15	110	95.0	3.65：1
母	1 320.0±109.64	120	93.6	3.40：1

（二）屠宰性能和肉质性能

灵山香鸡上市最佳的时机，母鸡为120日龄，阉鸡180日龄；此时肉质结实幼嫩，味鲜美而香浓。据对不同日龄的30只母鸡和30只公鸡屠宰测定，结果见表5。

表5　灵山香鸡屠宰结果（n=30）

性别	公鸡		母鸡	
日龄（d）	90	300	98	300
活重（g）	1 411±93.48	2 002.5±100.93	1 273.3±135.01	1 589.2±88.00
屠宰率（%）	85.6	91.9	87.2	93.1
半净膛率（%）	75.6	83.2	77.4	76.1
全净膛率（%）	64.6	69.9	64.9	64.2
胸肌率（%）	15.4	14.0	16.5	15.8
腿肌率（%）	24.9	25.8	18.9	19.8
腹脂率（%）	0.4	2.8	6.2	7.2

取100日龄公鸡和110日龄母鸡的胸肌送广西壮族自治区分析测试中心进行测定，结果见表6。

表6　胸肌蛋白质、氨基酸、肌苷酸、脂肪含量

性别	日龄	检测项目	检测结果
公	100	热量（kJ/kg）	4 749
		水分（%）	72.2
		干物质（%）	27.8
		蛋白质（%）	24.2
		氨基酸总量（%）	19.38
		脂肪（%）	1.18
		灰分（%）	1.32
		肌苷酸（mg/kg）	2 880
母	110	热量（kJ/kg）	5 042
		水分（%）	71.5
		干物质（%）	28.5
		蛋白质（%）	24.2
		氨基酸总量（%）	20.15
		脂肪（%）	2.04
		灰分（%）	1.36
		肌苷酸（mg/kg）	2 600

2005年6月对当天产的新鲜蛋进行品质测定，结果见表7。

表7　灵山香鸡蛋品质量（$n=30$）

项目	指标
蛋重（g）	41.92±3.69
蛋相对密度	1.081±0.01
蛋壳厚度（mm）	0.34±0.02
蛋形指数	1.28±0.07
蛋黄比率（%）	31.16±4.73
蛋黄色泽（级）	8±0.62
哈夫单位	94.78±3.77
蛋壳强度（kg/cm³）	3.12±0.73
血肉斑率（%）	25.81
壳色	浅褐色

（三）繁殖性能

　　灵山香鸡早熟性好。小公鸡21日龄左右开啼，75～85日龄性成熟，140～160日龄体成熟，此时体重1.8～2.2kg。公鸡一般70日龄左右阉割育肥，养殖场多提前到30日龄阉割，因实施早期阉割育肥的鸡体形与相同日龄70日龄才阉割的鸡相比，肉质好、卖价高，死亡率低，可提早上市。母

鸡平均130日龄体成熟，开产，个别100日龄左右就产蛋。开产体重1.3～1.65kg，开产蛋重29.5g，平均蛋重41.92g，66周龄平均产蛋量120～130个。其种蛋受精率91%～93%，受精蛋孵化率92%～94%，健雏率98%。

在农村自然放牧的条件下，其繁殖性能略低。其中公鸡60日龄左右开啼，180日龄配种。母鸡160日龄开产，66周龄平均产蛋量约84个，年产苗55～60只。

笼养种鸡人工授精时公、母比例为1：25；自然交配时公、母比例为1：（11～13）。

母鸡就巢性强，每年4～5次，每产完一窝蛋（15～20个）就巢一次，每次6～10d，有的长达一个月。

六、饲养管理

灵山香鸡在农村中仍采取传统的自然交配、自繁自养，以放牧为主的繁衍方式。雏鸡以集中保温方式为主，30日龄后脱温放牧至出栏，习惯在山坡树丛、果园活动、栖息、觅食，野性强，易惊群。此时辅以全价饲料，长势更佳。1～35日龄喂育雏料：粗蛋白质19.8%，粗脂肪3.5%，粗纤维2.5%，钙1.0%，磷0.71%。35～70日龄喂育成料：粗蛋白质17.5%、粗脂肪4.1%，粗纤维2.51%，钙0.81%，磷0.62%。80～110或120日龄出栏时喂育肥料：粗蛋白质17.01%，粗脂肪5.02%，粗纤维2.5%，钙0.81%，磷0.60%。在农村，灵山香鸡主要以当地农作物以及农副产品为食，如水稻、米糠、玉米、木薯、果实籽类等。通常采取米糠拌剩米饭加以饲养，直至长大出栏。在农村按此方式饲养的灵山香鸡最有特色，它不但毛色光亮，而且肉质特别幼嫩、甘甜，并有一股浓郁的香味。灵山香鸡疫病防治采取预防为主、治疗为辅的防疫方针。平时做好马立克氏病、鸡新城疫、禽流感等疫病防治外，结合加强环境卫生工作。一般农村放牧的灵山香鸡均可健康成长（图3）。

图3　灵山香鸡群

七、品种保护与研究利用现状

自20世纪90年代初始，灵山香鸡有计划地开展保种选育工作，使种鸡各项生产性能得到一定提高，品种特征、整齐度趋于一致。种禽养殖公司采取"边选育，边推广"的发展模式，品种数量大幅增长，销售范围遍及全区各地和其他省份。灵山县兴牧牧业有限公司种鸡场为保种场，制定了品种标准、保护和开发利用计划，并逐步实施，取得较好效果。

2007年，自治区质量技术监督局颁布《灵山香鸡》地方标准，标准号DB45/T 461—2007。

八、对品种的评价和展望

灵山香鸡是制作白切鸡、水蒸鸡、盐焗鸡的优质肉鸡，其肉质幼嫩、甘甜、味鲜，气味香浓，风味上乘。

充分发挥灵山香鸡作为地方优质肉鸡的优势，努力发掘其肉质风味潜能，向纵深加工方向发展。加强选育，努力提高其产蛋、产肉性能，降低就巢性，并从羽色、体形方面继续提高其整齐度。利用羽色资源的多样性，积极开展配套系选育工作，并根据市场需求进行推广。加强驯养，积极改进饲养管理模式，改变传统放牧方式，向规模化、集约化、标准化等现代生产方式发展。

九、附　　录

（一）参考文献

薛勇. 2000. 灵山县志 [M]. 南宁: 广西人民出版社.

（二）主要参加调查人员及单位

广西畜牧研究所：韦凤英。

广西大学动物科学技术学院：谭本杰、梁远东。

广西畜牧总站：苏家联。

灵山县水产畜牧兽医局：蒙茂华、梁任升、梁廷文、梁受权、邓强波、黄河清、仇诗甲。

灵山县兴牧牧业有限公司：甘有豪、周小宇。

里 当 鸡

一、一般情况

里当鸡（Lidang chicken）为肉用型。2004年，通过广西壮族自治区家禽品种资源委员会认定为广西地方品种。2009年7月，通过国家畜禽遗传资源委员会家禽专业委员会现场鉴定，建议与"灵山香鸡"合并，命名为"广西麻鸡"。2010年1月农业部公告第1325号正式发布。

（一）中心产区及分布

中心产区为马山县里当乡。主要分布于里当、金钗、古寨、古零、加方、百龙滩、白山、乔利八个乡（镇），毗邻的都安县有少量分布。

（二）产区自然生态条件及对品种形成的影响

1.产区经纬度、地势及海拔 产区位于马山县中、东部的石山地区，地处东经107°10′～108°30′，北纬23°42′～24°20′。地貌以石山为主，为典型的喀斯特峰丛峰林区，峰丛一般海拔在500～600m，最高为古寨民乐岑梯山778m。由于与外界交通不发达，里当鸡长期以来在封闭的条件下世代繁殖，形成了较独特的品种特性。

2.气候条件 属于亚热带季风气候，雨量充沛，日照充足，气候温暖，无霜期长。受大明山气候多变的影响，具有"昼夜温差大，潮湿云雾多"的特点。

日照：平均日照时数3.88h，每年的5～9月日照时数逐渐增多，7～9月日照量最高值6h以上，2～4月为日照最低值，日均2.01h。太阳辐射以12月至翌年3月最少，每月不满25.12kJ/cm²，4月以后逐渐增多，7～9月辐射量最多，月突破46.05kJ/cm²，10月以后又逐渐减少。

气温：年平均气温为21.4℃。极端最高气温40.1℃，极端最低气温-0.7℃，最冷月为1月，历年1月平均气温12.3℃；最热月为7月，历年7月平均气温28.2℃。

降水量：年平均降水天数为167d，降水量为1693.8mm。各季节雨量分配极不均匀，一年之中，雨量集中在5～8月，占全年总降水量的64.0%；1月和12月的雨量最少，仅占全年总降水量的2.4%和2.2%。

相对湿度：年均相对湿度76%。

干燥指数：0.74，属湿润型。

充足的光、水、热资源，给发展农林牧渔业提供了优厚的生产条件。

3.水源及土质

（1）水源 产区的生产生活用水为山泉、地下水和集雨水。除了流经境北的红水河外，其余为一些细小的河流，小溪纵横、山泉星罗棋布，四季涌流，水温冬暖夏凉，溪水清澈见底，透明如玉，具有甘甜清爽的口感，每年春末盛夏秋初，产区群众以水代茶，生饮解渴。较有价值的地表水主要有红水河、姑娘江、那汉河、六青河、乔利河、乔老河、杨圩河7条，地下水11条，地下水点203处，这些水点或是地下河的出口处，或与地下河相通。此外，还有中、小型水库53处，$1 \times 10^5 m^3$以下塘坝553处，总库容量$1.1356 \times 10^8 m^3$，有效库容量$7.605 \times 10^7 m^3$，控制集雨面积349.78km²。

（2）土质 原产区由于地质特点、气候条件和自然因素的相互作用，形成了众多的土壤类型。境内的成土母质主要是石灰岩、沙页岩、硅质岩、第四纪红土和花岗岩五种，这些岩石经风化后，形成了本区域的成土母质（pH 5.8 ~ 7.5）。石灰岩遍及全境，各种土质不同程度受碳酸盐岩的影响，石灰土和石灰性土广泛分布。

4.农作物种类及生产情况 产区内主要农作物以玉米、水稻、薯类、豆类、甘蔗、旱藕为主，蔬菜作物主要有叶菜类、根菜类、藤菜类、茎菜类、花果类、果菜类为主。2005年，全县粮食总产量110 600t，其中水稻产量62 100t，玉米产量39 500t。里当鸡长期以当地的五谷杂粮和野外昆虫为采食对象，也形成了其独特的肉质风味。

畜牧业除猪、山羊、鸡以外，马、牛、鸭、鹅、兔等均有饲养。2006年末，鸡存舍85.22万只、鸭47.69万只、鹅3.55万只。根据对产区养鸡情况的全面调查进行统计，鸡饲养量233.49万只，其中里当鸡有25.14万只。全县年饲养里当鸡100只以上的有651户，50 ~ 100只以上的有1 443户。

5.土地利用情况、耕地及草场面积 产区所属四乡四镇共79个行政村35 126户，人口24.74万。据2002年县国土局调查，全县土地面积114 402.86hm²。利用情况：耕地23 954hm²，园地1 354.87hm²，林地45 538.02hm²，居民点及工矿用地5 276.68hm²，交通用地926.05hm²，水域4 488.58hm²，未利用土地29 440.6hm²。

6.品种在当地的适应性及抗病情况 里当鸡适应产地湿热的亚热带山区气候和粗放的饲养管理方式，易饲养。该品种抗病能力强，未发生恶性、劣性传染病。

7.社会经济概况 产区为多民族聚居地，有瑶、壮、汉、侗、仫佬、苗、回、水等11个民族，2005年有七乡八镇，151个村（居）民委，104 870户，人口52.3万，其中农业人口45.75万，劳动力27.32万。全县国内生产总值（2000年不变价）92 928万元，农业总产值68 219万元，畜牧业总产值29 806万元，占农业总产值的43.69%。

二、品种来源及发展

（一）品种来源

1.产区历史沿革 产区在秦时属桂林郡地，汉至隋属郁林郡地，唐至清属思恩府管辖下的几个土司，民国四年成立隆山县，1951年隆山县与那马县合并成为马山县。里当鸡主产区的瑶民，大多于600多年以前从外地迁入，过着刀耕火种、狩猎野生动物度日的原始生活。

2.有关养鸡史料 由于战乱频繁，古籍史料已无从查考，目前有史可查有关鸡的最早资料是民国二十六年出版的《隆山县志》。当时，县内饲养的土鸡已有很大的市场规模，为满足消费市场需求，当时已有人发展规模养鸡，《隆山县志》记载："畜鸡·民国七年，兴隆乡居民於中府庙地方高筑围墙，宽度约百余亩，环绕山坡，创为鸡院，内养母鸡数百，半年繁殖至千余头。……民国八年，李圩乡民於距乡里许之敦寨屯亦创鸡院，畜鸡数百。本县之鸡亦为出口，小宗商人到处收买，运出邕宁发仪者，估计每日不下三百头，合计全年出口，当十万头有余，此虽不足以云畜牧养殖，亦足征农家附业之盛也。"

3.风俗习惯 当地人以黄色为尊，喜选择黄色羽毛的鸡饲养，为表示对客人和生老病死者的尊重，产区群众每当逢年过节或招待至亲好友，馈赠礼品，都有宰杀或赠送里当鸡的习惯；妇女产后（生男孩用公鸡，生女孩用临产蛋的小母鸡）进食的第一餐，必定要吃里当鸡清煮的鸡汤，哺乳期内也要经常用未开产的小母鸡煮汤喝，认为可滋补身体、增加乳汁。《马山县志》记载，"生寿：本地区，凡生孩子，常以鸡及姜酒报告外家，外家即送礼物及补品。""亲友来访，往往设宴相迎，杀鸡杀鸭，热情款待。"这种历史习俗促使人们不断淘汰杂色毛（皮）鸡而选留黄毛（皮）鸡饲养。因里当鸡肉质优良，售价一直较高，饲养量也较大。

（二）群体数量

2006年年底，产区存栏里当鸡34.53万只，其中种鸡3.54万只，肉鸡30.99万只。目前群体规模较大的是位于里当乡旧林场的里当鸡示范饲养场，存栏种鸡260只。

（三）选育情况，品系数及特点

1.选育情况 1993—1996年，受广西壮族自治区农业厅委托，南宁地区水产畜牧局和马山县品改站实施了"马山县里当鸡本品种选育及推广"项目。项目实施四年，经过选育后的里当鸡后代明显优于原始农村放养的鸡群后代，300日龄平均产蛋量、产蛋率、料蛋比、种蛋受精率及孵化率、雏鸡各阶段的生长发育主要指标都比对照组有显著的提高（$p<0.01$）。产蛋率超过设计指标要求，选育后种鸡群300日龄平均产蛋量65.97个，比对照组增产38.72个，提高142.09%；平均产蛋率达45.18%，比对照组提高26.52%；料蛋比为3.44 : 1，比对照组少1.76；受精率为91.12%，比对照组提高14.79%；受精蛋的孵化率及入孵蛋的孵化率分别94.39%和86.01%，比对照组分别提高10.86%和22.25%；21周龄公鸡体重2.13kg，比对照组高0.62kg，提高41.06%；21周龄母鸡1.67kg，比对照组增加0.20kg，提高13.61%。该项目于1997年2月25日通过了验收。

2.品系数及特点 里当鸡有两个品系，一是慢生羽系，该品系年产蛋量40～70个，体形较粗壮，生长速度相对较快。雏鸡从出壳至60d左右重约0.75kg，其最大的特征是：公鸡除头、颈、翅膀、尾和腿上部有零星的片状羽毛外，其余部位的绒毛几乎脱光，群众称为"秃毛鸡"。二是快生羽系，该品系年产蛋量60～120个，体形较清秀，生长速度相对较慢，雏鸡不论公、母，出壳3～4d即开始生长主翼羽，8～10d主翼羽齐尾。

（四）保种情况

2003年，由县扶贫办和世界宣明会马山项目办投资80万元，在乔利乡兴科村刁科屯建设的里当鸡保种场，于2004年8月投产，设计规模为年饲养种鸡3万只，发包给南宁市高凤公司经营后，由于2005年年底我国爆发了禽流感疫情，企业实力不雄厚，导致种鸡场倒闭。

2006年，里当鸡养殖示范场存栏种鸡260只，位于里当乡林场，由里当鸡协会经营管理。

（五）现有品种标准及产品商标情况

《里当鸡》地方标准于2005年经自治区质量技术监督局发布实施，标准号DB45/T 242—2005。

2003年6月，由里当鸡协会提出申请，在广西壮族自治区工商局注册了"里当鸡"商标。

（六）近15～20年消长形势

1.数量规模变化 20世纪70年代，群众收入低，吃鸡比较困难，肉用仔鸡有较大的市场，里当鸡因其生长速度慢而一度受到冷落。到了90年代，人们的经济收入不断提高，可消费的动物性产品也更加丰富，人们的消费热点转向鸡味浓郁的里当鸡。即使价格比肉用仔鸡高一两倍，消费者也首选里当鸡。2002年，仅有20 679人口的里当乡，出栏肉鸡达15.7万只，人均出栏7.6只，饲养里当鸡已成为当地农民增收的新亮点。但随着经济和交通事业的发展，里当鸡与其他鸡种杂交情况日益严重，里当鸡受到前所未有的冲击，特别是慢羽系里当鸡已到濒临灭绝的境地。

2.品质变化 由于当地群众长期以来都采用放牧饲养的方式，让其自由采食虫、草等食物，再补喂玉米或水稻，因此保持了原有的肉质风味。选育后的种鸡300日龄平均产蛋率45.18%，产蛋66个，比选育前分别提高26.52%和142.1%；21周龄平均体重2.0kg，比选育前提高了27.3%。

3.濒危程度 无危险。2005年以来，随着市场经济的发展，产区外来品种饲养量增加，纯种里当鸡数量已出现减少趋势。

三、体形外貌

1.雏禽、成禽羽色及羽毛重要遗传特征 公鸡羽色多为黄红色或酱红色，有金属光泽，颈羽细长光亮，呈金黄色，颜色较体躯背部的浅，主尾羽黑色油亮向后弯曲，主翼羽瑶羽为黑色或呈黑斑；腹部羽毛有黄色（占74.6%）和黑色（占25.4%）两种。

母鸡羽色主要为黄色、麻色两种，黄色占38.4%，麻色占58.3%，其他杂色占3.3%；尾羽为黑色，主翼羽黑色或带黑斑；黄羽鸡的头颈部羽色棕黄，与浅黄的体躯毛色界限明显；麻色鸡的尾羽黑色，胸腹部浅黄色，颈、背及两侧羽毛镶黑边。里当鸡羽色比例见表1。

表1 里当鸡羽色统计

	毛色	比例（%）
公鸡	赤红色	71.5
	酱红色	28.5
母鸡	黄色	38.4
	麻色	58.3

2.肉色、胫色、喙色及肤色 肉色为白色，喙、胫、皮肤均为黄色。

3.外貌描述

（1）**体形特征** 体躯匀称，背宽平，头颈昂扬，尾羽高翘，翅膀长而粗壮。脚胫细长，截面呈三角形，有的整个胫部长满羽毛，群众称为"套袜子鸡"。

（2）**头部特征**

冠：单冠，红色，直立，前小后大，冠齿5～9个。

虹彩：以橘红色最多，黄褐色次之。

肉髯：长而宽，富有弹性，颜面、耳垂鲜红有光泽，眼大有神（图1、图2）。

图1 里当鸡公鸡　　　　　　　　　　　　图2 里当鸡母鸡

四、体尺、体重

2007年3月21日，调查组在古零镇六合村随机抽样测定成年公鸡11只，成年母鸡14只；4月3日在里当乡随机抽样测定成年公鸡10只，成年母鸡6只，结果见表2。

表2　体尺、体重测定结果

性别		体重（kg）	体斜长（cm）	胸宽（cm）	胸深（cm）	胸角（°）	龙骨长（cm）	骨盆宽（cm）	胫长（cm）	胫围（cm）
古零	公	2.20 ±0.21	21.4 ±0.95	5.47 ±0.84	7.98 ±0.81	85.36 ±4.01	11.47 ±0.72	7.42 ±0.94	9.72 ±0.49	4.32 ±0.29
	母	1.85 ±0.35	19.23 ±1.17	5.19 ±0.74	7.41 ±1.13	80.57 ±6.16	9.83 ±0.99	6.84 ±0.82	7.96 ±0.51	3.76 ±0.24
里当	公	1.87 ±0.45	19.73 ±1.33	4.82 ±0.47	7.06 ±0.71	86.70 ±4.14	10.99 ±0.82	6.55 ±0.87	8.91 ±0.50	4.30 ±0.34
	母	1.45 ±0.29	18.07 ±0.82	4.87 ±0.46	7.07 ±0.67	82.83 ±2.86	9.07 ±0.87	6.38 ±0.60	7.65 ±0.40	3.33 ±0.27
综合结果	公	2.05 ±0.37	20.60 ±1.41	5.16 ±0.75	7.54 ±0.88	86.00 ±4.02	11.24 ±0.79	7.00 ±0.99	9.33 ±0.64	4.31 ±0.31
	母	1.73 ±0.38	18.88 ±1.19	5.09 ±0.68	7.31 ±1.01	81.25 ±5.41	9.60 ±1.00	6.71 ±0.78	7.87 ±0.49	3.64 ±0.31

五、生长性能

（一）生长速度

里当鸡成年公鸡体重（2.7±0.12）kg，成年母鸡体重（1.4±0.16）kg。在喂给全价配合饲料和散养的情况下，90日龄体重可达1.2～1.3kg，料重比公鸡为3.50：1，母鸡为4.34：1。

2003年，对里当、白山、乔利的30户农户自然放牧散养的里当鸡进行生长速度测定，结果详见表3。

表3　放牧饲养生长速度测定

日龄	性别	数量（只）	总体重（g）	平均体重（g）
出壳	混苗	202	6 569.04	32.52±0.19
30	混苗	185	38 999.85	210.81±4.52
60	混	153	77 710.23	507.91±8.62
90	母	72	56 865.6	789.8±25.65
	公	63	63 812.7	1 012.9±32.15
120	母	35	37 950.5	1 084.3±46.66
	公	28	35 669.2	1 273.9±74.59
150	母	35	51 289.35	1 465.41±52.23

（续）

日龄	性别	数量（只）	总体重（g）	平均体重（g）
150	公	28	42 380.8	1 513.60±94.24
180以上	母	35	52 724.0	1 506.4±23.11
	公	28	51 100.0	1 825.0±98.36

（二）产肉性能

2007年3月21日和4月3日分别在古零镇和里当乡随机抽样上市日龄的公、母各30只进行屠宰测定，结果见表4。

表4　上市日龄屠宰成绩

项目	公鸡（90～120日龄）	阉鸡（150～180日龄）	母鸡（120～150日龄）
活重（kg）	1.32±0.25	2.08±0.11	1.22±0.21
屠体重（kg）	1.18±0.23	1.86±0.11	1.10±0.21
半净膛重（kg）	1.04±0.20	1.71±0.11	0.99±0.17
全净膛重（kg）	0.85±0.16	1.40±0.99	0.80±0.13
腿肌重（g）	207.50±47.50	224.28±22.59	165.50±30.34
胸肌重（g）	114.17±18.81	302.86±43.00	126.00±26.44
腹脂重（g）	14.58±25.18	92.86±29.14	40.05±29.17

（三）肌肉质量检测

2007年3月，调查组做屠宰测定同时采阉鸡和母鸡胸肌鲜样送广西分析测试中心进行营养成分分析，结果见表5。

表5　蛋白质、氨基酸、肌苷酸、脂肪含量测定

性别	日龄	检测项目	检测结果
阉鸡	上市日龄	热量（kJ/kg）	4 900
		水分（%）	72.4
		干物质（%）	27.6
		蛋白质（%）	24.8
		氨基酸总量（%）	19.38
		脂肪（%）	1.80
		灰分（%）	1.19
		肌苷酸（mg/kg）	4 120
母鸡	上市日龄	热量（kJ/kg）	4 895
		水分（%）	72.4
		干物质（%）	27.6

（续）

性别	日龄	检测项目	检测结果
母鸡	上市日龄	蛋白质（%）	24.5
		氨基酸总量（%）	19.32
		脂肪（%）	1.92
		灰分（%）	1.18
		肌苷酸（mg/kg）	3 830

（四）蛋品质量

蛋的形状较圆，蛋形指数为1.27，蛋壳浅褐色或棕色，个别为白色。其他指标未做测定。

（五）繁殖性能

根据2003年对里当乡12户农户的调查，在自然放牧条件下，公鸡100日龄，体重1～1.2kg开啼；小母鸡150～180日龄，体重1.3～1.5kg开产，年产蛋（75±8.2）个，蛋重（45±2.13）g；在农村散养的情况下，公、母配比为1：15左右。母鸡就巢性强，每次产蛋12～20个时进入抱巢期。种蛋受精率95.12%，自然孵化时，受精蛋孵化率94.39%（个别高达100%），产蛋率45.18%。30日龄雏鸡成活率94.42%，60日龄成活率89.76%，150日龄成活率87.77%。

六、饲养管理

里当鸡饲养管理粗放，只对1月龄内的雏鸡稍加管护，15日龄前喂些碎米、水稻及煮熟的米饭，15日龄后只于早晚补喂少量本地出产的玉米和竹豆、黑豆、火麻仁等杂粮。在农作物收获季节不再补喂饲料，任其在耕地上啄食谷物。一般没有专门的鸡舍，终年以放牧为主，白天游走田边地角、村寨附近觅食，晚上栖息在猪、牛、羊圈上或树上。

产区有阉公鸡育肥的习惯，一般选择出壳3～4月龄、开啼以后的小公鸡，请当地的兽医人员将其睾丸摘除，术部以前多选择在胸骨后面，由于该部位容易受地面污染，创口不易愈合，现多选翅膀下肋间下刀。阉割育肥的公鸡多在春节前的1～2个月进行强制育肥，用木条或竹片做成特制的鸡笼限制其活动，所用饲料多是精料，如煮熟的玉米、米饭和竹豆、黑豆、黄豆粉等（图3）。

图3　里当鸡群

七、品种保护和研究利用现状

（一）生化和分子遗传测定方面

2003年10月，广西分析测试中心对里当鸡的营养成分进行分析，结果发现，鲜肉中含有18种人体必需的氨基酸，氨基酸总量项鸡为18.78%，公鸡为17.51%；产生风味物质的谷氨酸公鸡肉含量2.82%、项鸡肉含量3.03%，肌苷酸含量公鸡1 060μg/kg、母鸡1 390μg/kg。此外，还含有丰富的铁、锌、钙、磷、维生素A等。2003年10月，广西大学生物技术实验中心对里当鸡的胸肌纤维进行了电子显微镜扫描观察，从拍摄到的照片看，肌纤维横径为0.4～0.6μm，且公、母鸡的数值大小基本一致。

没有进行过分子遗传测定。

（二）保种与利用方面

2003年，由县扶贫办牵头，会同县畜牧局、世界宣明会马山项目办和县里当鸡协会，四家联合向广西区扶贫办申报实施"马山县里当鸡保种与开发项目"，旨在通过从产区群众选出符合要求的种鸡在种鸡场统一饲养，雏鸡出壳后，以"公司＋农户"的形式发给贫困村民饲养，由公司提供饲料和技术指导，后备公鸡在90日龄选种，项鸡110日龄选种，余下的在140～150日龄作为商品鸡回收。项目总投资260万元，其中自治区财政投入50万元，世界宣明会投入30万元，在乔利乡兴科村刁科屯建立了"里当鸡种鸡场"，并引进南宁市高凤种鸡场投入流动资金经营。但由于技术部门未能介入，加上2005年年底的禽流感疫情，里当鸡保种与开发项目实施两年半后破产。

八、对品种的评价和展望

里当鸡是特定的自然地理环境和人文因素条件下长期繁衍生息形成的原始地方肉用型鸡种。该鸡肌肉丰满，骨细脚矮，皮肤、喙及脚胫均为黄色，宰后食用，有特殊的香甜味，因而又有"里当香鸡"的美誉。

里当鸡一直保留着祖先遗传的生长基因，所以体态优美紧凑，习性、体形都与其他改良的黄羽鸡种有着根本性的区别，有一定的飞翔能力，2千克体重的成年鸡在受惊吓的情况下，可于离地1m左右高度飞行超过20m，亦可轻而易举飞上两三米高的树上、屋顶栖息。耐粗饲，觅食能力强，喜啄食青绿饲料，并且喜欢捉食飞虫和扒食地下昆虫。调查资料显示，用5%～15%的玉米（或水稻）饲养里当鸡，再补喂15%～20%的青绿多汁嫩饲草，并让其自由采食虫、草等食物，饲养110～150d，每只鸡体重可达1.1～1.5kg，获纯利8～10元/只。

里当鸡品种作为广西麻鸡的重要组成部分，仍然存在养殖规模小而分散，生产性能偏低等问题，应尽快划定保护区，设立保种场，开展资源保护和本品种选育提高等工作。

九、附　录

（一）参考文献

陈伟生.2005.畜禽遗传资源调查技术手册[M].北京:中国农业出版社:45-55.

马山县水产畜牧局.2005.里当鸡[S].DB45/T 242—2005.

（二）主要参加调查人员及单位

广西畜牧研究所：韦凤英、秦黎梅、覃仕善、廖玉英。

马山县水产畜牧局：蓝慧京、韦鹏。

马山县畜牧兽医站：唐奇福、蓝显利。

马山县家畜品种改良站：陈俊宁。

马山县里当乡畜牧兽医站：门家汉。

马山县古寨乡畜牧兽医站：农启敏。

马山县金钗镇畜牧兽医站：黄海立。

马山县加方乡畜牧兽医站：邓民进。

马山县古零镇畜牧兽医站：蓝庭球。

东兰乌鸡

一、一般情况

东兰乌鸡（Donglan Black-bone chicken）为兼用型地方品种，俗称"三乌鸡"，因其毛、皮、骨三者皆黑而得名，当地壮语叫"给起"。2002年3月通过广西壮族自治区畜禽品种审定委员会认定，命名为"东兰乌鸡"。2009年6月30日，国家畜禽遗传资源委员会家禽专业委员会专家组对东兰乌鸡进行遗传资源现场鉴定，根据体形外貌、地理分布和生态环境考察结果，建议"东兰乌鸡"与"凌云乌鸡"两遗传资源合并，命名为"广西乌鸡"，同年10月15日农业部公告第1278号正式发布。

（一）中心产区及分布

原产区为东兰县，中心产区为隘洞和武篆镇。主要分布于县内的长江、巴畴、三石、三弄等乡镇。毗邻的凤山、巴马、金城江等县区也有少量分布。

（二）产区自然生态条件

1.产区经纬度、地势、海拔　东兰县地处云贵高原余脉，位于东经107°5′～107°43′、北纬24°13′～24°51′，东与河池市金城江区接壤，西邻凤山县，南接巴马、都安、大化县，北连天峨、南丹县。全县南北长68km，东西宽65km，总面积为2 415km²，红水河自北向南贯穿全境，全长94km。东兰县境内山岭延绵，丘陵起伏，地势北高南低，自西北向东南倾斜，东北部属南岭系凤凰山脉，西部属云岭大明山系东风岭，西南部属大云岭系都阳山脉，中部还有巴则山脉，海拔最低为176m，最高为1 214m。

2.气候条件　产区位于亚热带季风气候区，冬短夏长、冬暖夏凉、气候温和、光照充足、四季分明。气象资料记载，年最高气温37℃，最低气温1℃，年平均气温为20.8℃，年际变动一般在19.2～20℃，年平均日照时数1 586h，无霜期为每年2～12月，霜降连续天数一般不超过3d，无霜期长330～350d，每年4～8月为多雨季节，年降水量1 200～1 500mm，蒸发量为1 220mm，年雨天日数一般为199d，年平均风速3m/s。由于境内地形复杂，有土山、石山和高寒三种山区气候类型，海拔和冲麓两边山峦的高低对气温亦有影响，海拔每升高100m，气温随之下降0.5～0.6℃，县内平均气温稳定通过10℃的总积温为6 746℃以上。

3.水源及土质　县内河流属珠江流域之红水河水系，大小河溪除西南部的东平河流入巴马县盘阳河外，其余均顺地势的倾斜方向从东北、西南流向中部汇入红水河。全县水资源包括地表水和地下水。平均年径流总量17.28×10⁸m³，平均每人拥有地表水径流水量7 312m³（不包括红水河），主要使用地表水。土质石山区为松泥土，土坡丘陵地带为沙页岩红壤和红壤土。沙壤土、壤土、黏壤土占84%，耕作土耕层较厚，有机质含量中等，pH呈中性，含磷、含钾量较低。

4.农作物种类及生产情况　农作物主要有水稻、玉米、甘薯、木薯，其次是芭蕉芋、南瓜、黑米、黑芝麻、黄豆、饭豆、竹豆、黑豆、绿豆、小米、高粱、荞麦、芋头等。据统计，2006年粮食总产量54 058t，其中玉米产量17 362t，水稻产量19 181t，芭蕉芋产量3 623t，黄豆产量1 506t，甘薯产量2 591t，木薯产量1 612t，小麦产量175t，饭豆、竹豆产量91t，其他作物产量7 953t。

5.土地利用情况、耕地及草场面积　国家重点建设基础项目——岩滩水电站1992年蓄水发电后，东兰县耕地面积由原来的14 000hm²下降到现在的1 000hm²，林业用地95 300hm²，宜牧地98 700hm²。

6.品种对当地条件的适应性及抗病能力　东兰乌鸡是在自然放牧的条件下饲养，补以饲喂当地种植的谷物及农副产品，在适应当地自然条件的同时，其抗病能力也很强，在进行鸡新城疫免疫的情况下，其病死率在12%以下。

二、品种来源及发展

（一）品种来源

东兰群众素有养鸡习惯，群众饲养东兰乌鸡已有悠久的历史，据东兰县志记载，至今已有二三百年的历史。东兰县是一个以壮族为主的地区，黑色与人们日常生活息息相关。壮族群众自古就与黑色结下了不解的渊源，直到今天，在特别重大的喜庆节日如春节、三月三等，壮族人民群众都还穿着黑色的盛装来庆贺。因此，东兰壮族人素有穿黑色衣服和饲养乌鸡的习惯。当地盛产墨米、玉米、火麻、黑豆及农副产品等，饲料资源丰富，饲养乌鸡既是农村人民群众肉食的主要来源之一，也是农村经济的重要来源之一。乌鸡在当地历来被认为是高级滋补品，群众有清炖乌鸡滋补的习俗，逢年过节、探望产妇、病员、儿童和老人，乌鸡是最佳的礼品。另外，产区地处山区，交通不便，没有与其他外来鸡种混杂。在长期的人工选择以及当地气候、自然地理环境和饲养管理等条件的共同影响下，逐步形成了东兰乌鸡。

（二）群体数量

据统计，2006年年底，全县东兰乌鸡存栏39.3万只，其中种鸡3.7万只，乌鸡存栏量占全县鸡存栏总量的51.54%；全年出栏乌鸡38.6万只，占全县鸡出栏总量的67.2%。全县饲养东兰乌鸡50只以上有2 150户，年饲养100只以上有1 260户，年饲养200只以上的有96户。东兰乌鸡原种繁育场种鸡存栏5 000套，年产鸡苗30万只左右。

（三）选育情况、品系数

东兰乌鸡虽然耐粗饲、生活力强、适应性广，但由于没有经过系统选育，体形不一，生产性能参差不齐。为挖掘东兰乌鸡品种资源，提高东兰乌鸡的品种整齐度和生产性能，东兰县于1999年在隘洞镇板老村纳得屯东兰县种畜场内建立了东兰乌鸡原种繁育场，从农村挑选个体较均匀、毛色全黑、皮乌、骨乌的乌鸡进行系统的品系选育。选择早期生长速度快，本品种特征明显，受精率高的作为父系；而产蛋多、受精率和孵化率高，具有一定产肉能力的作为母系。以父系配母系繁殖商品代供应市场。7年共选育种鸡102 310只，其中母鸡82 560只，公鸡10 200只。现该品种纯度和适应性不断得到提高，体重差异逐步缩小，特性基本稳定，生长速度相对较快，肉质结构不断得到优化，粗纤维含量相对减少，繁殖性能也相应提高。

（四）现有品种标准及产品商标情况

《东兰乌鸡》地方标准号为DB45/T 101—2003，东兰乌鸡商标名称为"山乌"，商标号为3411411号。

（五）近15～20年消长形势

1.数量规模变化　20世纪80年代，东兰乌鸡肉鸡饲养量为5万只，到90年代饲养量为10万只，2000年饲养量12.3万只，2004年饲养量为19.3万只，2008年发展到30万只。

2.品质变化大观　东兰乌鸡耐粗饲、适应性广、合群性好，适于山区放牧饲养。肌肉保持优质的风味特性。

近年来，随着市场需求的变化，乌鸡蛋的消费量逐年增加，东兰乌鸡已从单纯的肉用型，发展成肉蛋兼用型，乌鸡的饲养方式也由传统的放牧饲养转变为舍饲。随着选育和营养水平的提高，东兰乌鸡的生产性能有了很大提高，年产蛋量由原来的100个提高到130个。

3.濒危程度　产区饲养量逐年增加，分布广，发展势头良好。无濒危情况。

三、体形外貌

1.成年鸡、雏鸡羽色及羽毛重要遗传特征

（1）公鸡　羽毛紧凑，头昂尾翘，颈羽、覆主翼羽、鞍羽和尾羽有亮绿色金属光泽。羽色以片状黑羽为主，少数颈部有镶边羽，个别有凤头。

（2）母鸡　羽毛黑色，其中颈羽、覆主翼羽和鞍羽有亮绿色金属光泽。

（3）雏鸡　1日龄出壳雏鸡绒毛95%以上为全黑，5%以下腹部绒毛为淡黄色。

2.肉色、胫色、喙色及肤色及其他特征　喙、胫为黑色，皮肤和肌肉颜色以黑色为主，占85%，有15%的皮肤为黄色。

3.外貌描述

（1）体形特征　体躯中等大小，体形近似长方形。

（2）头部特征　公鸡单冠黑色、冠大直立，冠齿数7个；母鸡单冠黑色，冠小直立，冠齿数4～7个，大小不一。肉垂、耳叶和虹彩颜色均为黑色；喙为黑色，圆锥形略弯曲。

（3）其他特征　东兰乌鸡一般为四趾，少数五趾。少数鸡有凤头和胫羽（图1～图3）。

图1　东兰乌鸡公鸡1

图2　东兰乌鸡公鸡2

图3　东兰乌鸡母鸡

四、体尺体重

2004年10月，根据对300只成年母鸡和50只成年公鸡的体尺体重测定，东兰乌鸡平均体尺、体重见表1。

表1　东兰乌鸡体尺、体重测定结果

性别	体重（kg）	体斜长（cm）	胸宽（cm）	胸深（cm）	胸角（°）	龙骨长（cm）	骨盆宽（cm）	胫长（cm）	胫围（cm）
公	1.65±0.34	19.71±1.61	7.43±0.79	10.82±0.93	56.36±4.31	12.86±12.77	7.13±1.26	8.72±1.13	4.53±0.70
母	1.48±0.22	18.88±1.36	6.96±0.67	10.17±0.80	55.87±3.91	10.19±1.01	6.67±1.21	7.73±0.61	3.99±0.52

五、生产性能

（一）生长速度

在放牧饲养条件下，适当补饲水稻、玉米和其他农副产品时，东兰乌鸡饲养180d，公鸡体重达1.61kg，母鸡达1.48kg。在半舍饲条件下，采用配合饲料饲养时，150日龄即可达到1.5～1.6kg的屠宰体重，料重比3.95：1。可见，饲养条件对东兰乌鸡生长发育的影响是很大的。

（二）产肉性能

对20只母鸡和20只公鸡不同日龄的屠宰测定，其屠宰成绩见表2。

表2　东兰乌鸡屠宰成绩

日龄	性别	活重（kg）	屠宰率（%）	半净膛率（%）	全净膛率（%）	胸肌率（%）	腿肌率（%）	腹脂率（%）
100	公	1.45±0.11	90.23±1.55	85.72±3.79	71.61±3.53	22.01±3.24	16.50±4.19	1.11±0.49
	母	1.10±0.11	90.07±4.21	81.09±4.05	66.25±3.79	21.50±1.32	20.93±3.60	2.84±1.39
300	公	2.04±0.16	93.07±1.52	86.79±2.19	73.55±2.60	25.57±4.59	16.13±1.78	5.93±1.76
	母	1.70±0.25	92.72±1.51	79.58±4.43	65.83±3.45	20.86±2.66	17.78±2.25	6.20±1.66

（三）肌质检测

据广西测试研究中心测定，100日龄东兰乌鸡的胸肉，公鸡含蛋白质23.2%，脂肪1.06%，肌苷酸2 460mg/kg和肌糖原0.33%；母鸡分别含24.4%，0.8%，2 690mg/kg和0.24%。

（四）蛋品质量

据测定，东兰乌鸡鸡蛋的蛋品质量见表3。

表3　东兰乌鸡鸡蛋蛋品质量

种鸡日龄	测定数	蛋重	蛋形指数	壳厚	蛋相对密度	蛋黄色泽	哈夫单位	壳色
300	30	48.9±0.25	1.30±0.07	0.35±0.03	1.08±0.01	7.27±0.52	91.27±3.95	褐色

（五）繁殖性能

在半舍饲的条件下，母鸡平均147日龄开始产蛋，母鸡饲养日产蛋量为129个，平均蛋重48.9g，蛋壳浅褐色或褐色。种鸡公、母比例为1∶8～10，种蛋受精率83.3%，受精蛋孵化率90.2%。母鸡就巢性较强，一般每产10～30只蛋即抱窝一次，就巢母鸡高达70%。

六、饲养管理

东兰乌鸡在农村以放牧饲养为主，适当补饲农作物及其副产品。规模饲养场多采用半舍饲饲养。东兰乌鸡适于山区、丘陵地区饲养。为了保持乌鸡的肉质，其饲养方式必须符合乌鸡的生物学特性要求。育雏期给予适宜的温度、湿度、通风、光照及饲养密度，为雏鸡的生长发育创造良好的环境条件，采用全价饲料，脱温后可放牧山间，让鸡自由采食昆虫、植物籽实、野草等，早晚适当补喂一些玉米、水稻、墨米、竹豆、火麻、黄豆、糠麸等饲料至出售。在饲养过程中禁用对人体健康有害的饲料、添加剂及药物，严格执行停药期。东兰乌鸡疫病防治采取预防为主，除按免疫程序进行免疫外，平时注意加强场地、用具、鸡群、人员的卫生消毒等（图4）。

图4　东兰乌鸡群

七、品种保护与研究利用情况

东兰乌鸡虽然耐粗饲、生活力强、适应性广，但由于没有经过系统选育，体形不一，生产性能参差不齐。为提高东兰乌鸡的品种整齐度和生产性能，东兰县于1999年建立东兰乌鸡品种繁育场，对东兰乌鸡进行系统的品系选育。选择早期生长速度快，本品种特征明显，受精率高的作为父系；而产蛋多、受精率和孵化率高，具有一定产肉能力的作为母系。以父系配母系繁殖商品代供应市场。经4年选育，种鸡的生产性能得到提高，商品代个体体重差异逐步缩小，生长速度和生活力也得到明显提高。

八、对品种的评估和展望

　　东兰乌鸡是适于在山区和丘陵地区放牧饲养的优良品种。近年来，经选育其生产性能和群体整齐度有了较大的提高，尤其是产蛋性能的提高表现突出，入舍母鸡产蛋量由原来的80个提高到129个，表明它的产蛋潜力很大，今后可以作为一个产蛋品系进行选育提高。东兰乌鸡肉质鲜嫩可口，营养价值高；在我国，乌鸡历来作为高档滋补品，具有很高的药用价值，东兰乌鸡的生活力、生长速度、产肉性能和繁殖性能等与丝毛乌骨鸡相比均具有较大的优势；作为药用品种进行开发利用，东兰乌鸡的发展潜力大。

九、附　　录

（一）参考文献

《广西家畜家禽品种志》编写组 . 1987. 广西家畜家禽品种志 [M]. 南宁：广西人民出版社 .
黄相 . 1994. 东兰县志 [M]. 南宁：广西人民出版社 .

（二）参加调查人员及单位

广西畜牧研究所：韦凤英。
广西大学动物科技学院：谭本杰、梁远东。

凌云乌鸡

一、一般情况

凌云乌鸡（Lingyun Black-bone chicken）为兼用型地方品种。俗称乌骨鸡，因其骨骼为黑色而得名；又因其喙、冠、脚、皮、肉都为乌黑色，故当地群众又称为五乌鸡。2006年6月，通过广西壮族自治区畜禽品种审定委员会认定，命名为"凌云乌鸡"。2009年7月1日，通过国家畜禽遗传资源委员会家禽专业委员会专家组现场鉴定，建议与"东兰乌鸡"合并，命名为"广西乌鸡"，同年10月15日农业部公告第1278号正式发布。

（一）中心产区及分布

凌云乌鸡原产于广西凌云县。主要分布于玉洪乡、加尤镇、逻楼镇、泗城镇、下甲乡、沙里乡等乡（镇）。目前存栏总数约1万只，其中心产区的玉洪乡乐里、八里、伟达、那力、岩佃等村农户年饲养的存栏数4 000 ～ 6 000只。毗邻的田林县浪平乡和乐业县的甘田镇也有一定分布。

（二）产区自然生态条件

凌云县位于广西西北部，地处云贵高原余脉。东经106°24′～106°55′，北纬24°6′～24°37′，南北长58.83km，东西宽53.74km，近似矩形。地势由北向南倾斜，东西两边是连绵起伏的土山和纵横的溪沟，中部则是巍峨林立的山峰与星罗棋布的石山，全县海拔在210～2 062m。凌云县属亚热带季风气候，冬短夏长。全县年平均降水量1 718mm，年均日照1 443h，年平均气温20℃，月平均最低气温是1月8.3℃，最高是7月26.4℃，极端最高气温38.4℃，极端最低气温−2.4℃，年有霜期一般为1～4d，最长17d，年平均无霜期343d，冬暖夏热，雨量充沛，气候温和。年平均相对湿度78%，最低是2月72%，最高是8月85%。土山地区土质是砂页岩母质，海拔600m以下的为砂页岩红壤，海拔600～1 000m的为砂页岩黄红壤，海拔1 000m以上为砂页岩黄壤，其酸碱度为酸性至微酸性，有机质含量中等，缺磷、缺钾比较普遍；石山地区的土壤是石灰岩土质，呈酸性，有机质含量中等，普遍缺磷、缺钾。

凌云县土地面积2 053km²。耕地面积11 200hm²，人均耕地0.058hm²。其中水田面积3 341.67hm²，人均只有173.33m²，其余7 858.33hm²为旱地，人均0.04hm²。凌云县农作物主要有水稻、玉米、小麦、甘薯、大豆、木薯，其次是饭豆、豌豆、南瓜、芋头、凉薯等，主产水稻和玉米，每年一造水稻一造玉米，间种其他杂粮作物。据统计，2005年粮食产量为46 873t，其中水稻23 816t，玉米17 582t，甘薯1 913t，大豆1 695t。经济作物主要有茶叶、八角、油茶、甘蔗、水果、桑蚕等。

凌云乌鸡尚未进行过专门的、系统的选育工作。一直以来都采取农家自繁自养，由母鸡孵化种蛋，母鸡带仔，饲喂单一饲料的传统养殖方式。养殖数量多的农家也只有几只至十几只母鸡，留为种用的公、母鸡以黑为标准，外观喙、冠、皮肤、胫、趾黑色的留作种用，但羽毛颜色没有特别讲究，没有对生产性能进行选育。所以，凌云乌鸡的就巢性都较强，生产性能比较低。

凌云乌鸡肉鸡和鸡蛋主要是靠农家自养自繁生产，在当地集市销售和消费，也有节日时走亲戚作为礼品相送，由于交通的不便和没有形成规模养殖，肉鸡没有批量外销。民间有把乌鸡作药用的习俗，用作治疗骨折的主要辅助药引。当地人食用乌鸡方法主要是煲汤，并认为乌鸡煲汤有滋补功效，尤其是作为产妇产后体虚及补血的首选食品。

二、品种来源及发展

（一）品种来源

凌云县古称泗城府，早在2 000多年前，在县境内就有人类祖先在此刀耕火种繁衍生息。宋皇佑五年（公元1053年）在凌云设置泗城州，州治在下甲乡河洲村。明洪武六年（公元1373年），州治迁到现县城所在地泗城镇。此后，泗城镇一直作为州、府、县治所在地。凌云县有860多年的州、府、县建制历史，县名始于清乾隆五年（公元1740年）设置凌云县，至今266年。

凌云乌鸡的形成具有悠久的历史，县志记载岑王老山周边的玉洪乡乐里、八里、伟达、那力、岩佃等村屯较早以前就有凌云乌鸡。1999年，县水产畜牧局曾经从玉洪乡八里村及乐里村收购了部分种蛋在县城进行人工孵化和培育。但是由于收购得到的种蛋质量参差不齐，孵化率低，成活率低，共孵化出苗1 400只，分到3户农户中进行饲养，出栏肉鸡780只。这是凌云乌鸡首次人工孵化和人工饲养。

（二）群体规模

中心产区和分布区的凌云乌鸡现存数量约为1万只，均为农户散养，目前县内尚无规模养殖场。

（三）近15 ～ 20年群体数量的消长

1990年，凌云乌鸡的养殖存栏量大约6万只，2000年存栏量大约4万只，2004年约1.2万只，2006年约1万只。1990年后养殖量呈逐年减少的趋势，养殖数量的减少主要是传统的饲养管理方式落后和疾病发生较多，防疫工作跟不上，死亡率高造成的。

三、体形外貌

体躯中等偏小，身稍长，近似椭圆形，结构紧凑，羽毛较丰长。由于未经选育，个体大小不均匀，大的可达2.5kg以上，一般在1.7kg左右。

公鸡头昂尾翘，颈羽、鞍羽呈橘红色；体羽以麻黑或棕麻为主，大部分主翼羽黑色，部分镶黄边；部分主翼羽、覆主翼羽和尾羽呈黑色并有亮绿色金属光泽。成年母鸡以黄麻羽为主，少数深麻，颈部有黄色芦花镶边羽，部分黑羽、颈部芦花镶羽，个别黄羽、白羽。1日龄雏鸡绒毛90%以上为麻黑，10%以下腹下部绒毛为淡黄色，部分背部有棕黑色条斑。

公鸡单冠，黑色或黑里透红，冠大，多数直立，少数后半部分侧向一边，冠齿6 ～ 8个；母鸡单冠，多数黑色，部分红色，较小直立，冠齿5 ～ 8个；肉髯、耳叶为黑色，与冠色相同。耳部羽毛浅黄色。虹彩为黑色或橘红色。喙为黑色，略弯曲，基部色较深；胫黑色，少数个体青灰色，约有30%鸡有胫羽，趾黑色；皮肤为黑色，但色泽深浅不一，有的皮肤黑色较淡呈灰色，有80%个体为黑色，20%个体为灰色。肌肉、内脏器官、骨骼为黑色，不同个体黑色程度有浓淡差别。

凌云乌鸡原来羽毛颜色杂，有乌黑、白色、麻黄、麻黑，胫较长，体形近似野鸡，经近20年来产地农户自然选择，现在乌鸡羽毛颜色以麻黄为主，体形已更为紧凑（图1～图3）。

图1　凌云乌鸡公鸡

图2　凌云乌鸡母鸡1

图3　凌云乌鸡母鸡2

四、体尺和体重

2006年5月15～20日，在下甲乡峰洋村、玉洪乡乐里村等村农家散养鸡测得的体尺和体重。结果见表1。

表1　凌云乌鸡的体重、体尺（*n*=30）

性别	日龄	体重 （g）	体斜长 （cm）	龙骨长 （cm）	胸深 （cm）	胸宽 （cm）	骨盆宽 （cm）	胫长 （cm）	胫围 （cm）	胸角 （°）
公	成年	2 105.2 ±329	21.37 ±2.04	12.74 ±1.55	8.18 ±0.90	5.41 ±0.71	7.64 ±0.57	10.01 ±1.50	4.66 ±0.48	64.07 ±6.18
母	成年	1 696.0 ±358	20.09 ±1.03	10.98 ±0.71	7.72 ±0.66	4.84 ±0.60	6.68 ±0.58	8.22 ±0.49	3.90 ±0.21	58.10 ±5.52

五、生产性能

（一）生长性能

在农村自繁自养的凌云乌鸡喂以玉米等谷物粗饲料，生长速度较慢。经规模饲养自行配制饲料进行喂养生长较快（表2、表3）。

表2 凌云乌鸡各周龄体重（*n*=30）

饲养方式	1日龄（g）	1周龄（g）	2周龄（g）	3周龄（g）
规模养殖	30.4±1.8	49.8±7.5	94.2±14.2	141.3±1.0
自然散养	28.6±1.7	44.8±6.0	70.0±9.2	109.6±12.6

注：数据来源于县科技办2004年凌云乌鸡饲养试验，公、母混合。

表3 凌云乌鸡各周龄体重（*n*=30）

周龄	规模饲养（g）		农户散养（g）	
	公	母	公	母
4	214.6±24.4	184.6±20.6	148.6±23.5	131.6±21.2
5	330.0±58.3	281.4±53.4	228.4±28.3	206.2±21.5
6	386.4±55.6	359.4±51.3	266.8±39.5	255.6±30.3
7	466.9±63.7	400.6±40.2	320.1±29.5	304.7±31.5
8	536.8±64.5	483.3±50.2	386.4±26.4	354.8±28.6
9	796.5±70.8	734.8±66.5	571.6±30.3	512.4±24.6
10	910.3±81.2	780.5±61.4	646.4±31.6	564.3±26.3
11	976.43±91.3	866.4±82.3	697.6±33.8	624.2±29.2
12	1 206.0±96.3	976.8±86.9	816.7±36.3	712.5±28.6
13	1 348.0±86.0	1 103.6±104.2	946.1±33.5	797.2±33.8

注：数据来源于县科技办2004年凌云乌鸡饲养试验。

（二）屠宰和肉质

凌云乌鸡上市最佳时机：项鸡150日龄，阉鸡200日龄。此时肉质结实细嫩，味美香浓，是烹制佳肴的最佳时机。但滋补作用以使用2～3年的经产母鸡煲汤为好。2006年5月15～20日屠宰测定120～150日龄肉鸡，其结果见表4、表5。

表4 凌云乌鸡屠宰测定结果（*n*=30）

性别	公鸡	母鸡
活重（g）	1 884.00±273.34	1 644.83±322.46
屠宰率（%）	88.79±3.06	91.57±2.74
半净膛率（%）	80.15±3.70	79.13±3.91
全净膛率（%）	71.39±4.43	62.87±8.79
胸肌率（%）	15.8±2.44	16.48±4.44
腿肌率（%）	24.73±3.09	22.76±6.32
腹脂率（%）	0.33±0.27	5.32±3.20

表5　凌云乌鸡胸肌化学分析结果

检测项目	检测结果	
	公	母
热量（kJ/kg）	4 409	4 539
水分（%）	73.7	73.2
干物质（%）	26.3	26.8
蛋白质（%）	24.8	24.9
氨基酸总量（%）	21.96	21.58
脂肪（%）	0.49	0.84
灰分（%）	0.97	1.14
肌苷酸（mg/kg）	4 260	3 660

注：广西壮族自治区分析测试中心测定数据。

（三）蛋品质量

2006年5月对凌云乌鸡蛋品质测定，结果见表6。

表6　凌云乌鸡蛋品质测定结果（$n=30$）

蛋重（g）	蛋相对密度	壳厚（mm）	蛋形指数	蛋黄比率（%）	蛋黄色泽（级）	哈夫单位	蛋壳强度（kg/cm²）	血肉斑率（%）	壳色
49.25 ±4.15	1.075 ±0.02	0.30 ±0.03	1.33 ±0.03	35.39 ±2.67	8.00 ±2.45	89.99 ±6.58	2.76 ±0.78	11.5	浅白色

（四）繁殖性能

在农村散养条件下，公鸡90日龄性成熟，体重1.5kg左右，母鸡150日龄左右开产，体重约1kg。母鸡就巢性较强，年产蛋60～120个，蛋重40～50g。据县科技办统计资料，在集中饲养、人工孵化的情况下，成年母鸡年产蛋数80～150个。200个蛋平均重51.4g。农家散养条件下，公、母配比为1:（8～15）。

凌云乌鸡在传统的粗饲情况下性成熟较晚，但在改善饲养管理条件下，性成熟年龄也有提早现象。

六、饲养管理

凌云乌鸡仍以传统的自然交配、自繁自养的方式进行散养，没有形成较大的养殖规模。通常21日龄以后喂稻米或粉碎后的玉米粒，可采食玉米粒后直接用玉米颗粒撒喂或用米糠拌剩饭饲喂，直至上市销售（图4）。

七、品种保护与研究利用现状

2011年建立凌云乌鸡保种场，但保种群规模不大，凌云乌鸡群体数量不多，且饲养分散，长期以来没有得到足够重视，近年才被逐渐挖掘出来，品种资源保护工作要尽快开展，并加强开发利用。

图4　凌云乌鸡群

2009年，自治区质量技术监督局颁布《凌云乌鸡》地方标准，标准号DB45/T 602—2009。

八、对品种的评价和展望

凌云乌鸡表现出的"五乌"特征，喙、冠、皮、脚（胫趾）、肉呈黑色，加上黄麻羽，有非常明显的特征。其肉质幼嫩、甘甜、味鲜、气味香浓，是很好滋补食品；且具有耐粗饲，适应性强易饲养的特点。凌云乌鸡有其独特的遗传特性，应进一步加强这一资源的保护和开发利用。

九、附　　录

（一）参考文献

《凌云县志》编纂委员会 . 2007. 凌云县志 [M]. 南宁：广西人民出版社 .

（二）参加调查人员及单位

广西畜牧研究所：韦凤英。
广西大学动物科学技术学院：谭本杰、梁远东。
广西畜牧总站：苏家联。
凌云县水产畜牧兽医局（站）：蓝顺洋、韦英治、文纯芳、朱玉莲、李恒猛、郁再洛、陈家龙、张宗福、杨胜蔚、杨国光。

龙胜凤鸡

一、一般情况

龙胜凤鸡（Longsheng Feng chicken）为兼用型地方品种。因其羽毛色彩丰富华丽、尾羽长而丰茂、头颈羽鲜艳有胡子而得名，有类似凤凰之意。又因主产区在瑶族居住的山区，因此当地群众称之为瑶山鸡。

（一）中心产区及分布

中心产区为龙胜各族自治县的泗水、马堤、和平等乡，主要分布于泗水、马堤、和平、江底、平等、伟江等乡（镇）。毗邻的资源县河口乡、三江县斗江镇也有少量分布。

（二）产区自然生态条件

龙胜各族自治县位于广西壮族自治区东北部，地处越城岭山脉西南麓的湘桂边陲，北纬25°29′21″~26°12′10″，东经109°43′28″~110°21′41″。全县境内山峦重叠，沟谷纵横，山高坡陡，是典型的山区县，素有"万山环峙，五水分流"之说。地势东、南、北三面高而西部低。全境山脉，越城岭自东北逶迤而来，向西南绵延而去。海拔700~800m，最高点为大南山，海拔1 940m，最低海拔163m。地处亚热带，年平均气温18.1℃，最高气温39.5℃，最低气温-4.3℃。全年光照为1 244h，平均每天光照3.4h，平均无霜期314d，年降水量1 500~2 400mm，相对湿度80%，风力1~3级。境内水源充沛，河流资源较多，大小河流480多条，总长1 535km，年径流量2.626 1×10¹⁰m³，主河为桑江，贯穿全县88km，为浔江上游，属珠江水系。近年来大小河流相继兴建了大批的拦河水库电站。土壤成土母岩90%以上是沙页岩，土层深厚，有机质较丰富。

主要农作物有水稻、玉米、甘薯；其次是黄豆、饭豆、冬瓜、南瓜、芋头、花生、马铃薯、凉薯等；水果有柑橘、南山梨、桃、李等。主产水稻和玉米，单季轮作。

由于主产区交通不便，龙胜凤鸡完全处于封闭状态的自繁自养，少部分在当地集市销售，大部分为当地食用。由于鸡肉质风味特佳，羽毛羽色独特，近几年有人从农户收购肉鸡外销，深受欢迎而价格又高。因此，龙胜凤鸡声名远扬。

二、品种来源及发展

（一）品种来源

据《龙胜县志》记载，龙胜县瑶族地区很早就饲养有一种外观非常美丽的瑶山鸡，是民族风俗活动的尚品，至今全县10个乡镇的山区中仍有原鸡生长繁殖。县境内群山环峙，形成与外界隔离的天然屏障，特别是边远山区的少数民族基本不与外界接触，很可能是少数民族狩猎捕获活原鸡经长期驯化而成。由于羽毛亮丽有特征，少数民族同胞们认为是由凤凰变来的，也叫凤鸡。

（二）群体规模

据统计，至2007年年底，全县凤鸡种鸡0.6万只，年生产鸡苗50万只，存栏肉鸡25万只，年出栏45万只。其中中心产区的泗水乡、马堤乡和平等镇存栏量分别为：3.59万只、2.08万只、2.07万只。

（三）近15 ~ 20年群体数量的消长

20世纪80年代以来，纯种的凤鸡饲养量越来越少，只有在边远的山区村屯还饲养有纯种凤鸡。2001年，龙胜县水产畜牧兽医局建立了龙胜凤鸡种鸡场，经过七年的建设，现有种鸡2 000只，年供种苗15万只。龙胜凤鸡在全县各村都有养殖，但仍以中心产区的泗水、马堤、和平等乡饲养量较多，以小型养殖户较多。县外还未有引种。

三、体形外貌

龙胜凤鸡体躯较短，结构紧凑，个体大小差异大。部分有凤头、胡须、毛脚。公鸡单冠鲜红色，大而直立，冠齿6 ~ 8个；母鸡单冠，红色，较小直立，冠齿数5 ~ 8个，大小不一。肉髯、耳叶为红色。耳部羽毛浅黄色。虹彩为黑色或橘红色。成年公鸡羽毛紧凑，颈羽、鞍羽呈黑羽镶白边至全羽白色的公鸡，腹部羽为黑色或棕麻色；颈羽、鞍羽呈黑羽镶深黄边至全羽深黄的公鸡，腹部羽为棕红色或深麻色。主翼羽、覆主翼羽和尾羽多呈黑色并有亮绿色金属光泽。母鸡羽色以浅麻、深麻为主，颈部有黑羽镶白边或镶黄边。少数母鸡体羽为黄羽、白羽、黑羽。

肉色多为白色，少量为淡黑色；胫黑色或青灰色，横截面稍呈三角形，50%以上有胫羽；趾黑色，较细长。喙栗色，略弯曲。肤色以白色为主，个别浅黄或灰黑色。皮薄，脂肪少（图1 ~ 图3）。

图1　龙胜凤鸡公鸡1

图2　龙胜凤鸡公鸡2

图3　龙胜凤鸡母鸡

四、体尺和体重

2008年3月8～22日，龙胜各族自治县水产畜牧兽医局组织技术人员先后在龙胜、马堤、泗水、江底、伟江等乡镇实地开展龙胜凤鸡个体调查测定，结果见表1。

表1　龙胜凤鸡成鸡体重、体尺（n=30）

性别	体重 (g)	体斜长 (cm)	胸宽 (cm)	胸深 (cm)	胸角 (°)	龙骨长 (cm)	骨盆宽 (cm)	胫长 (cm)	胫围 (cm)
公	1 410.6±140	19.02±0.77	7.93±0.71	9.96±0.38	72.68±8.31	9.99±0.58	7.45±0.54	8.91±0.5	3.94±0.24
母	1 212.3±108	17.647±0.81	7.04±0.73	8.82±0.52	75.6±6.9	9.47±0.7	6.71±0.53	7.4±0.36	3.35±0.16

五、生产性能

（一）生长性能

在农村自繁自养的龙胜凤鸡喂以单一的玉米等谷物饲料，生长速度较慢。经规模饲养自行配制饲料进行喂养生长较快。

2008年3月8～22日，龙胜水产畜牧兽医局组织技术人员先后在龙胜、马堤、泗水、江底、伟江等乡镇实地测定，各阶段体重见表2。

表2　各阶段体重

日龄（d）	性别	平均体重（g／只）
出壳	混苗	33.24±2.72
10	混苗	65.80±88.60
30	公	170.83±20.93
	母	156.67±24.54
60	公	575.00±92.65
	母	444.00±43.60
90	公	1 156.00±115.15
	母	880.39±106.62

（二）屠宰和肉质、蛋品质量

2008年3月13日，龙胜各族自治县水产畜牧兽医局组织技术人员对150日龄的公、母鸡各30只进行屠宰测定，结果见表3。

表3　龙胜凤鸡屠宰性能

性别	公	母
测定数量（只）	30	30
日龄（d）	150	150

（续）

性别	公	母
活重（g）	1 414.00±138.45	1 212.33±108.36
屠宰率（%）	87.67±2.17	89.86±2.12
半净膛率（%）	78.20±2.27	76.90±2.22
全净膛率（%）	66.23±2.11	63.48±2.91
胸肌率（%）	18.85±1.16	19.81±1.47
腿肌率（%）	27.07±1.45	23.15±1.61
腹脂率（%）	0	4.24±2.68

经采龙胜凤鸡公鸡和母鸡胸肌鲜样送广西分析测试研究中心进行营养成分检测，结果见表4、表5。龙胜凤鸡蛋品质见表6。

表4　肌肉主要化学成分

检测项目	检测结果	
	公鸡	母鸡
热量（kJ/kg）	4 699	4 936
水分（%）	73.3	72.6
干物质（%）	26.7	27.4
蛋白质（%）	23.8	23.7
氨基酸总量（%）	20.57	20.65
脂肪（%）	1.66	2.28
灰分（%）	1.11	1.18
肌苷酸（mg/kg）	2 620	2 700

表5　龙胜凤鸡胸肌氨基酸含量

检测项目	检测结果（%）	
	公	母
Asp（门冬氨酸）	2.13	2.12
Thr（苏氨酸）	1.01	0.99
Ser（丝氨酸）	0.87	0.84
Glu（谷氨酸）	3.20	3.17
Pro（脯氨酸）	0.86	0.86
Gly（甘氨酸）	0.94	0.95
Ala（丙氨酸）	1.28	1.29
Cys（胱氨酸）	0.11	0.11
Val（缬氨酸）	0.97	1.03
Met（蛋氨酸）	0.61	0.59

（续）

检测项目	检测结果（%）	
	公	母
Ile（异亮氨酸）	1.01	1.07
Leu（亮氨酸）	1.81	1.81
Tyr（酪氨酸）	0.76	0.76
Phe（苯丙氨酸）	0.91	0.90
Lys（赖氨酸）	1.95	1.96
NH_3（氨）	(0.38)	(0.35)
His（组氨酸）	0.82	0.85
Arg（精氨酸）	1.33	1.35

注：氨非严格意义上的氨基酸，故其检测结果用括号表示。

表6　龙胜凤鸡蛋品质

蛋重（g）	蛋比重	壳厚（mm）	蛋形指数	蛋黄比率（%）	蛋黄色泽（级）	哈夫单位	蛋壳强度（kg/cm²）	血肉斑率（%）	壳色
47.22±3.74	1.083±0.003	0.30±0.03	1.32±0.07	35.98±3.96	3.53±0.73	88.96±4.09	3.29±0.56	0	浅褐色

注：上表中数据由广西大学动物科学技术学院实验室测定。

（三）繁殖性能

龙胜凤鸡在传统的粗饲情况下性成熟较晚，但在改善饲养管理条件下，性成熟年龄有提早现象。根据县保种场2002—2007年的记录，公鸡50日龄左右开啼，120日龄左右开始配种，体重1 500g左右，母鸡130日龄左右开产，体重1 000g左右。就巢性较强（笼养10%～15%；放养20%～30%），年产蛋80～120个，蛋重45～50g。公、母比例1∶（10～15），自然交配受精率95%以上；笼养人工授精受精率87.5%以上。受精蛋孵化率92%以上。

六、饲养管理

龙胜凤鸡在农村中至今仍采取以散养、放牧为主的饲养方式。龙胜县水产畜牧兽医局种鸡场为适应农村养鸡管理粗放的特点，推广经脱温免疫的5周龄雏鸡，提高了养殖的成活率（图4）。

图4　龙胜凤鸡群体

七、品种保护与研究利用现状

龙胜各族自治县水产畜牧兽医局现有一个凤鸡种鸡场，但规模较小，目前尚未开展规范的品种选育工作，也尚未开展过针对龙胜凤鸡品种生化和分子遗传方面的测定研究工作。

2013年，自治区质量技术监督局颁布《龙胜凤鸡》地方标准，标准号DB45/T 915—2013。

八、对品种的评价和展望

用龙胜凤鸡制作的清水鸡（用山泉水加姜丝煮），肉甜汤鲜，一直是到龙胜旅游的游客们喜食的美味。同时，龙胜凤鸡也是制作成白切鸡、水蒸鸡，用于煲汤等烹饪佳肴的好材料。加强对龙胜凤鸡的保种和选育工作，要划定龙胜凤鸡的保种区，对保种区内的养殖户给予一定的补助，并规定保种区内的养殖户不能引进其他品种的鸡。同时，建设好龙胜凤鸡保种场，保护品种资源的遗传多样性，明确选育方向，提高生产性能、群体整齐度。对饲养方式方法、饲料配方等进行研究，并制定相应的饲养标准，扩大生产规模，提高养殖效益。引进或培育龙头企业，采用"公司+养殖户"的经营模式，实行标准化养殖，打造特色品牌。

九、附　　录

（一）参考文献

《龙胜县志》编纂委员会.1992.龙胜县志[M].上海：汉语大词典出版社.

（二）参加调查人员及单位

龙胜县水产畜牧兽医局：李慧军、侯文军、杨凤娟、石万庭、黄顺喜、余坤贵、秦建华。
龙胜县水产畜牧兽医站：谭文宇、曾庆红、周雯、谢伦松、吴赞科。

靖西大麻鸭

一、一般情况

靖西大麻鸭（Jingxi Large Partridge duck），当地群众又称为马鸭。属肉用型地方品种，以体形大，产肉性能好驰名。

（一）中心产区及分布

原产于靖西县。中心产区为靖西县的新靖、地州、武平、壬庄、岳圩、化峒、湖润等乡镇。主要分布于靖西县内各乡镇。与靖西县相邻的德保、那坡的部分乡村也有分布。全县存栏量有种鸭5 500只，年饲养肉鸭40多万只。

（二）自然生态条件

靖西县位于东经105°56′～106°48′，北纬22°51′～23°34′，东与南宁地区天等、大新县接壤，南与越南高平省毗邻，西连那坡县，北界百色市、云南省富宁县，东北紧靠德保县。靖西县地势由西北向东南倾斜，呈阶梯状，西北部海拔706～850m，东南部海拔250～650m，最高海拔为1 455m，最低海拔为250m。

产区位于亚热带季风性气候区，气温5～33℃，年平均气温19℃，历年最高气温36.6℃，最低气温-1.9℃。昼夜温差大，年降水量1 566mm；相对湿度73%～85%，无霜期329d。

靖西县河流分属左右江两大水系，左江水系中的主要河流有黑水河干流——难滩河，其地表部分的源头在新靖镇环河村渔翁撒网（山名）东侧石山脚下的大龙潭，流经新靖、化峒、岳圩，出越南后折回大新县的德天。其支流有庞凌河、鹅泉河、逻水河、坡豆河、多吉河、禄峒河、龙邦河。右江水系有岜蒙河、那多河、照阳河。

县境内土壤质地分为沙土、沙壤、壤土、黏壤和黏土5类；以壤土为主，黏壤次之。

产区种植的农作物种类有水稻、玉米、甘薯、黄豆、花生等。水稻分早、中、晚和旱稻。2006年，早稻面积511.73hm²，产量261.12万kg；中稻4 813.67hm²，产量1 798.86万kg；晚稻11 563.33hm²，产量5 395.69万kg；旱稻240.93hm²，产量19.61万kg。玉米有早、中、晚玉米之分。早玉米8 596.73hm²，总产2 090.43万kg；中玉米16 535.07hm²，总产5 377.56万kg；晚玉米6 309.2hm²，总产680.61万kg。甘薯分春甘薯和秋甘薯，春甘薯494.6hm²，总产30.32万kg；秋甘薯9 218.93hm²，产量353.07万kg。黄豆播种面积12 754.13hm²，产量511.08万kg。花生面积610hm²，产量24.26万kg。

土地总面积332 700hm²，其中耕地面积35 271hm²，占10.60%（水田16 820hm²，占5.06%；旱地18 451hm²，占5.55%）；山地面积243 593hm²，占73.22%（石山146 760hm²，占44.11%；半土半石山43 727hm²，占13.14%；土山53 106hm²，占15.96%）；其他面积53 836hm²，占16.18%（水域面积3 300hm²，占0.99%；道路村镇面积16 507hm²，占4.96%；其他占地34 029hm²，占10.23%）。

山地面积中有习惯放牧草地19 707hm²。

二、品种来源与发展

（一）来源

靖西大麻鸭的品种形成历史缺乏可查考的文字记载，从品种的外貌特征和蛋壳颜色看，可能是绿头野鸭和斑嘴野鸭杂交的后代，经过当地群众长期驯化、选择而形成。产区地处桂西山区，以养大鸭为荣，每年的农历七月十四日，当地壮族群众都有吃鸭的习俗，形成独特的鸭圩；鸭圩日供出售的鸭子摆满街边，购买者人流如潮；产地卖鸭也十分独特，一公一母做一笼配对出售，个体大的鸭子卖得好价钱，消费者也都精选大个的购买，或自用或做礼送亲戚朋友，这种消费习俗在当地已沿袭了数百年。当地的消费习惯和需要对靖西大麻鸭品种的形成是有积极影响的。

（二）发展

产地群众历来有养鸭和吃鸭的传统，20世纪90年代在主产区肉鸭饲养量达10万多只。近年饲养量不断提高，目前存栏种鸭0.55万只，年出栏肉鸭40多万只。

三、体形外貌

靖西大麻鸭体躯较大，呈长方形。腹部下垂不拖地。公鸭头颈部羽毛为亮绿色，有金属光泽，有白颈圈，胸羽红麻色，腹羽灰白色；背羽基部褐麻色，端部银灰色；主翼羽亮蓝色，镶白边，尾部有2～4根墨绿色的性羽，向上向前弯曲。母鸭体躯中等大小，羽毛紧凑，全身羽毛褐麻色，亦带有密集的两点似的大黑斑，主翼羽产蛋前亮蓝色，产蛋后黑色，眼睛上方有带状白羽，俗称白眉。公鸭喙多为青铜色，母鸭多为褐色，亦有不规则斑点，两性喙豆均为黑色，胫蹼橘色或褐色。虹彩为黄褐色。肉色为米白色。皮肤为白色，皮下脂肪含量较多的为黄色。刚出壳的雏鸭绒毛紫黑色，背部左右两侧各有两个对称的黄点，俗称四点鸭（图1、图2）。

图1　靖西大麻鸭公鸭　　　　　　　　　　图2　靖西大麻鸭母鸭

四、体尺体重

根据对公、母鸭各30只的体尺体重测定，靖西大麻鸭平均体尺、体重见表1。

表1 靖西大麻鸭体尺、体重测定结果

性别	体重 (kg)	体斜长 (cm)	胸宽 (cm)	胸深 (cm)	龙骨长 (cm)	骨盆宽 (cm)	胫长 (cm)	胫围 (cm)	半潜水长 (cm)
公	2.76±0.18	24.34±1.08	10.05±0.69	11.18±1.16	14.59±0.80	6.90±0.55	7.11±0.33	4.94±0.34	54.56±1.50
母	2.60±0.20	22.37±0.83	8.80±0.54	9.57±0.42	13.57±0.57	6.69±0.42	6.37±0.23	4.75±0.15	48.85±1.83

五、生产性能

（一）生长速度

在放牧饲养，适当补饲水稻、玉米和其他农副产品的条件下，靖西大麻鸭饲养70d，公鸭体重达2.50kg，母鸭达2.48kg。料重比3.96：1。

（二）产肉性能

对300日龄公、母各20只鸭进行屠宰测定，靖西大麻鸭的屠宰成绩见表2。

表2 靖西大麻鸭屠宰成绩

日龄	性别	活重 (kg)	屠宰率 (%)	半净膛率 (%)	全净膛率 (%)	胸肌率 (%)	腿肌率 (%)	腹脂率 (%)
300	公	2.59±0.16	87.38±2.57	80.10±3.21	73.55±2.87	12.12±1.17	10.75±1.04	1.86±0.75
	母	2.59±0.25	89.66±1.85	82.32±6.89	75.44±6.07	11.70±0.80	10.45±0.71	2.99±0.53

（三）蛋品质量

靖西大麻鸭的蛋壳颜色有青壳和白壳两种，蛋品质量见表3。

表3 靖西大麻鸭的蛋品质量

种鸭日龄	测定数 (只)	蛋重 (g)	蛋形指数	壳厚 (mm)	蛋相对密度	蛋黄色泽	蛋黄比率 (%)	哈夫单位	蛋壳强度 (kg/cm²)
300	60	81.12±5.74	1.41±0.58	0.37±0.03	1.079±0.01	13.17±1.03	33.3±2.65	98.04±6.11	3.45±0.96

（四）繁殖性能

靖西大麻鸭的开产日龄为148d，年均产蛋量150只。在自然放牧下，公、母比例一般为1：（5～6），种蛋受精率90%。受精蛋的孵化率为88%。平均蛋重81g，母鸭有就巢性。

六、饲养管理

靖西大麻鸭以放牧饲养为主。可设简易鸭栏，栏内铺上稻草，白天将鸭放于溪流、田间，早、晚放、收牧时补喂玉米、甘薯、水稻等，饲养多的在自己的鱼塘或河边建有简单鸭舍，喂料后放牧于河中。肉鸭的饲养以地面平养加放牧的方式进行，雏鸭早上先喂小鸭全价料，喂后放牧于田间或溪流，或于犁田耙地时，将雏鸭带上，放于耕作之中的田中，让鸭子采食翻土翻出的蚯蚓、蝼蛄等昆虫食饵。中大鸭早上饲喂少量玉米、水稻、三角麦、甘薯等农产品后以赶走的方式转移放牧。随社会经济的发展，如今已有养鸭专业户，他们于河边建简单的鸭棚，分批进栏雏鸭，地面圈养，不完全放牧。育雏期给予适宜的温度、湿度、通风、光照及饲养密度，为雏鸭的生长发育创造一个良好的环境条件，饲料采用全价饲料，脱温后可放牧于鱼塘或河流中，让鸭自由采食昆虫、小鱼等，早晚适当补喂一些玉米、水稻、三角麦、甘薯等饲料，至60～70d出售（图3）。

图3　靖西大麻鸭群

七、品种保护与利用情况

靖西大麻鸭虽然觅食力强、耐粗饲、生活力强、适应性广、肉质好，但长期以来，靖西大麻鸭大都在农家小群饲养，没有进行系统的选育，个体间差异很大，尤其是靖西大麻鸭产蛋少，就巢性强，繁殖性能差，不适应集约化生产的需要。为提高靖西大麻鸭的品种整齐度和生产性能，1982年，靖西县建立了靖西大麻鸭保种场，对该品种进行保种繁育和推广。2003年，区科技厅立项研究，开始进行系统的品系选育。父系着重选择早期生长速度快，产肉能力强、雄性特征明显、受精率高；母系着重提高产蛋量、受精率和孵化率。以父系配母系繁殖商品代供应市场。经3年选育，种鸭的生产性能不断得到提高，商品代个体体重差异逐步缩小，生长速度和生活力也明显提高。

2002年，自治区质量技术监督局颁布《靖西大麻鸭》地方标准，标准号DB45/T 46—2002。

八、对品种的评估和展望

靖西大麻鸭是中国优良的大型麻鸭品种，早期生长速度快，产肉性能好，肉质鲜美，可作肉用方向培养。近年来，国际和国内市场对鸭肥肝的需求日益扩大，而适合填肥的地方品种并不多见，靖西大麻鸭以体形大、耐粗饲、适应性强著称，是鸭肥肝生产的理想品种，可开发利用作为鸭肥肝生产方向培育。利用法国巴巴里鸭与靖西大麻鸭杂交生产骡鸭，也是开发利用靖西大麻鸭的重要途径。今后，在加强靖西大麻鸭本品种选育提高的同时，应加强其营养需要、饲养管理以及产品加工等方面的研究。

九、附　　录

（一）参考文献

《广西家畜家禽品种志》编写组．1987．广西家畜家禽品种志[M].南宁：广西人民出版社．

《靖西县志》编纂委员会．2000.靖西县志[M].南宁：广西人民出版社．

（二）参加调查人员及单位

广西畜牧研究所：韦凤英。

广西大学动物科技学院：谭本杰、梁远东。

广西畜牧总站：苏家联。

广西小麻鸭

一、一般情况

广西小麻鸭（Guangxi Small Partridge duck）属肉蛋兼用型地方品种，以产蛋多、肉质好著称。

（一）中心产区及分布

原产于广西水稻产区。现在中心产区为百色市的西林县，南宁、钦州、桂林、柳州、玉林和梧州市以及与西林县相邻的云南省广南县、贵州省的兴义市也有分布。

（二）产区自然生态条件

广西壮族自治区地处我国南疆，位于东经104°26′～112°04′，北纬20°54′～26°24′，北回归线横贯全区中部。广西南临北部湾，西南与越南毗邻，东邻广东，北连华中，背靠大西南；位于全国地势第二台阶中的云贵高原东南边缘，地处两广丘陵西部。整个地势自西北向东南倾斜，山岭连绵、山体庞大、岭谷相间，四周多被山地、高原环绕，呈盆地状，有"广西盆地"之称。

广西属亚热带季风气候区。主要特征是夏天时间长、气温较高、降水多，冬天时间短、天气干暖。年平均气温21.1℃。最热月是7月，月均气温23～29℃；最冷月为1月，月均气温6～14℃。年日照时数1 396h。不低于10℃年积温达5 000～8 300℃，持续日数270～340d。年均降水量在1 835mm。桂南防城、桂中金秀-昭平、桂东北的桂林和桂西北的融安为多雨中心，年降水量均在1 900mm以上。桂西左、右江谷地和桂中盆地是主要旱区，年降水量仅为1 100～1 200mm。

广西为全国水资源丰富的自治区。水资源主要来源于河川径流和入境河流，河川径流包含地表水和地下水排泄量，河川径流与地下水补给量之间存在相互转化的关系。广西多年平均水资源总量为$1.88\times10^{11}m^3$，占全国水资源总量的7.12%，居全国第5位。河流大多沿着地势呈倾斜面，从西北流向东南，形成了以红水河-西江为主干流的横贯广西中部以及支流分布于两侧的树枝状水系。其中集雨面积在50km²以上的河流有986条，总长度有34 000km，河网密度0.144km/km²。分属珠江、长江、桂南独流入海、百都河等四大水系。珠江水系是广西最大水系，流域面积占广西总面积的85.2%。

广西土壤类型多样，河谷、平原区为水稻土，丘陵山地多为红壤，海滨为沙土，岩溶区多为石灰性土。

广西作物种类主要以水稻、玉米为主，其他的有甘蔗、黄豆、花生、甘薯、木薯等。2006年，全区种植优质稻$1.69\times10^6hm^2$，占水稻种植面积的83.26%；超级稻$2.3\times10^5hm^2$，免耕抛秧$9.2\times10^5hm^2$，玉米$3.3\times10^5hm^2$，玉米免耕栽培面积$1.7\times10^5hm^2$，免耕马铃薯$8\times10^4hm^2$。

土地面积$2.367\times10^5km^2$，耕地面积为$4.384\ 769\times10^6hm^2$。全年粮食种植面积$3.312\ 9\times10^6hm^2$，其中，早稻面积$9.723\times10^5hm^2$，晚稻面积$9.802\times10^5hm^2$，玉米面积$5.801\times10^5hm^2$。草地面积$8.60\times10^5hm^2$，占土地面积的37%，林地面积为$9.819\ 1\times10^6hm^2$，占林业用地面积的71.87%。

二、品种的形成与变化

（一）品种形成

广西小麻鸭的形成历史缺乏可查考的记载，从体形外貌来看，很像绿头野鸭，可能是由当地野鸭驯养而成。广西群众素有养鸭的习惯，利用水田、水库、河溪、放牧其间，早出晚归，长期自繁自养，加之主产区交通不便，无外来血缘，在长期的自然和人工选择下，逐步形成了本品种。

（二）发展变化

广西群众历来有养鸭的习惯。20世纪90年代以前，广西饲养的鸭主要是当地的小麻鸭，饲养量达3 000多万只。90年代中期以后，广西很多地方大面积推广饲养北京鸭和樱桃谷鸭，由于不注重品种保护，当地农户用北京鸭和樱桃谷鸭与小麻鸭杂交，很多地方的鸭种已经混杂，纯种小麻鸭的数量已逐年减少。目前，在主产区虽然有一定的数量分布，但是数量已经大为减少，2006年普查时存栏种鸭5万只，年饲养肉鸭800万～1 000万只。

三、体形外貌

体形小而紧凑，身体各部发育良好。公鸭喙为浅绿色，母鸭为栗色；公、母鸭胫、蹼均为橘红色；喙豆两性均为黑色。

公鸭头羽为墨绿色，有金属光泽，白颈圈，覆主翼羽上有翠绿色的镜羽，尾部有2～4根性羽向上翘起，体羽以灰色的居多。母鸭头羽为麻色，有白眉。虹彩为黄褐色。羽毛紧凑，体羽有麻黄色、黑麻色和白花色3种，以麻黄色居多，占90%。雏鸭绒毛颜色为淡黄色。

肉色为米白色，皮肤黄色（图1、图2）。

图1　广西小麻鸭公鸭

图2　广西小麻鸭母鸭

四、体尺体重

2006年8月，调查组对产区西林县农户所饲养的成年公、母鸭各30只进行体尺、体重测定，见表1。

表1　广西小麻鸭体尺体重测定结果

性别	体重 (kg)	体斜长 (cm)	胸宽（cm）	胸深（cm）	龙骨长 (cm)	骨盆宽 (cm)	胫长（cm）	胫围（cm）	半潜水长 (cm)
公	1.67±0.49	22.06±0.90	8.41±0.49	8.26±0.45	12.47±0.92	5.92±0.48	6.55±0.48	4.99±0.34	50.39±1.89
母	1.44±0.96	21.10±0.66	7.61±0.45	8.08±1.19	11.95±0.62	5.72±0.46	6.35±0.14	4.04±0.05	49.22±1.62

五、生产性能

（一）生长速度

广西小麻鸭生长较快，在放牧为主的情况下，3月龄公鸭达1.65kg，母鸭达1.45kg，料重比3.5∶1。

（二）产肉性能

2006年8月，调查组对产区西林县农户饲养的90日龄广西小麻鸭公、母各20只进行屠宰测定，成绩见表2。

表2　广西小麻鸭屠宰成绩

性别	活重 (kg)	屠宰率 (%)	半净膛率 (%)	全净膛率 (%)	胸肌率 (%)	腿肌率 (%)	腹脂率 (%)
公	1.57±0.14	91.08±2.41	81.93±3.57	72.85±3.99	11.30±2.49	12.78±1.61	1.47±0.66
母	1.43±0.10	91.61±1.88	84.90±3.37	72.74±3.76	11.88±3.10	13.48±2.29	2.06±0.75

（三）蛋品质量

广西小麻鸭的蛋品质量见表3。

表3　广西小麻鸭的蛋品质量

种鸭 日龄	测定数 （个）	蛋重 (g)	蛋形 指数	壳厚（mm）	蛋相对 密度	蛋黄色泽 (°)	蛋黄比率 (%)	哈夫 单位	蛋壳强度 (kg/cm²)
300	60	71.42±4.12	1.43±0.05	0.39±0.02	1.080±0.04	10.37±1.54	35.72±2.79	95.33±1.29	3.60±0.72

（四）繁殖性能

广西小麻鸭150日龄开产，年均产蛋量200只。在自然放牧下，公、母比例1∶10，种蛋受精率90%。受精蛋孵化率一般在95%以上。平均蛋重71g，蛋壳颜色有青壳和白壳两种。无就巢性。

六、饲养管理

广西小麻鸭活泼好动，觅食性强，合群性好，适应性强，适于水面和稻田放牧饲养。一年四季

以自然放牧为主，适当补饲谷类等。在育雏期，为了促进雏鸭生长，出壳2周内应喂全价配合饲料，并给予适宜的温度、湿度、通风、光照及饲养密度，20日龄可放牧饲养，早晚补喂玉米、米糠、麦糠等。出栏前2周，可多喂淀粉质的饲料如甘薯、玉米等进行育肥（图3）。

图3　广西小麻鸭群

七、品种保护与利用情况

广西小麻鸭觅食性强，生长快，产蛋多，无就巢性，可作肉蛋兼用方向培养。但目前纯种小麻鸭的数量有下降趋势。应该注意加强保种和选育工作。

2015年，自治区质量技术监督局颁布《广西小麻鸭》地方标准，标准号DB45/T 1220—2015。

八、对品种的评估和展望

广西小麻鸭历来采取农家小群自繁自养，没有经过系统的选育。改革开放以来，产区很多地方都引进了快大型白羽肉鸭饲养，片面追求经济利益，有的利用其与广西小麻鸭杂交，不注重对本品种的保护，从目前广西小麻鸭的数量看，有逐年下降的趋势，分布也缩小到桂北和桂西的山区，保种和选育工作应引起重视。广西小麻鸭属肉蛋兼用型，桂东南和桂西的小麻鸭生长速度相对较快，产肉性能好，可以用做父系来选育，桂北的小麻鸭个子小，产蛋较多，可以作为母系进行选育。用父系与母系进行杂交，生产商品代供应市场，这是提高广西小麻鸭生产性能的有效途径；广西小麻鸭产青壳蛋的比例也很高，也可以选育产青壳蛋的品系。广西小麻鸭体形小，产肉性能好、含脂少，肉佳味美，可加工成白切鸭、柠檬鸭、烧鸭和腊鸭，深受消费者的欢迎，在市场需求多样化的今天，肉质好的小型麻鸭越来越受群众的青睐，市场潜力很大，发展前景广阔。

九、附　　录

（一）参考文献

《广西家畜家禽品种志》编写组.1987.广西家畜家禽品种志[M].南宁：广西人民出版社.

（二）参加调查人员及单位

广西畜牧研究所：韦凤英。

广西大学动物科技学院：谭本杰、梁远东。

广西畜牧总站：苏家联、梁彩梅。

西林县畜牧水产养殖局：梁何昌、韦文艺、何明国、颜国先、李光才。

融水香鸭

一、一般情况

融水香鸭（Rongshui Xiang duck）俗称三防鸭、三防香鸭、糯米香鸭，属肉蛋兼用型地方品种。因其主产区过去水稻种植以香粳糯为主，所养的鸭其肉有特殊的、类似香粳糯的香味，故又称香鸭。

（一）中心产区及分布

主产区为融水县的三防镇、汪洞乡、怀宝镇、四荣乡。此外，主要分布于滚贝、杆洞、同练、安太、洞头、良寨、大浪、香粉、安陲等乡镇。

（二）产区自然生态条件

1.产区经纬度、地势、海拔　融水县地处云贵高原苗岭向东延伸部分，位于东经108°27′～109°23′，北纬24°47′～25°42′。地面海拔高一般在800～1 500m，最高海拔2 081m，最低海拔100m。

2.气候条件　融水县属于中亚热带季风气候区，气候温暖湿润，四季分明。多年平均气温为19.3℃，极端最低为−3.0℃。年平均降水量平原为1 824.8mm，山区为2 194.6mm，年平均日照1 379.7h，年相对湿度为79%。年平均无霜期为320d。

3.水源及土质　融水县属于珠江水系柳江流域，全县以山地地貌为主，过境河为融江。境内有贝江、英洞河、大年河、田寨河等河流。境内汇水面积达3 843.9km²，占全县干流、支流的82%，其中以贝江干流最长，支流最多，其干流长146km，汇水面积1 762km²。年径流量6.52×10⁹m³，占柳州地区的22.9%。全县水资源包括地表水和地下水，主要使用地表水。

全县土壤共分为6个土类，14个亚类，45个土属，105个土种。主要分为自然土、旱地土壤、水稻地土壤等。耕作土耕层较厚，有机质含量中等，pH呈微酸性，含磷、含钾量中等。

4.农作物种类及生产情况　农作物主要有水稻、玉米、甘薯、木薯、甘蔗，其次是芭蕉芋、南瓜、黑米、黑芝麻、黄豆、饭豆、竹豆、黑豆、小米、高粱、芋头等。据统计，2005年粮食总产量123 408t，其中玉米产量4 679t，水稻产量95 733t；甘蔗产量319 242t，其他作物蔬菜产量92 277.05t。

5．土地利用情况、耕地及草场面积　融水县土地面积为4 663.8km²，全县耕地面积2.3×10⁴hm²，林地9.53×10⁴hm²，各类草场2.4×10⁵hm²。

6.品种对当地的适应性及抗病情况　融水香鸭是在以放牧为主、辅以饲喂当地种植的谷物及农副产品的粗放条件下育成的，具有觅食力强、耐粗饲的特点，在适应当地自然条件的同时，其抗病力也较强，在进行鸭瘟等免疫的情况下，其病死率在8%以下。

二、品种来源及发展

（一）品种来源

融水县群众特别是山区群众素有利用田间、山沟溪流养鸭习惯，在交通不便的山区，鸭是山区群众肉食的主要来源，同时也是群众的经济来源之一。融水香鸭的饲养历史悠久，具体始于何时已无据可考。融水香鸭的形成，除长期的人工选育作用外，气候、自然地理环境等生态条件的影 响，农户长期使用的本地香粳糯、玉米等农副产品饲料，与品种形成有着极为密切的关系，加之历史上融水交通闭塞，只能自繁自养，外来血缘无法进入干扰，因而遗传性能比较稳定，另外，由于自然选择的结果，其耐粗饲、抗逆性强等优良性状也获得了巩固和加强。

融水香鸭最大的特点是肉质特有的香鲜味，无腥膻味，肌肉丰满，皮下脂肪少，产青壳蛋的比例达到50%左右，对本地自然环境具有良好的适应性，并具有较好的市场开发潜力。融水县1999年开始建立原种场，进行本品种选种选育工作，经过多年的提纯复壮，遗传性能更趋稳定，已成为一个具有地方特色的优良品种。

（二）群体数量

据统计，2005年融水香鸭饲养量35万只，出栏30万只。种鸭存栏3 280只，其中能繁母鸭2 980只，种公鸭300只，选育后备母鸭1 894只，公鸭200只；其中保种场种母鸭1 125只，种公鸭130只，产鸭苗13.5万只，肉鸭43 420只。全县饲养融水香鸭50只以上有1 523户，年饲养100只以上有750户，年饲养200只以上的有75户，年饲养量3万只的有2个场，建立融水香鸭原种繁育场5个。

（三）近15 ～ 20年消长形势

1.数量和分布变化情况　融水香鸭近20年来数量逐年增加，1986年以前以三防鸭为主，主要是农户零散饲养，各户饲养量都不是很大，每户30 ～ 50只，年出栏5万只，这种情况一直延续到1999年。1999年，融水贝江养殖公司成立，当时公司在三防镇的种鸭场有种鸭800多只，年出鸭苗8万多只，年出肉鸭将近10万只，此种情况只维持了半年，由于当时的市场开发等原因，造成肉鸭难销而价格很低，从而影响之后几年的生产，2000—2003年每年出栏量都在7万只左右。2002年，得到自治区科技厅和自治区畜牧总站的支持，开展了三防鸭的保种选育工作，2003年后融水香鸭饲养量才开始有所回升，年出栏达15万只，后又得到柳州市的大力支持。近年来，融水香鸭的发展很快，2006年融水香鸭饲养量达40万只，出栏35万只；2007年饲养量达45万只，出栏达40万只。

2.濒危程度　融水香鸭在主产区有一定数量分布，属无危险。

三、体形外貌

融水香鸭体形较小，颈短，体羽白麻；头小，雏鸭喙黄色，成年鸭喙为橘黄色或褐色，喙豆黑色；虹彩黄褐色；雏鸭胫、蹼均呈黄色。成年鸭胫、蹼为橘黄色或棕色，爪为黑色；皮肤呈淡黄色。

成年公鸭头羽及镜羽有翠绿色金属光泽，颈上部有白羽圈，覆主翼羽有紫蓝色镜羽，鞍羽呈紫黑色，尾羽紫黑色与白羽毛相间，有2 ～ 4根紫黑色雄性羽。成年母鸭头部腹侧的羽毛呈白色或浅灰色，覆主翼羽上有翠绿色或紫蓝色金属光泽。其余的羽毛颜色呈珍珠状白麻花色。

雏鸭绒毛呈淡黄色，喙和胫呈橘黄色。肉色呈深红色（图1、图2）。

图1　融水香鸭公鸭

图2　融水香鸭母鸭

四、体尺和体重

成年公鸭体重1.6～2.3kg，平均1.75kg；70日龄左右上市体重1.5～2.0kg，平均1.70kg。成年母鸭体重1.25～2.00kg，平均1.60kg；70日龄左右上市体重1.25～1.95kg，平均1.55kg。

2006年4月，县水产畜牧局、广西大学技术人员组成的调查组先后在三防镇、怀宝镇、四荣乡的保种场随机选取成年个体进行体尺和体重测定。体尺和体重测定结果见表1。

表1　融水香鸭的体重、体尺测定

性别	日龄	测量数量（只）	体重（kg）	体斜长（cm）	龙骨长（cm）	胸深（cm）	胸宽（cm）	骨盆宽（cm）	跖长（cm）	胫围（cm）	半潜水长（cm）
公	成年	90	1 743.50 ±137.56	19.77 ±0.90	11.29 ±0.37	7.90 ±0.54	6.51 ±1.33	6.68 ±0.40	4.74 ±0.30	3.56 ±0.23	47.49 ±1.43
母	成年	90	1 682.17 ±196.23	18.91 ±0.88	10.74 ±0.42	7.56 ±0.69	5.94 ±5.08	6.55 ±0.43	4.54 ±0.28	3.64 ±0.23	43.04 ±1.60

五、生产性能

（一）生长性能

2003年5月30日、6月3日、6月11日分别从怀宝镇立母口种鸭场、四荣小苏种鸭场、三防贝江种鸭场购进50只、40只、60只鸭苗到融水镇的黎邓屯韦志光养殖场进行饲养。在基本一致的饲养管理条件下，通过90d的饲养，其生长速度和耗料情况汇总见表2。

表2　融水香鸭生长速度和耗料测定（养殖场）

日龄（d）	出壳	10	20	30	40	50	60	70	80	90	合计
平均体重（g）	46.4	115	360	593	817	1 033	1 233	1 467	1 620	1 620	
期内总增重（kg）		6.09	18.47	30.44	41.90	51.99	63.40	75.33	88.67	88.67	464.95
期内总耗料（kg）		10.60	25.07	56.33	70.33	79.00	91.00	97.00	97.00	97.00	623.33

（续）

日龄（d）	出壳	10	20	30	40	50	60	70	80	90	合计
每只均耗料（kg）	0.20	0.49	1.10	1.35	1.54	1.77	1.91	1.91	1.91		
料重比		1.74	1.36	1.85	1.68	1.52	1.44	1.29	1.09	1.09	1.34

在放牧补喂水稻、玉米等谷物及青饲料情况下，融水香鸭的生长速度分别见表3、表4。

表3 出壳至40日龄生长速度

日龄（d）	出壳	10	20	30	40
体重（g）	46±5	119±0.82	360±12	593±16	817±20

表4 50～90日龄生长速度

日龄（d）	50	60	70	80	90
公鸭体重（g）	1 066±35	1 285±88	1 376±65	1 450±85	1 565±120
母鸭体重（g）	1 000±20	1 203±82	1 307±41	1 387±76	1 485±146

据测定，融水香鸭育雏期（0～21日龄）成活率为90.9%，育成期（22～56日龄）成活率为100%。

（二）屠宰和肉质

1.屠宰性能 2006年4月，调查组随机抽取75～90日龄的30只母鸭和30只公鸭进行屠宰测定，测定结果见表5。

表5 融水香鸭屠宰成绩

性别	公鸭	母鸭
测定数量（只）	30	30
活重（g）	1 632.33±133.67	1 478.33±154.59
屠宰率（%）	90.86±5.90	91.36±2.72
半净膛率（%）	80.27±3.55	81.39±2.60
全净膛率（%）	67.17±4.19	69.69±3.97
胸肌率（%）	12.62±2.18	12.28±2.65
腿肌率（%）	12.83±1.30	12.92±1.97
瘦肉率（%）	25.45±2.66	25.21±3.08
腹脂率（%）	0.50±0.48	0.74±0.70

2.肉质性能 2006年6月，取上市日龄融水香鸭胸肌送广西壮族自治区分析测试中心进行测定，结果见表6、表7。

表6　融水香鸭肌肉成分测定结果

检测项目	检测结果	
	公	母
热量（kJ/kg）	4 753	4 474
水分（%）	73.3	73.3
干物质（%）	26.7	26.7
蛋白质（%）	23.0	23.0
氨基酸总量（%）	20.52	20.05
脂肪（%）	2.16	2.22
灰分（%）	1.41	1.36
肌苷酸（mg/kg）	3 680	4 200

表7　融水香鸭肌肉氨基酸测定结果

检测项目	检测结果（%）	
	公	母
Asp（门冬氨酸）	1.98	1.96
Thr（苏氨酸）	0.99	0.99
Ser（丝氨酸）	0.82	0.82
Glu（谷氨酸）	3.30	3.24
Pro（脯氨酸）	0.84	0.82
Gly（甘氨酸）	1.08	0.92
Ala（丙氨酸）	1.34	1.26
Cys（胱氨酸）	0.08	0.12
Val（缬氨酸）	1.05	1.03
Met（蛋氨酸）	0.59	0.58
Ile（异亮氨酸）	1.00	0.99
Leu（亮氨酸）	1.78	1.78
Tyr（酪氨酸）	0.74	0.75
Phe（苯丙氨酸）	0.96	0.95
Lys（赖氨酸）	1.90	1.87
NH_3（氨）	(0.38)	(0.43)
His（组氨酸）	0.60	0.59
Arg（精氨酸）	1.47	1.38

注：氨非严格意义上的氨基酸，故其检测结果用括号表示。

（三）蛋品质量

2009年，对60个新鲜融水香鸭蛋品质进行测定，结果如见表8。

表8　融水香鸭蛋品质测定结果

蛋重(g)	蛋相对密度	壳厚(mm)	蛋形指数	蛋黄比率(%)	蛋黄色泽(级)	哈夫单位	蛋壳强度(kg/cm²)	血肉斑率(%)	青壳蛋比率
64.04±5.99	1.08±0.04	0.34±0.06	1.42±0.06	33.85±2.56	7±0.77	101±5.57	3.41±0.69	1.67%	51.67

（四）繁殖性能

保种场在放牧饲养条件下，公鸭平均95日龄性成熟，母鸭平均145日龄开始产蛋，平均年产蛋量为168个，平均蛋重64.04g，开产日龄蛋重54.78g。母鸭无就巢性，公、母比1：（8～10），种蛋受精率95%，受精蛋孵化率87%，雏鸭成活率94.2%。农户饲养的种鸭母鸭开产日龄平均151d，公鸭性成熟平均102d，平均年产蛋量为132个，种蛋受精率93%，受精蛋孵化率83%，雏鸭成活率91.3%，均略低于保种场。

六、饲养管理

融水香鸭是在本地条件下自繁自养形成的，对自然条件适应性好，抗病能力强，耐粗饲，性情温驯，适宜大群饲养，以放牧为主，可利用河流、水库、小溪、稻田放牧，饲喂主要采用本地生产的农作物及其副产品，特别是本地香糯。育雏阶段采用全价料，要求粗蛋白含量19%以上，能量11 095kJ/kg以上，20日龄后可逐步添加优质牧草或浮萍等青粗料喂养，中后期青粗料可占到30%以上。20日龄后可下水放牧饲养，让鸭采食昆虫、小鱼、小虾等，早晚补喂由玉米、米糠、麦糠等占50%～70%、青粗料占30%以上的自配料直至出栏，以保持该品种的原有肉质香味（图3）。

图3　融水香鸭群

七、品种保护与研究利用现状

自1999年以来，先后建立五个保种场，制定了保种选育计划，2002年得到了自治区畜牧总站、自治区科技厅的支持，这几年来一直按当年制定的保种选育计划进行不间断的工作。

2002年，由县畜牧站制定了融水香鸭品种登记制度。2011年，自治区质量技术监督局颁布《融水香鸭》地方标准，标准号DB45/T 750—2011。

八、对品种的评估和展望

融水香鸭主要特点是耐粗饲、抗病力强、肉质好、产青壳蛋比例高；缺点为产蛋量较低、生长速度慢。今后的选育方向：一是选育耐粗饲优质肉用鸭品系；二是选育高产的青壳蛋鸭品系；三是可以考虑利用融水香鸭与其他品种鸭进行杂交组合，育成新品系。

九、附　　录

（一）参考文献

黄志勋 . 1975. 融县志 [M]. 台北 : 成文出版社 .

（二）参加调查人员及单位

广西大学动物科技学院：谭本杰、梁远东。

融水县水产畜牧局：吴星航。

融水县畜牧站：覃世奇、贾仲光、吴锡鸿、陈彦世。

融水县动物防疫监督所：韦冠骝。

融水县各乡镇农业服务中心：韦继员、刘邦祥、莫波飞、王宪、莫胜忠、吴仕林、韦冲、黄腾均、贾绍明、戴邦明、谢子明、梁文球、陈芳云、李明清、欧志华、黄才军、覃艳、石海燕、贺新辉。

龙胜翠鸭

一、一般情况

龙胜翠鸭（Longsheng Cui duck）属蛋肉兼用型地方品种，因其全身羽毛黑色带有墨绿色、呈翡翠般的金属光泽而得名。当地群众俗称洋洞鸭。

（一）中心产区及分布

原产地为龙胜各族自治县马堤乡、伟江乡，目前仅发现马堤乡和伟江乡的边远山区有少量饲养，数量5 000 ～ 6 000只。

（二）产区自然生态条件及对品种形成的影响

1.产区的经纬度、地势、海拔　龙胜各族自治县位于广西壮族自治区东北部，地处越城岭山脉西南麓的湘桂边陲，北纬25°29′21″～26°12′10″，东经109°43′28″～110°21′41″。全县境内山峦重叠，沟谷纵横，山高坡陡，是个典型山区县，素有"万山环峙，五水分流"之说。地势呈东、南、北三面高而西部低。全境山脉，越城岭自东北逶迤而来，向西南绵延而去。海拔700 ～ 800m，最高点为大南山，海拔1 940m，最低海拔163m。

2.气候条件　地处亚热带，年平均气温18.1℃，最高气温39.5℃，最低气温-4.3℃。全年光照为1 244h，平均每天光照3.4h，平均无霜期314d，年降水量1 500 ～ 2 400mm，相对湿度80%，风力1 ～ 3级。

3.水源及土质　境内大小河流480多条，总长1 535km，年径流量2.626 1×10^{10}m^3，主河为桑江，贯穿全县88km，为浔江上游，属珠江水系。近年来大小河流相继兴建了大批的拦河水库电站。土壤成土母岩90%以上是沙页岩，土层深厚，有机质较丰富。

4.农作物、饲料作物种类及生产情况　主要农作物有水稻、玉米、甘薯；其次是黄豆、饭豆、冬瓜、南瓜、芋头、花生、马铃薯、凉薯等；水果有柑橘、南山梨、桃、李等。2007年粮食产量438 366t。

5.土地利用情况　全县总面积为2 370.8km^2，其中耕地面积为12 000hm^2，水域面积3 600hm^2，草山草坡面积34 000hm^2，森林覆盖率74.3%，生态环境优越。1997年2月，被国家环保局定为全国生态建设示范区。

6.品种对当地的适应性及抗病情况　龙胜翠鸭是在长期封闭饲养条件下形成的，对本地生态环境具有较强的适应性，仅喂以谷物及农副产品即可存活，耐粗饲、耐寒。

194

二、品种来源及发展

（一）品种来源及发展

据《龙胜县志》（1990年7月出版）记载，民国32年全县养鸭约8 400只。很早以前，马堤苗族居住地区饲养有一种体形稍长的"洋洞鸭"（侗族语意思是苗鸭，即苗族人养的鸭）。"洋洞鸭"以黑羽毛黑脚为其外貌特征，产青壳蛋。这与苗族同胞崇尚黑色有关，苗族人喜欢穿黑衣服，包黑头巾，吃黑糯饭，也喜欢养黑色的鸭，同时认为青壳蛋具有清凉滋补作用。经过长期的选择形成了具有黑色羽毛又产青壳蛋的"洋洞鸭"。因其全身黑色的羽毛带有墨绿色、呈翡翠般的金属光泽而又称之为"翠鸭"。据苗族流传手抄本《根本列》记载，苗族于元代天顺元年开始迁入马堤、伟江一代。大多居住在丛林之中，栖息繁衍，过着自给自足的生活。境内山高、坡陡、谷深，海拔均在500m以上，形成与外界隔离的天然屏障。通过对苗族地区群众的走访调查得知，洋洞鸭是苗族人民传统养殖的鸭品种，苗族同胞喜欢养鸭，20世纪60年代前，几乎每家每户都养有洋洞鸭，除了用作逢年过节和招待贵客的美味佳肴，洋洞鸭还是苗族同胞风俗活动的尚品。例如，苗族人的婚礼有"见门笑"和抢"铺床鸭"的风俗。"见门笑"即男女青年情投意合后，男方托人带"见门笑"即一只翠鸭、一壶酒，到女方家提亲。抢"铺床鸭"即新娘未入门前，要已生育孩子的年轻妇女布置洞房，铺被安枕；晚餐后，由执事人将做好的全鸭当众酬谢铺床妇女，当鸭未至受领人，被后生们抢接，引起女青年们之"不满"，而形成一个男女青年抢"铺床鸭"的场面。每年的六月初六傍晚，苗族同胞还要用鸭子为祭品，来到自家田边祭祀田神，祈求丰收年景。在这些与翠鸭有关的苗族文化中，无不折射出龙胜翠鸭的形成历史。龙胜翠鸭就是在这相对封闭的环境、苗族特有的传统风俗以及苗族群众崇尚黑色等历史条件下，经苗族群众自繁自养、长期的选育而形成的。

（二）群体规模

目前仅发现马堤乡和伟江乡有少量饲养，数量5 000 ~ 6 000只。

（三）近15 ~ 20年群体数量的消长

20世纪60年代前，马堤乡的苗家每家都养有翠鸭，70年代后，由于群体数量少而分散，繁殖技术落后，又不注重品种保护，使本品种逐年减少。1982年畜牧区划资源调查，全县年饲养量约2 000只，2007年一度不足100只。之后引起各级主管部门重视，加大了资源保护力度，品种群体数量得到恢复性增长，2008年年底，存栏达到5 000 ~ 6 000只。

三、体形外貌

龙胜翠鸭的外貌特征可概括为"两黑""两绿"。两黑是指黑羽毛，黑脚；两绿是指喙为青绿色，羽毛带孔雀绿的金属光泽。公鸭体形呈长方形，颈部粗短，背阔肩宽，胸宽体长。母鸭体形短圆，胸宽，臀部丰满。公、母鸭眼大有神，喙为青绿色，喙豆黑色，虹彩墨绿色。

公鸭头颈羽毛为孔雀绿色，部分颈及胸下间有小块状白羽斑，背、腰羽毛黑色并带金属光泽，镜羽蓝色，尾羽墨绿色，性羽呈墨绿色向背弯曲。母鸭全身羽毛墨黑色并带金属光泽，镜羽墨绿色。公鸭胫为黄黑色，母鸭胫为黑色；肤色多为白色，少量浅黑色，肉红色（图1、图2）。

图1　龙胜翠鸭公鸭

图2　龙胜翠鸭母鸭

四、体尺和体重

2008年3月19日、2009年7月5日，龙胜各族自治县水产畜牧兽医局2次组织技术人员在马堤乡马堤村养鸭农户测定125日龄龙胜翠鸭公、母鸭各30只，测量结果见表1。

表1　125日龄龙胜翠鸭体重及体尺

性别	体重 (g)	体斜长 (cm)	胸宽 (cm)	胸深 (cm)	龙骨长 (cm)	骨盆宽 (cm)	胫长 (cm)	胫围 (cm)	半潜水 (cm)
公	1 917 ±135.46	21.05 ±0.94	9.24 ±0.76	8.41 ±0.83	11.80 ±0.83	6.10 ±0.45	6.22 ±0.29	3.92 ±0.24	53.15 ±1.27
母	1 806.9 ±137.28	20.97 ±0.79	9.08 ±0.27	8.82 ±0.52	11.67 ±0.29	6.02 ±0.24	5.96 ±0.31	3.89 ±0.31	50.52 ±0.89

注：测定地点为马堤村李福贵养殖场，测定人员为侯文军、石万庭、李业刚、龚仁伟、凤云富。

五、生产性能

（一）生长性能

在农村自繁自养的龙胜翠鸭被喂以玉米等谷物粗饲料，生长速度较慢。经规模饲养自行配制饲料进行喂养则生长较快。

2009年7月5日，龙胜水产畜牧兽医局组织技术人员在马堤村养殖场对龙胜翠鸭进行测定，各阶段体重见表2。

表2　各阶段体重

日龄	性别	数量（只）	平均体重（g）
出壳	混苗	30	40.03±1.36
30	混苗	30	301.67±37.26
55	混苗	30	644.85±74.98

（续）

日龄	性别	数量（只）	平均体重（g）
125	公	30	1 917±135.46
	母	30	1 806.9±137.28

注：测定时间为2009年7月5日，测定地点为马堤村李福贵养殖场，测定人员为侯文军、石万庭、李业刚、龚仁伟、凤云富。

（二）屠宰和肉质

1.产肉性能　2009年7月6日，龙胜各族自治县水产畜牧兽医局组织技术人员对125日龄的公、母鸭各30只进行屠宰测定，结果见表3。

表3　龙胜翠鸭屠宰性能测定

性别	公鸭	母鸭
测定数量（只）	30	30
日龄（d）	125	125
活重（g）	1 958.5±154.76	1 810.5±148.33
屠宰率（%）	87.67±2.17	89.69±1.31
半净膛率（%）	80.43±3.31	82.94±1.40
全净膛率（%）	71.58±3.69	75.30±2.38
胸肌率（%）	11.00±0.79	10.71±0.64
腿肌率（%）	9.81±1.02	9.55±1.41
腹脂率（%）	0	0

注：测定时间为2009年7月6日，测定地点为马堤村李福贵养殖场，测定人员为侯文军、石万庭、李业刚、龚仁伟、凤云富。

2.肌肉主要成分检测　2009年7月6日，龙胜各族自治县水产畜牧兽医局技术人员在马堤村养殖场取125日龄的龙胜翠鸭公鸭和母鸭活鸭各1只，当天送广西分析测试研究中心进行肌肉营养成分检测，全鸭肌肉鲜样检测结果见表4、表5。

表4　肌肉主要化学成分检测结果

检测项目	检测结果	
	公鸭	母鸭
热量（kJ/kg）	4 099	4 211
水分（%）	74.9	74.8
干物质（%）	25.1	25.2
蛋白质（%）	22.8	22.8
氨基酸总量（%）	20.26	19.64
脂肪（%）	0.4	0.8
灰分（%）	1.48	14.2
肌苷酸（mg/kg）	2 160	3 080

表5 龙胜翠鸭胸肌氨基酸测定结果

检测项目	检测结果（%）	
	公	母
Asp（门冬氨酸）	1.92	1.86
Thr（苏氨酸）	0.94	0.92
Ser（丝氨酸）	0.81	0.79
Glu（谷氨酸）	3.16	3.04
Pro（脯氨酸）	0.82	0.73
Gly（甘氨酸）	1.07	0.96
Ala（丙氨酸）	1.29	1.24
Cys（胱氨酸）	0.18	0.1
Val（缬氨酸）	1.07	1.05
Met（蛋氨酸）	0.56	0.36
Ile（异亮氨酸）	1.00	0.95
Leu（亮氨酸）	1.91	1.82
Tyr（酪氨酸）	0.91	1.09
Phe（苯丙氨酸）	0.97	0.94
Lys（赖氨酸）	1.81	1.8
NH_3（氨）	(0.26)	(0.25)
His（组氨酸）	0.50	0.49
Arg（精氨酸）	1.34	1.30

注：氨非严格意义上的氨基酸，故其检测结果用括号表示。

（三）蛋品质量

2009年7月7日，由广西大学动物科学技术学院抽取主产区农户30个400d鸭蛋样本检测。结果见表6。

表6 龙胜翠鸭蛋品质测定成绩（n=30）

蛋重（g）	蛋相对密度	壳厚（mm）	蛋形指数	蛋黄比率（%）	蛋黄色泽（级）	哈夫单位	蛋壳强度（kg/cm²）	血肉斑率（%）	壳色
73.94±5.82	1.088~1.092	0.33±0.03	1.24±0.05	35.22±7.56	9.34±2.44	80.76±69.01	3.24±0.76	0	青色或白色

（四）繁殖性能

根据对产区3个养殖户的调查。母鸭开产日龄为150～160日龄，早春鸭最早见产为120日龄，秋鸭180日龄开产。年产三造蛋，头造在2～5月，产蛋60～70个；第二造在6～8月，产蛋量与头造相似；第三造在10月至次年1月，产蛋30～40个，年平均产蛋量160～200个。公、母比例为1：10。在大群放牧饲养条件下种蛋受精率、受精蛋孵化率均达90%以上。蛋重为65～70g。无就巢性。

六、饲养管理

龙胜翠鸭觅食性强，合群性好，适宜于水面和稻田放牧饲养。一年四季以自然放牧为主，适当补饲玉米等。在育雏期，为了促进雏鸭生长，出壳2周内应喂全价配合饲料，并给予适宜的温度、湿度、通风、光照及饲养密度，20日龄可放牧饲养，早晚补喂玉米、米糠、麦糠等。出栏前2周，可多喂淀粉质的饲料如甘薯、玉米等进行育肥（图3）。

图3　龙胜翠鸭群

七、品种保护与研究利用现状

迄今尚未开展过针对龙胜翠鸭品种生化和分子遗传方面的测定研究工作。也未对本品种开展保种和开发利用方面的工作。

八、对品种的评价和展望

龙胜翠鸭具有独特的体形外貌，有极高的观赏性，并且肉质细嫩无腥味，有极好的市场开发潜力，是鸭品种中不可多得的遗传资源。同时，龙胜翠鸭在没有经专业选育条件下就有50%产青壳蛋，在发展青壳蛋鸭品种方面有极高的研究价值。但龙胜翠鸭没有进行专业选育，生产性能还比较低，个体差异较大，有待于进一步研究和开发。

九、附　　录

（一）参考文献

《龙胜县志》编纂委员会. 1992. 龙胜县志 [M]. 上海：汉语大词典出版社.

（二）参加调查人员及单位

龙胜县水产畜牧兽医局：李慧军、侯文军、杨凤娟、石万庭、黄顺喜、余坤贵、秦建华。
龙胜县水产畜牧兽医站：谭文宇、曾庆红、周雯、谢伦松、吴赞科。

右 江 鹅

一、一般情况

右江鹅（Youjiang goose）属肉用型地方品种。

（一）原产地、中心产区及分布

原产于百色市。中心产区为百色市的右江区。主要分布于田阳县、田东县等右江两岸以及田林县内各乡镇。南宁、钦州、玉林和梧州等地也有分布。

（二）产区自然生态条件

百色市位于广西西部，地处东经104°28′~107°54′，北纬22°51′~25°07′。属丘陵广谷地貌，全市地势西北高、东南低，从西北向东南倾斜。北与贵州接壤，西与云南毗连，东与南宁相连，南与越南交界，是云南、贵州、广西三省（自治区）结合部。产区属于亚热带季风气候，光热充沛，雨热同季，夏长冬短，作物生长期长，越冬条件好。年平均气温19.0~22.1℃，大于10℃，全年无霜期330~363d，年平均日照1 405~1 889h，年平均降水量1 113~1 713mm。百色1/3的土地面积为喀斯特地貌，蕴藏着巨大的地下水系。百色市内有澄碧河水库、靖西渠洋水库等。河流纵横交错，水资源丰富。全市地表河流年平均径流量为$1.724×10^{10}m^3$，境外流入境内年平均水量约为$4.078×10^9m^3$，地下水资源总量达$4.1×10^9m^3$；全市多年平均降水量约为$4.8×10^{10}m^3$，为全国平均降水量的2倍多。

2005年，全市土地总面积363万hm^2，其中山地面积占98.98%，石山占山地总面积约30%。耕地面积24.47万hm^2（包括水田10.4万hm^2，旱地14.07万hm^2），占土地总面积的6.7%；森林面积134.6万hm^2，占土地总面积的37.1%，森林覆盖率55%；喀斯特石山面积49.9万hm^2，占土地总面积的13.8%；草山面积80万hm^2，占22%。

种植的农作物种类有水稻、玉米、甘薯、黄豆、花生等，经济作物有油菜、甘蔗、棉花。

二、品种来源及发展

（一）品种来源

百色市右江及驮娘江流域的群众，历来有养鹅和吃鹅肉的习惯。百色城建城之初，因养鹅多而被誉为"鹅城"。可见，右江鹅的饲养历史悠久。关于右江鹅品种的形成缺乏可查考的文字记载，可能是鸿雁经过当地群众长期驯化、选择培育而成。

（二）群体规模

右江鹅尽管在主产区有一定数量分布，但种鹅数量不足1 000只。目前尚未进行过专门化的选育工作。现存的右江鹅种群多是群众自繁自养，自然选择与淘汰。

（三）近15 ~ 20年群体数量的消长

20世纪80年代6万多只，20年来产区养鹅的数量逐年减少，到2006年年底，全市存栏不足1.2万只。

三、体形外貌

右江鹅体长如船形，成年公、母鹅背宽胸广，腹部下垂。公鹅黑色肉瘤较小，颌下无垂皮，虹彩为褐色。母鹅头较小，清秀，额上无肉瘤，颌下也没有垂皮。

成年公鹅头、颈部背面的羽毛呈棕色，腹面羽毛为白色，胸部羽毛为灰白色，腹羽为白色，背羽灰色镶琥珀边，主翼羽前两根为白色，后八根为灰色镶白边，灰色镶白边斜上后外伸，头和喙肉瘤交界处有一小白毛圈。成年母鹅头、颈部背面羽毛为棕灰色，胸部灰白色，腹部白色。1日龄出壳雏鹅绒毛灰色。胸背颜色较深，腹部较浅。

公、母鹅肉色为米白色，骨膜为白色；喙为黑色，蹠、蹼均为橘红色，爪和喙豆为黄色。肤色为黄色，皮薄，脂少，毛孔中等大，表面光滑（图1、图2）。

图1　右江鹅公鹅

图2　右江鹅母鹅

四、体尺、体重

成年右江鹅的体尺、体重见表1。

表1　右江鹅的体尺体重（n=25）

性别	体重（kg）	体斜长（cm）	胸宽（cm）	胸深（cm）	龙骨长（cm）	骨盆宽（cm）	胫长（cm）	胫围（cm）	半潜水长（cm）	颈长（cm）
公	4.99 ±0.59	30.75 ±1.39	13.00 ±1.12	11.08 ±0.97	17.44 ±1.30	7.91 ±1.44	10.42 ±0.82	5.56 ±0.34	63.74 ±2.10	30.39 ±1.49
母	4.06 ±0.60	29.23 ±1.81	11.87 ±1.18	10.46 ±1.28	15.87 ±1.32	7.77 ±1.68	9.56 ±0.76	5.31 ±0.40	57.65 ±3.84	27.22 ±3.18

五、生产性能

(一) 产肉性能

右江鹅生长速度较慢,在放牧为主的情况下,3月龄体重2.25 ~ 3.5kg,5月龄的公鹅达4.83kg,母鹅达3.93kg。右江鹅的屠宰成绩见表2。

表2 右江鹅的屠宰成绩

日龄	性别	活重 (kg)	屠宰率 (%)	半净膛率 (%)	全净膛率 (%)	胸肌率 (%)	腿肌率 (%)	腹脂率 (%)	皮脂率 (%)
120	公	4.88±0.43	91.34±1.98	82.46±2.89	73.16±1.74	14.21±1.32	14.10±1.85	4.83±1.37	23.55±2.22
	母	3.94±0.39	91.72±1.56	82.00±3.62	72.87±3.37	14.84±1.88	14.29±1.90	4.36±0.66	22.34±3.29

(二) 肉品质量

肌肉主要化学成分:根据广西壮族自治区分析测试研究中心2004年1月18日出具的检测报告,右江鹅肌肉含热量5 280kJ/kg,水分72.7%,干物质27.3%,蛋白质22.8%,脂肪3.7%,膳食纤维0.02%,粗灰分1.56%。

(三) 蛋品质量

右江鹅的蛋品质量见表3。

表3 成年右江鹅的蛋品质量

种鹅日龄	测定数 (个)	蛋重 (g)	蛋形指数	壳厚 (mm)	蛋相对密度	蛋黄色泽 (°)	蛋黄比率 (%)	哈夫单位
300	60	131.11±5.50	1.44±0.04	0.53±0.03	1.089±0.01	7.4±0.7	37.57±2.61	95.92±4.17

(四) 繁殖性能

右江鹅养至4、5月龄已达到成年体重。公鹅9月龄开啼,母鹅1年开产,如果在饲养水平较高的条件下,个别9月龄可以开产。年产蛋较少,平均年产三造蛋,每造蛋8 ~ 15个,多数产10 ~ 12个,个别高产每造可达18甚至20个。在产蛋期间多为隔日产蛋。年均产蛋多数为40个左右。右江鹅就巢性强,放牧时,母鹅懂得回窝产蛋,公鹅则守在窝旁;孵化期间,公鹅守着母鹅抱蛋。孵化期为30 ~ 35d,冷天孵化期较长,热天孵化期较短,多数为31 ~ 32d,母鹅从产蛋→孵蛋→产蛋需2.5 ~ 3个月。在自然放牧下,右江鹅公、母比例一般为1:(5 ~ 6),种蛋受精率90%,受精蛋的孵化率为95%。右江鹅平均蛋重131g,蛋壳颜色有青壳和白壳两种,青壳蛋比例少。

六、饲养管理

右江鹅性情温驯,管理粗放,一年四季均以自然放牧为主,抗病力强,生长较快,一般3月龄体重2.25 ~ 3.5kg,4月龄达到4.5kg。右江鹅的饲料以青粗料为主,补饲谷物、玉米等。出壳1周内、育肥期和产蛋期间以精料为主。1周龄内的雏鹅，每昼夜喂食6~7次，其中，白天5~6次，晚上1~2次，5日龄后可以开始放牧，放牧应选择在鲜嫩草地，且适时转移，保证雏鹅采食充足。随觅食能力增强，每天喂食可逐步减少到白天3次，晚上1次。

1月龄左右为脱换旧羽生长新羽的时期，其适应外界环境的能力增强，消化能力很强，需要足够的营养来保证生长发育的需要。有节奏地放牧，使鹅群吃得饱、长得快；同时晚上适当补饲。4月龄的右江鹅已达成年体重，如作肉用即可出栏；如留作种用，仍以放牧为主，临产前和产蛋期间加喂些精料，提高鹅的繁殖性能（图3）。

图3　右江鹅群体

七、品种保护与研究利用现状

右江鹅可以作肉用方向培养。但目前种鹅数量不足1 000只，处于濒临灭绝的状态。迄今尚未开展右江鹅品种生化和分子遗传方面的测定研究工作，尚未建立保种场。

《右江鹅》地方标准号DB45/T 341—2006。

八、对品种的评估和展望

右江鹅是广西地方优良品种，具有肉味甜嫩，性情温驯，耐粗饲，抗病力强，合群性好，易饲养，管理粗放，生长发育快等特点，是为数不多的可产青壳蛋的鹅种。但长期以来，右江鹅大都在农家小群饲养，没有进行系统的选育，个体间差异很大，尤其是右江鹅产蛋少，就巢性强，繁殖性能差，不适应集约化生产的需要，要改变这种状态必须要建立保种场，并进行本品种选育和改良。

九、附　　录

（一）参考文献

《百色市志》编纂委员会 . 1993. 百色市志 [M]. 南宁：广西人民出版社 .
《广西家畜家禽品种志》编写组 . 1987. 广西家畜家禽品种志 [M]. 南宁：广西人民出版社 .

（二）参加调查人员及单位

广西畜牧研究所：韦凤英。
广西大学动物科学技术学院：谭本杰、梁远东。
广西畜牧总站：苏家联、梁彩梅。
百色市水产畜牧兽医局：崔勇生、梁鸿。
百色市右江区水产畜牧兽医局：李金星。
田阳县水产畜牧兽医局：蒙维政、黄常球、杨国繁。

天峨六画山鸡

一、一般情况

天峨六画山鸡（Tian'e Liuhua pheasant），俗称野鸡、山鸡，因当地壮语称为"rwowa"，意为花的鸟，与汉语"六画"谐音而得名，属肉用、观赏型为主的雉鸡地方品种。

（一）中心产区及分布

中心产区为天峨县八腊乡，主要分布在该县的六排、岜暮、纳直、更新、向阳、下老、坡结、三堡等乡镇，天峨县周边的东兰、凤山、南丹等县亦有少量分布。

（二）产区自然生态条件

主产区天峨县位于广西西北部，红水河上游，东经106°34′～107°20′，北纬24°36′～25°28′，地处广西丘陵与云贵高原过渡地带，是典型的喀斯特地貌。石山峰丛地貌占全县总面积28.6%，海拔一般为500～700m；丘陵地貌占18%，平均海拔398m；中低山地貌占25%，平均海拔763m，最高为1 419.3m。

属亚热带季风气候区，既受西南暖湿气流影响，又受云贵高原气候控制，加之地貌影响，气候复杂多样。

日照：年平均日照时数为1 281.9h，历年平均太阳总辐射量为390.47kJ/cm²。8月日照时数最高，达159.4h，每天平均5.1h；1月日照时数最低，为67h，每天平均2.2h。

气温：年平均气温为20℃，极端最高温38.9℃，极端最低温-2.9℃。无霜期330d。

降水量：年降水量1 370mm，降水量的地理分布和时间分布都不均衡，一年中雨季主要集中在5～8月，降水量占全年降水量的69%。

风力：全年多南风、西南风，年平均风速0.7m/s。

水源：产区的生产生活用水有山泉水、地下水和集雨水等，石山地区以集雨水为主，其他地方以山泉、河流和地下水为主。

产区沟壑纵横，河网密布，河网密度为0.37km/km²，大小地表河流58条，积雨面积20km²以上的地表河42条，总长1 186km。红水河是产区主要河流，属西江水系，流经天峨县境内111.5km，其余河流均汇入红水河，其中有布柳河、牛河、川洞河是三条流量较大的红水河一级支流。产区地下水资源十分丰富，目前已出露的地下水共有18处。龙滩水电站下闸蓄水后，在天峨县境内形成库区水面1.42×10⁴hm²。

土质：产区成土条件复杂，土壤类型较多，既有地带性土壤分布，又有垂直性土壤分布。天峨县境内红壤总面积1.894×10⁵hm²，占全县总面积59%；黄壤6.724×10⁴hm²，占21%；石灰土4.80×10⁴hm²，占15%；水稻土3 600hm²，占1.1%；冲积土18hm²，占0.06%。原产区主要是石灰

204

土分布。

全县总面积 $3.192 \times 10^5 hm^2$，主要农作物品种有水稻、玉米、豆类、薯类、蔬菜、瓜果、油料作物等。2006年农作物总播种面积30 853hm²，其中粮食播种面积19 066hm²，粮食总产量58 604t。

畜牧业以猪、牛、羊、鸡、鸭为主，马、鹅、兔、鸽、鹌鹑等均有饲养。马以役用为主，牛也有部分作役用。2006年年底，全县生猪存栏15.69万头、牛7.54万头、羊4.24万只、家禽55.01万只。

天峨县是国家级林业大县，全县森林覆盖率83.84%，为天峨六画山鸡提供了适宜的生长繁殖条件。

天峨六画山鸡经长期驯养，已能很好地适应人工饲养环境，抗病力强，自人工饲养以来从未发生过重大疫情。

二、品种来源和发展

（一）品种来源

天峨县交通闭塞，民风淳厚，植被丰富，野生雉鸡常见，每到秋收季节，山鸡常到农作物地中采食。由于受复杂地貌和气候因素的影响，天峨野生山鸡表现出多种不同的外貌特征。

当地群众历来就有到深山中捕捉、拴套山鸡的习惯。捕捉回来的山鸡除宰杀或销售外，多余的则留在家中饲养，母鸡产蛋后，用本地家鸡孵化。

山鸡外观秀丽，当地人视为吉祥鸟，作馈赠礼品，或用于节日喜宴及招待贵宾。天峨农村群众在节庆和送礼时忌讳白色，认为白色有"戴孝"之意，不吉利，因而凡捕捉和饲养的公鸡颈部有白环的，群众都及时宰杀，不作留养。久之，逐步形成了公鸡颈部无白环的特征种群。

明清同治年间，八腊瑶族乡及其周边的邑暮乡、六排镇等地已存在适合人工养殖的雉鸡种群，且在当地瑶族群众中大量饲养。民国期间，八腊瑶族乡、邑暮乡、向阳镇、六排镇等地已把天峨六画山鸡作为饲养的主要家禽品种。

（二）群体数量

据调查统计，2008年天峨六画山鸡存栏30.4万只，其中种鸡4.7万只。

（三）近15～20年消长形势

20世纪90年代以前，天峨县六画山鸡以农户散养为主，山鸡饲养多在交通闭塞的村屯，群众养山鸡以自养自食为目的，极少对外出售，加上饲养方式和养殖技术落后，山鸡存栏量较少，一般在2 000～5 000只。2000年以来，由于龙滩水电站上马，天峨县内交通状况和经济状况都有明显改变，山鸡作为野禽野味深受青睐，市场上需求量大，价格昂贵，激发了群众养殖积极性，山鸡生产发展加快，到2004年末，天峨县山鸡存栏达1.26万只；2006年末存栏达3.12万只，2007年上半年存栏8.4万只；2008年，天峨六画山鸡存栏30.4万只，其中种鸡4.7万只。

过去产区养殖山鸡以未作加工的玉米、水稻、大豆为主要饲料，补以青饲料、糠麸等，生长缓慢，一般8月龄左右才能出栏，肉质风味与野生山鸡没有明显差异。随着规模养殖兴起，山鸡饲料开始使用自配饲料，主要成分为玉米、大豆、鱼粉、糠麸等，补以青绿饲料，山鸡生长速度较快，一般5月龄左右即可出栏，肉质较嫩，但仍具有良好的野生禽肉风味。

三、体形外貌

天峨六画山鸡体形俊秀挺拔，体躯匀称，脚胫细长，头部无肉冠，头颈昂扬，尾羽笔直，雄鸡头顶两侧各有1束耸立的墨绿色耳羽簇，髯及眼睛周围裸露皮肤呈鲜红色，喙为灰褐色，胫、趾为青色，皮肤为粉红色，肉色为暗红色。

成年公山鸡羽毛华丽，色彩斑斓。头颈部为墨绿色，有金属光泽，颈部没有白环，这是区别于其他环颈雉的明显特征；胸部羽毛为深蓝色；背部为蓝灰色，金色镶边；腰部为土黄色；尾羽较长，呈黄灰色，排列着整齐的墨绿色横斑。

成年母山鸡羽毛主色有深褐色和浅褐色两种，间有黄褐色至灰褐斑纹。头部、颈部羽毛为黄褐色；胸部为黄色，腹部米黄色，尾羽比公鸡短，褐色有斑纹。

雏鸡绒毛主色为褐白花，背部有条纹。2月龄左右表现出明显的性别羽毛特征（图1、图2）。

图1　天峨六画山鸡公鸡　　　　　　　　图2　天峨六画山鸡母鸡

四、体重、体尺

调查组于2007年6月9日、15日、16日、17日在六排、岜暮、八腊、坡结四个乡镇的7个场（户），随机抽样300日龄公、母鸡各30只进行测定，结果见表1。

表1　天峨六画山鸡体重、体尺测定结果

性别	体重 （g）	体斜长 （cm）	胸宽 （cm）	胸深 （cm）	龙骨长 （cm）	骨盆宽 （cm）	胫长 （cm）	胫围 （cm）	胸角 （°）
公	1 367.90 ±122.77	19.49 ±0.96	6.86 ±0.38	8.97 ±0.22	14.38 ±0.46	6.26 ±0.41	7.45 ±0.36	3.29 ±0.17	77.07 ±2.96
母	1 141.97 ±94.40	17.51 ±0.67	5.83 ±0.55	7.92 ±0.46	11.65 ±0.65	5.52 ±0.39	6.73 ±0.44	2.74 ±0.14	73.23 ±3.74

五、生产性能

（一）生长性能

调查组于2007年6月9日、15日、16日、17日在六排、岜暮、八腊、坡结四个乡镇的7个场（户），对75日龄和100日龄的体重、体尺进行测定，每个日龄段随机抽样公、母鸡各30只，其结果见表2。

表2 天峨六画山鸡生长性能

项目	75日龄		100日龄	
	公	母	公	母
体重（g）	463.57±4.38	318.47±4.85	902.40±62.47	865.80±43.68
体斜长（cm）	14.44±0.20	13.20±0.18	17.87±0.57	17.76±0.31
胸宽（cm）	4.44±0.13	4.11±0.18	5.23±0.58	5.35±0.16
胸深（cm）	4.82±0.20	4.28±0.26	8.05±0.32	7.96±0.12
胸角（°）	57.23±2.03	55.53±1.38	74.40±2.97	76.57±4.22
龙骨长（cm）	9.07±0.20	8.48±0.15	12.90±0.62	11.21±0.98
骨盆宽（cm）	2.78±0.15	2.27±0.16	4.24±0.17	4.19±0.21
胫长（cm）	5.70±0.12	5.68±0.13	7.33±0.12	5.96±0.13
胫围（cm）	2.17±0.11	2.14±0.11	2.86±0.20	2.51±0.09

（二）产肉性能

2007年6月9日、16日分别在天峨县六排镇路棉湾养殖场、六佰养殖场和八腊乡汉尧养殖小区随机抽样上市日龄的天峨六画山鸡公、母鸡各30只进行屠宰测定，结果见表3。

表3 天峨六画山鸡屠宰测定结果

性别	公	母
测定数量（只）	30	30
日龄	300	300
活重（g）	1 367.90±122.77	1 141.97±94.4
屠宰重（g）	1 209.10±106.87	1 027.83±85.04
半净膛重（g）	1 129.87±101.25	932.77±77.09
全净膛重（g）	991.50±89.75	822.20±67.89
腿肌重（g）	240.13±22.54	174.70±14.36
胸肌重（g）	298.27±27.61	226.10±18.54
瘦肉重（g）	538.40±50.04	400.80±32.89
屠宰率（%）	88.40±0.49	90.01±0.03
半净膛率（%）	82.60±0.04	81.68±0.03
全净膛率（%）	72.48±0.20	72.00±0.03
胸肌率（%）	30.08±0.19	27.50±0.09
腿肌率（%）	24.22±0.37	21.25±0.03
瘦肉率（%）	54.29±0.52	48.75±0.09

（三）肉品质量

2007年10月23日，天峨县水产畜牧兽医局将5只冷藏六画山鸡样品送广西分析测试中心进行营养成分分析，综合结果见表4、表5。

表4　天峨六画山鸡肉质检测情况

检测项目		检测结果
水分（%）		73.7
蛋白质（%）		25.1
胆固醇（mg/kg）		419
膳食纤维（%）		0.05
不饱和脂肪酸	油酸（mg/kg）	270
	亚油酸（mg/kg）	810
	亚麻酸（mg/kg）	590
氨基酸（%）		21.52

表5　天峨六画山鸡氨基酸测定结果

检测项目	检测结果（%）
Asp（门冬氨酸）	2.14
Thr（苏氨酸）	0.97
Ser（丝氨酸）	0.81
Glu（谷氨酸）	3.30
Pro（脯氨酸）	0.80
Gly（甘氨酸）	0.96
Ala（丙氨酸）	1.34
Cys（胱氨酸）	0.15
Val（缬氨酸）	1.18
Met（蛋氨酸）	0.55
Ile（异亮氨酸）	1.17
Leu（亮氨酸）	1.89
Tyr（酪氨酸）	0.76
Phe（苯丙氨酸）	1.23
Lys（赖氨酸）	2.02
NH_3（氨）	（0.44）
His（组氨酸）	0.83
Arg（精氨酸）	1.42

注：氨非严格意义上的氨基酸，故其检测结果用括号表示。

（四）繁殖性能

2007年6月9日、15日、16日、17日在六排、岜暮、八腊、坡结四个乡镇的9个场（户）调查，母鸡在180～210日龄开产，年产蛋70～90个，平均蛋重29.0g，平均纵径44.8mm、横径34.9mm，蛋形指数1.28，蛋壳多为青灰色，也有少量的为青色。母鸡就巢性较强，每产10～15个蛋后抱窝1次，种蛋的受精率为80%～90%，受精蛋的孵化率为85%～90%。

六、饲养管理

该品种野性强、行走灵活，善飞，视觉和听觉灵敏，喜欢洁净、明亮、宽敞的环境，饲养场应当通风、干燥，光照充足并防止逃逸。产区群众习惯装在大竹笼内或搭建大棚饲养，棚舍周围以竹栏、铁丝网或渔网。六画山鸡夜间喜在栖架上栖息，鸡舍内要设有栖架（图3）。

图3　天峨六画山鸡群

七、品种保护与研究利用现状

（一）生化和分子遗传测定方面

截至2010年年底，尚未开展过针对天峨六画山鸡品种生化和分子遗传方面的测定研究工作。

（二）保种与利用方面

2005年，天峨县桂西农村综合发展项目办公室投资15万元在八腊乡麻洞村汉尧屯扶持建设繁育基地（小区），小区内40户饲养六画山鸡，总存栏量2.3万只，其中选育场1个，存栏种鸡1 000只。2007年，县人民政府投入资金20万元，在六排镇云榜村六百屯建设天峨六画山鸡繁育场，现存栏六画山鸡10 000只，其中种鸡5 000只。

2007年以来，天峨县委、县人民政府已把天峨六画山鸡生产发展列为全县三个重点产业（渔业、山鸡、水果）之一，成立了领导机构和专门的工作部门，2007年已投入各种发展经费50万元，计划2008年起每年投入发展资金100万元以上，经费将主要用于天峨六画山鸡的品种优化选育和标准化养殖等。

八、对品种的评价和展望

天峨六画山鸡是在特定的自然环境和人文因素条件下形成的山鸡品种，肉质鲜美，野味浓，是深受人们喜爱的野味珍品。其外貌秀丽吉祥，没有白色颈环，符合国内多个地方的民俗喜好，既可作美味佳肴、滋补品，又可作观赏、礼品等多种用途。天峨六画山鸡具有适应性广、抗逆性强、繁殖快、粗放易养等特点。通过抓好品种选育、推行标准化养殖、扩大养殖规模、宣传品种特点等措施，天峨六画山鸡可望成为独具特色和优势的山鸡品种。

九、附　　录

（一）参考文献

陈伟生.2005.畜禽遗传资源调查技术手册[M].北京:中国农业出版社:45-55.

（二）主要参加调查人员及单位

广西畜牧研究所：韦凤英。

广西水产畜牧兽医局：蒋玲。

广西大学：梁远东、谭本杰。

广西畜禽品种改良站：李东生。

天峨县畜牧管理站：覃先皓、田明炳、王加切。

天峨县山鸡产业发展办公室：马卫国、倪晶晶、华靖。

天峨县八腊乡畜牧兽医站：陈抿胜。

天峨县六排镇畜牧兽医站：樊仁刚。

天峨县坡结乡畜牧兽医站：张昌儒。

天峨县下老乡畜牧兽医站：吴宗品。

三、培育

PEIYU PINZHONG

品种

良凤花鸡

一、一般情况

（一）品种（配套系）名称

良凤花鸡：肉用型配套系。由M_1系（母本）、M_2系（父本）组成的二系配套系。

（二）培育单位、培育年份、审定单位和审定时间

培育单位：南宁市良凤农牧有限责任公司。培育年份：1987—2008年，2004年通过广西壮族自治区级审定，2008年6月通过国家畜禽遗传资源委员会审定，2009年3月农业部公告第1180号确定为新品种配套系，证书编号：（农09）新品种证字第23号，是广西第一个经国家审定通过的畜禽新品种配套系。

（三）产地与分布

种苗产地在广西壮族自治区南宁市，配套系商品代肉鸡销售地分布在广西和湖南、湖北、江西、浙江、福建、安徽、广东、海南、贵州、云南、四川、陕西、山西、宁夏、甘肃、新疆等20个省（自治区），同时还受到东盟国家客户的青睐，越南已引进良凤花鸡父母代种鸡。

二、培育品种（配套系）概况

（一）体形外貌

1.父母代鸡外貌特征

（1）M_1系

公鸡：体形中等偏大，胸、腿肌发达，胸宽背平。羽毛光亮，胸、腹及腿羽黄麻色，背羽、鞍羽、覆主翼羽多为酱红色，颈羽偏金黄色，尾羽多为黑色。单冠直立，冠齿6～8个，冠、耳叶及肉髯鲜红色，成年公鸡胫长9cm，喙、胫色为黄色。

母鸡：体躯紧凑，腹部宽大，柔软，头部清秀，脚高中等。羽色黄麻，尾羽多为黑色羽。单冠鲜红，冠齿6～8个，耳叶及肉髯鲜红色，胫长7.5cm，喙、胫色为黄色。

（2）M_2系

公鸡：体形健壮，体躯硕大敦实，头部粗大高昂，冠叶粗厚挺立，胸宽挺，背平，胸、腿肌浑圆发达，脚粗直。羽毛鲜亮，胸、腹及腿羽为黄麻羽和麻黑羽，鞍羽、背羽、覆主翼羽多为酱红色，主翼羽和尾羽为黑色。成年公鸡胫长9.7cm，喙、胫色为黄色。

母鸡：体形相比M_1系母鸡稍大，羽色为黄麻羽，单冠鲜红，冠齿6～8个，耳叶及肉髯鲜红色，

胫长7.94cm，喙、胫色为黄色。

2.商品代鸡外貌特征　公鸡健壮，胸宽背平，背羽、鞍羽、覆主翼羽为酱红色，颈羽偏金黄色，主翼羽和尾羽为黑色，胸、腹及腿羽为黄麻羽，尾羽微翘，冠面大而直立，色泽鲜红；母鸡体躯紧凑，头部清秀，脚高中等，羽色为黄麻羽，尾羽多为黑色羽，单冠鲜红，冠齿6～8个，耳叶及肉髯鲜红色，喙、胫色为黄色（图1～图3）。

图1　良凤花鸡配套系父母代父系

图2　良凤花鸡配套系父母代母系

图3　良凤花鸡配套系商品代

（二）体尺体重

成年父母代鸡体重、体尺见表1。

表1　父母代鸡（300日龄）体重体尺测定（*n*=100）

性别	体重 (g)	体斜长 (cm)	胸宽 (cm)	胸深 (cm)	龙骨长 (cm)	骨盆宽 (cm)	胫长 (cm)
父系公鸡	4 320.0±280.0	26.3±1.3	9.8±0.6	12.1±0.9	19.5±0.8	10.2±0.9	9.7±0.6
母系母鸡	2 710.0±230.1	22.1±1.0	8.1±0.6	10.7±0.7	16.2±0.6	8.6±0.6	7.9±0.8

（三）生产性能

1.父母代种鸡生产性能　父母代种鸡主要生产性能见表2。

表2　父母代种鸡主要生产性能

项　目	公司测定性能	国家农业部家禽品质监督检验测试中心测定性能（平均数）
开产体重（g）	2 200～2 300	2 300.5
5%产蛋率平均日龄（d）	163	162
44周龄平均蛋重（g）	58.3	58.45
80%产蛋高峰平均周龄	29	29
25～66周龄平均饲养日产蛋率（%）	61.67	63.06
饲养日平均产蛋量（个）	184	185.39
全期种蛋合格率（%）	91～92	91.83
0～24周龄成活率（%）	96～98	98.81
产蛋期成活率（%）	92～94	94.00
平均种蛋受精率（%）	95.3	97.17
受精蛋孵化率（%）	91～92	91.74
入孵蛋孵化率（%）	85～87	89.14

2.商品代肉鸡生产性能　商品代肉鸡生产性能见表3。

表3　商品代鸡生产性能

周龄	性别	平均体重（g）	料重比
初生重	公	40.80±2.40	—
	母	40.58±2.49	—
	平均	40.69±2.94	—
7周龄	公	1 635.20±115.60	—
	母	1 260.60±77.80	—
	平均	1 447.90±234.73	—
10周龄	公	2 431.10±229.40	2.22
	母	1 680.30±118.13	2.62
	平均	2 055.70±347.40	2.42

（四）屠宰性能和肉质性能

70日龄良凤花鸡商品代肉鸡公、母鸡屠宰测定及肉质检测结果见表4。

表4 商品代屠宰测定及肉质测定结果（n=20）

性别	公	母	平均
宰前体重（g）	2 407.30±202.33	1 660.60±92.13	2 033.95±297.39
屠宰率（%）	91.72±0.93	91.03±1.37	91.38±1.86
半净膛率（%）	84.05±1.43	83.67±1.06	83.86±1.55
全净膛率（%）	65.60±1.52	66.01±1.46	65.81±1.95
腹脂率（%）	3.11±1.00	4.14±1.15	3.63±1.96
胸肌率（%）	20.08±2.35	19.72±1.88	19.90±2.96
腿肌率（%）	24.44±0.49	23.58±1.72	24.01±2.03

经广西壮族自治区分析测试研究中心检测，良凤花鸡商品代的肉质指标见表5。

表5 70日龄良凤花鸡商品代各营养成分比例

成分	公鸡	母鸡	平均
水分（%）	70.80	69.30	70.05
胸肌氨基酸（%）	20.56	20.87	20.72
肌苷酸（mg/kg）	2 550	3 240	2 895
总脂肪（%）	8.01	8.46	8.24
肌间脂肪（%）	1.56	1.90	1.73

（五）营养需要

良凤花鸡配套系父母代种鸡营养需要见表6，商品代肉鸡营养需要见表7。

表6 种鸡营养需要

项目		代谢能（kJ/kg）	粗蛋白（%）	赖氨酸（%）	蛋氨酸（%）	钙（%）	总磷（%）
育雏期	小鸡料	12 139.4	20.50	1.10	0.60	1.00	0.55
	中鸡料	12 139.4	18.00	0.90	0.50	1.00	0.55
育成期	后备料	10 883.6	16.00	0.80	0.40	1.00	0.55
产蛋期	种鸡料	11 092.9	16.00	0.83	0.40	3.50	0.55

表7 商品代肉鸡营养需要

品种	代谢能（kJ/kg）	粗蛋白（%）	赖氨酸（%）	蛋氨酸（%）	钙（%）	总磷（%）
小鸡料	12 139.4	21.00	1.10	0.60	1.00	0.55
肉鸡料	12 139.4	19.00	0.90	0.50	1.00	0.55

三、培育技术工作情况

（一）培育技术路线

育种素材的收集→专门化品系培育→品系杂交组合试验及配套模式的选定→新品种的推广应用。

（二）育种素材及来源

用上海新杨种畜场引进的白羽肉用鸡品种海波罗和星波罗与当地的广西三黄鸡交配，收集所产的种蛋孵出的鸡苗中出现有色羽的个体，通过专门化品系选育方法进行育种，形成了M_1、M_2两个麻羽品系。

（三）配套系模式

在实际生产中采用的是二系配套生产，即以M_2系为父本和M_1系为母本进行杂交配套生产商品代。

通过杂交和配合力测定，同时结合市场对商品代早期速度、体形外貌特征的要求，最终选定以下模式进行中试应用：

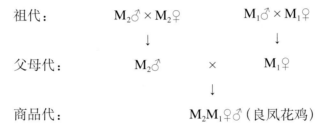

祖代： $M_2♂×M_2♀$　　　$M_1♂×M_1♀$

父母代： $M_2♂$　　　×　　　$M_1♀$

商品代： $M_2M_1♀♂$（良凤花鸡）

（四）培育过程

培育单位于1979—1980年从上海新杨种畜场引进白羽肉用鸡品种海波罗和星波罗，1980—1982年间把种鸡放到南宁市郊区农户进行饲养，当地广西三黄鸡公鸡混入鸡群与放养的母鸡交配，后代出现体形较小的有色羽个体，这些个体比白羽鸡更受顾客欢迎。1987年，根据市场要求进行定向选育，优选出45只羽色相对整齐的黄麻羽公鸡和350只母鸡进行封闭繁殖，采用了以生长速度和羽色为主的高强度选育，到1988年组成了4 500只种鸡基础群，1990年育成种鸡增加到12 000只。在随后的世代繁育过程中，根据市场需要，淘汰了黄、黑、白、灰、芦花羽色，保留黄麻羽个体。2001年建立家系，按育种目标进行专化品系培育，现在已经形成了M_1、M_2两个麻羽品系。2004年，开始进行杂交配套和中间试验。

1.基本选育程序

（1）*初生时的选择*　主要选择背部有两条黑色或棕色绒羽带，腹部黄色和灰色，俗称蛙背的个体。

（2）*30日龄及8周龄的选育*　30日主要通过羽色及手感初选，淘汰个体较小的，羽色、胫色不合格的个体，转到育成舍饲养，8周龄以前不限食，8周龄时全部个体称重，选留高于平均重10%以上的个体，8周龄后开始进行限制饲养。

（3）*22周龄的选择*　22周龄全部要转上种鸡单笼，再对羽色进行一次选择，淘汰羽色不符合要求、太瘦、不达开产体重的个体。

（4）*组建新世代家系（母系）*　根据各品系的产蛋性能进行选种，首先根据各家系的平均产蛋性能进行家系选择，选留高于平均产蛋性能的家系，再根据与配公鸡的遗传性能，确定留种家系。同时结合选留家系后代的数量进行选留，家系中产蛋性能不好的个体淘汰。选留家系中优秀个体的后代作为组建新世代核心群成员，在避免全同胞、半同胞的情况下，采用随机交配，组建新家系。

2.选育方法

（1）M₁系的选育　2001年，从初步鉴定的良凤花鸡群体12 000只种鸡中选出羽色为麻色、麻黄色，体形较好的40只公鸡和400只母鸡组成核心群，每只公鸡配10只母鸡，采用单笼饲养、人工授精，每4d输精一次。每个家系的母鸡分别收集种蛋，系谱孵化，记录受精蛋、死胚蛋、落盘数等情况，出雏后每只雏鸡都戴上翅号，并按翅号进行登记，明确其血缘关系。根据30日龄和8周龄体重、300日龄产蛋量、蛋重、受精率及孵化率等性状的记录，选出最优秀的16个家系。选留的16个家系中淘汰个别成绩较差的个体，再从落选的24个家系中选出少数性能优秀的个体组成新一代的核心群，再以60只公鸡每只配10只母鸡，在避免全同胞、半同胞的情况下，采取随机交配，组成新的60个家系，展开下一个世代的选种。在留种及选种过程要求公鸡的留种率为15%以内，母鸡的留种率为40%以内。

在继代选育的过程中，用测交法和系谱孵化等手段剔除品系中含有隐性白羽基因等遗传变异的个体。

（2）M₂系的选育　各个世代的繁殖后代饲养到7周龄，首先进行羽毛的选种（30日龄），淘汰不合格个体后，在群体中选择鸡冠直厚、面积较大，性发育明显的个体进入选种群，进行生长速度的选种。

全群个体称重并排序，公鸡从大到小按98%～85%的体重区间留种。

22周龄上种鸡笼时，首先鉴定全部个体的生长发育和健康状况，淘汰不合格个体，然后进行体形（主要是胸肌、腿肌及胸腹的容积）和其他性状的鉴定，确定最终进入单笼测定的个体。在选种过程中，适当照顾优秀家系中选留数量，以保证群体的血统，防止近交现象的发生。

繁殖性能的选择以公鸡的采精量和精子活力为标准，通过检查家系，选择不同家系中精液质量较好的个体参加继代繁殖。母鸡的选种除兼顾家系繁殖性能外，同时检查个体的蛋形和蛋重，提高种蛋合格率是选育目标之一。

（五）群体结构

配套系审定时良凤花鸡核心群种鸡存栏8 200只，祖代母系存栏2.5万套，父系种鸡存栏5 000套。父母代种鸡存栏20万套，以合作方式在西北放养种鸡10万套。现鸡苗产销量约3 000万只/年，至2007年年底，累计销售商品代鸡苗约1.65亿只。

（六）饲养管理

1.饲养方式　有平养、放养、棚养方式，以平养为主（表8）。

表8　商品代肉鸡饲养密度

日龄	饲养方式		
	平养（只/m²）	放养（只/m²）	棚养（只/m²）
0～30日龄	25	30	25
31～60日龄	12	23	16

2.器具　育雏期喂料和饮水用料槽或料桶和真空式饮水器，一般每只鸡需5cm料位或30～50只/料桶（口径30～50cm），40只/饮水器；30d后每只鸡占料位12～13cm或15只/料桶，20只/水桶。

3.育雏期（1～28日龄）**的管理**

（1）雏鸡各周龄的适宜温度参考　见表9。

表9　育雏温度参考

周龄	育雏器温度（℃）	室温（℃）
1～3日龄	35	24
4～7日龄	35～33	24
2	32～29	24～21
3	29～27	21～18
4	27～25	18～16

（2）饮水与开食　刚出壳的雏鸡应先供给清洁的饮水，水中可加3%～5%的红糖、复合多维、预防量的抗生素等，8h后开始喂料开食。

（3）喂料　1～10日龄喂6～8次/d，11～20日龄喂4～6次/d，21～35日龄3～4次/d。

（4）观察鸡群　每天早上首先要看鸡群分布是否均匀，温度是否适合，鸡群是否有问题，经观察鸡群正常后才开始饲喂。

（5）湿度　育雏前10d鸡舍内的湿度60%～65%，以后为55%～60%。在烧煤炉保温时舍内湿度一般不足，容易引发呼吸道问题，此时要在煤炉上放一桶或一盆水，利用煤炉的热量蒸发出水蒸气而提高鸡舍的湿度。

（6）通风换气　换气以保证鸡群温度为前提，人进入鸡舍内不感到沉闷和不刺激眼鼻。舍内氨气浓度在25g/m³以下。

（7）光照　光照1～3d每天24h，4d后每天光照23h，黑暗1h。

（8）换料　29d开始换肉鸡料，换料过渡3d，即1/3、2/3、3/3比例拌料过渡。

4.育肥期（29～65d）的饲养管理

（1）这段时期鸡只生长较快，应由小鸡料改换成肉鸡料，少喂多餐，晚上要补喂一餐，以供给充足的营养，要保证足够的料位和饮水。

（2）由于鸡只代谢旺盛，垫料易潮湿和块结，应经常更换垫料，保持鸡舍空气清新，防止暴发球虫病和其他呼吸道疾病。

5.疾病防治

（1）防疫　严格按免疫程序作好各种疾病的防治工作；有针对性地作好各种细菌性疾病的药物预防。活疫苗要求在45min内接种完，不能用含消毒药的水作饮水免疫；饮水免疫前要把水箱、水管、饮水器等彻底洗净，鸡群断水1～2h。

（2）每天作好鸡舍内外环境卫生工作，清洗饮水器具。

（3）定期清理鸡粪，保证鸡粪或垫料干燥。

（4）对病死鸡进行焚烧、深埋等无害化处理。

（5）免疫程序推荐见表10。

表10　免疫程序推荐

日龄	疫苗	接种方式
1	马立克氏病	皮下注射
	新支二联苗	滴眼滴鼻
5	POX小鸡痘苗	刺种
7～10	ND.IBV二联苗	滴眼滴鼻

（续）

日龄	疫苗	接种方式
7～10	ND.IBV.ILT油苗	皮下注射
12～14	IBD	饮水
25	ND（La Sota）	滴眼滴鼻
45	Ⅱ系或La Sota	滴眼滴鼻

（七）培育单位概况

南宁市良凤农牧有限责任公司是一家具有自主研发能力，集研、产、销为一体的科技型家禽养殖企业，创立于1974年，前身为南宁市国营养鸡厂，位于广西南宁市郊良凤江畔，占地面积226 000m²。公司育种中心占地5.33hm²，拥有鸡舍36栋，建筑面积18 840m²，其中育雏舍1 130m²、育成舍5 635m²、种鸡舍12 074m²、育种中心孵化场1 369m²，小鸡笼位有42 880个，后备鸡笼位有45 000个，种鸡笼位有66 000个，其中单笼有6 900个，测定鸡舍250m²，祖代孵化场配备了24台依爱牌192型孵化机。父母代种鸡场有70 000个种鸡笼位。公司兽医室可进行常规的抗体监测和疫病诊断。现育种中心在使用和贮备的品系达20多个，分别为快大麻羽系列、快大黄羽系列、快大青脚鸡和乌鸡系列、矮脚型系列和优质型系列。

公司已通过广西无公害农产品产地认证和ISO9001：2000质量管理体系认证，是广西重点种禽场、广西健康种禽场。现有员工250多人，其中科研、生产、推广服务方面各类专业技术人员40人，专业技术人员中具有高级职称4人，在育种中心专门从事鸡品种培育与开发的大专以上技术人员12人。育种中心及父母代种鸡场生产人员100多人。

培育单位地址：广西南宁市大王滩路1号。

主要培育人员：林二克、庞继钧、毛文荣、冯娟、林铁昌、梁蔚华、彭新军、姚凤琴、吴林舅、梁亮、覃尚智、冯务玲、冯波、覃浩宙、陈国生、周敏善、覃健、张月仙。

四、推广应用情况

良凤花鸡1990年开始投放市场试销，当年约销售商品苗50万只，至2007年年底累计销售商品代鸡苗约1.65亿只。商品代鸡苗畅销广西近100个县市及远销华南、华中、西南、西北、东北等多个地区，同时还受到越南等东盟国家客户的青睐。

五、对品种（配套系）的评价和展望

良凤花鸡的成功主要是依靠培育方向紧贴市场的走向，不断调整育种目标并进行改良，采取边培育边推广的办法不断把产品推向市场，由市场来检验产品的可靠性和适用性，再综合市场反馈回来的信息，运用现代遗传育种技术不断地进行改良，使之不断适合市场的需要。市场范围在不断扩大，父母代和商品代出现了供不应求的局面，急需进一步扩大种鸡饲养规模，同时还要针对市场的要求不断地进行改良，目前良凤花鸡的市场缺口达7 000万～8 000万只，且还在不断地扩大，这充分说明良凤花鸡的发展前景是十分广阔的。

金陵麻鸡

一、一般情况

（一）品种（配套系）名称

金陵麻鸡为肉用型配套系。由M系、A系、R系组成三系配套系。

（二）培育单位、培育年份、审定单位和审定时间

培育单位为广西金陵农牧集团有限公司（原广西金陵养殖有限公司）。培育年份为1989—2006年。2006年4月，通过广西水产畜牧兽医局审定；2009年6月，通过国家畜禽遗传资源委员会审定，10月农业部公告第1278号确定为新品种配套系，证书编号（农09）新品种证字第31号。

（三）产地与分布

种苗产地在南宁市西乡塘区金陵镇。父母代、商品代除在广西销售外，还远销到云南、贵州、四川、重庆、湖南、河南、浙江等省、直辖市。

二、培育品种（配套系）概况

（一）体形外貌

M系公鸡颈羽红黄色，尾羽黑色有金属光泽，主翼羽黑色，背羽、鞍羽深黄色，腹羽黄色杂有麻黑色；体形中等，方形、身短，胸宽背阔；冠、肉垂、耳叶鲜红色，冠高，冠齿5～9个，喙青色或褐色；胫、趾青色，胫粗、稍短；皮肤白色。

A系公鸡颈羽红黄色，尾羽黑色有金属光泽，主翼羽黑色，背羽、鞍羽深黄色，腹羽黄色杂有麻黑色；体形长方形、较长，胸宽背阔；冠、肉垂、耳叶鲜红色，冠高，冠齿5～9个，喙青色或褐色；胫、趾青色，胫较粗、短；皮肤白色。

R系母鸡全身白羽；体形较大，方形；冠、肉垂、耳叶鲜红色，冠高、直立，冠齿5～8个；喙黄色；胫、趾黄色；皮肤黄色。

商品代公鸡颈羽红黄色，尾羽黑色有金属光泽，主翼羽黑色，背羽、鞍羽深黄色，腹羽黄色杂有黑点；体形方形，胸宽背阔；冠、肉垂、耳叶鲜红色，冠高，冠齿5～9个，喙青色或褐色，钩状；胫、趾青色；皮肤白色。商品代母鸡羽色以麻黄为主，少数鸡只为麻色、麻褐色、麻黑色；体形较大，方形；冠、肉垂、耳叶鲜红色，冠高，冠齿5～8个，喙青色、褐色或黄褐色，钩状；胫、趾青色；皮肤白色。

雏鸡头部麻黑相间，背部有两条白色绒羽带，中间为麻黑色，胫黑色，喙黑色（图1～图6）。

图1　金陵麻鸡配套系父母代公鸡

图2　金陵麻鸡配套系父母代母鸡

图3　金陵麻鸡配套系商品代公鸡

图4　金陵麻鸡配套系商品代母鸡

图5　金陵麻鸡配套系商品代群体（公）

图6　金陵麻鸡配套系商品代群体（母）

（二）体尺体重

成年金陵麻鸡体尺、体重见表1。

表1　成年金陵麻鸡体尺、体重

项目	父母代父系公鸡	父母代父系母鸡	父母代母系公鸡	父母代母系母鸡
鸡数（只）	30	30	30	30
体斜长（cm）	26.90±0.49	22.89±0.45	26.45±0.53	22.20±0.50
胸宽（cm）	12.68±0.24	11.75±0.23	12.32±0.21	11.05±0.28
胸深（cm）	12.60±0.54	11.28±0.22	12.23±0.48	10.80±0.67
胸角（°）	94±3	87±5	93±4	89±3
龙骨长（cm）	17.84±0.57	13.27±0.51	17.14±0.52	13.01±0.32
骨盆宽（cm）	6.44±0.45	5.91±0.27	6.27±0.34	5.41±0.25
胫长（cm）	11.40±0.38	9.26±0.16	11.29±0.45	8.90±0.33
胫围（cm）	5.90±0.18	4.55±0.13	5.27±0.24	4.30±0.22
体重（g）	3 920±218	2 838±135	3 840±203	2 450±195

（三）生产性能

1.纯系生产性能　A系、R系、M系主要生产性能见表2。

表2　配套系各纯系的主要生产性能情况

项　目	性能标准		
	A系	R系	M系
0~24周龄成活率（%）	93.9	92.7	93.9
25~66周龄成活率（%）	93.6	92.9	94.6
开产日龄（d）	170	175	175
5%开产周龄体重（g）	2 210	2 260	2 350
43周龄体重（g）	2 602	2 633	2 668
50%产蛋周龄（w）	27	28	28
高峰产蛋率（%）	75	82	70
66周入舍鸡（HH）*产蛋量（个）	165	173	158
43周龄平均蛋重（g）	55.7	58.9	56.8
种蛋合格率（%）	94.5	95.4	94.2
种蛋受精率（%）	94.6	94.7	94.2
入孵蛋孵化率（%）	87.9	86.9	85.8
0~24周龄耗料量（kg）	12.5	13.5	14.5
产蛋期日采食量（g）	135	140	143

注：来源于广西金陵养殖有限公司以上品系第3世代测定数据的平均数。

2.父母代种鸡生产性能　金陵麻鸡父母代种鸡主要生产性能见表3。

*：HH指累计产蛋数。

表3 父母代种鸡主要生产性能

项　目	生产性能
0～24周龄成活率（%）	96
24～66周龄成活率（%）	92.7
5%开产日龄（d）	172
5%开产周龄体重（g）	2 240
43周龄体重（g）	2 620
50%产蛋周龄（w）	28
高峰产蛋率（%）	80
66周入舍鸡（HH）产蛋量（个）	168
43周平均蛋重（g）	56.8
种蛋合格率（%）	95.3
种蛋受精率（%）	93.9
入孵蛋孵化率（%）	87.7
0～24周龄耗料量（kg）	14.0
产蛋期日采食量（g）	138

注：来源于公司2008年全场金陵麻鸡父母代种鸡平均数据。

3.商品代肉鸡生产性能 金陵麻鸡商品代肉鸡生产性能见表4。

表4 商品代生产性能

指标	企业测定结果			国家家禽测定站测定结果		
	公	母	平均	公	母	平均
出栏日龄（d）	55～65	60～75	60	56	56	56
体重（kg）	1.9～2.3	1.8～2.3	2.0	2.1	1.7	1.9
料重比	(2.2～2.3)∶1	(2.3～2.5)∶1	2.3∶1	2.11∶1		2.11∶1

注：来源于公司2008年"公司+基地+农户"平均数据和国家家禽生产性能测定站（扬州）2008年8～11月测定结果。

（四）屠宰性能和肉质性能

70日龄的金陵麻鸡商品代肉鸡公、母鸡各30只，屠宰测定及肉质检测结果见表5。

表5 金陵麻鸡商品代屠宰测定及肉质检测结果

性别	公	母	平均
体重（g）	2 100±155	1 700±134	1 900
屠宰率（%）	89.38±2.80	89.91±2.21	89.65
半净膛率（%）	82.57±1.86	82.51±1.78	82.54

（续）

性别	公	母	平均
全净膛率（%）	69.42±1.35	67.88±2.14	68.65
胸肌率（%）	16.82±1.75	17.15±1.37	16.99
腿肌率（%）	20.85±1.49	20.58±1.38	20.72
腹脂率（%）	2.03±1.03	3.69±1.34	2.86
肉骨比	5.15：1	4.77：1	4.96：1
水分（%）	73.3	72.8	73.1
肌苷酸（mg/100g）	358	376	367
氨基酸（%）	20.49	21.55	21.02
肌间脂肪（%）	0.88	0.94	0.91

注：来源于公司2008年9月25日测定的商品代数据。

（五）营养需要

金陵麻鸡各阶段日粮营养水平分别见表6、表7。

表6 种鸡各阶段日粮营养水平

项目	小鸡料	中鸡料	后备料	种母鸡料	种公鸡料
代谢能（MJ/kg）	12.34	12.13	10.87	11.09	11.02
粗蛋白（%）	19.50	18.00	15.00	16.50	14.20
赖氨酸（%）	1.10	0.90	0.80	0.83	0.82
蛋氨酸（%）	0.60	0.50	0.40	0.40	0.40
钙（%）	1.00	1.00	1.00	3.20	1.24
总磷（%）	0.55	0.55	0.50	0.55	0.51

表7 商品肉鸡各阶段营养水平

项目	0~4周	5~6周	7周至上市
代谢能（MJ/kg）	12.13	12.13	12.76
粗蛋白（%）	20	18	16.5
钙（%）	1.0	0.90	0.90
总磷（%）	0.60	0.56	0.56
赖氨酸（%）	1.10	0.90	0.85
蛋+胱氨酸（%）	0.7	0.65	0.60

三、培育技术工作情况

（一）育种素材及来源

M系来源于华青麻鸡和良凤花鸡。1999年，先后引进华青麻鸡和良凤花鸡，经杂交，选留后代中的青脚母鸡，再与华青麻鸡公鸡回交，选择外貌特征符合要求的后代进行闭锁繁育，选留优良个体组建核心群，建立家系。

A系来源于华青麻鸡。在华青麻鸡纯繁后代中选择优良个体进行闭锁繁育，纯合青胫性状遗传基因，选择优良个体组建家系核心群，建立家系。

R系是2003年从法国克里莫公司引进的隐性白鸡，主要质量性状有隐性白羽、快羽、金银色基因、显性芦花伴性斑纹基因，2004年选择优良个体组建家系基础群。

（二）技术路线

1.配套系组成 金陵麻鸡配套系属三系配套系。该配套系以A系（公）和R系（母）生产的F₁代母鸡作为母本，以M系为终端父本，向市场提供金陵麻鸡父母代种鸡和商品代肉鸡。

2.配套模式 金陵麻鸡配套系配套模式如下。

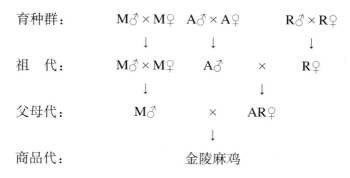

育种群：　　M♂×M♀　A♂×A♀　　　R♂×R♀
　　　　　　　　↓　　　　↓　　　　　↓
祖　代：　　M♂×M♀　　A♂　　×　　R♀
　　　　　　　　↓　　　　　　↓
父母代：　　　M♂　　　×　　　AR♀
　　　　　　　　　　　　↓
商品代：　　　　　金陵麻鸡

3.选育技术路线 配套系选育技术路线图如下图所示。首先广泛收集青脚麻鸡、白羽肉鸡等多种基础育种素材，并对其进行评估和整理。育种素材准备好之后，开始进行专门化品系的培育，在这个过程中针对体形外貌、羽毛颜色、胫色、繁殖性能、肉用性能等性状进行选育，最终形成体形外貌和生产性能都能稳定遗传的专门化品系。通过测定，获得各个专门化品系的生产性能指标，并根据公司的育种需要设计不同的杂交组合，开展大规模的配合力测定。利用重复和扩大试验筛选和验证最优配套系杂交组合模式，并研究、集成与本品种相关的饲养管理技术，进行配套系的中试推广应用。

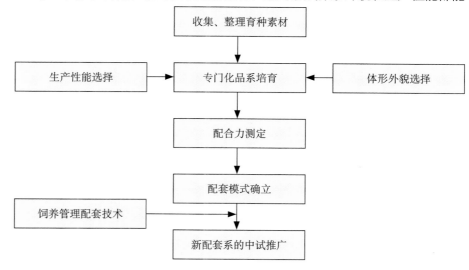

（三）培育过程

（1）第一阶段　引进育种素材，1999—2001年。

购进华青麻鸡和良凤麻鸡。公鸡选择红冠黑尾羽、白皮肤、黑脚胫；母鸡选择麻黄、麻黑羽、红冠、白肤与黑脚胫。

（2）第二阶段　纯系选育，2001—2005年。

从F_2闭锁群中选择红冠、白肤、黑脚、黄麻花羽的优良个体，采用个体与家系小群测定，以及避免近亲繁殖的半同胞选配制度，每年繁殖一个世代，每个世代8周龄时从后备鸡群中选留冠高面红、冠齿疏、羽色麻黄或麻黑，体重在群体平均体重以上的健康公鸡和母鸡组建核心群，在核心群中建立家系进行选育，经世代繁殖选育，形成父系T_2系（在注重体重的同时注重其姐妹的产蛋性能）；同时，从华青麻鸡中选择优良个体进行闭锁繁育，采用个体与家系小群测定，以及避免近亲繁殖的半同胞选配制度，每年繁殖一个世代，每个世代8周龄时从后备鸡群中选留冠高面红、冠齿疏、羽色麻黄或麻黑，体重在群体平均体重以上的健康公鸡和母鸡组建核心群，在核心群中建立家系进行选育，经世代繁殖选育，形成另一个配套父系T_1系。

（3）第三阶段　配套杂交，2004年后。

$$F_2♀（白肤，黑胫）× 华青麻鸡♂（白肤，黑胫）$$
$$↓$$
$$F_2♂♀（白肤，黑胫）$$

（四）群体结构

2009年，广西金陵农牧集团有限公司存栏金陵麻鸡父母代约11.8万套，年产雏鸡1 590多万只。2015年，父母代存栏数约15万套，年产雏鸡达2 570多万只。

（五）饲养管理

（1）0～5周龄育雏期　保温育雏从34℃逐减至25℃，0～28d用小鸡料、29～35d用中鸡料自由采食，保证雏鸡体重达标及成活率。

（2）6～22周育成期　笼养，控制鸡舍光照时间8h；逐步过渡使用育成料，以及限制鸡体重增长的饲养管理方法，使鸡的体重增长均匀度在标准范围内，达到适时一致开产。

（3）23～66周龄产蛋期　笼养，采用人工授精技术。23周龄开始，逐渐增加光照至产蛋高峰（29周龄）15～16h，以后恒定；使用种鸡料，对种鸡耗料量按产蛋水平进行调控管理，保证种鸡生产性能的正常发挥。要求23周龄见蛋，26～27周产蛋率达50%，28～29周龄进入产蛋高峰期（产蛋率达70%以上）。

（六）参考免疫程序

参考免疫程序见表8、表9。

表8　父母代鸡免疫程序参考

日龄	疫苗种类	接种形式
1	CVI988	颈部皮下注射
1	MD	皮下注射

（续）

日龄	疫苗种类	接种形式
1	新支二联活苗	点右眼
8	H120+C30+28/86、ND油苗	点左眼、皮下注射
13、22	IBD	饮水
27	La Sota、AI油苗	点右眼、左肌内注射
32	IC（K）	右肌内注射
37	ILT	点左眼
62	新支二联活苗、IB（K）	点右眼、左肌内注射
72	IC（K）	右肌内注射
82	ND油苗、AI油苗	左肌内注射、右肌内注射
108	H120+C30+28/86	点左眼
140	ND+IB+IBD+EDS（K）	右肌内注射
150	AI（K）	左肌内注射
158	La Sota	点右眼
220	La Sota	点左眼
280	La Sota	点右眼

注：应根据实际实际情况和抗体监测结果，灵活调整ND、AI的免疫接种时间。

表9 商品代鸡免疫程序推荐

日龄	疫苗种类	剂量（头份）	使用方法
1	马立克氏病	1.0	颈皮下注射
3	新支二联苗	1.0	滴眼、滴鼻
12	法氏囊	1.5	加脱脂奶粉饮水
15	禽流感油苗	1.0	皮下注射
30	新城疫Ⅰ系苗	1.2	肌内注射
50	禽流感油苗	1.0	皮下注射

注：免疫程序仅供参考，养殖户要根据本地疫病流行情况修订。

（七）培育单位概况

广西金陵农牧集团有限公司位于南宁市西乡塘区金陵镇陆平村，距南宁市中心31km。公司前身是南宁市金陵黄雄种鸡场，创办于1997年，现总注册资本金为2.2亿元，总占地面积为153.33hm²；是一家集种鸡育种与肉鸡养殖、种猪繁育和肉猪养殖、饲料加工、有机肥料加工于一体的大型现代化农牧集团；是国家肉鸡产业技术体系南宁综合试验站、中国黄羽肉鸡行业二十强优秀企业、中国畜牧行业百强优秀企业、农业部肉鸡养殖标准化示范场、全国科普惠农兴村示范单位、广西农业产业化重点龙头企业、广西优良种鸡培育中心、广西无公害肉鸡养殖基地、广西重点种禽场、南宁市"菜篮子"工程建设基地、广西科技种养大王、通过ISO9001：2008质量管理体系认证企业。公司拥有一支专业齐全、开发力量较雄厚的科技转化队伍。2015年末有科研、生产、推广服务方面专业技术人员218人，其中高级职称3人，中级职称16人，初级职称47人。中专学历技术人员125人，大专学历技术人员56人，本科学历技术人员28人，硕士研究生学历技术人员9人。

培育单位地址：南宁市西乡塘区金陵镇陆平村。

主要培育人员：黄雄、陈智武、蔡日春、彭传南、秦第光、粟永春、孙学高、荆信栋、莫永光、曹孟洪、余洋、邱永政。

四、推广应用情况

金陵麻鸡是我国西南地区和中部地区比较受欢迎的鸡品种之一，雏鸡销售区域除广西外，在云南、贵州、四川、重庆、湖南等省、直辖市均有销售。2015年产销雏鸡2 570多万只。

五、对品种（配套系）的评价和展望

金陵麻鸡是应用现代育种技术，采用边选育边推广的方式，培育出体形酷似土鸡、且具有优良的繁殖性能和较快生长速度的配套品系。金陵麻鸡的优点是生长速度快，料重比高，抗逆性强，营养价值高；冠为鲜红色，并且冠高而大，直立不倒，具有较好的外观，深受养殖户和消费者的欢迎，产品一直畅销。

金陵黄鸡

一、一般情况

（一）品种（配套系）名称

金陵黄鸡为肉用型配套品系。由H系、D系、R系组成三系配套系。

（二）培育单位、培育年份、审定单位和审定时间

培育单位为广西金陵农牧集团有限公司，培育年份为1989—2006年。2006年4月，通过广西水产畜牧兽医局审定；2009年6月，通过国家畜禽遗传资源委员会审定，10月农业部公告第1278号确定为新品种配套系，证书编号（农09）新品种证字第32号。

（三）产地与分布

种苗产地在南宁市西乡塘区金陵镇。父母代、商品代除在广西销售外，还远销到广东、云南、四川、重庆、贵州、湖南、河南、浙江等省、直辖市。

二、培育品种（配套系）概况

（一）体形外貌

父母代成年公鸡颈羽金黄色，尾羽黑色有金属光泽，主翼羽、背羽、鞍羽、腹羽均为红黄色、深黄色；体形呈方形、较小；冠、肉垂、耳叶鲜红色，冠大、冠齿6～9个；喙黄色；胫、趾黄色，胫细、长；皮肤黄色。

父母代成年母鸡颈羽、主翼羽、背羽、腹羽及鞍羽为黄色，尾羽有部分黑色；单冠红色、冠齿5～8个；髯、叶红色；虹彩橘黄色；喙黄色；胫、趾黄色，胫粗、短。

商品代公鸡颈羽金黄色，尾羽黑色有金属光泽，主翼羽、背羽、鞍羽、腹羽均为红黄色、深黄色；体形方形、较大；冠、肉垂、耳叶鲜红色，冠大、冠齿6～9个，喙黄色，胫、趾黄色，胫细、长；皮肤黄色。

商品代母鸡颈羽、主翼羽、背羽、鞍羽、腹羽均为黄色、深黄色，尾羽尾部黑色；体形为楔形，较小；冠、肉垂、耳叶鲜红色，冠高、冠齿5～9个，喙黄色；胫黄色，胫细、长；皮肤黄色。

雏鸡绒毛呈黄色，胫、喙黄色（图1～图6）。

图1　金陵黄鸡配套系父母代公鸡

图2　金陵黄鸡配套系父母代母鸡

图3　金陵黄鸡配套系商品代公鸡

图4　金陵黄鸡配套系商品代母鸡

图5　金陵黄鸡配套系商品代群体（公）

图6　金陵黄鸡配套系商品代群体（母）

（二）体尺体重

成年金陵黄鸡体尺、体重见表1。

表1　成年金陵黄鸡体尺、体重（*n*=30）

项目	父母代父系公鸡（H系）	父母代父系母鸡（H系）	父母代母系公鸡（D系）	父母代母系母鸡（D系）
体斜长（cm）	23.80±0.88	20.28±0.46	23.90±0.76	20.20±0.59
胸宽（cm）	11.80±0.67	9.38±0.30	9.87±0.39	7.75±0.29
胸深（cm）	12.30±0.75	9.42±0.28	11.30±0.98	9.80±0.75
胸角（°）	85±3	84±3	86±4	83±2
龙骨长（cm）	16.40±0.56	10.70±0.35	17.95±0.58	14.51±0.39
骨盆宽（cm）	5.80±0.26	5.20±0.35	5.92±0.36	4.90±0.28
胫长（cm）	10.30±0.38	7.86±0.23	7.00±0.58	5.80±0.35
胫围（cm）	4.90±0.21	3.92±0.12	4.80±0.31	3.60±0.25
体重（g）	3 150±203	1 915±180	2 905±169	1 648±124

（三）生产性能

金陵黄鸡父母代种鸡主要生产性能见表2。

表2　父母代种鸡主要生产性能

项　　目	生产性能
0～24周龄成活率（%）	95～97
24～66周龄成活率（%）	93～96
5%开产周龄（w）	23～24
5%开产周龄体重（g）	1 530～1 640
480日龄体重（g）	2 100～2 200
50%产蛋周龄（w）	26～27
高峰期平均产蛋率（%）	80
66周入舍鸡（HH）产蛋量（个）	172
平均蛋重（g）	52.8
种蛋合格率（%）	94～96
种蛋受精率（%）	92～95
入孵蛋孵化率（%）	88～90
0～24周龄耗料量（kg）	11～11.5
产蛋期日采食量（g）	98～105

金陵黄鸡商品代母鸡80d平均体重（1 720±85）g，料重比（2.63±0.12）∶1；公鸡70d平均体重为（1 790±125）g，料重比（2.41±0.24）∶1，成活率98%以上。周龄体重见表3。

表3　商品代周龄体重

周龄	公鸡体重（g）	母鸡体重（g）
2	190±23	180±20

（续）

周龄	公鸡体重（g）	母鸡体重（g）
4	460±36	410±32
6	830±56	709±45
8	1 210±75	1 060±73
10	1 790±125	1 420±90
12	—	1 730±110

金陵黄鸡商品代肉鸡生产性能见表4。

表4　金陵黄鸡商品代生产性能

指标	企业测定结果			国家家禽测定站测定结果		
	公	母	平均	公	母	平均
出栏日龄（d）	60~75	65~95	75	84	84	84
体重（kg）	1.50~2.00	1.40~2.00	1.65	2.27	1.83	2.05
料重比	(2.3~2.5)∶1	(2.5~3.3)∶1	2.7∶1	2.83∶1	3.15∶1	2.99∶1

（四）屠宰性能和肉质性能

屠宰测定商品公（70d）、母（80d）鸡各30只，其结果和肉质分析结果见表5。

表5　金陵黄鸡商品代屠宰测定及肉质测定结果

性别	公	母	平均
鸡数（只）	30	30	30
日龄（d）	70	80	75
体重（g）	1 790±125	1 720±104	1 755
屠宰率（%）	89.0±7.1	90.1±8.2	89.6
半净膛率（%）	81.6±5.6	82.9±4.8	82.3
全净膛率（%）	68.6±2.5	69.4±1.7	69.0
胸肌率（%）	15.6±1.45	16.2±1.66	15.9
腿肌率（%）	20.4±1.38	19.8±3.40	20.1
腹脂率（%）	3.18±1.50	3.98±1.49	3.6
肉骨比	4.96∶1	4.75∶1	4.86∶1
水分（%）	73.4	72.5	73.0
肌苷酸（mg/kg）	3 560	4 170	3 865
氨基酸（%）	20.82	20.06	20.44
肌间脂肪（%）	1.14	0.95	1.05

（五）营养需要

营养需要见表6、表7。

表6　父母代种鸡饲养标准

项目	代谢能（MJ）	粗蛋白（%）	赖氨酸（%）	蛋氨酸（%）	钙（%）	总磷（%）
小鸡料	12.13	19.50	1.10	0.60	1.00	0.55
中鸡料	12.13	18.00	0.90	0.50	1.00	0.55
后备料	10.87	15.00	0.80	0.40	1.00	0.50
种鸡料	11.09	16.50	0.83	0.40	3.20	0.55

表7　商品肉鸡饲养标准

项目	0~4周	5~7周	8周至上市
代谢能（MJ/kg）	12.13	12.34	12.76
粗蛋白（%）	20.0	18.0	16.5
钙（%）	1.0	0.90	0.90
总磷（%）	0.60	0.56	0.56
赖氨酸（%）	1.10	0.90	0.85
蛋+胱氨酸（%）	0.7	0.65	0.60

三、培育技术工作情况

（一）育种素材及来源

金陵黄鸡基础素材中，H系来源于博白三黄鸡。1997—1999年，将购进的广西玉林博白三黄鸡进行选择，公鸡选择金黄羽、红冠、体质健壮、肌肉丰满，母鸡选择金黄羽、冠红、体形较好；公、母鸡皮肤、胫均为黄色。2000—2003年，将选留群体进行闭锁繁育，逐渐淘汰变异个体，群体外貌特征基本稳定，2004年组建家系。

D系来源于深圳康达尔公司的矮脚黄鸡。1997年，从广东深圳康达尔公司引进矮脚黄鸡，在其后代中选择优良个体进行闭锁繁育，于2004年在闭锁群中根据产蛋性能和生长速度选择优良个体建立核心群，组建家系D系。

R系是2003年从法国克里莫公司引进的隐性白鸡，主要质量性状有隐性白羽、快羽、金银色基因、显性芦花伴性斑纹基因，2004年选择优良个体组建家系基础群。

（二）技术路线

1.配套模式　金陵黄鸡配套系属三系配套系。该配套系以D系（公）和R系（母）生产的F₁代母鸡作为母本，以H系为终端父本，向市场提供金陵黄鸡父母代种鸡和商品代肉鸡。其配套模式如下。

2.选育技术路线 首先广泛收集黄羽肉鸡、白羽肉鸡、矮脚鸡等多种基础育种素材，并对其进行评估和整理。育种素材准备好之后，开始进行专门化品系的培育，在这个过程中针对体形外貌、羽色、胫色、繁殖性能、肉用性能等性状进行选育，最终形成体形外貌和生产性能都能稳定遗传的专门化品系。通过测定，获得各个专门化品系的生产性能指标，并根据公司的育种需要设计不同的杂交组合，开展大规模的配合力测定。利用重复和扩大试验筛选和验证最优配套系杂交组合模式，并研究、集成与本品种相关的饲养管理技术，进行配套系的中试推广应用。配套系选育技术路线图参见《金陵麻鸡》。

（三）培育过程

（1）第一阶段 引种，1989—2003年。

1989—1998年，先后购进博白三黄鸡、康达尔矮脚（伴性遗传）黄鸡；2003年引进隐性白鸡。经选择、闭锁繁育，组建家系。

（2）第二阶段 纯系选育，1999—2004年。

博白三黄鸡公鸡选择金黄羽、红冠、体质健壮、肌肉丰满，母鸡选择金黄羽、冠红、体形较好；公、母鸡皮肤、胫均为黄色。康达尔矮脚黄鸡公鸡选择浅黄羽、红冠，母鸡选择土黄羽；公、母鸡皮肤、胫均为黄色，胫较短、胫围较小，体形适中。

分别从博白三黄鸡和康达尔矮脚黄鸡的后代中选择优良个体，建立核心群，组建家系，培育成父系（H系）和母系（D系）。

（3）第三阶段 配套杂交、配合力测定、中试，2004年后。

H系♂×DR系♀得正常型金陵黄鸡商品代鸡。

（四）群体结构

2015年，广西金陵农牧集团有限公司育种中心拥有个体笼近2万个，祖代场可存栏开产种鸡10.5万套。公司存栏金陵黄鸡祖代种鸡3万多套，父母代种鸡20余万套，年孵化鸡苗3 500多万只。

（五）饲养管理

0～5周龄育雏期：保温育雏从34℃逐减至25℃，0～28d用小鸡料，29～35d用中鸡料，自由采食。

6～22周育成期：笼养，控制鸡舍光照时间8h；逐步过渡使用育成料，限制鸡体重增长，使鸡的体重均匀度在标准范围内，达到适时一致开产。

23～66周龄产蛋期：笼养，采用人工授精技术。23周龄开始逐渐增加光照至产蛋高峰（29周龄）15～16h，以后恒定；使用种鸡料，对种鸡耗料量按产蛋水平进行调控管理，保证种鸡生产性能的正常发挥。要求23周龄见蛋，26～27周产蛋率达50%，28～29周龄进入产蛋高峰期（产蛋率达70%以上）。

（六）参考免疫程序

参考免疫程序见表8、表9。

表8　父母代鸡免疫程序参考

日龄	疫苗种类	接种形式
1	MD	皮下注射
1	新支二联活苗	点右眼
8	H120+C30+28/86、ND油苗	点左眼、皮下注射
13、22	IBD	饮水
27	La Sota、AI油苗	点右眼、左肌内注射
32	IC（K）	右肌内注射
37	ILT	点左眼
62	新支二联活苗、IB（K）	点右眼、左肌内注射
72	IC（K）	右肌内注射
82	ND油苗、AI油苗	左肌内注射、右肌内注射
108	H120+C30+28/86	点左眼
140	ND+IB+IBD+EDS（K）	右肌内注射
150	AI（K）	左肌内注射
158	La Sota	点右眼
220	La Sota	点左眼
280	La Sota	点右眼

注：应根据实际实际情况和抗体监测结果，灵活调整ND、AI的免疫接种时间。

表9　商品代鸡免疫程序推荐

日龄	疫苗种类	使用方法
1	马立克氏	颈皮下注射
3	新支二联苗	滴眼、滴鼻
12	法氏囊	加脱脂奶粉饮水
15	禽流感油苗	皮下注射
30	新城疫Ⅰ系苗	肌肉注射
60	禽流感油苗	皮下注射

（七）培育单位概况

广西金陵农牧集团有限公司概况及主要培育人员参见《金陵麻鸡》。

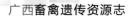

四、推广应用情况

金陵黄鸡采取边培育边推广的办法，不断根据市场反馈信息调整育种方向。金陵黄鸡推出市场后，养殖户反映强烈，产品一直旺销，除广西外，在云南、贵州、四川、重庆、湖南、河南、浙江等地均有养殖。现年可向社会提供商品代雏鸡3 500万余只。

五、对品种（配套系）的评价和展望

金陵黄鸡体形酷似土鸡，并且具有优良的繁殖性能和较快的生长速度，料重比高，抗逆性强，具有较好的外观，母系矮小，具节粮性。金陵黄鸡配套系鸡苗产品在广西同类市场占有率约为10%。金陵黄鸡深受养殖户和消费者的欢迎，具有较好的发展前景。

金陵花鸡

一、一般情况

（一）品种（配套系）名称

金陵花鸡为肉用型配套品系。由C系、L系、E系组成三系配套系。

（二）培育单位、培育年份、审定单位和审定时间

培育单位为广西金陵农牧集团有限公司、广西金陵家禽育种有限公司，参加培育单位为中国农业科学院北京畜牧兽医研究所、广西壮族自治区畜牧研究所。培育年份为1998—2014年。2015年12月，通过国家畜禽遗传资源委员会审定，12月21日农业部公告第2342号确定为新配套系，证书编号（农09）新品种证字第66号。

（三）产地与分布

种苗产地在南宁市西乡塘区金陵镇。父母代、商品代除在广西销售外，还远销到广东、云南、四川、重庆、贵州、湖南、河南、浙江等地。

二、培育品种（配套系）概况

（一）体形外貌

父母代成年公鸡颈羽为红色，尾羽黑色有金属光泽，主翼羽麻色，背羽、鞍羽深黄色，腹羽黄色杂有麻色；体形大，方形、身短，胸宽背阔；冠、肉垂、耳叶鲜红色，冠高，冠齿5～9个，喙褐色或黄色；胫、趾黄色，胫粗、长；皮肤黄色。

父母代成年母鸡羽色以麻黄为主，少数鸡只为麻色、麻褐色、麻黑色；体形较大，方形；冠、肉垂、耳叶鲜红色，冠高，冠齿5～8个，喙黄色、褐色或黄褐色；胫、趾黄色，胫较粗；皮肤黄色。

商品代公鸡颈羽红黄色，尾羽黑色有金属光泽，主翼羽麻色，背羽、鞍羽深黄色，腹羽黄色或少量麻色；体形方形，胸肌发达；冠、肉垂、耳叶鲜红色，冠高，冠齿5～9个，喙黄色或褐色，钩状；胫、趾、皮肤皆为黄色。

商品代母鸡羽色以麻黄为主，少数鸡只为麻色、麻褐色；体形较大，方形；冠、肉垂、耳叶鲜红色，冠高，冠齿5～8个，喙黄色、褐色或黄褐色，钩状，虹彩黄色；胫、趾、皮肤皆为黄色。

雏鸡头部麻黑相间，背部有两条白色绒羽带，中间为麻黑色，胫、喙黄色（图1～图6）。

图1 金陵花鸡配套系父母代公鸡

图2 金陵花鸡配套系父母代母鸡

图3 金陵花鸡配套系商品代公鸡

图4 金陵花鸡配套系商品代母鸡

图5 金陵花鸡配套系商品代公鸡群体

图6 金陵花鸡配套系商品代母鸡群体

（二）体尺体重

成年金陵花鸡体尺、体重见表1。

表1 成年金陵花鸡体尺、体重

项目	E系母鸡	C系母鸡	L系母鸡
体斜长（cm）	25.45±1.05	24.98±0.67	22.70±0.86
龙骨长（cm）	18.00±0.70	17.96±0.50	16.30±0.87
胫长（cm）	8.90±0.40	8.81±0.33	7.81±0.37
胫围（cm）	4.43±0.23	4.52±0.20	4.6±0.15
体重（g）	2 465±211	2 365±188	2 328±212

（三）生产性能

金陵花鸡父母代种鸡主要生产性能见表2。

表2 父母代种鸡主要生产性能

项　　目	生产性能
0～24周龄成活率（%）	93～95
24～66周龄成活率（%）	91～94
开产周龄（w）	24～25
23周龄体重（g）	2 250～2 350
66周龄体重（g）	2 950～3 150
入舍鸡（HH）产蛋数（个）	170～175
种蛋合格率（%）	92～96
种蛋受精率（%）	94～96
受精蛋孵化率（%）	90～93
入孵蛋孵化率（%）	85～89
健雏率（%）	98.5～99.5
0～23周龄只耗料量（kg）	9.0～10.0
24～66周龄只耗料量（kg）	38.5～39.5

金陵花鸡商品代公鸡49日龄平均体重（2 025±75）g，料重比（2.0±0.05）∶1；母鸡63日龄平均体重为（2 025±75）g，料重比为（2.45±0.05）∶1，成活率94%以上。金陵花鸡商品代肉鸡生产性能见表3。

表3 金陵花鸡商品代生产性能

指标	企业测定结果			测定结果*		
	公	母	平均	公	母	平均
出栏日龄（d）	49	63	57	49	49	49
体重（g）	1 950～2 100	1 950～2 100	1 950～2 100	2 001.1	1 565.5	1 783.3
料重比	（1.95～2.05）∶1	（2.40～2.5）∶1	（2.17～2.27）∶1	—	—	2.02∶1

注：*为农业部家禽品质监督检验测试中心（扬州）检测结果。

（四）屠宰性能和肉质性能

金陵花鸡商品代肉鸡屠宰测定及肉质测定结果见表4。

表4　金陵花鸡商品代屠宰测定及肉质测定结果

项　目	金陵花鸡		测定结果*	
	公	母	平均	平均
鸡数（只）	30	30	—	—
日龄（d）	49	49	49	49
体重（g）	1 898±45	1 495±22	1 697	1 783.3
屠宰率（%）	91.9±2.1	90.3±0.8	91.1	91.2
半净膛率（%）	85.3±1.2	84.5±1.1	84.9	84.4
全净膛率（%）	70.2±1.3	70.5±1.2	70.3	69.0
胸肌率（%）	24.3±1.2	25.2±1.1	24.8	25.5
腿肌率（%）	19.1±1.2	17.9±1.1	18.1	19.7
腹脂率（%）	3.9±1.1	4.5±1.2	4.7	4.3
水分（%）*	72.0	72.2	72.1	—
肌苷酸（mg/kg）**	3 342	4 088	3 715	—
氨基酸（g/kg）**	219	222	220	—
肌间脂肪（g/kg）**	11.6	7.8	9.7	—

注：*为农业部家禽品质监督检验测试中心（扬州）检测结果。

　　**为广西分析检测研究中心结果，公鸡日龄为49d，母鸡日龄为63d。

（五）营养需要

营养需要见表5、表6。

表5　父母代种鸡饲养标准

项目	代谢能（MJ）	粗蛋白（%）	赖氨酸（%）	蛋氨酸（%）	钙（%）	总磷（%）
小鸡料	12.13	19.0	1.0	0.46	1.0	0.60
中鸡料	12.13	15.5	0.80	0.32	0.95	0.55
后备料	10.87	15.5	0.80	0.32	0.95	0.55
种鸡料	11.09	16.5	0.90	0.40	3.2	0.55

表6　商品肉鸡饲养标准

项目	0～4周	5～7周	8周至上市
代谢能（MJ/kg）	12.13	12.13	12.76
粗蛋白（%）	20	18	16.5
钙（%）	1.0	0.90	0.90

（续）

项目	0～4周	5～7周	8周至上市
总磷（%）	0.48	0.40	0.35
赖氨酸（%）	1.15	1.05	0.90
蛋+胱氨酸（%）	0.48	0.32	0.36

三、培育技术工作情况

（一）育种素材及来源

金陵花鸡基础素材中，E系是利用广西麻鸡母鸡与科宝父母代公鸡杂交选育而来。2005年，利用引进的科宝父母代配套公鸡与广西麻鸡中麻羽母鸡杂交，再横交后选留体形大、外观麻羽、黄胫、黄皮肤的个体，组成闭锁群，通过个体选育和测交，逐渐淘汰羽色等外观不合格的个体，并加强均匀度的选择，通过加大选择压使体重等主要生产性能逐步稳定。于2009年在闭锁群中选择优良个体建立基础核心群，进行家系选育。

C系是在广西金陵农牧集团有限公司保种的快大花鸡基础上选育而来。1998年，在公司所在地——南宁市周边农户引进该品种，初时羽色和胫色较杂，羽色有黑色、深麻色、麻色等，胫色有黄色、青色、淡黄色等，体重均匀度差，体形大小不一。2000年开始，选择体形大、外观麻羽、黄胫的优良个体进行闭锁繁育，并通过个体选择和测验杂交，逐渐淘汰青胫、黑羽、黑麻羽等个体，使群体的遗传基因逐渐纯合。同时进行白痢的净化，使白痢阳性率控制在0.3%以下，并于2006年组建家系核心群，进行家系选育。

L系来源于广东的麻黄鸡品系，于2006年从广东某种鸡场引进。引进时该品系体形中等，胸肌和腿肌发达，体形为方形，料重比好；羽色以麻黄为主，羽速为慢羽；胫短、粗、黄色，皮肤为黄色；冠大、高、直立，性成熟早，抗逆性强。为了适合金陵花鸡的配套需要，经扩繁后，重点对生长速度进行了选择，加大体重的选择压，选留个体公鸡超过平均体重15%以上、母鸡超过平均体重10%以上。经过连续2年3个世代的加大选择压的选育，于2008年选择优良个体组建家系基础群。

（二）技术路线

1.配套模式　金陵花鸡配套系属三系配套系。该配套系以C系（公）和L系（母）生产的F₁代母鸡作为母本，以E系为终端父本，向市场提供金陵花鸡父母代种鸡和商品代肉鸡。其配套模式下：

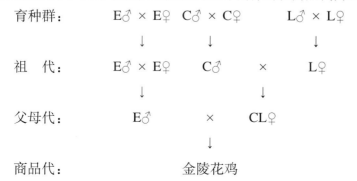

```
育种群：   E♂ × E♀  C♂ × C♀      L♂ × L♀
             ↓         ↓            ↓
祖　代：  E♂ × E♀    C♂      ×      L♀
             ↓                ↓
父母代：     E♂        ×       CL♀
                       ↓
商品代：          金陵花鸡
```

2.选育技术路线　首先广泛引进和利用快大麻羽肉鸡、广西麻鸡、快大型白羽肉鸡等多种基础育种素材，并对其进行评估和整理。育种素材准备好之后，开始进行杂交制种和横交固定，形成专门化品系，在这个过程中针对体重、体形外貌、羽色、繁殖性能、肉用性能等性状进行选育，并通过测交和分子生物学辅助技术，最终形成体形外貌和生产性能都能稳定遗传的专门化品系。通过测定，获得各个专门化品系的生产性能指标，并根据育种需要设计不同的杂交组合，开展大规模的配合力测定。利用重复和扩大试验筛选和验证最优配套系杂交组合模式。最终，产品和相关饲养管理技术打包，进行配套系的中试推广应用。配套系选育技术路线图参见《金陵麻鸡》。

（三）培育过程

（1）第一阶段　引种，1998—2008年。

1998—2008年，先后购进快大花鸡、广西麻鸡、科宝鸡、广东麻黄鸡，经选择、闭锁繁育、组建家系。

（2）第二阶段　纯系选育，1998—2011年。

快大花鸡公鸡选择麻黄羽、红冠、体质健壮、肌肉丰满，母鸡选择麻黄羽、冠红、体形较好；公、母鸡皮肤、胫均为黄色。利用引进的科宝父母代配套公鸡，与广西麻鸡中麻羽母鸡杂交，再横交后选留体形大、外观麻羽、黄胫、黄皮肤的个体，建立核心群，组建家系。

广东麻黄鸡公鸡选择麻黄羽、红冠、体质健壮、肌肉丰满，母鸡选择麻黄羽、冠红、体形较好；公、母鸡皮肤、胫均为黄色。

（3）第三阶段　配套杂交、配合力测定、中试，2011年后。

E系♂×CL系♀得正常型金陵花鸡商品代鸡。

（四）群体结构

2015年，广西金陵农牧集团有限公司存栏父母代种鸡16万套，年孵化鸡苗3 500多万只。

（五）饲养管理

0～5周龄育雏期：保温育雏从34℃逐减至25℃，0～28d用小鸡料，29～35d用中鸡料，自由采食。

6～22周育成期：笼养，控制鸡舍光照时间8h；逐步过渡使用育成料，限制鸡体重增长，使鸡的体重均匀度在标准范围内，达到适时一致开产。

23～66周龄产蛋期：笼养，采用人工授精技术。23周龄开始逐渐增加光照至产蛋高峰（29周龄）15～16h，以后恒定；使用种鸡料，对种鸡耗料量按产蛋水平进行调控管理，保证种鸡生产性能的正常发挥。要求23周龄见蛋，26～27周产蛋率达50%，28～29周龄进入产蛋高峰期（产蛋率达70%以上）。

（六）参考免疫程序

参考免疫程序见表7、表8。

表7　父母代鸡免疫程序参考

日龄	疫苗种类	接种形式
1	CVI988	颈部皮下注射
1	MD	皮下注射
1	新支二联活苗	点右眼
8	H120+C30+28/86、ND油苗	点左眼、皮下注射

（续）

日龄	疫苗种类	接种形式
13、22	IBD	饮水
27	La Sota、AI油苗	点右眼、左肌内注射
32	IC（K）	右肌内注射
37	ILT	点左眼
62	新支二联活苗、IB（K）	点右眼、左肌内注射
72	IC（K）	右肌内注射
82	ND油苗、AI油苗	左肌内注射、右肌内注射
108	H120+C30+28/86	点左眼
140	ND+IB+IBD+EDS（K）	右肌内注射
150	AI（K）	左肌内注射
158	La Sota	点右眼
220	La Sota	点左眼
280	La Sota	点右眼

注：应根据实际实际情况和抗体监测结果，灵活调整ND、AI的免疫接种时间。

表8　商品代鸡免疫程序推荐

日龄	疫苗种类	剂量（头份）	使用方法
1	马立克氏病	1.0	颈皮下注射
3	新支二联苗	1.0	滴眼、滴鼻
12	法氏囊	1.5	加脱脂奶粉饮水
15	禽流感油苗	1.0	皮下注射
30	新城疫 I 系苗	1.2	肌肉注射

注：免疫程序仅供参考，养殖户要根据本地疫病流行情况修订。

（七）培育单位概况

配套系第一完成单位广西金陵农牧集团有限公司概况参见《金陵麻鸡》。

配套系第二完成单位广西金陵家禽育种有限公司是广西金陵农牧集团有限公司的全资子公司，主要负责公司地方鸡保种、开发利用工作和肉鸡配套系选育繁育工作。

配套系参加培育单位中国农业科学院北京畜牧兽医研究所隶属于农业部，是全国综合性畜牧科学研究机构，是国家昌平综合农业工程技术研究中心畜牧分中心和动物营养学国家重点开放实验室的依托单位。现有畜牧学一级学科博士授予权和动物遗传育种与繁殖、动物营养、饲料科学3个博士生培养点。家禽遗传育种学科是该所的传统优势学科，家禽遗传育种创新团队现有研究员3人，副研究员2人，助理研究员2人，科研辅助人员4人，全部具有硕士以上学历，其中博士6人。是"六五"至"十一五"国家支撑计划和863支撑计划"优质黄羽肉鸡育种"技术攻关课题的主持单位，多年来一直对我国重要的地方品种资源北京油鸡进行保种和选育，培育了国家优质黄羽肉鸡新品种——京星黄鸡100和102；制定了《黄羽肉鸡产品质量分级》（国标），《鸡饲养标准》（行标）和《北京油鸡标准》（行标）等重要的国家和行业标准，拥有3项"肉鸡制种方法"专利。主持多项肉鸡育种和品种推广类国家级课题，获国家级和省部级奖励4项。

配套系参加培育单位广西壮族自治区畜牧研究所，是集科研、生产及推广为一体的省级农业型科研所，设有养猪、养禽、黄牛、牧草、中心实验室五大研究室以及种猪场、种禽场、种牛场、种羊场和乳品加工厂等经济实体。研究所拥有各类专业技术人员160多人，具有中高级职称的科技人员50多人，其家禽研究室十多年来先后承担了"广西地方优良鸡品种繁育、改良""家禽优良品种健康养殖产业化技术研究示范""广西良种鸡选育研究""银香鸡健康生态养殖技术推广""优质型种鸡高效繁育、肉鸡规模化健康养殖关键技术研究、集成与示范""广西地方鸡活体基因库建设及种质资源创新利用""优质鸡高效健康养殖关键技术研究与应用示范""林下养鸡综合技术示范与生态评价""金陵花鸡、桂凤二号黄鸡选育与高效健康养殖示范""黑丝羽乌鸡选育技术应用示范""广西地方鸡种遗传多样性研究"等20多项研究课题。荣获省级科技成果二等奖1项、三等奖5项，市级一等奖1项，厅级二等奖2项、三等奖5项。

培育单位地址：南宁市西乡塘区金陵镇陆平村。

主要培育人员：黄雄、赵桂萍、陈智武、文杰、邓麦青、蔡日春、荆信栋、刘冉冉、韦凤英、粟永春、孙学高、余洋、沈前程、黄超、曹孟洪。

四、推广应用情况

金陵花鸡是我国西南地区和中部地区比较受欢迎的鸡品种之一，目前雏鸡销售区域除广西外，在云南、贵州、四川、重庆、湖南等地均有销售，年产销雏鸡3 500多万只。

五、对品种（配套系）的评价和展望

金陵花鸡介于快大鸡与优质鸡之间，具有优良的繁殖性能和较快的生长速度，料重比高，抗逆性强，同时兼具优质鸡的风味。金陵花鸡营养价值高、价格适中，经济效益高，其将成为两广甚至我国快餐行业的主要鸡肉来源，具有较好的发展前景。

凤翔青脚麻鸡

一、一般情况

（一）品种（配套系）名称

凤翔青脚麻鸡为肉用型配套系。由A系（父本）、B系（母本父系）、C系（母本母系）组成的三系配套系。

（二）培育单位、培育年份、审定单位和审定时间

培育单位为广西凤翔集团畜禽食品有限公司，培育年份为1998—2010年。2011年3月，通过国家畜禽遗传资源委员会审定；2011年5月，农业部公告第1578号确定为新品种配套系，证书编号（农09）新品种证字第42号。

（三）产地与分布

种苗产地在广西壮族自治区合浦县，配套系商品代肉鸡饲养地分布在广西、云南、贵州、四川、重庆等地。

二、培育品种（配套系）概况

（一）体形外貌

1.各品系外貌特征

（1）A系　公鸡体形健壮，体躯长、硕大，头大高昂，单冠直立，冠齿6～9个，冠、耳叶及肉髯鲜红色；胸宽，背平，胸、腿肌发达，脚粗；羽色鲜亮，胸腹羽为红黄麻羽，鞍羽、背羽、翼羽等深红色，主翼羽和尾羽为黑色；喙栗色，胫部青色，皮肤白色。成年公鸡胫长11.3cm。母鸡体形较大，黄麻羽，单冠，冠齿6～9个，冠、耳叶及肉髯鲜红色，喙为栗色，胫部为青色，皮肤为白色，胫长8.9cm。

（2）B系　公鸡体形中等偏大。单冠直立，冠齿6～9个，冠、耳叶及肉髯紫红色；胸、腿肌发达，胸宽背平；羽色光亮，颈羽偏金黄红色，背羽、鞍羽、翼羽、胸腹及腿羽为深红色，尾羽黑色；成年公鸡胫长11.1cm。皮肤白色，喙为栗色，胫色为青色。

母鸡体躯紧凑，腹部宽大，柔软，头部清秀，脚高身长，羽色为黄麻羽，单冠，冠齿6～9个，冠、耳叶及肉髯鲜红色，胫长8.6cm，喙为栗色，胫色为青色，皮肤为白色。

（3）C系　C系身稍长，胸、腿肌丰满。隐性白羽，与有色羽鸡配套，后代均为有色羽鸡；单冠

鲜红，冠齿6～9个，耳叶及肉髯鲜红色；喙、皮肤、胫色为黄色；成年公鸡胫长11.2cm，母鸡胫长8.87cm。

2.父母代鸡外貌特征　父母代公鸡体形外貌与A系相同，母鸡与B系基本相同，体重稍大。

3.商品代鸡外貌特征　凤翔青脚麻鸡单冠，冠齿6～9个，冠鲜红，片羽。公鸡羽色深红、母鸡麻羽，皮肤黄色，脚胫为青色。体形稍长，脚粗，胸、腿肌丰满（图1～图5）。

图1　凤翔青脚麻鸡配套系父母代公鸡

图2　凤翔青脚麻鸡配套系父母代母鸡

图3　凤翔青脚麻鸡配套系商品代公鸡

图4　凤翔青脚麻鸡配套系商品代母鸡

图5　凤翔青脚麻鸡配套系雏鸡

（二）体尺体重

成年父母代鸡体重、体尺见表1。

表1 父母代鸡（30周龄）体重体尺测定（n=30）

性别	体重（g）	体斜长（cm）	胸宽（cm）	胸深（cm）	龙骨长（cm）	骨盆宽（cm）	胫长（cm）
公	3 864.90±186.72	31.89±0.44	10.56±0.42	13.87±0.44	15.53±0.23	12.52±0.35	12.00±0.34
母	2 889.90±129.06	24.29±0.33	9.96±0.36	11.75±0.28	13.98±0.31	10.34±0.28	9.76±0.16

（三）生产性能

1.纯系生产性能 A系、B系、C系主要生产性能见表2。

表2 配套系各纯系的主要生产性能情况

项 目	生产性能水平		
	A系	B系	C系
0～24周龄成活率（%）	94	94	94
25～66周龄成活率（%）	92	92	92
开产日龄（d）	170～175	168～175	180～185
5%开产周龄体重（g）	2 550～2 650	2 350～2 450	2 400～2 500
43周龄体重（g）	3 230～3 400	3 100～3 200	3 100～3 200
50%产蛋周龄（w）	28	26	28
高峰产蛋率（%）	75	78	78
66周入舍鸡（HH）产蛋量（个）	130～140	155～160	160～170
43周龄平均蛋重（g）	59	57	58
种蛋合格率（%）	92～94	92～94	92～94
种蛋受精率（%）	93～95	93～95	93～95
入孵蛋孵化率（%）	87～88	87～88	87～88
0～24周龄耗料量（kg）	13.8	11.8	11.8
产蛋期日采食量（g）	137.4	136.9	137.3

2.父母代种鸡生产性能 父母代种鸡主要生产性能见表3。

表3 父母代种鸡主要生产性能

项 目	生产性能
0～24周龄成活率（%）	94
25～66周龄成活率（%）	92
5%开产日龄（d）	168～175

（续）

项　目	生产性能
5%开产周龄体重（g）	2 450～2 550
43周龄体重（g）	3 165～3 265
50%产蛋周龄（w）	27
高峰产蛋率（%）	81
66周入舍鸡（HH）产蛋量（个）	155～165
43周平均蛋重（g）	59
种蛋合格率（%）	92～94
种蛋受精率（%）	93～95
入孵蛋孵化率（%）	87～88
0～24周龄耗料量（kg）	13.1
产蛋期日采食量（g）	140.6

注：以上数据由2009年度中试总结而来。

3.商品代肉鸡生产性能

（1）商品代肉鸡生产性能　见表4。

表4　商品代鸡生产性能

项目	公		母	
出栏日龄（d）	56	70～75	56	70～75
出栏体重（g）	1 900～2 000	2 350～2 550	1 500～1 600	1 900～2 050
体重变异系数（%）	8.5～9.5	8.5～9.5	9～10	9～10
成活率（%）	96	95	96	95
平均料重比	（2.1～2.3）：1（56日龄）/（2.6～2.8）：1（70～75日龄）			

注：以上数据由2009年度中试总结而来。

（2）企业自测与国家测定商品代生产性能对照　见表5。

表5　商品代生产性能对照

指标	企业测定结果			国家家禽测定站测定结果		
	公	母	平均	公	母	平均
出栏日龄（d）	56	56	56	56	56	56
体重（g）	2 001±175	1 591±130	1 796	2 109.0±178.9	1 649.8±164.1	1 879.4
料重比	2.01：1	2.41：1	2.21：1	—	—	2.19：1

（四）屠宰性能和肉质性能

56日龄凤翔青脚麻鸡商品代肉鸡公、母鸡屠宰测定及肉质检测结果见表6、表7。

表6 商品代屠宰测定及肉质测定结果

性别	公	母	平均
鸡数（只）	30	30	—
宰前体重（g）	2 052.10±195.30	1 605.31±111.13	1 828.7
屠宰率（%）	90.24±0.95	90.01±1.49	90.13
半净膛率（%）	82.03±1.62	82.88±1.07	82.46
全净膛率（%）	65.65±1.64	65.54±1.74	65.6
腹脂率（%）	3.10±1.03	4.04±1.06	3.57
胸肌率（%）	17.05±1.66	17.99±1.89	17.52
腿肌率（%）	26.63±2.18	25.18±1.76	25.9
水分（%）	73.0	73.5	73.3
肌苷酸（mg/kg）	3 590	4 520	4 055
氨基酸（%）	21.37	20.86	21.12
总脂肪（%）	0.01	0.08	0.05

表7 国家家禽生产性能测定站测定鸡屠宰性能

日龄（d）	性别	数量（只）	屠宰率（%）	腿肌率（%）	胸肌率（%）	腹脂率（%）
56	公	9	90.2±1.1	26.1±1.0	17.3±1.7	3.0±1.0
56	母	9	88.9±1.4	26.0±1.6	18.8±2.4	3.9±1.6

（五）营养需要

凤翔青脚麻鸡配套系祖代、父母代种鸡营养需要见表8，商品代肉鸡营养需要见表9。

表8 种鸡营养需要

编号	小鸡料	中鸡料	后备料	预产料	高峰料	高峰后料	后期料
使用时间	0～5周龄	6～11周龄	12～19周龄	20～25周龄	26～37周龄	38～50周龄	51周龄至淘汰
蛋白质（%）	19.6	16.2	11.6	16.2	17.1	16.1	15.8
能量（kJ/kg）	12 049.92	11 631.52	8 911.92	11 547.84	11 296.8	11 045.76	10 836.56
蛋能比	68.1	58.3	54.5	58.7	63.3	61	61.0
赖氨酸（%）	1.0	0.85	0.61	0.83	0.88	0.85	0.83
蛋氨酸（%）	0.47	0.35	0.30	0.39	0.42	0.42	0.4
有效磷（%）	0.45	0.42	0.4	0.37	0.37	0.37	0.37
钙（%）	1.0	1.2	0.9	1.8	2.7	3	3.1

表9 商品代肉鸡营养需要

项目	小鸡料（1～30d）	中鸡料（31～50d）	大鸡料（51d至出栏）
代谢能（kJ/kg）	12 139.4	12 558	12 976.6

（续）

项目	小鸡料（1~30d）	中鸡料（31~50d）	大鸡料（51d至出栏）
粗蛋白（%）	20~21	18~19	16.5
赖氨酸（%）	1.1	0.9	0.80
蛋氨酸（%）	0.6	0.55	0.55
粗纤维（%）	5.0	5.0	5.0
粗灰分（%）	7.5	7.5	7.5
钙（%）	1.0	0.9	0.8
总磷（%）	0.60	0.55	0.55

三、培育技术工作情况

（一）育种素材及来源

（1）A系　来源于1998年从南京佳禾氏家禽育种公司引进的超速黄鸡和2001年从上海华青祖代鸡场引入的华青青脚鸡。

2001—2004年，采用杂交、回交、横交固定，闭锁繁育。

华青青脚鸡♂（白肤，青胫）× 超速黄鸡♀（黄肤，黄胫）

↓

华青青脚鸡♂（白肤，青胫）×F₁♀（白肤，青胫）

↓

F₂♂♀（白肤，青胫，A系基础群）

从F₂中选择优良个体进行闭锁繁殖，2004年建立核心群。

（2）B系　来源于1998年从南京佳禾氏家禽育种公司引进的超速黄鸡和2001年从福建省永安市融燕禽业饲料有限公司引入的永安麻鸡。

2001—2004年，采用杂交、回交、横交固定，闭锁繁育。

永安麻鸡♂（白肤，青胫）× 超速黄鸡♀（黄肤，黄胫）

↓

永安麻鸡♂（白肤，青胫）×F₁♀（白肤，青胫）

↓

F₂♂♀（白肤，青胫，B系基础群）

从F₂中选择优良个体进行闭锁繁殖，2004年建立核心群。

（3）C系　采用闭锁群家系选育法培育C系。以1999年引进K2700隐性白羽鸡育种素材作为基础群，继代繁殖并建立核心群，于2004年建立家系。

（二）技术路线

1.配套系组成　凤翔青脚麻鸡配套系属三系配套系。该配套系以A系为父本，以B系为母本父系，C系为母本母系，向市场提供凤翔青脚麻鸡父母代种鸡和商品代肉鸡。

2.配套模式　凤翔青脚麻鸡配套系配套模式如下。

```
祖代：     A♂×A♀        B♂   ×   C♀
           ↓（青脚，白肤）↓   （黄脚，黄肤）
父母代：    A♂              ×   BC♀
        （白肤，青脚）↓  （淘汰母鸡白肤青脚、公鸡黄脚黄肤）
商品代：                    ABC（凤翔青脚麻鸡）
```

3.选育技术路线　为获得生产性能好，体形外貌符合市场要求的配套品系，广西凤翔集团畜禽食品有限公司采用专门化品系育种方法，培育配套的各个品系。育种素材来源于我国优质鸡生产企业，引进后经过性能测定，进行杂交→横交固定→基础群→家系选育的专门品系培育方法育成新品系。其中父系注重选择生长速度，母系注重选择产蛋性能。

（三）培育过程

根据市场要求，从1999年起，公司开始进行适合市场的青脚鸡培育工作，1998—2001年分别从全国各地引进育种素材，包括快大型黄鸡、隐性白、青脚鸡等，通过杂交和横交固定后，2005年前后建立家系，开展了专门化品系的培育，分别选育成了B（SQ1）、A（SQ2）等8个品系，经过了5个世代的选育，通过杂交试验、配合力测定和中间试验等形成了现有的凤翔青脚麻鸡配套系。育种过程中的基本选育程序如下：

（1）按系谱收集种蛋及孵化等　通过家系选择后的核心群组建家系40个以上，采用家系人工授精，在每只种蛋上标注母鸡号，系谱孵化和出雏，带翅号、称重，并记录特殊外形的个体，淘汰体弱和体形外貌不符合选育要求的个体。

（2）根据8周龄称重及羽色等外形特征选择　公鸡选择高于群体平均体重以上的20%左右个体留种，在此基础上，根据羽色、脚色及发育的鉴定，将其中的优秀个体留种，选留率约10%；母鸡选择高于平均重以上的个体留种，在此基础上，同样根据羽色、脚色及发育的鉴定，将其中的优秀个体留种，选留率约30%，即独立淘汰。

（3）22周龄前后上笼时进行第三次选种，根据鸡冠的发育及体形外貌进行选择，淘汰率约5%。22周龄上笼后制定笼号与翅号的对照表，以便系谱选种进行。从开产到66周龄进行产蛋鸡的个体产蛋记录，分别按照个体和家系进行产蛋记录和统计；并进行同胞测定，计算公鸡的产蛋遗传性能。

（4）公鸡的选种按照系谱与同胞成绩进行留种，通常是在产蛋性能约前15名的家系中选留公鸡，对综合性能特别优秀的5～8个家系，选留3只以上公鸡组建下一世代，其他品系选留1～2只公鸡。对选留的公鸡进行采精和精液质量的检查，最终确定选留个体。

（5）产蛋期的选种按照家系选择与个体选择相结合的方法选种。具体的方法是按照家系平均产蛋成绩进行排序，选择约15个家系产蛋量高，蛋形符合种用要求、产蛋数接近平均值的家系的母鸡个体进入核心群。排序在16名以下的家系中，选产蛋量达到平均值以上的母鸡个体进入核心群留种。

（四）饲养管理

1.雏鸡管理

（1）进雏前的准备工作　①栏舍提前冲洗晾干，闲置时间至少2周。②栏舍用2种以上的消毒药交叉反复消毒。③进雏前2d将所有清洗干净的用具放入栏舍，然后将栏舍各门窗密封，用福尔马林40mL/m³+高锰酸钾20g/m³熏蒸24h，开窗排除甲醛气味，方可进雏鸡。④在进鸡前将温室预温至34℃左右，后根据鸡群情况再进行调节。

（2）供温　不同周龄施温：1周32～34℃，2周29～32℃，3周26～29℃，4周23～26℃。以后每周下降2～3℃直到常温。

（3）饲喂管理

①要有充足的饮、食具　头三天的雏鸡是决定今后鸡群生长发育的关键。进鸡后先饮后喂，要有足够的饮水器，一般要求头三天每百只雏鸡3～4只，以后可减少到2～3只，且要分布均匀，间隔距离不宜远，一般为50～60cm，让雏鸡随时可饮到水，防止早期脱水造成死亡或影响今后生长发育，同样料具也要充足。

②饲喂方法　鸡一进栏，马上供给干净清洁的饮水让鸡饮用，2～3h后才供给饲料；饮水中添加多种维生素、维生素C、开食补盐及抗生素。饲料用饮水拌微湿（抓成团，放能散开）后，散在料盘饲喂，第一周内每3～4h投喂一次料，避免饲料浪费。每4～5h添加一次水，避免高温下水中成分损失。原则上少喂勤添。

鸡群进栏，加完水、料后，要注意观察鸡群，发现走动迟缓、精神不好、不会饮水食料的雏鸡，要挑出放在温度偏高通风良好的地方人工滴喂饮水，防止部分弱鸡因不能饮水而脱水死亡。

（4）通风换气　空气是鸡群发育健康的根本，要经常保持栏舍内的空气清新、氧气充足及湿度适宜。在日常管理中常出现施温与通风的矛盾，往往造成一氧化碳、二氧化碳、硫化氢、氨气等有害气体中毒。在这个情况下必须加高温度，采用断续性短时间开窗换气，直到空气新鲜为止，一般情况进风口和出风口的比例为2：1。

（5）光照　光照既能刺激食欲也能刺激性成熟，但过强会造成啄肛、啄毛，1～7d采用23h光照，然后每天减少1h，直到14～16h保持恒定，即早上6：00开灯，晚上8：00～10：00关灯。

（6）平面育雏垫料管理　垫料可选用禾草、刨花、谷壳、木糠等。但在1周龄内不建议用木糠，因为木糠细，幼雏鸡易食入嗉囊，导致消化不良。无论使用哪种垫料，必须干燥新鲜，不能发霉，要勤换垫料。

（7）断喙　为了减少饲料浪费，避免鸡群打斗、啄毛，建议7～10d断喙，烙去上二分之一、下三分之一，断喙前后2d补充维生素K_3和多种维生素抗应激药，加速伤口愈合。

（8）密度　小鸡30只/m^2（35d内），成鸡15只/m^2（平养或网上平养）。

2.育雏育成鸡的饲养管理

（1）这阶段鸡食料多、生长快，不能缺水、料，而缺水比缺料的危害更大，要保证足够的饮水和食槽位置。

（2）保持栏内的清洁卫生、空气清新，尽量避免应激。

（3）经常观察鸡群，发现有异常情况要报告技术人员处理。如鸡群咳嗽、怪叫、粪便稀白色、青绿色、红色，采食下降，鸡群精神面貌等不正常的情况。

（4）要注意防治球虫、大肠杆菌等常见病，注意饮水及饲料清洁卫生，每周带体消毒1～2次。

（5）上市前20d最好喂湿料，因为喂湿料鸡食料多、长速快，羽毛紧贴、光滑。

3.科学免疫、用药

（1）免疫程序　见表10。

表10　青脚麻鸡免疫程序（仅供参考）

日龄	疫苗名称	接种方式	剂量（头份）	备注
2～3	Ⅱ系或La Sota	点眼	2.0	无肾型传支鸡场采用
	克隆$_{30}$+H_{120}+2886	点眼	1.0	有肾型传支鸡场采用
14	法倍灵	饮水	1.0	添加0.1%～0.2%的脱脂奶粉
18	ND+禽流感油苗	肌内注射	1.0	
	新支二联	点眼	1.5	
26	禽流感油苗	肌内注射	1.0	

（续）

日龄	疫苗名称	接种方式	剂量（头份）	备注
40	ND油苗	肌内注射	1.0	
	Ⅱ系或La Sota	点眼	2.0	

以上免疫程序仅供参考，养殖户要根据本地实际疫情流行及季节作变更或自行制定。

（2）预防用药方法

① 进雏头3～5d用抗白痢、支原体的高敏药物将体内的病原彻底清除，根据凤翔公司化验室提供的处方进行用药。

② 进行各种疫苗接种时，应在免疫前后一天在饮水中添加抗支原体、白痢、大肠杆菌的高敏药及鱼肝油、维生素、免疫增效剂（如增益素等），增强鸡体免疫力，减少应激。

③ 天气突变，转栏前后2～3d都应添加抗支原体、大肠杆菌的药物及多种维生素。

（五）培育单位概况

广西凤翔集团畜禽食品有限公司创始于1985年，现已发展成为集畜禽养殖、饲料生产、畜禽产品深加工和销售运作为一体的集团公司，属下有9家全资子公司，拥有1个畜禽产品深加工企业、10个种鸡场、7个鸡苗孵化厂、2个饲料生产基地和7个无公害肉鸡生产基地。具有年产种苗1亿只，肉鸡3 000万只，肉猪3万头，饲料20万t，猪肉11万t，鸡肉1.3万t的生产规模。集团拥有丰富的中国黄鸡育种基因库和地方纯种土鸡育种素材，是国家农业产业化重点龙头企业、自治区重点种禽场、健康种禽场和无公害肉鸡养殖基地。公司有员工2 000多人，其中具有高、中级技术职称或大、中专学历的专业人员500多人。

培育单位地址：广西合浦县合北公路中站。

主要培育人员：李道劲、王大勋、李东、蒋世远、易敬华、庞芳清、花育伟、周凤、吴韦勇、陈天伟、覃进深、陈海、许相传。

四、推广应用情况

凤翔青脚麻鸡都是边选育边应用推广的，2006—2009年期间，在以广西为主的华南、西南地区中试父母代鸡10万套，商品代鸡4 000万只。由于不断根据客户意见及市场需求进行改良，受到养殖户欢迎。总结如下：

（1）凤翔青脚麻鸡易养，羽毛紧贴，羽色金黄带麻，性成熟早、出栏快，成活率高，均匀度好，饲养效益高。客户饲养凤翔青脚麻鸡，正常情况下平均每只鸡赚2.5～3元，市场好时赚4元/只。

（2）凤翔青脚麻鸡主要销售地是广西、云南、贵州、四川等地。2010年种苗产销量1 600万只。

（3）公司推行"协会＋公司＋基地＋农户＋市场"的产业化经营模式，形成产供销一条龙的服务体系，引导、带动、扶持2 000多农户从事专业养殖。

五、对品种（配套系）的评价和展望

凤翔青脚麻鸡配套系是应用杂种遗传力理论培育成的快大鸡配套系，具有地方鸡种的羽色、胫色、肉品质和适应性，基本保留了快大鸡种的生长速度和繁殖性能，目前在云南、贵州、四川的市场上与国内同类品种在生产性能、繁殖性能和体形外貌等方面相比有较大的优势，是最受欢迎的配套系，商品代销售量逐年增加，而且市场还在不断扩大。

凤翔乌鸡

一、一般情况

（一）品种（配套系）名称

凤翔乌鸡为肉用型配套系，是由A系（父本）、B系（母本父系）、C系（母本母系）组成的三系配套系。

（二）培育单位、培育年份、审定单位和审定时间

培育单位为广西凤翔集团畜禽食品有限公司，培育年份为1999—2010年。2011年3月，通过国家畜禽遗传资源委员会审定；2011年5月，农业部公告第1578号确定为新品种配套系，证书编号（农09）新品种证字第43号。

（三）产地与分布

种苗产地在广西壮族自治区合浦县，配套系商品代肉鸡饲养地分布在广西、云南、贵州、四川、重庆等地。

二、培育品种（配套系）概况

（一）体形外貌

1.各品系外貌特征

（1）A系　公鸡体形健壮，体躯长、硕大，头颈粗大高昂，冠厚挺立，单冠直立，冠齿6～9个，冠、耳叶及肉髯紫红色；胸宽背平，胸、腿肌发达，脚粗大。鞍羽、背羽、翼羽、胸腹腿等部为深红羽色，主翼羽和尾羽为黑色。成年公鸡胫长11.2cm，喙、皮肤及胫色为黑色。母鸡体形相比B系母鸡稍大，羽色为黄麻羽。单冠，冠齿6～9个，冠、耳叶及肉髯紫黑或紫红色。胫长8.7cm，喙、皮肤、胫色为青色。

（2）B系　公鸡体形中等偏大。单冠直立，冠齿6～9个，冠、耳叶及肉髯紫红色。胸、腿肌发达，胸宽背平。羽色光亮，颈羽、翼羽、鞍羽、胸腹部羽等为深红色，尾羽多为深黑色。成年公鸡胫长11cm，喙、皮肤及胫色为青色。

母鸡体躯紧凑，腹部宽大，柔软，头部较清秀，脚高，身长。羽色为黄麻羽，尾羽黑色。单冠，冠齿6～9个，冠、耳叶及肉髯紫红色。胫长8.5cm，喙、皮肤、胫色为青色。

（3）C系　C系为隐性白羽，白色羽与显性有色羽鸡配套后代均表现为有色羽鸡。单冠鲜红，冠

齿6～9个，耳叶及肉髯鲜红色。喙、皮肤、胫色为黄色；身稍长，胸、腿肌丰满。成年公鸡胫长11.2cm，母鸡胫长8.87cm。

2.父母代鸡外貌特征　父母代公鸡体形外貌与A系相同，母鸡与B系基本相同，体重稍大。

3.商品代鸡外貌特征　配套后的凤翔乌鸡保持了原乌鸡的乌肉特性，单冠，冠齿6～9个，冠紫红。公鸡羽色深红，母鸡麻羽。喙、皮肤、脚胫均为乌黑色。体形稍长，脚粗，胸、腿肌丰满。雏鸡腹部为黄色，头部、背部绒羽为褐黑色，有条斑（图1～图5）。

图1　凤翔乌鸡配套系父母代公鸡

图2　凤翔乌鸡配套系父母代母鸡

图3　凤翔乌鸡配套系商品代公鸡

图4　凤翔乌鸡配套系商品代母鸡

图5　凤翔乌鸡配套系雏鸡

（二）体尺体重

成年父母代鸡体重、体尺见表1。

表1　父母代鸡（30周龄）体重体尺测定（n=30）

性别	体重（g）	体斜长（cm）	胸宽（cm）	胸深（cm）	龙骨长（cm）	骨盆宽（cm）	胫长（cm）
公	3 850±301	29.10±0.20	10.95±0.41	13.80±0.40	15.53±0.29	12.40±0.28	11.20±0.24
母	2 911±202	22.50±0.15	9.90±0.21	11.50±0.27	13.80±0.20	10.10±0.19	8.70±0.12

（三）生产性能

1.纯系生产性能　A系、B系、C系主要生产性能见表2。

表2　配套系各纯系的主要生产性能情况

项　　目	性能标准		
	A系	B系	C系
0～24周龄成活率（%）	94	94	94
25～66周龄成活率（%）	92	92	92
开产日龄（d）	170～175	170～175	180～185
5%开产周龄体重（g）	2 550～2 650	2 300～2 400	2 400～2 500
43周龄体重（g）	3 240～3 400	3 000～3 100	3 100～3 200
50%产蛋周龄（w）	28	27	28
高峰产蛋率（%）	72	76	78
66周入舍鸡（HH）产蛋量（个）	130～140	140～150	160～170
43周龄平均蛋重（g）	60	57	58
种蛋合格率（%）	92～94	92～94	92～94
种蛋受精率（%）	93～95	93～95	93～95
入孵蛋孵化率（%）	87～88	87～88	87～88
0～24周龄耗料量（kg）	13.6	11.6	11.8
产蛋期日采食量（g）	137.8	133.0	137.3

2.父母代种鸡生产性能　父母代种鸡主要生产性能见表3。

表3　父母代种鸡主要生产性能

项　　目	生产性能
0～24周龄成活率（%）	94
25～66周龄成活率（%）	92
5%开产日龄（d）	175～180

（续）

项　　目	生产性能
5%开产周龄体重（g）	2 400～2 550
43周龄体重（g）	3 175～3 275
50%产蛋周龄（w）	28
高峰产蛋率（%）	75
66周入舍鸡（HH）产蛋量（个）	145～155
43周平均蛋重（g）	60
种蛋合格率（%）	92～94
种蛋受精率（%）	93～95
入孵蛋孵化率（%）	87～88
0～24周龄耗料量（kg）	13.8
产蛋期日采食量（g）	139.3

注：以上数据由2009年度中试总结而来。

3.商品代肉鸡生产性能

（1）商品代肉鸡生产性能　见表4。

表4　商品代鸡生产性能

项目	公		母	
出栏日龄（d）	56	70～75	56	70～75
出栏体重（g）	1 950～2 050	2 400～2 600	1 550～1 650	1 900～2 100
体重变异系数（%）	8.5～9.5	8.5～9.5	9～10	9～10
成活率（%）	96	95	96	95
平均料重比	(2.1～2.3)：1（56d）／(2.6～2.8)：1（70～75d）			

注：以上数据由2009年度中试总结而来。

（2）企业自测与国家测定商品代生产性能对照　见表5。

表5　商品代生产性能对照

指标	企业测定结果			国家家禽测定站测定结果		
	公	母	平均	公	母	平均
出栏日龄（d）	56	56	56	56	56	56
体重（g）	2 145±183	1 702±151	1 796	2 197.6±197.5	1 788.0±170.9	1 992.8
料重比	1.93：1	2.35：1	2.20：1	—	—	2.14：1

（四）屠宰性能和肉质性能

56日龄凤翔乌鸡商品代肉鸡公、母鸡屠宰测定及肉质检测结果见表6、表7。

表6　商品代屠宰测定及肉质测定结果

性别	公	母	平均
数量（只）	30	30	
宰前体重（g）	2 102.20±201.31	1 680.61±91.12	1 891.41
屠宰率（%）	90.71±0.92	90.03±1.39	90.37
半净膛率（%）	83.05±1.53	82.67±1.09	82.86
全净膛率（%）	66.60±1.55	66.23±1.56	66.42
腹脂率（%）	3.10±1.01	4.54±1.16	3.82
胸肌率（%）	17.01±1.65	17.72±1.81	17.37
腿肌率（%）	24.64±2.19	25.11±1.70	24.88
水分（%）	73.7	73.9	73.8
肌苷酸（mg/kg）	442	425	433.5
氨基酸（%）	19.18	19.72	19.45
总脂肪（%）	0.04	0.04	0.04

表7　国家家禽生产性能测定站测定鸡屠宰性能

日龄（d）	性别	数量（只）	屠宰率（%）	腿肌率（%）	胸肌率（%）	腹脂率（%）
56	公	9	90.8±1.1	25.9±2.0	16.9±1.1	2.5±0.8
56	母	9	90.4±0.8	26.5±1.5	17.5±1.5	4.4±0.9

（五）营养需要

凤翔乌鸡配套系祖代、父母代种鸡营养需要见表8，商品代肉鸡营养需要见表9。

表8　种鸡营养需要

编号	小鸡料	中鸡料	后备料	预产料	高峰料	高峰后料	后期料
使用时间	0～5周龄	6～11周龄	12～19周龄	20～25周龄	26～37周龄	38～50周龄	51周龄至淘汰
蛋白质（%）	19.6	16.2	11.6	16.2	17.1	16.1	15.8
能量（kJ/kg）	12 049.92	11 631.52	8 911.92	11 547.84	11 296.8	11 045.76	10 836.56
蛋能比	68.1	58.3	54.5	58.7	63.3	61	61.0
赖氨酸（%）	1.0	0.85	0.61	0.83	0.88	0.85	0.83
蛋氨酸（%）	0.47	0.35	0.30	0.39	0.42	0.42	0.4
有效磷（%）	0.45	0.42	0.4	0.37	0.37	0.37	0.37
钙（%）	1.0	1.2	0.9	1.8	2.7	3	3.1

表9　商品代肉鸡营养需要

项目	小鸡料（1～30d）	中鸡料（31～50d）	大鸡料（51d至出栏）
代谢能（kJ/kg）	12 139.4	12 558	12 976.6

（续）

项目	小鸡料（1～30d）	中鸡料（31～50d）	大鸡料（51d至出栏）
粗蛋白（%）	20～21	18～19	16.5
赖氨酸（%）	1.1	0.9	0.80
蛋氨酸（%）	0.6	0.55	0.55
粗纤维（%）	5.0	5.0	5.0
粗灰分（%）	7.5	7.5	7.5
钙（%）	1.0	0.9	0.8
总磷（%）	0.60	0.55	0.55

三、培育技术工作情况

（一）育种素材及来源

（1）A系　来源于1997年从湖南靖州引进的乌鸡和1998年从南京佳禾氏家禽育种公司引进的超速黄鸡。

2001—2004年，采用杂交、回交、横交固定，闭锁繁育。

湖南靖州乌鸡♂（乌肤，青胫）× 超速黄鸡♀（黄肤，黄胫）

↓

湖南靖州乌鸡♂（乌肤，青胫）× F_1♀（乌肤，青胫，含乌肤基因）

↓

F_2♂♀（乌肤，青胫，A系基础群）

从F_2中选择优良个体进行闭锁繁殖，2004年建立核心群。

（2）B系　来源于1997年从广西灵川引进的广西乌鸡和1998年从南京佳禾氏家禽育种公司引进的超速黄鸡。

2001—2004年，采用杂交、回交、横交固定，闭锁繁育。

广西乌鸡♂（乌肤，青胫）× 超速黄鸡♀（黄肤，黄胫）

↓

广西乌鸡♂（乌肤，青胫）× F_1♀（乌肤，青胫，含乌肤基因）

↓

F_2♂♀（乌肤，青胫，B系基础群）

从F_2中选择优良个体进行闭锁繁殖，2004年建立核心群。

（3）C系　采用闭锁群家系选育法培育C系。以1999年引进的K2700隐性白羽鸡育种素材作为基础群，继代繁殖并建立核心群，于2004年建立家系。

（二）技术路线

1.配套系组成　凤翔乌鸡配套系属三系配套系，以快大型乌鸡A系为父本，中速型乌鸡B系为母本父系，隐性白羽鸡C系为母本母系，向市场提供凤翔乌鸡配套系父母代种鸡和商品代肉鸡。

2.配套模式　凤翔乌鸡配套系配套模式如下：

祖代：　　　　　　　　A♂×A♀　　　　　B♂　×　　C♀
　　　　　　　　　　↓（乌肤，青胫）　　↓（黄脚，黄肤）

父母代：　　　　　　　A♂　　×　　　　BC♀
　　　　　　　　（乌肤，青脚）　　↓（淘汰母鸡乌肤青胫、公鸡黄脚黄肤）

商品代：　　　　　　　　　　　ABC（凤翔乌鸡）

3.选育技术路线　参见《凤翔青脚麻鸡》。

（三）培育过程

根据市场要求，从1999年起，公司开始进行适合市场的青脚鸡培育工作，1997—1999年分别从全国各地引进育种素材，包括快大型黄鸡、隐性白、乌皮青脚鸡等，通过杂交和横交固定后，2005年前后建立家系，开展了专门化品系的培育，分别选育成了B（SW1）、A（SW2）等8个品系，至今已经开展了6个世代的选育工作。通过杂交试验、配合力测定和中间试验等形成了现有的凤翔乌鸡配套系。育种过程中的基本选育程序参见《凤翔青脚麻鸡》。

（四）饲养管理

参见《凤翔青脚麻鸡》。

（五）培育单位概况

广西凤翔集团畜禽食品有限公司概况及主要培育人员参见《凤翔青脚麻鸡》。

四、推广应用情况

凤翔乌鸡都是边选育边应用推广的，2006—2009年期间，在广西及西南等地区中试父母代鸡10万套，商品代鸡3 000万只。由于不断根据客户意见及市场需求进行改良，受到养殖户欢迎。与同类产品相比，凤翔乌鸡有较强的竞争力，主要表现在凤翔乌鸡生长速度快、个体大、乌度好、抗病力强、质量稳定、信誉好、苗价高，不足的是性成熟稍差。

五、对品种（配套系）的评价和展望

纯乌度、抗病力、成活率、早期生长速度、肉质风味等指标的综合水平处于国内领先地位。目前凤翔乌鸡在云南、贵州、四川的市场上与国内同类品种在生产性能、繁殖性能和体形外貌等方面相比有较大的优势，综合排名较好，广受客户的欢迎，商品代销售量逐年增加，而且市场还在不断扩大。

桂凤二号黄鸡

一、一般情况

（一）品种（配套系）名称

桂凤二号黄鸡为肉用型配套品系。由B系为父本，X系为母本配套生产的二系配套系。

（二）培育单位、培育年份、审定单位和审定时间

培育单位为广西春茂农牧集团有限公司和广西壮族自治区畜牧研究所，培育年份为2006—2014年。2014年8月，通过国家畜禽遗传资源委员会审定；12月农业部公告第2184号确定为新品种配套系，证书编号（农09）新品种证字第59号。

（三）产地与分布

父母代主要养殖地和种苗产地在玉林市兴业县的小平山镇和大平山镇。商品代中试地为玉林市兴业县、陆川县，柳州市，南宁市，来宾市。

二、培育品种（配套系）概况

（一）体形外貌

配套系以B系为父本，X系为母本生产桂凤二号黄鸡配套系商品代。

（1）B系 体形中等，胸较宽；单冠直立，冠齿5～8个，颜色鲜红，较大；肉垂鲜红；虹彩、耳叶红色；喙、胫、皮肤黄色。成年公鸡头部、颈部、腹部羽毛金黄色，背部羽毛酱黄色、尾羽黑色。成年母鸡颈羽、尾羽、主翼羽、背羽、鞍羽、腹羽均为金黄色，尾部末端的羽毛为黑色。雏鸡黄羽比例99.5%以上。

（2）X系 体形较小、紧凑；冠、肉垂、耳叶鲜红色，冠齿5～8个；喙、皮肤、胫均为黄色；胫矮细；成年公鸡头部、颈部、腹部羽毛黄色，背部羽毛金黄色，尾羽黑色；成年母鸡颈羽、尾羽、主翼羽、背羽、鞍羽、腹羽均为浅黄色，尾部末端羽毛为黑色。雏鸡黄羽比例99.2%以上。

（3）商品代 公鸡羽毛金黄色，喙、胫、皮肤黄色；母鸡羽毛淡黄色，喙、胫、皮肤为黄色，胫细短（图1～图9）。

图1　桂凤二号黄鸡配套系桂凤父系公鸡

图2　桂凤二号黄鸡配套系桂凤父系母鸡

图3　桂凤二号黄鸡配套系母系公鸡

图4　桂凤二号黄鸡配套系母系母鸡

图5　桂凤二号黄鸡配套系父母代公鸡

图6　桂凤二号黄鸡配套系父母代母鸡

图7　桂凤二号黄鸡配套系商品代群体公鸡

图8　桂凤二号黄鸡配套系商品代群体母鸡1

图9　桂凤二号黄鸡配套系商品代群体母鸡2

（二）体尺体重

成年桂凤二号黄鸡配套系体尺、体重见表1。

表1　成年桂凤二号黄鸡配套系体尺、体重（*n*=30）

项目	父母代父系公鸡（B系）	父母代父系母鸡（B系）	父母代母系公鸡（X系）	父母代母系母鸡（X系）
体斜长（cm）	20.5±0.98	18.3±0.88	20.1±0.88	18.3±0.80
胸宽（cm）	8.48±0.43	5.8±0.28	8.34±0.44	5.5±0.30
胸深（cm）	11.6±0.66	7.7±0.34	11.2±0.58	7.2±0.32
龙骨长（cm）	11.8±0.68	9.2±0.52	10.5±0.67	9.2±0.53
骨盆宽（cm）	10.1±0.47	7.1±0.35	9.0±0.50	6.90±0.35
胫长（cm）	8.15±0.50	6.9±0.18	7.86±0.49	6.36±0.33
胫围（cm）	4.73±0.37	3.68±0.13	4.48±0.35	3.6±0.12
体重（g）	2 520±167	1 805±108	—	1 525±91

（三）生产性能

1.纯系生产性能　配套系以B系为父本，X系为母本生产桂凤二号黄鸡配套系商品代。配套系纯系主要生产性能指标见表2。

表2　桂凤二号黄鸡配套系纯系生产性能

项　　目	生产性能	
	X系	B系
5%产蛋率日龄（d）	125	125
56周龄饲养日母鸡产蛋数（个）	156.7	130.5
66周龄饲养日母鸡产蛋数（个）	178.5	160.3
66周龄入舍母鸡产蛋数（个）	173.0	156.1
66周龄入舍母鸡合格种蛋数（个）	168.4	146.5
66周龄饲养日母鸡合格种蛋数（个）	164.6	150.7
0～20周龄成活率（%）	97.0	96.7
21～66周龄成活率（%）	94.7	96.4
0～20周龄只耗料（kg）	5.23	5.52
21～66周龄只耗料（kg）	22.80	25.90
种蛋受精率（%）	93.35	94.7
受精蛋孵化率（%）	90.6	93.8
母鸡20周龄体重（g）	1 305.0	1 604.0
母鸡44周龄体重（g）	1 567.0	1 780.0
母鸡66周龄体重（g）	1 669.0	1 850.0

注：数据来源于春茂公司育种中心4、5、6世代的平均数。

2.父母代种鸡生产性能 桂凤二号黄鸡配套系父母代生产性能见表3。

表3 桂凤二号黄鸡配套系父母代生产性能

项目	指标
5%产蛋率日龄（d）	125
66周龄入舍母鸡产蛋数（个）	175.0
66周龄饲养日母鸡产蛋数（个）	180.1
66周龄入舍母鸡合格种蛋数（个）	168.2
66周龄饲养日母鸡合格种蛋数（个）	169.3
0~20周龄成活率（%）	97.2
21~66周龄成活率（%）	95.68
0~20周龄只耗料（kg）	5.11
21~66周龄只耗料（kg）	22.78
种蛋受精率（%）	94.5
受精蛋孵化率（%）	92.3
入孵蛋孵化率（%）	87.2
健雏率（%）	99.1
母本母鸡20周龄体重（g）	1 382.0
母本母鸡44周龄体重（g）	1 550.6
母本母鸡66周龄体重（g）	1 686.0

注：数据来源于农业部家禽品质监督检验测试中心（扬州）测定结果，取平均数。

3.商品代肉鸡生产性能 桂凤二号黄鸡配套系商品代生产性能见表4。

表4 桂凤二号黄鸡配套系商品代生产性能

项 目	广西春茂农牧集团有限公司测定结果*		农业部家禽品质监督检验测试中心（扬州）测定结果	
	公	母	公	母
出栏日龄（d）	82~90	110~118	84	112
体重（g）	1 575~1 680（平均1 605）	1 485~1 620（平均1 530）	1 635.5	1 565.0
料重比	（2.9：1~3.3）：1（平均3.1：1）	（3.65~3.88）：1（平均3.73：1）	3.2：1	3.65：1

注：*数据来源于公司2013年"公司+农户"平均数据。

（四）屠宰性能和肉品质量

2013年10月29日，利用公司饲养的商品鸡进行抽样屠宰测定，结果如表5。

表5　桂凤二号黄鸡配套系商品代屠宰性能

性别	公	母
数量	30	30
日龄（d）	84	112
体重（g）	1 501.9±47.5	1 505.8±31.9
屠宰率（%）	90.2	90.4
胸肌率（%）	14.8	17.9
腿肌率（%）	26.3	26.5
腹脂率（%）	0.7	6.6

2010年11月10日，分别采集15只90日龄公鸡和15只120日龄母鸡的胸肌和腿肌鲜样进行分析测试，结果见表6。

表6　桂凤二号鸡配套系商品代肉质测定结果

项目	公		母	
	胸肌	腿肌	胸肌	腿肌
嫩度（kg/cm³）	3.01	—	3.37	—
失水率（%）	31.94	31.81	33.62	27.15
pH	5.54	5.80	5.55	6.01
粗蛋白（%）	26.30	22.89	25.50	22.70
粗脂肪（%）	0.88	1.44	1.07	1.65

（五）营养需要

桂凤二号鸡配套系商品代肉鸡营养需要见表7。

表7　商品代肉鸡营养需要

阶段（日龄）	1～20	21～40	41～60	61～90	90至出栏
代谢能（kJ/kg）	12.13	11.92	12.13	12.55	13.39
粗蛋白（%）	20.0	19.0	17.5	16.5	15.5

三、培育技术工作情况

（一）育种素材及来源

B系为1993年从玉林市大平山镇引进成年玉林本地三黄公鸡500只、母鸡5 000只。X系为1996年从玉林市石南镇引进的成年三黄公鸡600只、母鸡6 500只。

引种后主要进行外貌特征和生长均匀度的选择，公鸡选择金黄羽、红冠、体质健壮、肌肉丰满的个体；母鸡选择金黄羽、冠红、体形较好的个体；公、母鸡皮肤、胫、羽毛均选择黄色。以高选择压选择接近群体平均体重的个体留种，快速提高生长速度的均匀度。群体外貌特征基本稳定后，2006年建立家系，进行家系选育。

（二）技术路线

配套系选育技术路线见下图。

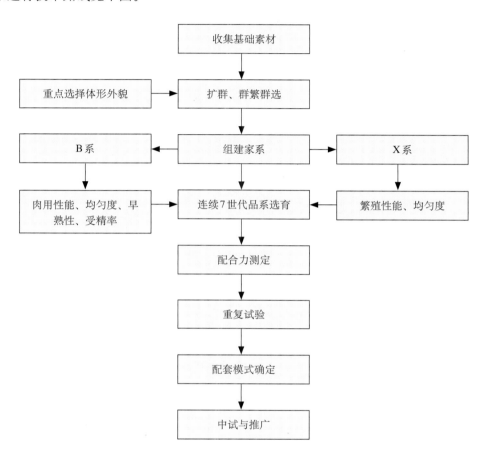

（三）培育过程

1.品系选育技术路线

（1）收集整理育种素材　父系重点选择均匀度好，早熟性，胸、腿肌肉发育以及繁殖性能优良的素材；母系重点选择外貌特征符合市场需求、体形小且产蛋性能优秀的素材。

（2）培育专门化品系，开展持续选育　通过新品系持续、系统选育，按照生产要求和消费趋势，有针对性地改善专门化品系的特定性状，从而更加适应市场需求。采用专门化品系的培育方法，按照父系和母系的要求分别进行选育。专门化品系选育采用闭锁群家系选育法，选育基础群一旦确定，就不再引进外血。对体重、体形外貌等性状采用个体选择法，而对孵化性能及繁殖性能（产蛋数、受精率等）采用家系选择法。通过7个世代对2个品系持续不断的选育，生产性能均有较大幅度的提高，主要经济性状均匀度明显改善且能稳定遗传，各项性能指标达到预期目标。配合力测定表明配套优势明显。

（3）配合力测定，筛选最佳配套系　为在生产上实现各项性能优异、适合目标市场的需求，公司从2009年始坚持长期不断地开展配合力测定工作，发现最佳的配合组合，通过综合比较，最终确定用于生产的配套系。

在桂凤二号黄鸡培育过程中，共进行了5次配合力测定和重复试验工作，将优秀组合在公司内部进行扩大饲养，比较生产性能及综合效益，送农业部家禽检测中心测定和中间试验，验证最佳组合的生产性能，最终确定了B系父本和X系母本的配套系。

（4）配套系中试推广体系的建立　在优化育种管理体系的基础上，建立、健全配套系中试推广体系，包括祖代鸡场、父母代鸡场、商品肉鸡养殖示范基地建设，培育的配套系在公司内部得到大范围应用，并在其他养殖单位中试推广。

2.主要性状选种程序及方法　B系主要选择的性状包括体重及均匀度，第二性征发育，胸、腿肌，羽色率和公鸡繁殖性能等。X系主要选择性状包括体重及均匀度、第二性征发育、产蛋性能、羽色等。

选种程序如下：

第一次选种：出雏时，按家系佩戴翅号，选留符合标准的个体，淘汰白羽、杂色羽以及残次个体。

第二次选种：35日龄左右进行，主要选择公鸡的第二性征发育，按冠高和面部红润程度进行选择。同时淘汰外貌特征不符合要求的个体。

第三次选种：70日龄进行，主要选择体重：

（1）B系　抽称群体5%个体体重，统计平均值；以平均体重值以上5%～15%作为留种范围。

（2）X系　抽称群体5%个体体重，统计平均值；以平均体重以下15%至以上5%作为选种的范围。

第四次选种：上笼前进行，主要进行白痢检测，淘汰阳性个体，同时，淘汰倒冠、残疾个体；并淘汰体重偏离过大的个体。

第五次选择：上笼后进行，主要选择胸、腿肌发育情况。通过手抓鸡腿肌、胸肉的手感来进行选择。

第六次选种：300日龄左右进行，主要进行繁殖性能选择：

（1）B系　根据公鸡的采精量和精液品质及雄性特征等进行选种。

（2）X系　统计300日龄家系平均产蛋数，采用家系选择与个体选择相结合的方法，选留产蛋数超过平均数的家系，同时淘汰中选家系中产蛋数特别低的个体。另外，在淘汰家系中选留部分产蛋数成绩特别优秀的个体。公鸡主要集中在家系产蛋平均数在前20位的家系中选留。

通过随机交配方法组建核心群，建立新的家系。根据系谱检查，避免全同胞和半同胞交配。

3.系谱孵化　组建家系后在产蛋高峰期收集2～3批种蛋，每批10d左右，系谱孵化。转盘时，按家系号装袋，出苗戴翅号，并做好系谱记录。

4.疾病净化　在育种工作开展的同时，制定严格的疾病防控程序，有针对性地开展鸡白痢、白血病等疾病的净化和控制工作。

（1）白痢净化　采用鸡白痢全血平板凝集试验对开产前及高峰期过后种鸡进行检测，淘汰阳性鸡，同时采取严格的生物安全措施，人工授精采取一鸡一管的方法，防止输精过程中的交叉感染。白痢阳性率由2007年的20%左右降低到2013年0。鸡白痢疾病净化进展情况见表8。

表8　白痢净化进展情况

年份	2009	2010	2011	2013
白痢阳性率	1.5%	3.2%	4%	0

注：数据来源于广西壮族自治区动物疫病预防控制中心。

（2）白血病净化　2013年开始白血病净化工作，净化两个世代后，白血病阳性率由20%降到4.68%，广西壮族自治区动物疫病预防控制中心检测结果为7%。

5.配套系选育概况　桂凤二号黄鸡配套系各世代选育基本情况见表9。

表9 桂凤二号黄鸡配套系各世代选育概况

世代	B系				X系			
	家系数	出雏数	上笼测定鸡数		家系数	出雏数	上笼测定鸡数	
			公	母			公	母
0	100	—	117	1 200	100	6 000	110	1 200
1	100	16 180	102	1 200	100	17 820	108	1 200
2	87	13 855	113	1 050	95	10 760	101	1 130
3	83	6 671	114	1 130	92	12 328	97	1 110
4	80	6 207	101	1 096	80	11 244	118	964
5	83	6 545	90	1 001	93	9 246	104	1 111
6	79	6 965	82	953	98	9 586	99	1 182
7	84	6 433	87	1 010	77	9 406	109	920

6.选育结果

（1）B系 通过7个世代的持续选育，B系雏鸡黄羽比例由0世代的88.5%提高到7世代的99.5%，体尺指标稳定在现有水平，120日龄冠高有所提高，公鸡由（6.30±0.60）cm提高到（6.74±0.48）cm，母鸡由（3.10±0.45）cm提高到（3.64±0.37）cm。10周龄体重和均匀度显著改善，公鸡体重由0世代900.0g提高到7世代1 106.0g，变异系数由11.2%降低到7.2%；母鸡体重由0世代848.0g提高到932.0g，变异系数由10.1%降低到8.0%。开产日龄有所提前，开产蛋重明显增大，43周龄蛋重增加2g左右，产蛋量差异不显著；种蛋受精率从0世代87.7%提高到7世代95.0%。

（2）X系 通过7个世代的持续选育，X系黄羽比例由0世代的88.0%提高到7世代的99.2%，体尺指标稳定在现有水平，120日龄冠高有所提高，公鸡由（6.23±0.51）cm提高到（6.69±0.42）cm，母鸡由（2.98±0.44）cm提高到（3.61±0.32）cm。10周龄体重和均匀度显著改善，公鸡体重由0世代900.0g提高到7世代945.7g，变异系数由10.2%降低到7.74%；母鸡体重由0世代840.0g降低到755.0g，变异系数由10.7%降低到8.2%。开产体重、开产蛋重和43周蛋重差异不显著，开产日龄提前3天，43、56周龄产蛋数提高显著，分别由一世代的101.4个和148.2个提高到110.6个和155.2个。种蛋受精率从0世代85.0%提高到7世代94.3%。

（四）饲养管理

1.雏鸡管理

（1）进雏前的准备工作 ①及时修整鸡舍。②准备好充足的垫料、保温用具。③搞好鸡舍内外环境消毒工作。④提前预温 预温时间北方为24～48h，南方为6～12h，离地面10cm升温达到30℃以上为宜。

（2）供温 不同周龄施温：1周33～35℃，2周31～33℃，3周28～31℃，4周26～28℃。以后每周下降2～3℃，30日龄脱温时不低于20℃。30日龄以上应在18℃以上，最低不能低于15℃。

（3）管理

① 育雏后前10d的管理

1d：有强光刺激其采食，有充足的饮水器和料桶。第一次给水可用0.01%的高锰酸钾水溶液或凉开水加适量速补14或氨苄青霉素、红霉素、土霉素等。

2～3d：注意保证温度的稳定，温度不能过高过低或时高时低；继续补充适量的维生素，此时适当换气。

4～6d：注意检查鸡群是否健康，如果有白痢应喂适量的抗生素。

7～8d：观察鸡群是否健康，如果健康应抓紧做好新城疫、传染性支气管炎、法氏囊的首免工作，接种前可喂适量的红霉素或维生素。在此时应适当调低温度，加大换气量。要注意排湿。

9～10d：注意观察鸡群接种后的情况；由于仔鸡增大了采食量和饮水量，应看情况增加通风换气量，注意湿度不要过大。10d后应注意防治球虫病。在整个育雏期间注意防火、防鼠，保证安静。

②日常检查　日常的检查主要从雏鸡活动、睡眠、采食、饮水、粪便等几个方面检查。

A．活动　健康鸡活泼好动，病鸡精神委顿。

B．睡眠　温湿度适合时，健康鸡睡觉的姿势是头颈伸直，平坦地伏在垫料上，而且闭上眼睛，不打堆。病鸡异样。

C．采食　健康鸡采食活跃，不时发出欢快的叫声。嗉囊膨有料；病鸡则无料，充满水液。

D．饮水　健康成长鸡饮水后立即离开饮水器，胸部羽毛不沾水。饮水过多可能是肠炎、消化不良、球虫病或食盐中毒。

E．粪便　健康雏鸡的粪便不稀烂，呈灰黑色，表面覆盖一层白色尿酸盐，肛门周围绒毛不沾有粪。粪便呈石灰浆样说明是鸡白痢；粪便呈水样有泡沫说明是肠炎、消化不良；粪便带血色说明是球虫病；粪便稀烂、呈黄绿色说明是鸡瘟或其他传染病。

③舍内垫料管理　冬春季要用厚垫料，一般要求垫料在5cm左右；保持垫料干爽清洁。

经常清除潮湿结块的垫料，一般3～5d清除一次，饮水器周围的垫料更应勤换；适当控制垫料的湿度。垫料若太干则灰尘大，易诱发鸡群的呼吸道病。若太干时，可结合喷雾消毒，适当喷洒消毒水（要选用刺激小的消毒水）。所用的垫料要保证质量，绝不能用发霉变质或被污染过的垫料。

（4）扩拦分群

①扩栏要坚持逐步进行的原则，决不一步到位。冬春季一般从第7～10d开始，每周扩拦一次，一般要6次以上。

②扩栏以在气温稳定的晴天中午为好。

③扩栏后密切注意天气变化，如果扩栏后天气较冷，气温大幅下降，鸡群可适当回栏，特别是在晚上。

④扩栏分群前应适当增加煤炉、铺好垫料，增加保温室面积，使温度达到一定水平后再扩，使扩栏后能保持温度平稳，防止温度大幅下降。

⑤正确处理好保温与通风的关系。

2.中大鸡的饲养管理

（1）注意天气变化，气温较低时30d以上的中大鸡仍然需要做好保温工作。

（2）加强垫料管理，保持垫料干爽、清洁并有一定厚度。

（3）注意鸡舍内外的清洁消毒工作。包括饮水器的清洗、消毒，鸡舍内外的每日清洁、消毒。晴天中午时可以带鸡消毒。

（4）天气好时鸡群可完全放出运动场。

3.科学免疫　按常规免疫程序接种新城疫、禽流感、法氏囊、传染性支气管炎等疫苗。

（五）培育单位概况

1.广西春茂农牧集团有限公司　公司组建于1996年，是从事优质鸡育种与开发的大型家禽生产企业。下设大平山分公司、小平山分公司、鹤山市春茂农牧有限公司、南昌市春茂农牧有限公司、来宾市春茂农牧有限公司等分公司。公司主要经营"桂凤鸡""桂皇鸡"等。先后通过了HACCP认证、ISO9001质量管理体系认证、无公害农产品认证，获得"自治区农业产业化重点龙头企业""中国黄羽肉鸡行业二十强优秀企业"等众多荣誉称号。2013年，公司总产值13.5亿元，其中养鸡产值9亿元。

公司的育种工作集中在小平山育种中心，于2004年建成，中心占地1.47hm²，拥有鸡舍20栋，个体笼位14 800个；测定鸡舍可饲养祖代种鸡30 000余只，后备鸡舍可饲养后备鸡54 000只，目前正在选育的品系有8个，主要应用品系为B系和X系。育种中心拥有育种、饲养、禽病防治、管理等方面的研发人员53名。其中，高级职称3名，研究生7名。公司还与广西壮族自治区畜牧研究所、广西大学等科研单位建立科技合作关系，是广西大学动物科学技术院、广西职业技术学院、广西农业职业技术学院、广西水产畜牧兽医学校、柳州畜牧兽医学校的实习基地。

地址：广西玉林市兴业县大平山镇工业园区。

主要培育人员：全春茂、陈训、吴强、全海、全志勇、梁学旺、覃来福、罗世嫦、张敏、李凯板、全战、谢岳诚、邓继福、区孔阳、雷佳霖、黄珍琦、梁乾、陈源、李希元。

2.广西壮族自治区畜牧研究所　现有专业技术人员143人，其中高级职称19人，中级职称以上73人。长期从事家畜家禽繁育、品种改良、牧草研究。养禽研究室近年来先后承担了"广西优质三黄鸡选育改良研究""矮脚鸡的选育及矮小基因在肉鸡生产中的应用""银香麻鸡配套系选育研究及推广应用""银香麻鸡、霞烟鸡早熟品系选育与应用""广西地方优良鸡品种繁育、改良""广西地方鸡活体基因库建设及种质资源创新利用""优质鸡高效健康养殖关键技术研究与应用示范"等20多项科技研发项目。荣获省级科技成果三等奖4项，市级科技成果一等奖1项，厅级二等奖2项、三等奖5项。

地址：广西南宁市邕武路24号。

主要培育人员：韦凤英、廖玉英、李东生、莫国东。

四、推广应用情况

2012—2013年，桂凤二号黄鸡配套系在广西地区中试父母代种鸡207万套，商品代肉鸡1.947亿只。采取"公司+农户"生产模式，直接或间接带动农户4 000多户，饲养出栏肉鸡5 000多万只。市场反馈配套系均匀度高，体形体重适中，肉质好，饲养成活率高。

五、对品种（配套系）的评价和展望

桂凤二号黄鸡是以广西三黄鸡为素材培育的配套系鸡品种，经7个世代的系统选育，配合力测定和中试推广，具有父母代种鸡生产成本低，商品代外貌美观、均匀度好、料重比高、肉质风味好、抗逆性强等优点。父母代种鸡适合标准化种禽企业饲养，商品代肉鸡适合"公司+农户"形式的企业、标准化养殖小区和规模养殖户饲养，总体效益好，在同类型品种中具有较强的竞争优势。

龙宝1号猪配套系

一、一般情况

（一）品种（配套系）名称

龙宝1号猪为肉用型配套系，是由LB11系（父本）、LB22系（母本父系）、LB33系（母本母系）组成的三系配套系。

（二）培育单位、培育年份、审定单位和审定时间

培育单位为广西扬翔股份有限公司和中山大学，培育年份为1998—2012年。2013年1月，通过国家畜禽遗传资源委员会审定；2013年2月，农业部公告第1907号确定为新品种配套系，证书编号（农01）新品种证字第21号。

（三）产地与分布

种苗产地在广西壮族自治区贵港市，配套系父母代、商品代除在广西、广东销售外，还远销贵州、湖南等省份。

二、培育品种（配套系）概况

（一）体形外貌

1.各品系外貌特征

（1）LB11系 体形高大，被毛全白，皮肤偶有少量暗斑，头颈较长，面宽微凹，耳向前直立，体躯长，背腰平直或微弓，腹线平，胸宽深，后躯宽长丰满，有效乳头7对以上。

（2）LB22系 全身被毛白色，头小清秀，颜面平直，耳大前倾，体躯长且平直，腿、臀肌肉丰满，四肢健壮，整个体形呈前稍窄后宽流线型，有效乳头7对以上。

（3）LB33系 头较短小，耳小而薄向外平伸，额有横行皱纹。空怀时肚不拖地，背腰相对平直。毛稀短，黑白花。除头、背、腰、臀部为黑色外，其余部位白色，有效乳头数7对以上。

2.父母代LB23外貌特征 背平或微凹，肚稍大不下垂，体质结实，结构匀称；白色为主，少有灰斑，没有黑斑。

3.商品代LB123外貌特征 全身被毛白色，在背部、耳部、臀部略有灰色散在斑块，体质结实，结构匀称，头大小适中，耳竖较大，背腰平直，中躯较长，腿、臀较丰满，收腹，四肢粗壮结实，身体各部位结合良好（图1～图13）。

图1 龙宝1号猪配套系陆川猪公猪（LB33系）

图2 龙宝1号猪配套系陆川猪母猪（LB33系）

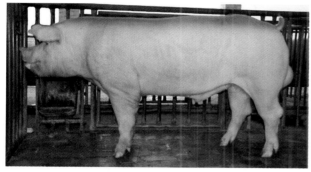

图3 龙宝1号猪配套系美系长白猪公猪（LB22系）

图4 龙宝1号猪配套系美系长白猪母猪（LB22系）

图5 龙宝1号猪配套系父母代（F1）公猪（LB23）

图6 龙宝1号猪配套系父母代（F1）母猪（LB23）

图7 龙宝1号猪配套系父母代（F1）仔猪

图8 龙宝1号猪配套系父母代（F1）群体（LB23）

图9 龙宝1号猪配套系美系大白猪公猪（LB11系）

图10 龙宝1号猪配套系美系大白猪母猪（LB11系）

图11 龙宝1号猪配套系商品猪（LB123）1

图12 龙宝1号猪配套系商品猪（LB123）2

图13 龙宝1号猪配套系商品猪群体（LB123）

（二）体尺体重

父母代LB23体重、体尺见表1。

表1 父母代LB23体重、体尺测定（*n*=30）

月龄	体重（kg）	体高（cm）	体长（cm）	管围（cm）	胸围（cm）	背膘（cm）
2	25.82±3.25	35.09±1.43	69.56±2.98	11.89±0.68	63.72±3.17	7.82±1.25
4	42.31±4.14	42.13±0.64	82.50±4.28	14.63±1.03	78.38±4.34	9.63±1.60
6	72.40±5.09	52.30±2.91	98.20±4.37	17.58±1.95	95.70±4.37	13.80±2.30

（三）生产性能

1.专门化品系生产性能　LB11系、LB22系、LB33系主要生产性能见表2。

表2　配套系各专门化品系主要生产性能

项　　目	生产性能水平		
	LB11系	LB22系	LB33系
达100kg体重日龄（d）	164.2	162.0	247.5（达70kg日龄）
达100kg体重背膘（mm）	12.5	12.3	—
总产仔数（头）	11.84	11.68	12.93
产活仔数（头）	11.43	11.32	11.40
初生窝重（kg）	16.12	15.81	7.44
断奶窝重（kg）	80.89	83.22	47.22
哺乳期成活率（%）	98.8	97	96.33

2.父母代LB23生产性能　父母代母猪LB23主要生产性能见表3。

表3　父母代LB23主要生产性能

项　　目	生产性能
产活仔数（头）	11.79
产死胎数（头）	0.15
窝平畸形（头）	0.04
窝平木乃伊（头）	0.02
仔猪初生重（kg）	1.04
28日龄断奶重（kg）	6.35
哺乳仔猪成活率（%）	97.36
保育猪成活率（%）	98.53
母猪分娩率（%）	91
妊娠母猪日均采食量（kg）	1.55
哺乳母猪日均采食量（kg）	5.11

注：以上数据为2014年度汇总数据。

3.商品代肉猪LB123生产性能　见表4。

表4　商品代LB123生产性能

项　　目	场内测定结果（2014年）	农业部种猪质量监督检验测试中心（广州）（2012年）
达100kg体重日龄（d）	184±11	202±7
达100kg体重背膘（mm）	16±2	18±2
30～100kg日增重（g）	749±56	603±27

（四）屠宰性能和肉质性能

2012年，农业部种猪质量监督检验测试中心（广州）对36头LB123商品猪进行屠宰测定，胴体及肉质性能见表5。

表5　商品代LB123屠宰测定及肉质测定结果

性　状	实测值	性　状	实测值
胴体直长（cm）	94±4	后腿比例（%）	30.9±1.4
胴体斜长（cm）	79±3	校正眼肌面积（cm²）	38.85±6.10
宰前活重（kg）	98.8±8.05	校正背膘厚度（mm）	29.80±3.78
胴体重（kg）	71.35±4.94	肉色分值（分）	3.2±0.2
屠宰率（%）	72.3±3.1	大理石纹分值（分）	3.4±0.4
瘦肉率（%）	60.0±3.0	pH	5.96±0.28
皮脂率（%）	25.9±3.0	失水率（%）	11.96±7.72
骨率（%）	14.0±1.2		

（五）营养需要

龙宝1号猪配套系父母代母猪LB23营养需要见表6，商品代肉猪LB123营养需要见表7。

表6　父母代LB23营养需要

项　目	妊娠料	哺乳料
水分（%）	10.12	12.67
粗蛋白质（%）	14.03	17.53
粗脂肪（%）	2.58	2.98
粗灰分（%）	7.6	5.44
粗纤维（%）	8.75	2.81
钙（%）	0.9	0.9
总磷（%）	1	0.59
盐分（%）	0.42	0.41

表7　商品代肉猪LB123营养需要

项　目	小猪料（10~30kg）	中猪料（30~60kg）	大猪料（60kg至出栏）
代谢能（kJ/kg）	13 185.9	12 767.3	12 767.3
粗蛋白（%）	16	15	14
粗纤维（%）	3	3.5	4
粗灰分（%）	4.5	5	5
钙（%）	0.6	0.6	0.6
总磷（%）	0.5	0.45	0.45

三、培育技术工作情况

（一）育种素材及来源

LB11系来源于美系大白，2004年组建核心群，重点选择生长速度、瘦肉率。通过闭锁繁育，至2011年形成LB11系。LB22系来源于美系长白，2004年在组建核心群，重点选择繁殖性能、生长速度、瘦肉率，至2011年形成了LB22系。LB33系来源于陆川猪，1999年在原产地收集陆川猪300头，于2004年组建基础母猪群，采用继代选育法，于2011年形成LB33系，建立家系12个。

（二）技术路线

1.配套系组成　龙宝1号猪配套系属三系配套系。该配套系以LB11系为父本，以LB22系为母本父系，LB33系为母本母系，向市场提供龙宝1号猪父母代种猪和商品代肉猪。

2.配套模式　龙宝1号猪配套系配套模式如下。

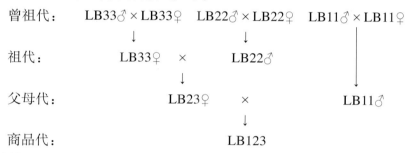

曾祖代：　　LB33♂×LB33♀　LB22♂×LB22♀　LB11♂×LB11♀

祖代：　　　　LB33♀　　×　　LB22♂

父母代：　　　　　　　LB23♀　　×　　　　　LB11♂

商品代：　　　　　　　　　　LB123

3.选育技术路线　为获得适应性强、生产性能好，体形外貌符合市场要求的优质肉猪配套品系，通过搜集育种素材、采用杂交组合试验和专门化品系培育，培育配套系。育种素材来源于广西优良地方猪种及国外瘦肉型猪种，其中父系注重选择生长速度、瘦肉率，母系注重选择繁殖性能。

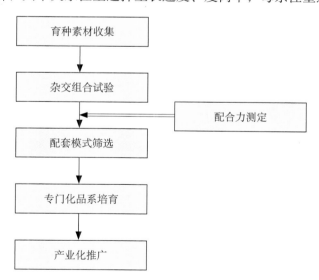

（三）培育过程

（1）**第一阶段**　1999—2003年，建群与配套组合筛选阶段。

选择广西2个优良地方猪种陆川猪、隆林猪以及3个引进品种杜洛克猪、长白猪、大白猪为素材，组建基础群。通过杂交组合试验，最终确定三系配套杂交模式。

（2）第二阶段　2004—2011年，专门化品系与配套系培育阶段。

建立LB11系、LB22系、LB33系基础群，采用群体继代选育方法，进行专门化品系的培育，形成了主要生产性能稳定、适应性强、肉质好、繁殖性能高、白色的优质瘦肉型猪配套系。

（3）第三阶段　产品中试、配套系扩群与种猪推广。

1999—2003年，为了促进广西养猪业发展、促进农户增收，公司在进行杂交组合的同时，免费送猪精进行猪种改良，并提供内二元种猪。2004年起，农户对龙宝猪需求增加。至2012年培育成功后，累计推广100多万头。

（四）饲养管理

1.保育舍管理　进猪前空栏，彻底冲洗消毒，空栏时间至少一周以上；按批次转入、转出，转入后按强弱分群；做好调教与定位，做好驱虫与保健。

室温：刚断奶时应达28℃，以后每周下降1～2℃，第四周达22℃。处理好保温与通风的关系，保持舍内空气清新。

2.生长育肥舍管理　按批次管理，转入前至少空栏消毒一周以上，及时按强弱调整猪群，保持合理的密度，病猪及时隔离饲养。30～60kg阶段喂中猪料，60kg以上喂大猪料，自由采食。

适宜温度为17～20℃，做好防暑降温和防寒保暖工作。

3.免疫程序　龙宝1号猪配套系父母代LB23、商品代LB123免疫程序见表8、表9。

表8　父母代LB23免疫程序参考

接种时间（d）	疫苗名称	剂量（头份）	接种方式
1	伪狂犬	1	滴鼻
3	支原体	1	肌内注射
14	圆环	1	肌内注射
21	支原体	1	肌内注射
28	猪瘟	1	肌内注射
42	口蹄疫	1	肌内注射
42	伪狂犬	1	肌内注射
55	猪瘟	1	肌内注射
配前2次	支原体	1	肌内注射
配前2次	圆环	1	肌内注射
配前2次	细小	1	肌内注射
配前2次	猪瘟	2	肌内注射
配前2次	乙脑	1	肌内注射
配前2次	伪狂犬	1	肌内注射
配前1次	口蹄疫	1	肌内注射

表9　商品代免疫程序参考

接种时间（d）	疫苗名称	剂量（头份）	接种方式
1	伪狂犬	1	滴鼻
3	支原体	1	肌内注射

接种时间（d）	疫苗名称	剂量（头份）	接种方式
14	圆环	1	肌内注射
21	支原体	1	肌内注射
28	猪瘟	1	肌内注射
42	口蹄疫	1	肌内注射
42	伪狂犬	1	肌内注射
55	猪瘟	1	肌内注射
150	口蹄疫	1	肌内注射

（五）培育单位概况

1.扬翔公司 扬翔公司成立于1998年，是农业产业化国家重点龙头企业。公司分为饲料、养殖、食品三大事业部。旗下有26家子公司，员工5 000多名。2013年饲料销售170万t，种猪28万多头、肉猪127万头、猪精800万瓶，总销售收入60亿元。带动17.6万农户养殖增收39.8亿元，户均增收2.2万元。猪精配送网点7 630多个，广西扬翔猪精配送覆盖率已经超过70%。

扬翔公司致力于创造一个吸纳、培育、凝聚、激励人才的良好企业氛围，与国外开展技术交流，在国内进行科研院校合作，建造人才高地，培植企业核心竞争力。聚集有工程院院士、生猪产业体系首席科学家、教授、博士后、博士、硕士等一大批高端人才，他们在扬翔提供的平台上充分发挥作用，建立"精料保"三结合及"扬翔养殖五大体系"，为公司"从农场到餐桌，打造中国安全食品"全封闭产业链保驾护航。产业链的运营，既保障了农民养殖稳定增收，又保证了食品安全，还有利于实现生态环保。

地址：广西贵港市港北区金港大道844号。

2.中山大学 中山大学在地方猪遗传改良方面有多年的积累，建成了"基础研究-应用基础研究-应用研究"为一体的种猪遗传改良工程中心，目前承担了国家生猪产业技术研发中心和广东省生猪改良繁育工程技术研究开发中心的建设重任，致力于成为广东省乃至全国种猪遗传改良的技术创新源头和支撑平台。

地址：广州市新港西路135号。

主要培育人员：陈瑶生、陈清森、刘小红、施亮、董进寿、黄定寿、谭家健、张从林、曾检华、谭岳华、潘斌、黄贤伟、郑伟、鄢航。

四、推广应用情况

龙宝猪采取边培育边推广的形式，在广西、广东等地受到广大农户的青睐。到2011年年底，配套系选育基本成形后，累计推广LB23父母代母猪和LB123龙宝1号猪配套系商品猪100多万头，总产值近10亿元。2012—2014年，推广LB23和LB123达30万头，取得了显著的经济效益和社会效益。

五、对品种（配套系）的评价和展望

龙宝1号猪配套系由于其适应性强、易于饲养，农户不受技术、环境、资金等限制，经杂交生产的LB23父母代母猪既有生长速度快、料重比低、瘦肉率高等良种猪的特点，又有耐粗饲、适应能力强、繁殖性能高等本地猪的优势，因而非常适合农村散养户和专业户养殖。更为有利的是，由于配套系培育单位长期经营饲料产业和配套的大量公猪站，形成了规模庞大的营销网络，从而有效地将地方猪资源开发利用和配套系培育与产业化应用紧密结合，充分发挥了产学研合作的优势，保证了龙宝1号猪配套系的可持续开发利用。

四、引入品种

YINRU PINZHONG

大约克夏猪

一、原产地与引入历史

大约克夏猪又称大白猪，18世纪育成于英国，因体形大、毛色全白而得名。原产于英国北部的约克夏郡，由原来的土种白猪与引入的中国广东省等地的猪种杂交选育而成，1852年正式被确定为约克夏猪，后经选育分化出大、中、小三种类型。大型为腌肉型，中型为肉用型，小型为脂肪型。大约克夏猪是目前世界分布最广的猪种。

大约克夏猪是我国最早引进的优良瘦肉型猪种之一。我国引入大约克夏猪是在20世纪30年代，原中央大学曾于1936—1938年引入大约克夏猪与外来品种进行比较。50年代，上海、江苏引入少量的大约克夏猪。1957年，广州从澳大利亚引入大约克夏猪。华中、华东和华南等地1967—1973年从英国引种。80年代以来，我国多批次从不同国家引入大约克夏猪。目前，大约克夏猪几乎遍布全国。

广西于1938年引入中约克夏猪养于桂林良丰农场，于1967—1973年引入大约克夏猪，饲养于广西外贸屯里猪场及广西西江农场。2001年，广西永新集团畜牧公司从加拿大引入大白猪，2003年，广西桂宁原种猪场从英国和丹麦引入大白猪。2004年，广西畜牧研究所柯新源原种猪场从美国引入SPF大白猪。2005年，广西桂牧叮原种猪场和广西扬翔原种猪场也从美国引入SPF大约克夏猪。

二、品种特征和性能

（一）体形外貌特征

1.外貌特征 大约克夏猪全身被毛白色，允许偶有少量暗黑斑点。头较长大，鼻面直或微凹，颈粗大，耳中等大而前倾、稍立。前胛宽，背腰平直，背阔，后躯丰满，体躯较长、呈长方形。肢蹄健壮，乳头数7对（图1、图2）。

图1　大约克夏猪公猪

图2　大约克夏猪母猪

2.体重和体尺 据《中国畜禽遗传资源志·猪志》（2011），不同来源（场）大约克夏猪成年猪的体重和体尺测量结果见表1。其中，北京顺鑫农业小店种猪选育场英国大约克夏猪的测量年龄为30月龄，北京养猪育种中心法国大约克夏猪测量年龄公猪23月龄、母猪2.6胎龄，河南省种猪育种中心美国大约克夏猪测量年龄公猪18月龄、母猪26月龄。大约克夏猪100kg体重时的体尺由深圳市农牧实业有限公司2008年测量。

表1 不同来源大约克夏猪的体重和体尺

猪场	性别	头数	体重（kg）	体高（cm）	体长（cm）	胸围（cm）
北京小店种猪选育场	公	11	296.23±6.06	87.32±0.81	181.55±1.03	155.36±1.88
	母	21	223.85±6.53	83.95±0.91	172.71±1.09	157.67±1.68
北京养猪育种中心	公	10	266.5±3.86	90.3±0.65	160.1±1.73	148.7±1.72
	母	30	239.8±2.26	84.17±0.50	151.7±0.95	148.7±0.77
河南省种猪育种中心	公	62	193.33±4.89	87.43±1.67	143.18±1.44	153.35±1.67
	母	495	209.45±1.76	75.12±0.52	143.23±0.59	144.12±0.35
深圳农牧实业有限公司	公	248	100	61.5±0.14	108.2±0.21	98.8±0.15
	母	256	100	61.7±0.12	109.9±0.21	100.2±0.17

（二）生产性能

大约克夏猪的适应性强，分布广泛，具有产仔多、母性好、生长速度快、饲料利用率高、胴体瘦肉率高等特点。

1.繁殖性能 大约克夏猪具有产仔多、母性好的特点。据《中国畜禽遗传资源志·猪志》（2011），北京顺鑫农业小店种猪选育场2007年1月对25头英国大白猪的繁殖性能进行了测定，母猪（234.68±1.18）日龄初配，窝产仔数（12.15±0.35）头，窝产活仔数（12.02±0.32）头，初生窝重（17.21±0.71）kg，21日龄窝重（60.45±1.13）kg，26～30日龄断奶个体重（9.13±0.15）kg，仔猪成活率（99.48±0.23）%。

大约克夏猪在广西的繁殖性能大致与国内同步。大约克夏猪性成熟较晚，母猪5月龄初次发情，一般公、母猪8月龄左右，体重120kg以上初配。初产母猪产活仔数为9～10头；经产母猪平均产活仔数为11.2头。28日龄断奶头数为10.8头，断奶窝重达89.6kg，年繁殖胎次为2.2胎。

2.生长发育 大白猪生长速度快，150日龄左右达100kg体重，100kg体重活体背膘厚13mm以下，生长育肥期平均日增重900g左右，料重比（2.2～2.6）∶1。广西永新畜牧集团公司原种猪场2005年对489头加系大约克夏猪进行测定，达100kg体重日龄（159±0.35）d，平均日增重（841±3.16）g，100kg体重背膘厚（12.7±0.05）mm，料重比（2.4±0.01）∶1。

3.胴体品质 广西永新畜牧集团公司原种猪场于2006年对11头加系大约克夏猪进行了屠宰性能测定。测定结果表明，大约克夏猪体重100kg左右屠宰时，屠宰率（74.89±2.64）%，背膘厚（12.3±0.18）mm，眼肌面积（46.1±0.57）cm²，胴体瘦肉率（66.2±0.39）%。

大约克夏猪肉质细嫩，色泽鲜红，肉色（3.96±0.07）分，pH（5.98±0.03），滴水损失（2.01+0.01）%。

三、杂交利用

大约克夏猪作父本和母本进行经济杂交均可获得良好的效果。作母本与长白猪或杜洛克杂交，F₁

代猪胴体瘦肉率达62%以上，其他性能也有较大的杂种优势。作为父本与我国地方猪杂交，可大大提高商品猪的日增重、料重比和胴体瘦肉率。

四、驯化程度

经过长期的驯化，大约克夏猪基本适应我国的条件，用大约克夏猪作父本与中国地方猪杂交，可获得较好的杂交优势。胴体瘦肉率比本地猪提高3.6 ～ 3.7个百分点。但在广西5 ～ 9月酷热高温天气时，表现呼吸加快，易发生疾病，影响生长力。

五、选育利用

大约克夏猪是广西引进的主要外来猪种，分布较广，各原种猪场根据其生长特点，制定了科学的饲养方案，不断改进饲养管理措施，逐步掌握了大约克夏猪的生产技术要点，根据市场需求制定了选育方案，通过选育和扩繁使种猪数量得到迅速扩大。

大约克夏猪有较好的适应性，具有生长快、料重比高、胴体瘦肉率高、产仔较多、应激小、肉质较好等特点，在广西的养猪生产中常用作三元杂交中的母本、第一或第二父本，作为杂交亲本有良好的利用价值。

我国2008年发布了《大约克夏猪种猪》国家标准（GB 22284—2008）。

六、附　　录

（一）参考文献

国家畜禽遗传资源委员会.2011.中国畜禽遗传资源志·猪志[M].北京:中国农业出版社:453-458.

（二）撰稿人员

广西大学动物科技学院：何若钢。
广西畜牧总站：苏家联。

长 白 猪

一、原产地与引入历史

长白猪原产于丹麦，原名兰德瑞斯猪。由于其体躯长，皮肤、毛色全白，故在我国通称长白猪。长白猪是用大约克夏猪与丹麦的土种白猪杂交后经长期选育而成的。是目前世界上分布最广的瘦肉型猪品种。

长白猪是我国引进的优良瘦肉型猪种之一。我国在1964年首次由瑞典引入长白猪，随后，1966年从瑞典，1967年从英国、荷兰和法国，1972年后，从美国、德国，1980年从丹麦引入长白猪。1980年至今，我国又多批次从不同国家引入长白猪。

1964年从瑞士引入，饲养于广西畜牧研究所等。1965年从日本引入，饲养于广西西江农场等。1966—1967年也有引入，饲养于广西各场。1980年从丹麦引入，饲养于金光农场等。2001年，广西永新集团畜牧公司从加拿大引入长白猪。2003年，广西桂宁原种猪场从英国和丹麦引入长白猪。2004年，广西柯新源原种猪场从美国引入SPF长白猪。2005年，广西桂牧叮原种猪场和广西扬翔原种猪场也从美国引入SPF长白猪。

二、品种特征和性能

（一）体形外貌特征

1.外貌特征 长白猪体躯长，被毛白色，允许偶有少量暗黑斑点。头小颈轻，鼻嘴狭长，耳较大、向前倾或下垂。背腰平直，后躯发达，腿臀丰满，整体呈前轻后重，体躯呈流线型，外观清秀美观，体质结实，四肢坚实。乳头数7～8对，排列整齐（图1、图2）。

图1　长白猪公猪

图2　长白猪母猪

2.体重和体尺 据《中国畜禽遗传资源志·猪志》（2011），不同来源（场）长白猪成年猪的体重和体尺测量结果见表1。其中，北京养猪育种中心法国长白猪测定年龄公猪20月龄、母猪2.8胎龄，河南省种猪育种中心美国长白猪测定年龄公猪18月龄、母猪25月龄。

表1 长白猪的体重和体尺

猪场	性别	头数	体重（kg）	体高（cm）	体长（cm）	胸围（cm）
北京养猪育种中心	公	10	265±4.68	89.4±0.97	165±2.47	154±1.32
	母	30	247.8±3.36	84.3±0.44	158.9±1.15	150.8±1.12
河南省种猪育种中心	公	63	190.51±4.55	88.12±1.55	148.36±2.94	147.13±2.52
	母	510	211.74±1.85	75.26±0.50	145.36±0.58	142.67±0.54

（二）生产性能

长白猪具有生长快、饲料利用率高、瘦肉率高，母猪产仔多、泌乳性能较好等优点。

1.繁殖性能 据《中国畜禽遗传资源志·猪志》（2011），重庆市畜牧科学院测定结果表明，丹麦长白猪（15头）初情期（198±6.71）d；初产母猪（92窝）窝产仔数（10.4±0.20）头，窝产活仔数（8.4±0.20）头，21日龄窝重（37.7±1.17）kg，21日龄仔猪数（7.3±0.17）头，经产母猪（182窝）窝产仔数（11.5±0.17）头，窝产活仔数（10.0±0.16）头，21日龄窝重（44.3±0.92）kg，21日龄仔猪数（8.8±0.13）头。北京养猪育种中心的法国长白猪、辽宁阜新原种猪场和河南省种猪育种中心的美国长白猪、大连础明集团交流岛原种猪场的丹麦长白猪繁殖性能的测定结果分别见表2、表3和表4。

表2 北京养猪育种中心法国长白猪母猪繁殖性能

胎次	头数	窝产仔数（头）	窝产活仔数（头）	产仔间隔（d）	初生窝重（kg）	21日龄窝重（kg）*	断奶仔猪数（头）	哺育率（%）
一	1 125	10.91±0.08	10.04±0.08	—	14.29±0.07	67.24±0.42	9.08±0.10	94.84±0.32
二	844	11.96±0.10	10.84±0.09	158±0.48	15.58±0.09	68.1±0.54	9.87±0.11	95.92±0.33
三胎以上	707	12.45±0.11	11.24±0.11	155.75±0.45	16.05±0.10	71.47±0.68	10.49±0.14	96.76±0.26

注：*校正21日龄窝重，GBS自动计算值，相当于28日龄断奶重。测定时间2005—2008年。

表3 美国长白猪母猪繁殖性能

胎次	猪场	头数	窝产仔数（头）	窝产活仔数（头）	初产日龄（d）	产仔间隔（d）	初生重（kg）	21日龄窝重（kg）	断奶仔猪数（头）	哺育率（%）
头胎	辽宁阜新原种猪场	173	9.89±0.24	9.27±0.22	385±1.08	—	1.46±0.02	47.93±0.52	8.77±0.17	94.6±0.50
	河南省种猪育种中心	486	10.82±0.10	10.12±0.09	350.27±0.73		1.54±0.01	61.55±0.47	9.91±0.08	97.92±0.09
二胎	辽宁阜新原种猪场	376	10.91±0.15	9.98±0.13	—	157±0.38	1.53±0.03	48.97±0.31	9.32±0.11	93.39±0.34
	河南省种猪育种中心	357	10.91±0.10	10.13±0.10		154.31±0.75	1.69±0.22	62.53±0.54	10.01±0.09	98.82±0.07
三胎以上	辽宁阜新原种猪场	487	11.72±0.14	10.56±0.13		154±0.20	1.45±0.03	53.48±0.33	9.97±0.10	94.41±0.35

（续）

胎次	猪场	头数	窝产仔数（头）	窝产活仔数（头）	初产日龄（d）	产仔间隔（d）	初生重（kg）	21日龄窝重（kg）	断奶仔猪数（头）	哺育率（%）
三胎以上	河南省种猪育种中心	795	11.62±0.08	10.81±0.07		152.17±0.40	1.64±0.01	64.47±0.40	10.41±0.06	96.30±0.07

测定时间：辽宁阜新原种猪场2006年6月至2008年12月，河南省种猪育种中心2005年6月至2009年2月。

表4　大连础明集团交流岛原种猪场丹麦长白猪繁殖性能

胎次	年度	窝数	窝产仔数（头）	窝产活仔数（头）	初生个体重（kg）	21日龄窝重（kg）	28日龄个体重（kg）
初产	2004	64	11.71±0.23	10.81±0.20	1.20±0.20	61.21±1.28	7.46±0.18
	2005	53	11.62±0.24	10.58±0.19	1.39±0.03	55.81±1.28	7.23±0.18
	2006	78	11.76±0.20	10.36±0.17	1.41±0.04	53.21±1.09	7.42±0.16
	2007	63	12.27±0.33	10.22±0.33	1.42±0.05	54.31±1.23	7.45±0.19
经产	2004	50	11.92±0.24	10.94±0.22	1.55±0.03	68.14±0.15	8.77±0.24
	2005	66	11.46±0.17	10.37±0.15	1.51±0.03	66.73±1.26	8.52±0.20
	2006	145	12.04±0.15	10.53±0.12	1.49±0.03	62.14±1.03	8.47±0.14
	2007	138	13.46±0.28	10.79±0.24	1.44±0.03	63.35±0.82	8.49±0.14

长白猪在广西的繁殖性能大致与国内同步。长白猪性成熟较晚，公猪8月龄、体重130kg开始配种，母猪8月龄、体重120kg开始交配。初产母猪平均产活仔数为10头；经产母猪平均产活仔数为10.8头。28日龄断奶头数为10.4头，断奶窝重达84.4kg，年繁殖胎次为2.1胎。

2.生长发育　长白猪生长速度快，150～160日龄达100kg体重，100kg体重活体背膘厚13mm左右，生长育肥期平均日增重900g左右，料重比2.5：1以下。广西永新畜牧集团公司原种猪场2005年对136头加系长白猪进行测定，达100kg体重日龄（161.0±1.03）d，平均日增重（821.0±9.01）g，100kg体重背膘厚（12.5±0.14）mm，料重比（2.4±0.02）：1。

3.胴体品质　重庆市畜牧科学院测定结果表明，丹麦长白猪（8头）100kg屠宰率（71.00±1.19）%，平均背膘厚（18.13±1.10）mm，眼肌面积（43.79±0.71）cm²，后腿比例（32.15±0.75）%，胴体瘦肉率（67.14±0.63）%。广西永新畜牧集团公司原种猪场于2006年对11头加系长白猪进行了屠宰性能测定。测定结果表明，长白猪体重110kg左右屠宰时，屠宰率（73.0±0.39）%，背膘厚（11.4±0.18）mm，眼肌面积（47.5±0.06）cm²，胴体瘦肉率（64.8±0.15）%。

长白猪肉质细嫩，色泽鲜红，肉色（3.6±0.11）分，pH（5.87±0.09），贮存损失（1.42±0.12）%，失水率（13.75±0.26）%，大理石纹评分（1.5±0.14）分。

三、杂交利用

在广西，长白猪与地方猪种杂交，杂交后代日增重600～700g，胴体瘦肉率可达50%～55%，如长白公猪与陆川母猪杂交。瘦肉型猪场利用长白猪与杜洛克猪、大约克夏猪杂交，生产三元杂商品猪。其日增重可达700g以上，胴体瘦肉率均达60%以上。

四、驯化程度

长白猪引入广西30多年来，已基本适应广西的自然条件，但对5~9月湿热天气仍表现不理想、体温高、呼吸快，公猪性欲减退、母猪发情不明显，易发生呼吸系统疾病、蹄裂、睾丸炎等。该品种对饲料营养要求较高，在饲养过程中注意提供饲料营养。

五、选育利用

长白猪具有生长快，料重比高、胴体瘦肉率高，产仔较多等特点。在猪种的品种改良和杂交商品猪生产中均起到重要作用。长白猪作为一个重要父本或母本品种将发挥越来越大的作用。但长白猪存在体质较弱、抗逆性差、应激较强、对饲养条件要求较高等缺点。今后应着重提高其适应性，选育出更优良的长白猪。

我国2008年发布了《长白猪种猪》国家标准（GB 22283—2008）。

六、附　　录

（一）参考文献

国家畜禽遗传资源委员会.2011.中国畜禽遗传资源志·猪志[M].北京：中国农业出版社：459-463.

（二）撰稿人员

广西大学动物科技学院：何若钢。
广西畜牧总站：苏家联。

杜洛克猪

一、原产地与引入历史

杜洛克猪原产于美国东北部的新泽西州等地，主要由纽约州的杜洛克猪与新泽西州的泽西红猪杂交育成的。原称杜洛克泽西红，后简称杜洛克，是我国引进的优良瘦肉型猪种之一。

我国最早于1936年由许振英引入脂肪型杜洛克猪。1972年起，我国相继从美国、英国、匈牙利和日本等国引入，形成了美系和匈系杜洛克猪。20世纪90年代以来，我国相继从美国、加拿大、丹麦和我国的台湾省引进了大量的杜洛克猪，其中从美国和我国台湾省引进的杜洛克猪数量居多，现遍布全国各地。

广西于1980年引入杜洛克猪，饲养于广西西江农场等地，后陆续引入多批，主要饲养于金光农场、屯里外贸猪场、西江农场、武鸣华侨农场等地。20世纪90年代从我国台湾省引进台系杜洛克猪。台系杜洛克猪因体形丰满而受到广大客户的青睐。2001年，广西永新集团畜牧公司从加拿大引入杜洛克猪；2003年，广西桂宁原种猪场从英国和丹麦引入杜洛克猪；2004年，广西畜牧研究所柯新源原种猪场从美国引入SPF杜洛克猪；2005年，广西桂牧叮原种猪场和广西扬翔原种猪场也从美国引入SPF杜洛克猪。

二、品种特征和性能

（一）体形外貌特征

1.外貌特征　杜洛克猪全身被毛呈金黄色或棕红色，色泽深浅不一，允许体侧或腹下有少量小暗斑点。头中等大。嘴短直，颜面微凹。耳中等大，耳根稍立，中上部下垂，略向前倾。体形深广，背呈弓形，体躯较宽，腹线平直，肌肉丰满，后躯发达，四肢粗壮结实。乳头6～7对（图1、图2）。

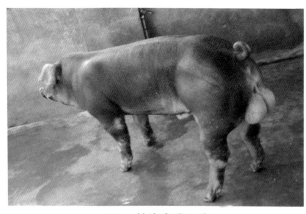 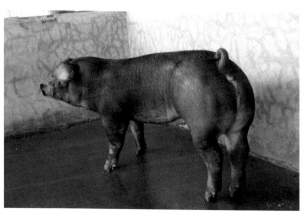

图1　杜洛克猪公猪　　　　　　　　　　　图2　杜洛克猪母猪

2.体重和体尺　据《中国畜禽遗传资源志·猪志》（2011），不同来源（场）杜洛克猪成年猪的体重和体尺测量结果见表1。

其中河南省正阳种猪场的匈（美）系杜洛克猪测定年龄公猪775日龄、母猪768日龄，北京养猪育种中心台系杜洛克猪测定年龄公猪16.2月龄、母猪23.5月龄，河南省种猪育种中心美系杜洛克猪测定年龄公猪18.3月龄、母猪25.3月龄。美国杜洛克猪体重90kg左右时的体尺由辽宁阜新原种猪场于2006—2008年测定。

表1　杜洛克猪的体重和体尺

猪场	性别	头数	体重（kg）	体高（cm）	体长（cm）	胸围（cm）
河南省正阳种猪场	公	30	265±2.52	94.67±0.66	161.7±0.77	152.67±0.38
	母	60	224±0.86	91±0.33	150±0.50	134±0.32
北京养猪育种中心	公	6	201.7±7.94	81.5±2.17	148.7±4.29	136±3.15
	母	24	220.75±3.63	84.67±1.10	140.5±2.07	136.83±1.42
河南省种猪育种中心	公	72	195.60±4.21	91.73±1.59	139.62±2.81	160.75±3.39
	母	450	209.24±1.82	76.17±0.53	132.62±0.57	140.41±0.53
辽宁阜新原种猪场	公	24	90.25±0.61	70.08±0.41	121.75±1.23	117.58±0.65
	母	58	82.65±0.46	71.55±0.37	120.66±0.81	116.24±0.41

（二）生产性能

杜洛克猪的适应性强、分布广，具有生长速度快、饲料利用率高、胴体瘦肉率高、肌内脂肪含量较高等特点，是优秀的父系品种。

1.繁殖性能　据《中国畜禽遗传资源志·猪志》（2011），重庆市畜牧科学院测定结果表明，丹系杜洛克猪（11头）母猪初情期（192±7.24）d；初产猪（93窝）总产仔数（9.1±0.19）头，产活仔数（8.4±0.21）头，21日龄窝重（32.5±0.90）kg，21日龄仔猪数（7.5±0.18）头；经产母猪（115窝）窝总产仔数（10.4±0.17）头，活产仔数（9.6±0.19）头，21日龄窝重（36.5±089）kg，21日龄仔数（8.5±0.17）头。北京养猪育种中心的台系杜洛克猪、辽宁阜新原种猪场和河南省种猪育种中心的美系杜洛克猪、大连础明集团交流岛原种猪场丹麦杜洛克猪繁殖性状的测定结果分别见表2、表3和表4。

表2　北京养猪育种中心台湾杜洛克猪母猪繁殖性能

胎次	头数	窝产仔数（头）	窝产活仔数（头）	产仔间隔（d）	初生窝重（kg）	21日龄窝重（kg）*	断奶仔猪数（头）	哺育率（%）
一	155	9.12±0.22	8.25±0.21	—	13.22±0.13	57.97±0.65	7.27±0.20	90.09±0.72
二	114	9.55±0.26	8.84±0.24	154.91±1.39	13.79±0.19	58.14±0.75	7.86±0.18	92.30±0.58
三胎以上	95	10.26±0.27	9.23±0.27	152±1.37	14.33±0.17	61.3±0.84	8.6±0.20	95.14±1.05

注：* 校正21日龄窝重，GBS自动计算值，相当于28日龄断奶重。测定时间2006—2008年。

表3　美国杜洛克猪母猪繁殖性能

胎次	头胎		二胎		三胎以上	
猪场	辽宁阜新原种猪场	河南省种猪育种中心	辽宁阜新原种猪场	河南省种猪育种中心	辽宁阜新原种猪场	河南省种猪育种中心
头数	77	389	157	256	237	336
窝产仔数（头）	9.57±0.32	9.71±0.08	9.97±0.23	9.83±0.11	10.98±0.19	10.11±0.09
窝产活仔数（头）	8.98±0.31	9.12±0.09	9.66±0.19	9.42±0.10	10.44±0.15	9.42±0.09
初产日龄（d）	372±1.48	354.21±0.92	—	—	—	—
产仔间隔（d）	—	—	167±0.75	151.32±0.81	165±0.54	155.21±0.77
初生重（kg）	1.58±0.05	1.59±0.02	1.52±0.00	1.72±0.02	1.48±0.03	1.72±0.01
21日龄窝重（kg）	49.86±0.62	57.54±0.34	45.67±0.43	56.25±0.48	47.13±0.40	59.67±0.45
断奶仔猪数（头）	8.56±0.23	8.82±0.08	9.24±0.19	9.07±0.10	9.87±0.19	9.18±0.09
哺育率（%）	95.32±0.64	96.74±0.12	95.65±0.62	95.73±0.16	94.54±0.35	96.83±0.14

测定时间：辽宁阜新原种猪场2006年6月至2008年12月，河南省种猪育种中心2005年6月至2009年2月。

表4　大连础明集团交流岛原种猪场丹麦杜洛克猪繁殖性能

胎次	年度	窝数	窝产仔数（头）	窝产活仔数（头）	初生个体重（kg）	21日龄窝重（kg）	28日龄个体重（kg）
初产	2004	39	9.60±0.28	8.72±0.19	1.28±0.04	39.38±0.13	8.52±0.26
	2005	23	9.41±0.35	8.45±0.33	1.39±0.06	39.84±1.13	6.79±0.27
	2006	31	9.56±0.26	8.41±0.26	1.32±0.09	38.74±1.23	6.57±0.26
	2007	38	10.24±0.40	8.16±0.37	1.30±0.06	39.51±1.19	6.61±0.30
经产	2004	24	8.92+0.28	7.79±0.27	1.44±0.04	38.48±1.41	7.41±0.28
	2005	55	8.38±0.17	7.60±0.17	1.53±0.04	39.51±0.92	7.39±0.18
	2006	57	9.87±0.19	8.00±0.20	1.44±0.05	34.21±0.87	7.31±0.19
	2007	41	11.05±0.43	8.98±0.32	1.38±0.06	36.61±0.89	7.35±0.26

杜洛克猪在广西的繁殖性能大致与国内同步。杜洛克猪性成熟较晚，母猪一般在6～7月龄、体重90～110kg时开始第一次发情。初产母猪平均产活仔数为8～9头；经产母猪平均产活仔数为9.6头。28日龄断奶头数为9.3头，断奶窝重达78.7kg，年繁殖胎次为2.1胎。

2.生长发育　杜洛克猪生长速度快，145～169d达100kg体重，100kg体重活体背膘厚9～13mm，生长育肥期平均日增重800～900g，料重比（2.2～2.6）∶1。广西永新畜牧集团公司原种猪场2004年对145头加系杜洛克猪进行测定，达100kg体重日龄（162.0±0.69）d，平均日增重（850.0±6.00）g，100kg体重背膘厚（13.1±0.18）mm，料重比（2.3±0.02）∶1。

3.胴体品质　广西永新畜牧集团公司原种猪场于2006年对11头加系杜洛克猪进行了屠宰性能测定。测定结果表明，加系杜洛克猪体重（105.0±2.14）kg时屠宰，屠宰率（74.3±1.15）%，眼肌面积（49.9±0.06）cm²，胴体瘦肉率（65.2±0.21）%。

杜洛克猪肉质较好，色泽鲜红，肉色（3.7±0.11）分，pH（5.97±0.10），肌内脂肪含量（1.88±0.17）%，贮存损失（2.09±0.28）%，失水率（16.48±2.42）%，大理石纹评分（2.8±0.21）分。

三、杂交利用

在广西，杜洛克猪主要用作终端父本与长白猪、大约克夏猪做二元杂交或三元杂交，对提高杂种商品猪的增重速度、料重比及胴体瘦肉率均有显著效果。用作父本与地方猪种二元杂交，F_1 代杂种猪日增重可达 500 ~ 600g，胴体瘦肉率50%左右；培育品种二元或三元杂交，其杂种日增重可达600g以上，胴体瘦肉率56% ~ 62%。

四、驯化程度

杜洛克猪引入时间不长，但基本上适应广西自然条件和饲养条件，仔猪生长发育和杂交后代发育良好。但杜洛克猪怕热，抗病力差，常发生四肢病，产仔数不多，死胎多，公猪性欲差，采精调教不易。

五、选育利用

杜洛克猪是我国引进的主要品种，遍布全国。杜洛克猪具有体质健壮，抗逆性强、生长速度快、料重比高、胴体瘦肉率高、肉质好等特点，是瘦肉型猪生产杂交体系中的优良父本品种。各原种猪场根据其生长特点，制定了科学的饲养方案，不断改进饲养管理措施，逐步掌握了杜洛克猪的生产技术要点，根据市场需求制定了选育方案，通过选育和扩繁使种猪数量得到迅速扩大。

20世纪80年代后，我国从国外引入了大量的杜洛克猪，由于引入时间、来源不一，这些猪在性能上差异较大。经过多年的选育，杜洛克猪已能较好地适应我国的生产条件。以杜洛克猪为父本与我国地方品种猪杂交，其后代生长速度、料重比及瘦肉率比地方品种猪显著提高。在生产商品猪的杂交中，杜洛克猪多用作三元杂交的终端父本（DLY），或二元杂交中的父本，或四元杂交父系母本（皮杜、汉杜公猪）。

我国2008年发布了《杜洛克猪种猪》国家标准（CB 22285—2008）。

六、附　　录

（一）参考文献

国家畜禽遗传资源委员会.2011.中国畜禽遗传资源志·猪志[M].北京:中国农业出版社:464-469.

（二）撰稿人员

广西大学动物科技学院：何若钢。
广西畜牧总站：苏家联。

荷斯坦牛

一、品种名称和分布

（一）品种名称

荷斯坦牛（Holstein），原称荷兰牛，俗称为黑白牛或花牛，是专门化的乳用型品种。利用纯种荷斯坦公牛和中国本地黄牛进行杂交，1992年培育形成"中国荷斯坦牛"（Chinese Holstein）。

（二）分布

该品种牛是我国奶牛主要品种，分布在全国各地，以华北、东北和西北地区的数量为最多，该品种牛在广西主要分布于南宁、柳州、桂林和贵港市周边的县、市和区。

二、品种来源与发展

（一）品种来源

荷斯坦牛的原产地在荷兰国北部的荷斯坦省和弗里生省，全称为荷斯坦——弗里生牛（Holstein-Friesian）。文献记载，至少起源于2000年前。早在15世纪就以产奶量高而闻名，1795年被引入到美国。1840年已有少量荷斯坦牛引入我国。1943年，广西桂林、梧州和北海等市少量引进饲养。1946年，广西大学农学院牧场亦有饲养，其中有4头公牛，主要与当地母黄牛进行杂交利用。1947年国民党政府农林部在桂林市建立良丰牛种改良繁殖场，从新西兰引进黑白花牛、爱尔夏牛和娟姗牛共90头，后因饲养管理条件跟不上，损失一大半。1955年以后，广西除了从澳大利亚、新西兰等国批量引进以外，多次从国内的北京、上海、南京、武汉、山西等地引进纯种荷斯坦牛到广西高校、科研院所和农垦所属农场饲养。

（二）产地的自然条件

原产地荷兰地势低湿，全国有三分之一的土地低于海平面，土壤肥沃，气候温和，全年平均温度2～17℃；雨量充沛，年降水量为550～580mm，牧草生长旺盛，土地面积大，当地农民有种植饲料作物和晒制干草的习惯，普遍饲养奶牛。饲养奶牛以放牧为主，冬季舍饲。当地牛舍往往与住户同在一建筑物内，从而形成了该牛性情温驯的特点。荷兰是欧洲交通枢纽，商业发达，奶酪出口量占世界第一、奶油出口占世界第二，商业化程度高，对荷斯坦牛品质的提高起到积极的作用。

（三）中国荷斯坦牛的形成

据记载，早在1840年已有荷斯坦牛引入我国。先后又从荷兰、德国、美国和日本等国引进。从各国引进的荷斯坦牛，在我国经过长期的驯化和系统繁育，特别是利用引进各国的荷斯坦公牛与我国黄牛杂交，并经过长期的选育而形成新的品种，冠名为"中国荷斯坦牛"（Chinese Holstein）。世界各国亦是如此命名，如日本荷斯坦牛、美国荷斯坦牛、新西兰荷斯坦牛等都是采用该方法培育而成。

（四）群体数量

随着社会经济的发展和人们生活水平的提高，对牛奶营养成分和作用的逐步了解，牛奶的需求量日益增多，奶牛的饲养量也随着提高。广西现存栏中国荷斯坦奶牛2.3万头，其中泌乳牛约1.668万头。国有和集体奶牛场的饲养规模为350 ～ 1 100头；个体户饲养量为20 ～ 350头。

三、体形外貌

（一）外形特征

中国荷斯坦牛多属于乳用型，具有明显的乳用型牛的外貌特征。该品种牛的外貌特点是：全身清瘦，棱角突出，体格大而肉不多，精神活泼。后躯较前躯发达，中躯相对发达，皮下脂肪不发达，全身轮廓明显，前躯的头和颈较清秀，相对较小，从侧面观看，背线和腹线之间呈三角形，从后望和从前望也是三角形。整个牛体像一个尖端在前，钝端在后的圆锥体。头清秀而长，角细有光泽。颈细长且有清晰可见的皱纹。胸部深长，肋扁平，肋间宽。背腰强健平直，腹围大而不下垂。皮薄，有弹性，被毛细而有光泽（图1、图2）。

图1　中国荷斯坦牛公牛　　　　　　　　　　图2　中国荷斯坦牛母牛

（二）乳房构造

乳房是乳牛的重要器官。发育良好的乳房大而深、底线平、前后伸展良好。整个乳房在两股之间附着良好。四个乳头大小适中，间距较宽。有薄而细致的皮肤，短而稀的细毛，弯曲而明显的乳静脉。

（三）毛色特征

毛色一般为黑白相间，花层分明，额部多有白斑，腹底部、四肢膝关节以下及尾端多呈白色。

体质细致结实、体躯结构匀称，泌乳系统发育良好，蹄质坚实。

（四）类型

因在培育过程中，各地引进的荷斯坦公牛和本地母牛类型不一，以及饲养条件的差异，中国荷斯坦牛体形分大、中、小三个类型。

大型：主要是用从美国、加拿大引进的荷斯坦牛公牛与本地母牛长期杂交和横交培育而成。特点是体形高大，成年母牛体高可达136cm以上，体重700kg以上。

中型：主要是引用从日本、德国等引进的中等体形的荷斯坦牛公牛与本地母牛杂交和横交而培育成的，成年母牛体高在133cm以上，体重650～700kg。

小型：主要引用从荷兰等欧洲国家引进的兼用型荷斯坦牛公牛与本地母牛杂交，或引用北美荷斯坦牛公牛与本地小型母牛杂交培育而成。成年母牛体高在130cm左右，体重550～650kg。

自20世纪70年代初以来，由于冷冻精液人工授精技术的广泛推广，各省、自治区、直辖市的优秀公牛精液相互交换，以及饲养管理条件的不断改善，以上三种类型的奶牛其差异也逐步缩小。广西天气较热，饲养管理条件相对较差，属于中型和小型牛。

四、体尺、体重

据相关资料记载，成年公牛和母牛的体高、体长、体重、胸围和管围在南方和北方有差别，详见表1。

表1　中国荷斯坦牛体尺、体重

地区	性别	体高（cm）	体长（cm）	胸围（cm）	管围（cm）	体重（kg）
北方	母	135	160	200	19.5	700
	公	155	200	240	24.5	1 000
南方（广西）	母	132.3	169.7	196.0	18.8	650

表中体尺、体重南北方差别不大，从20世纪80年代初用冷冻精液配种，奶牛场不再饲养公牛，大大减少了成本，牛群品质得到有效提高。

五、生产性能

（一）产乳量

乳用荷斯坦牛的产乳量为世界各国奶用牛品种之冠。一般母牛年均产乳量为7.5～8.5t，乳脂率为3.5%～3.8%。世界最高纪录保持者，美国一头泌乳牛365d共产奶32.37t，平均日产88.7kg。国内305d产乳达10t以上的已有很多。广西泌乳母牛年均产乳量为5.0～7.2t，其中柳州鹧鸪江奶牛场，头年均产乳量达7.2t，奶牛场为6.2t，罗文奶牛场6.5t。广西农学院牧场24号和100号母牛，日挤奶2次，305d产乳量分为9.1t和8.45t，梧州陈海源的奶牛场81号牛305d产奶量11.28t。在广西饲养的中国荷斯坦牛，头年均泌乳量与国内外先进奶场差距较大，该品种牛在广西的产奶潜力还是很大的。

（二）产肉能力

荷斯坦牛的产肉能力也很强。据美国资料，在充分喂给精料时，增重比圣·格鲁迪牛和婆罗门牛还高，增重更经济，荷斯坦牛肉占美国牛肉产量的五分之一。1981年，广西农学院汤贡珍、邹隆树教授等用10头早期断奶的中国荷斯坦公犊作为牛肉性能研究，犊牛出生后头均喂奶时间为72.56d，头均喂鲜乳198.16kg，比正常喂养的哺乳时间缩短1/2，哺乳量减少1/3，出生7d调教吃犊牛料和干草，随日龄增长增喂精料和青草，到19月龄时，体重由初生的40.56kg增至352.22kg。每千克增重仅用奶0.68kg，精料3.92kg，青料15.97kg。屠宰率54.5%～55.2%，净肉率40.22%～41.21%，按当时成本核算，每千克增重的饲料成本为1.28元人民币，纯利0.81元，社会效益和经济效益显著。

（三）繁殖性能

母牛性成熟10～14月龄、初配年龄16～18月龄，公牛性成熟和初配月龄比母牛晚2～3个月。母牛全年均可发情配种，发情周期平均21d，妊娠期280～285d。分娩后40～60d发情配种，一般一年一胎，终身产犊8～10头。20世纪80年代后广西各奶牛场全部采用冻精配种，情期受胎率为50%～55%，年受胎率80%～90%，部分奶牛场受胎率达95%。小牛成活95%以上。

公牛每月采精4～6次，平均每次采精量为9.2mL，精子活力和冷冻效果很好。

六、优 缺 点

中国荷斯坦牛具有体形高大，料重比高，产乳量高，繁殖性能良好，母牛性情温驯，易于饲养管理和机械操作等特点。饲养该品种牛能获最佳的经济效益。

中国荷斯坦牛怕热，适宜温度在4～25℃，当气温在14～20℃时，产乳量和饲料利用率最高。广西的6～9月气温高，产乳量明显下降，受胎率和犊牛初生体重受影响。奶牛场控制6～9月不产犊或少产犊，尤其7、8月不产犊。

为做到防暑降温，牛舍应高大、敞开，必要时增加机械通风和喷淋设备。

中国荷斯坦牛到广西后，必患一次焦虫病，治愈后不再复发（包括后代）。中国荷斯坦牛易感染结核病，应及时检查，及时淘汰阳性牛。

七、杂交利用

我国利用荷斯坦牛改良各地黄牛已有悠久的历史，取得明显的改良效果。杂交后代不仅体格增大、体形改善，经级进杂交三代后，外形已接近中国荷斯坦牛。在正常饲养管理条件下，杂交一代牛产奶量达1.68t，杂交二代2.38t，三代达3.8t，四代已接近纯种牛。广西的西江、红星和广西大学畜牧试验站奶牛场的牛群采用级进杂交发展起来。详见表2。

表2　荷斯坦牛和杂交牛300d产乳量

单位	杂交一代		杂交二代		纯　种	
	头数	产乳量（kg）	头数	产乳量（kg）	头数	产乳量（kg）
广西大学奶牛场	15	1 682.4	4	2 377.8	30	42 848
西江农场奶牛场	48	1 719.2	24	2 456	—	—

注：表中数据记录于20世纪60年代前后，当时的牛群质量和饲养管理条件差，白天放牧，挤奶时才补草补料，纯种牛和杂交牛的产奶量远低于现在。

八、评价与展望

近20多年，加强了中国荷斯坦牛的选育工作并进行科学饲养管理，北京、上海、南京、天津、沈阳、西安等育种场305d头平均产奶量达7t以上，少数达8t以上。北京东郊农场1059号，305d产乳量达16.09t，目前头均年产乳超10t以上2 000多头。广西目前产乳量的80%左右来自中国荷斯坦牛。

中国荷斯坦牛耐热性能较差，采取的措施：一是加入耐热牛的血统，近年广西引进澳洲荷斯坦牛1 000多头，该牛的乳脂率达4%～4.6%，抗热抗病能力较强。二是加强牛群选育和饲养管理，柳州鹧鸪江奶牛场、西江农场、红星奶牛场等产奶量头年均达6t以上，今后只要继续不断改善综合管理措施，中国荷斯坦牛在广西的生产性能有提高的余地。

对广大农村的黄牛，可根据实际需要，用中国荷斯坦牛杂交一至三代，提高产肉、产乳能力和生长速度，已在国内外得到公认。

九、附　　件

（一）参考文献

《广西家畜家禽品种志》编写组.1987.广西家畜家禽品种志[M].南宁：广西人民出版社.

陈修文.2000.西江农场奶牛群的育成经过与效果[J].广西畜牧兽医(3): 22-24.

国家畜禽遗传资源委员会.2011.中国畜禽遗传资源志·牛志[M].北京：中国农业出版社: 206-209, 237-239.

邱怀.2002.现代乳牛学[M].北京：中国农业出版社: 66-70.

汤贡珍，邹隆树.1985.黑白花公犊早期断奶作为肉牛试验初探[J].广西畜牧兽医(2): 14-17.

王根林.2005.养牛学[M].北京：中国农业出版社: 27-29.

邹隆树.2003.广西奶牛业发展现状及前景[J].广西畜牧兽医(3): 14-16.

（二）撰稿人员

广西大学动物科技学院：邹隆树。

广西畜牧总站：苏家联。

西门塔尔牛

一、来源、分布与数量

西门塔尔牛（Simmental）原产于阿尔卑斯山区，即瑞士西部及法国、德国和奥地利等，为世界著名的兼用品种。依繁育的国家和目的不同，现分为肉用、乳用和乳肉兼用等类型。

关于西门塔尔牛的来源，多数研究者认为是5世纪由斯堪的纳维亚半岛的布尔贡德输入的牛，逐渐代替了瑞士西门河谷地区的伯尔尼牛，并选育成为现在的西门塔尔牛。

19世纪后半期，西门塔尔牛在世界各国拥有很大销路，由瑞士输入德国、法国、意大利及大多数巴尔干国家。1880年输入俄罗斯。估计全欧洲有西门塔尔牛4 000多万头。近年来，英国、澳大利亚、美国、加拿大、巴西等国家先后引入西门塔尔牛进行纯种繁育或同本国牛进行杂交。

西门塔尔牛已是全世界分布最广，数量最多的牛品种之一。在欧洲南部和西部主要是乳肉兼用；在美国、加拿大、新西兰、阿根廷及英国等作肉乳兼用或肉用。许多国家成立有育种协会进行选育。1972年10月，在联邦德国召开了第一届国际西门塔尔牛育种会议。

我国于1912年、1917年从欧洲引入西门塔尔牛。中华人民共和国成立后，又先后从苏联、瑞士、联邦德国、奥地利等国多次引入。这些引入牛有的进行纯种繁育，有的用于杂交改良，1981年成立中国西门塔尔牛育种委员会，使该牛的育种日益走向正规，加速了选育的进程。在中国西门塔尔牛育种委员会领导下，组织全国25个省（直辖市、自治区），经过20年的选育，核心群遗传进展明显，培育了中国西门塔尔牛新品种，建立了中国西门塔尔牛山区、草原、平原类群，核心群达2万头，年提供特一级种公牛250头，育种区群体规模近175万头，现存改良牛602万头，占全国改良牛群的1/2。主要分布在全国22个省（自治区）。

广西于1977年、1989年和2001年引进西门塔尔牛共40头，其中2001年从新疆和四川引进30头，落户于广西畜牧研究所，至今发展到122头，其中向社会推广种牛51头。

二、体形外貌

西门塔尔牛属大体形宽额牛种，头大、额宽、颈短、角细致。体躯颀长，发育良好，肋骨开张，胸部宽深、圆长而平，四肢粗壮，大腿肌肉丰满。体表肌肉群明显易见，体躯深；骨骼粗壮坚实，背腰长宽而平直，臀部肌肉深而充实、多呈圆形，尻部宽平，母牛乳房发育中等，泌乳力强。乳肉兼用型牛体形稍紧凑，肉用品种体形粗壮。

西门塔尔牛被毛柔软而有光泽。毛色多为红白花、黄白花，肩部和腰部有大片条状白毛，头白色，前胸、腹下、尾帚和四肢下部为白色；在北美地区的部分西门塔尔牛种群为纯黑色。皮肤为粉红色（图1～图3）。

图1　西门塔尔牛公牛

图2　西门塔尔牛母牛

图3　西门塔尔牛群体

三、体尺和体重

1.各国西门塔尔牛的体高和活重　见表1。

表1　各国西门塔尔牛体高和活重

本国名称	体高（cm）		活重（kg）	
	公	母	公	母
瑞士西门塔尔	140～145	125～140	1 080	750
联邦德国花斑	140～145	130～136	950～1 050	600～700
法国蒙贝利亚	144	138	800～1 000	650～750
法国阿邦当斯	147	130	900～1 100	600～680
意大利弗利乌利红花	156	144	1 200	750
中国西门塔尔牛	144.8	134.4	909	572.2

2.广西畜牧研究所引进或繁殖的牛群 从2003年1月至2005年12月的期间内，分别对初生、6、12、18、24月龄和2胎后体重、体尺进行测量，其结果见表2。犊牛初生重较大，平均初生重公犊为（40.38±6.95）kg，母犊为（37.08±5.69）kg；生长快，1岁平均日增重0.86kg，2岁平均日增重达0.64kg，2胎后平均体重为640.26kg；全群20头母牛体格发育良好，结构匀称，体格强健，表明西门塔尔母牛在舍饲条件下生长发育是良好的。

表2 西门塔尔牛各年龄阶段的体尺、体重

年龄	头数（头）	体重（kg）	体高（cm）	体长（cm）	胸围（cm）	管围（cm）
初生	20	37.08±5.69	68.83±3.26	61.57±2.89	75.17±4.08	12.41±0.65
6月龄	20	187.29±32.10	91.32±4.01	104.69±6.23	124.27±5.29	13.17±0.91
12月龄	20	354.05±37.14	97.85±4.72	117.42±6.01	138.56±7.20	15.24±0.97
18月龄	20	434.42±32.46	106.23±5.86	124.12±5.82	154.32±6.47	16.61±1.07
24月龄	20	510.63±35.75	114.80±5.79	135.07±6.81	162.17±8.16	20.45±1.18
2胎以后	15	640.26±47.68	142.43±6.16	142.33±7.41	172.96±9.03	22.82±1.06

四、生产性能

1.生长发育 西门塔尔牛在原产地初生重公牛45～47kg，母牛42～44kg；周岁体重450kg；成年体重公牛1 000～1 300kg，母牛650～700kg。引入我国饲养后，初生重公犊40kg，母犊37kg；18月龄体重400～480kg；成年体重公牛1 000～1 300kg，母牛600～800kg。

2.产肉性能 西门塔尔牛的典型特点是适应性强、耐粗放饲养管理、易放牧，不仅具有良好的肉用、乳用特性，而且挽力大、役用性能好，适于在多种不同地貌和生态环境地区饲养。西门塔尔牛产肉性能高，肉品质好，肌肉间脂肪分布均匀，呈大理石状。犊牛在放牧育肥条件下平均日增重800g，在舍饲条件下达1 000g，1.5岁体重440～480kg。公牛育肥后的屠宰率60%～63%，育肥至500kg的小公牛，日增重达0.9～1.0kg，净肉率57%。母牛在半育肥条件下的屠宰率53%～55%。

育肥方法：国外在育肥期间精料占绝大部分，德国112～450日龄育肥期日增重1 329g，增重1kg需精料7.5kg；我国西门塔尔牛育肥期均采用低精料型配方，在生产高档牛肉过程中，540～750日龄育肥期日增重平均为1 106g，利用架子牛补偿生长能力，每增重1kg耗精料3kg，粗料主要以当地产的谷草和玉米秸秆为主；生产的优良高档牛肉达国际先进水平，在国内已有24%的市场份额，是我国肉牛业的主导品种。

3.产奶性能 西门塔尔牛具有较高的产奶性能，德国西门塔尔牛全群年平均产奶量6 500kg左右，乳脂率3.9%～4.1%，乳蛋白率3.2%～3.4%。法国蒙贝利亚牛年平均产奶量超过7 000kg，乳脂率3.85%，乳蛋白率3.38%。西欧各国（奥地利、德国、意大利）20%的种母牛群平均产奶量为5 198kg，乳脂率4.12%～4.14%；罗马尼亚、捷克、斯洛伐克、匈牙利、克罗地亚3 500～5 000kg，乳脂率3.73%～4.31%；我国2000年末良种登记群平均产奶量5 263.50kg，乳脂率3.9%～4.1%。一般牛群平均泌乳天数为285d，泌乳量3 100～4 500kg。新疆呼图壁种牛场群体，1994年达到6 942kg，有36头牛的平均胎次产奶量超过8 000kg，最高产奶量在第二胎达11 740kg，乳脂率4.0%。成年母牛的平均泌乳天数285d，产奶量4 000kg，乳脂率4%～4.2%，乳蛋白率3.5%～3.9%。广西畜牧研究所通过对24头次大部分是头胎的泌乳量统计，表现泌乳期较短，平均278.08d，头均泌乳量为3 668.59kg，最高单产为5 200kg，日产量最高为32.25kg。与瑞士西门塔尔牛1971年163 316个标准泌乳期（270～305d），平均产奶量为4 074kg比较，尚有一定差距。

4. 繁殖性能　西门塔尔牛母牛常年发情，18～20月龄开始配种，母牛妊娠期285～290d，繁殖力强，在瑞士每百头能繁母牛每年可产犊牛93头，产犊间隔为383d，但难产率较高，初产牛为2.4%，经产牛为1.3%。据观察，广西畜牧研究所种牛场西门塔尔母牛的初情期一般为8～10月龄（16）头，初配为18月龄（19头），发情周期平均（20.84±3.14）d。妊娠期母犊（283.94±5.92）d，公犊为（285.05±6.45）d；平均繁殖成活率85.79%，一般4年产3胎。西门塔尔牛在我国主要作为杂交父系使用，对改良我国各地的地方品种牛效果明显。5～7岁的壮年种公牛射精量5.2～6.2mL，其冷冻精液解冻后精子活力保持0.34～0.36，头均年生产冷冻精液2万剂左右。

五、饲养管理

西门塔尔牛在国外和我国草场丰富的省份，除了补饲和挤奶时间外，以放牧为主，昼夜牧饲在围栏人工草地，常年采食优质牧草。牛群落户广西畜牧研究所种牛场后，因放牧草地尚未解决，采取舍饲，定位饲养。按不同性别、年龄、强弱组成成年母牛、育成母牛、犊牛和公牛群，分别饲养管理。用料方面以自配为主，犊牛阶段精料配方是：玉米50%，豆粕18%，鱼粉5%，麦麸15%，菜籽麸5.5%，磷酸脲、醋酸钠、小苏打和食盐各1%，磷酸氢钙2.5%。育成、成年牛阶段精料配方是：玉米43%，豆粕12%，麦麸20%，菜籽麸18%，磷酸脲、醋酸钠、小苏打、食盐各1%，磷酸氢钙3%。例如，外购南宁市某饲料厂的401奶牛精料，其营养成分为：产奶净能7 531.2kJ/kg、粗蛋白17%～19%、粗纤维5%～7%、钙1.0%～1.5%、磷0.6%～1.2%、水分13%以下。精饲料日喂量，犊牛阶段1～1.5kg，育成牛阶段2～2.5kg，成年牛阶段3～3.5kg，产奶母牛按产奶量投料，每多产3kg奶加喂1kg精料。青粗料主要有桂牧一号、矮象草、饲料玉米、饲料甘蔗、玉米（象草）青贮、干柱花草和稻草等。成年牛每头日均采食量为35～40kg，占体重的9%～10%。饲喂方法：奶牛每天饲喂次数与挤奶次数一致，实行每天2～3次挤奶，2～3次喂食。饲喂顺序先精后粗或精粗料混喂，先喂料后饮水，少给勤添。饲喂、挤奶完毕放入运动场运动休息。犊牛人工哺乳，约用350kg奶量进行培育，7日龄开始训练采食草料，3～4月龄断奶。此外，做好修蹄护理，夏天防暑降温，严格防疫制度与疾病预防措施。

六、适应性

1. 耐粗性　西门塔尔牛在国外和我国草场丰富的省份以牧饲为主，常年放牧在人工草地，采食优质牧草，冬季还有青干草补饲。在广西畜牧研究所是以舍饲为主，所供的青粗饲料质量较低，牛群食欲仍旺盛，采食量大，吃得很饱，据测日采食象草、饲料甘蔗、象草玉米青贮料等，占体重9%～10%。就是在较粗放的饲养条件下，其生长发育、日增重、繁殖性能仍正常，产奶性能随胎次增加而逐年提高。

2. 耐热抗寒性能　据广西畜牧研究所四个夏季的观察，西门塔尔牛比较耐热，在7～9月气温较高时，也极少看到有张嘴呼吸、伸舌头、流涎、拒食等现象，只有呼吸略快，而无其他病状表现。专门进行的抗热性试验，测定其曝晒前[牛舍温度（28.6±1.0）℃]，曝晒3h[室外温度（44.5±0.83）℃]后转入牛舍[牛舍温度（34.00±3.86）℃]的体温、呼吸、脉搏和在牛舍（32℃）安静休息9h后的生理指标，均未超出对照组（本地黄牛、短角牛、澳洲荷斯坦牛）指标，经t检验，差异不显著（$p>0.05$）。

西门塔尔牛抗寒性能也比较好，与荷斯坦牛一样不惧怕寒冷。据观察，在寒冷的冬天，气温下降到4～6℃或寒气冷雨侵袭，牛没有怕冷打战的现象，食欲活动旺盛、泌乳性能与繁殖性能正常。

3.发病情况　据广西畜牧研究所2003—2005年对西门塔尔（引进30头、自筹25头）55头母牛的发病观察，主要疾病是蹄病，常多发于高温高湿季节，4岁以后母牛多发生蹄病，如腐蹄病、蹄质增生、蹄变形等，呈现跛行，并随着年龄增大逐渐增多。由于发生蹄病，患牛消瘦，失去种用价值被迫淘汰4头；其次是初生重大，初产母牛难产率高，约30%要人工助产方能顺产。难产死亡4头，另有一例畸形。其他病例很少发生。

七、杂交利用

利用西门塔尔牛杂交本地黄牛，改良了广西黄牛退化的矮小体形，充分发挥杂交优势作用。杂种牛生长发育，以体重而言，据广西畜牧研究所统计表明，各阶段体重变化：三元杂种[*]>一代杂种>本地黄牛，差异极显著（$p<0.01$）。尤其初生体重的三元杂公29.32kg、母27.61kg；西杂一代公22.78kg、母23.92kg，比本地黄牛初生重公16.07kg、母14.56kg，分别提高82.45%、89.63%和41.75%、64.29%。成年牛三元杂公700kg、母536kg；西杂一代公630.25kg、母牛423.75kg；比本地黄牛成年公334.47kg、母牛255.10kg，分别提高109.29%、110.11%和88.43%、66.11%。

育肥效果：据广西畜牧研究所试验结果，在同一饲养条件下，即供应青饲料全是象草，采食不限量，精饲料含粗蛋白17.5%、干物质88%，每头日均按体重1%投料。育肥期间，西杂一代日头均增重（876.0±26.71）g，每增重1kg耗青饲料（24.57±7.29）kg，精饲料（2.03±1.01）kg；本地黄牛日头均增重为（484.0±79.68）g，每增重1kg耗青饲料（38.25±6.34）kg，精饲料（4.21±0.62）kg；西杂一代牛比本地黄牛对饲料利用转化率高，增重快，差异极显著（$p<0.01$）。

上述育肥牛，按全国肉牛协会屠宰测试标准测定结果：西杂一代、本地黄牛屠宰率分别为（52.90±1.80）%、52.13%，净肉率分别为（43.72±2.66）%、（41.20±2.79）%。产肉性能西杂一代比本地黄牛高。

产奶性能：据广西畜牧研究所对不同杂交组合在一般条件下的产奶性能测定，西杂一代、三元杂的产奶量比本地黄牛（产奶300kg）有很大提高，西杂一代1～3胎、泌乳期平均为（319.6±77.1）d，产奶（1 822.70±605.50）kg，提高507.60%；三元杂1～5胎泌乳期（317.90±74.30）d，产奶（2 630.50±711.50）kg，提高776.8%。优秀个体305d最高泌乳量西杂一代2 473.80kg；三元杂3 472.20kg。

杂种牛不但产奶量高，而且有较高乳脂率和干物质，其中西杂一代、三元杂乳脂率分别为（5.09±0.52）%、（4.65±0.99）%，干物质分别为（15.50±1.16）%、（14.04±0.61）%，非脂固体均在9%以上。所以，西门塔尔牛是改良本地黄牛的理想品种。

八、品种保护与研究利用状况

目前尚未建立保种场或保种区，也没有提出过保护、利用计划和建立品种登记制度。

"七五""八五"期间广西畜牧研究所承担"广西黄牛杂交利用"研究课题，在14个杂交组合中筛选出西门塔尔牛作为改良广西本地黄牛最佳组合之一。此后在全区推广杂交利用，截至2007年在80多个县（市）农村推广用西门塔尔牛杂交改良本地黄牛，取得较好效果。近年来，广西畜牧研究所在紧密配合抓好面上杂交改良的同时做好种牛的引种观察和种牛纯繁、选育提高工作。广西贺州西牛牧业有限公司以"公司＋基地＋农户"的经营模式，发展西门塔尔牛养殖业，培育良种，开展黄牛杂交利用，带动广大农民致富奔小康，做了大量工作。

---

[*]　三元杂即以圣·特鲁迪牛（古巴牛）父本与配本地母黄牛产出的后代作母本，再与西门塔尔父本相配，产出的后代即为三元杂。

九、对品种的评价和展望

西门塔尔牛为世界著名的兼用品种。是全世界分布最广、数量最多的牛品种之一。西门塔尔牛适应性强，耐粗饲，体质结实，性情温驯，产乳产肉性能好，生长快，育肥效果好，屠宰率高，胴体脂肪含量少，肉品质好，料重比高，遗传性稳定。杂交本地黄牛效果显著。主要缺点是初产母牛难产率较高，高温高湿季节易患蹄病。为此，在做好初产母牛难产和蹄病预防的同时，大力发展西门塔尔养殖业，加大力度用本品种与本地黄牛杂交，可培育乳肉或肉乳兼用牛，提高养牛业经济效益。

十、附　　录

（一）参考文献

国家畜禽遗传资源委员会.2011.中国畜禽遗传资源志·牛志[M].北京:中国农业出版社:210-213,240-242.

黄光云,吴柱月,王启芝,等.2007.西门塔尔母牛在广西舍饲条件下的适应性研究[J].广西畜牧兽医,23(5):197-198.

杨贤钦,李铭,陆维和.2007.西门塔尔牛改良广西本地黄牛的效果[J].广西畜牧兽医,24(4):233-235.

张容昶.1985.世界的牛品种[M].兰州:甘肃人民出版社:146-151,158-160.

张苏,匡宋武.1985.实用养牛技术[M].长沙:湖南科学技术出版社:4-5.

（二）撰稿人员

广西畜牧研究所：杨贤钦。

广西畜牧总站：苏家联。

安格斯牛

一、原产地与引入历史

全称阿伯丁-安格斯（Aberdeen-Angus）牛，因无角、毛色纯黑，故也称无角黑牛。原产于英国苏格兰北部的阿伯丁、安格斯和金卡丁等郡，是英国古老的小型肉用品种。

安格斯牛的起源及其育成经过尚有争论：有人认为起源于苏格兰早期的有角黑牛；也有人认为起源于英国无角牛；还有人认为起源于巴肯牛，并含有短角牛、爱尔夏牛和盖洛威牛的基因。有组织的育种工作开始于18世纪末，主要按早熟、肉质、屠宰率、料重比和犊牛成活率进行选育，也曾用过严格的近亲交配和严格淘汰。1862年开始进行良种登记，1892年出版良种簿。此间该牛广泛分布于英国，并输入德国、法国、丹麦、美国、加拿大及南美洲和大洋洲的一些国家。目前，安格斯牛分布于世界大多数国家。在美国的肉牛总数中占1/3，是澳大利亚肉牛业中最受欢迎的品种之一。

我国从1974年起，先后从英国、澳大利亚和加拿大等国引入，目前主要分布在新疆、内蒙古、东北、山东和湖南等地。广西于1998年从澳大利亚引进安格斯牛（公4头，母18头）22头，分别落户于广西畜禽品种改良站、广西黔江示范牧场。为解决种源不足，广西畜禽品种改良站从1982—2008年累计从外省购进安格斯牛冻精4.2万份，用于改良广西本地黄牛。

我国20世纪70年代引进安格斯牛与黄牛杂交，因其杂交一代的初生重和体形小，所以没有受到足够重视。

二、体形外貌

安格斯牛以被毛黑色和无角为其重要特征，故也称其为无角黑牛。部分牛只腹下、脐部和乳房部有白斑，出现率约占40%，不作为品种缺陷。美国、澳大利亚已选育成红色安格斯牛品种，红色安格斯牛与黑色安格斯牛在体躯结构和生产性能方面没有大的差异。

安格斯牛体形较小，体躯低矮，体质紧凑、结实。头小而方正，额部宽而额顶突起，眼圆大而明亮，灵活有神。嘴宽阔，口裂较深，上下唇整齐。鼻梁正直，鼻孔较大，鼻镜较宽、呈黑色。颈中等长、较厚，垂皮明显，背线平直，腰荐丰满，体躯宽深、呈圆桶状，四肢短而直，且两前肢、两后肢间距均较宽，体形呈长方形。全身肌肉丰满，体躯平滑丰润，腰和尻部肌肉发达，大腿肌肉延伸到飞节。皮肤松软、富弹性，被毛光亮、滋润（图1、图2）。

图1 安格斯牛公牛

图2 安格斯牛母牛

三、生产性能

安格斯牛生长快，早熟易肥，在6月龄断奶时，比其他品种牛重20～40kg，从出生到周岁日增重0.9～1kg。成年牛活重公牛为800～900kg，母牛为500～600kg；初生犊牛体重为25～32kg。

胴体品质及出肉率高，肉的大理石纹好，优质肉多，屠宰率一般为60%～65%。各阶段体尺、体重见表1、表2。

表1 安格斯牛各月龄的体尺及活重

性别	月龄	体高（cm）	体长（cm）	胸围（cm）	管围（cm）	活重（kg）
公	初生	61.8	57.8	67.6	10.0	26.9
	6	93.0	104.7	130.0	14.9	177.2
	12	104.6	124.3	155.4	17.2	304.5
	24	119.3	152.0	187.8	19.6	505.7
	36	123.4	160.1	211.3	20.5	665.0
	48	125.8	168.3	224.8	21.0	764.0
	60	130.8	176.0	227.0	21.7	842.0
母	初生	60.0	55.9	67.2	9.8	26.0
	6	89.6	103.0	126.5	14.1	166.3
	12	98.5	114.8	145.5	15.2	233.3
	24	109.7	134.1	169.2	16.8	265.1
	36	115.0	144.3	178.4	17.5	433.4
	48	117.1	150.0	188.1	17.9	487.8
	60	118.9	155.8	194.2	18.3	541.4

表2 安格斯牛不同日龄的活重

日龄（d）	初生	100	200	300	400	500
公（kg）	29	108	196	291	385	452
母（kg）	27	98	168	224	273	318

据日本的育肥试验，精料育肥309d，至18月龄屠宰，宰前活重462.8kg，屠宰率为65.4%，眼肌面积74.1cm²。据日本十胜种畜场测定，母牛挤乳日数173～185d，产乳量639kg，平均日产乳量3.6kg。乳脂率3.94%。苏联报道（1974），安格斯初胎母牛泌乳期270d，平均产乳量717kg，乳脂率3.9%，乳中干物质含量13.1%，含蛋白质3%。

安格斯牛12月龄性成熟，18～20月龄初配，美国培育的较大型安格斯牛13～14月龄初配。发情周期为（20±2）d，发情持续期为6～30h（平均21h）。妊娠期为（279±47）d，产犊间隔期为10～14个月。连产性好，难产率低，犊牛成活率高。根据我国湖南省南山牧场记录，安格斯牛15月龄就可配种，妊娠期为281.5d，没有发现难产，一般一年一胎。该场大坪大队安格斯成年母牛18头，产仔19头（其中一头母牛产双胎犊），成活18头，繁殖率高达100%。母牛带仔能力强，母性好，由于它的乳房大、泌乳能力好，因而小牛发育健壮，生长发育快。

四、适 应 性

安格斯牛耐粗饲，对环境条件的适应性强，比较耐寒。公牛性情温驯，母牛稍有神经质。因无角，故管理较易，适于放牧或集约饲养。抗病力强，产乳量较高，犊牛生长快。冬季被毛密长，易感染体外寄生虫，由于痒感而影响健康，应在每年秋季进行药浴。根据我国湖南省南山牧场观察，安格斯牛体格结实，性活泼，采食力强，适应性广，特别耐干旱，在恶劣的生活条件下，也能保持良好的产肉性能。湖南省的南山海拔1 700m左右，多雨潮湿，是陡山草地与沼泽地，牛群日夜野营放牧。而安格斯牛由于蹄质结实，行动灵活，行走能力极强，陡坡上的草与灌木叶都能采食到。安格斯牛有较强的抗焦虫病能力。据检查，在南山牧场，该牛种百分之百带虫，但不发病。

五、杂交改良效果

在国外肉牛杂交中多以安格斯牛为母系。美国西门塔尔牛协会利用安格斯同西门塔尔牛杂交育成无角黑色西门塔尔牛。

20世纪70年代，我国引进安格斯牛与本地黄牛杂交。黑色安格斯牛与本地黄牛杂交，杂种一代牛被毛黑色，无角的遗传性很强。安杂一代牛体形不大，结构紧凑，头小额宽，背腰平直，肌肉丰满。初生重、2岁体重比本地牛分别提高28.71%和76.06%。杂种一代牛在山地放牧，动作敏捷，爬坡能力强，吃草快，但较神经质，易受惊。在一般的营养水平下饲养，其屠宰率为50%，净肉率为36.91%。

六、品种保护与研究利用状况

安格斯牛目前尚未建立保种场或保种区，也没有建立品种登记制度。只是广泛用于杂交改良广西体形小、生产性能低的本地黄牛。广西从1982年开始引进安格斯牛冻精用于杂交改良本地黄牛，截至2008年杂交改良面达26个县（市、区）。为解决冻精不足问题，广西畜禽品种改良站从1982—2006年累计购进或生产安格斯牛冻精共11万头份，其中购进4.2万份，自行生产6.8万头份。截至2008年累计供应全区各地品改站（点）安格斯牛冻精10万头份，各牛品改站（点）使用冻精7.85万头份，人工冻配本地母牛4.95万头。以黄牛平均受胎率50%，成活率90%计算，累计生产杂交牛2.23万头。

七、对品种的评价和展望

安格斯牛初生体重虽小，但生长快，从初生到周岁日增重0.9～1kg。早熟易肥，胴体品质及出肉率高，肉的大理石纹好，优质肉多。安格斯牛耐粗饲，对环境条件的适应性强，比较耐寒。公牛性情温驯，无角易管理，适于山地放牧或集约饲养，抗病力强，产乳量较高，母牛难产率低，带犊能力强，繁殖率高。缺点是母牛及其杂交牛稍有神经质，易受惊，应加强管理；冬季被毛密长，易感染体外寄生虫，应在每年秋季进行药浴。本品种与本地黄牛杂交，可培育成生长速度较快、产肉率较高、肉品质较好的肉用牛，提高养牛业经济效益。鉴于目前该品种还保留有不大的种群，应重视扩繁和选育，并应用于肉牛杂交体系，对南方山区和草原地带都是良好的品种资源。

八、附　　录

（一）参考文献

初秀.2005.规模化安全养肉牛综合新技术[M].北京:中国农业出版社:23-24.

古进卿,陈涛.2008.养肉牛[M].郑州:中原农民出版社:13-14.

国家畜禽遗传资源委员会.2011.中国畜禽遗传资源志·牛志[M].北京:中国农业出版社:249-251.

张容昶,胡江.2004.肉牛良种引种指导[M].北京:金盾出版社:63-65.

张容昶.1985.世界的牛品种[M].兰州:甘肃人民出版社:6-11.

张苏,匡宋武.1985.实用养牛技术[M].长沙:湖南科学技术出版社:12-16.

（二）撰稿人员

广西畜牧研究所：杨贤钦。

广西畜牧总站：苏家联。

利木赞牛

一、品种来源、分布及其现状

利木赞牛（Limousin）又叫利木辛牛。是法国著名的肉用型品种，是欧洲大陆第二大品种。其祖先可能是德国和奥地利黄牛。这种牛原产于法国中部贫瘠的土地上，并集中分布于法国的维埃纳省、克勒兹省西部和科留兹省，并延伸到安德尔省、发朗德省、多尔多涅省的一部分。这些地区海拔较低，土壤肥力不匀，主要耕种饲料。此外，利木赞牛在法国其他省份也逐渐增多，尤其在西南部深深扎了根，这个地区是山岳地带，气候不好又多雨，也是土地瘠薄的花岗岩地区。利木赞牛是棕色牛的一个家族的一个分支，在法国已形成所谓"红牛区"，在中央牧区的西部和南部边远地区，为了生产小肉牛，利木赞牛很适宜用来作经济杂交。

法国利木赞牛现有73万头，占饲养总头数的3.5%，其中成年母牛约35万头。当前系谱登记的牛有3.35万头，分属于1 300个牧场饲养。这个品种是从1850年开始培育的，1860—1880年的20年间，由于农业生产水平的提高和草地改良，利木赞牛有了充足饲料，因而得到了很大的发展。1886年建立了利木赞牛种畜登记簿。1900年以后进行了慎重的改良，从最初役用，后来役肉兼用，最后向专一的肉用方向转化，但从未作过奶用。

法国利木赞种牛出口历史久远，19世纪末就开始对巴西和阿根廷出口，现已遍及全世界气候条件各异的60多个国家。我国从1974年起数次从法国引入，在河南、山西、内蒙古等地改良当地黄牛。广西于1998年和2002年从澳大利亚引进利木赞种公牛共5头，分别落户于广西畜禽品种改良站、广西黔江示范场。为解决种源不足，广西畜禽品种改良站从1995—2007年从外省购进利木赞牛冻精累计161.05万头份，其中1999—2007年累计购进157.5万头份，用于改良广西本地黄牛。

二、体形外貌

利木赞牛大多有角，角为白色。母牛角细，向前弯曲；公牛角粗且较短，向两侧伸展，并略向外卷曲。公牛肩峰隆起，肉垂发达。蹄为红褐色。头较短小，额宽，嘴短小，胸部宽深，前肢发达，体躯呈圆桶形，胸宽而深，肋圆，背腰较短，尻平，背腰及臀部肌肉丰满。四肢强壮，骨骼细致。体躯较长，全身肌肉发达，后躯呈典型的肉牛外貌特征。

毛色多为一致的黄褐色，也可见到黄褐色到巧克力色的个体，口、鼻、眼周、四肢内侧及尾帚毛色较浅，背部毛色较深，腹部毛色较浅。被毛较厚（图1～图3）。

图1　利木赞牛公牛

图2　利木赞牛母牛

图3　利木赞杂交牛

三、生产性能

1.生长发育　利木赞牛初生重公犊38.9kg，母犊36.6kg；3月龄断奶重公犊131kg，母犊121kg；6月龄体重公牛227kg，母牛200kg；周岁体重公牛407kg，母牛300kg。在法国当地较好饲养条件下，成年体重公牛950～1 100kg，母牛600～900kg。

成年公牛体高139cm，体长169cm，胸围220cm，管围24cm；母牛体高127cm，体长150cm，胸围195cm，管围21cm。

2.产肉性能　利木赞牛产肉性能好，前、后肢肌肉丰满，产肉率高，胴体质量好，眼肌面积大，肉嫩且脂肪少，肉的风味好。对不良应激的敏感性低。

利木赞牛在法国是生产小牛肉的主要品种。高营养水平下，公犊6月龄体重达280～300kg，10月龄体重达408kg，12月龄体重达450kg。进行小牛肉生产时，240日龄平均日增重公1 040g，母860g。屠宰率为63%～71%，胴体瘦肉率80%～85%，且肉质良好，具明显的大理石花纹。263日龄、367日龄牛及18月龄育肥牛屠宰结果见表1。

表1　不同年龄利木赞牛屠宰性能

屠宰年龄	宰前活重（kg）	胴体重（kg）	屠宰率（%）	胴体净肉率（%）	骨骼占胴体比例（%）
263日龄	412	260	63.1	73.9	13.4
367日龄	484	303	62.6	73.1	12.4

（续）

屠宰年龄	宰前活重（kg）	胴体重（kg）	屠宰率（%）	胴体净肉率（%）	骨骼占胴体比例（%）
18月龄	563	360	63.9	75.5	12.7

3.产奶性能 利木赞牛母牛具有较好的泌乳能力，平均产奶量1 200kg，乳脂率5%。个别母牛产乳量达4 000kg，乳脂率5.20%。

4.繁殖性能 利木赞牛性早熟，繁殖率高、易产性好。犊牛初生重虽小，但后期发育快。利木赞公牛一般性成熟年龄为12～14月龄，开始配种年龄为1.5～2岁，利用年限为5～7年。母牛初情期为1岁左右，发情周期18～23d，初配年龄18～20月龄，妊娠期272～296d，利用年限为9岁，平均产犊6.15头；一些特别好的母牛，经常使用到15岁。据法国农业研究院资料，6 207头经产母牛的难产率为7%，1 012头初产母牛的难产率为15%。据国内相关资料，利木赞牛顺产率为97%～99%，难产率只有1%～2.1%，其中需助产的占1.8%，难产的占0.3%，断奶成活率达到91.1%。

四、适 应 性

利木赞牛对各种恶劣环境适应性强。在法国最通常饲养方法是：①全露天放牧 成年牛和青年牛全年生活在牧场上，从不进牛舍。②半露天放牧 在一年内只有一部分时间在外面放牧，冬季回到牛舍饲养。该品种能适应大雪覆盖或在炎热的牧场上放牧。当供给适宜营养时，牛只会提供优质的肉，即使在贫瘠地区，也能获得较高的屠宰率，从而能实现令人满意的牛肉生产。适应粗放条件，在贫瘠的土地上培育成的利木赞母牛逐渐地获得了非凡的粗放习性，在饥饿的条件下，能以最低的日粮维持生命；但恢复到正常的营养条件时，牛只就能补偿生长，好像没有受到什么打击一样，母牛能在全露天放牧的条件下，在很高或很低的气温和各种气候条件（雨、大风、炎热）下生活和生产。该品种牛引入我国以来，据观察，也广泛适应各种环境条件。

五、杂交改良效果

利木赞牛引入我国后，广泛用于杂交改良。由于利木赞牛是由役用型牛培育而成的纯种肉牛品种，毛色纯一，在改良我国役用黄牛方面获得了良好效果。利木赞牛与黑龙江黄牛杂交，初生重由本地黄牛的20kg提高到35kg。内蒙古黑城子种畜场，利蒙杂交一代牛强度育肥，13月龄体重达407.8kg，82d育肥期内日增重达1 429g，屠宰率56.70%，净肉率47.30%。河南省南阳黄牛所用利木赞牛与南阳牛杂交，育肥期日增重为750g，而南阳牛则为635g，利南一代杂一岁半公牛体重366.83kg，同龄南阳牛为292.32kg。从体躯结构看，利南杂牛体长指数、胸围指数、腿围指数分别比南阳牛增加8.01%、13.83%和10.26%，屠宰率和净肉率也有明显提高。在广西，利木赞杂交牛表现适应性强，耐粗饲，生长快，毛色纯黄或淡黄色，易管理，好饲养等特性，推广到农村，深受广大农户欢迎。

六、品种保护与研究利用状况

利木赞牛引入广西时间不长、头数极少，而且引入只是公牛。目前尚未建立保种场或保种区，也没有建立品种登记制度。只是广泛用于杂交改良广西体形小、生产性能低的本地黄牛。广西从

1995年开始用利木赞牛杂交改良本地黄牛，截至2008年杂交改良面达96个县（市、区）。从1999年至2008年8月，广西畜禽品种改良站累计供应全区各地牛品改站（点）利木赞牛冻精153.5万头份，各牛品改站（点）使用利木赞牛冻精共146.10万头份，人工冻配本地黄牛107.41万头。以黄牛平均受胎率50%，成活率90%计算，累计生产杂交牛48.33万头。

七、对品种的评价和展望

利木赞牛具有体格大、体躯长、结构好、较早熟、瘦肉多、性情温驯、生长补偿能力强等特点。对各种环境条件适应性强，耐粗饲，在饲料不足的情况下，能以最低的日粮维持生命，一旦饲养水平恢复正常，就能迅速补偿生长。适宜放牧饲养，能在单位面积牧场上获得较高产肉量。此外，早熟，生长速度快，出肉率高，适宜生产小牛肉。公牛性活动常年稳定，不受季节影响，精液质量好；母牛难产率低，受胎率高，利用年限及寿命长。本品种与本地黄牛杂交效果好，可培育为生长速度较快、产肉率较高、役用力较强的肉役兼用牛，提高养牛业经济效益。

我国用利木赞牛作为父本杂交改良本地黄牛，其杂交后代都表现出显著的杂交优势，饲料利用率、生长速度和屠宰性能等方面优势明显。

八、附　　录

（一）参考文献

古进卿，陈涛.2008.养肉牛[M].郑州：中原农民出版社：10-12.

国家畜禽遗传资源委员会.2011.中国畜禽遗传资源志·牛志[M].北京：中国农业出版社：245-248.

韩荣生.1998.肉牛饲养技术大全[M].沈阳：辽宁科学技术出版社：11-12.

宁洛文，黄克炎，张聚恒.1997.肉牛繁育新技术[M].郑州：河南科学技术出版社：15-24.

张容昶.1985.世界的牛品种[M].兰州：甘肃人民出版社：29-32.

（二）撰稿人员

广西畜牧研究所：杨贤钦。

广西畜牧总站：苏家联。

娟 姗 牛

一、品种来源、分布及其现状

娟姗牛（Jersey）也译为泽西牛，因原产于英吉利海峡南端的娟姗岛而得名，属小型乳用品种，是英国古老的乳用牛品种之一。该牛性情温驯、体形轻小，早在18世纪娟姗牛就以乳脂率和乳蛋白率高、乳房形状好而闻名于世。

距今200多年前，娟姗牛在英国娟姗岛由本地牛和法国的布列塔尼牛、诺曼底牛杂交而育成。主要分布在英国、美国、新西兰、丹麦、苏联，其他国家也有一定数量。新西兰约有200万头，占奶牛的一半。新西兰常年气候温和，牧草资源丰富、质量好，平均每头牛占有草地面积50～60hm²。在当地娟姗牛初生犊牛多采用人工喂养或用少数泌乳母牛作奶妈带养（1头母牛带哺几头犊牛），一般3～6月龄断奶，断奶后至开产阶段在围栏的草地轮牧，较瘦的牛适当补点干草或青贮。母牛以天然放牧为主，每天挤奶两次，挤奶时补点青贮和糖蜜，很少饲喂精料。近年来我国的广东、四川等省也引进了娟姗牛。

早在19世纪中期，我国奶牛饲养刚起步阶段，娟姗牛就被引入中国。2005年2月，广西从新西兰进口娟姗育成母牛98头，饲养于广西壮族自治区畜牧研究所。经过3年多繁育，除部分母牛用作生产胚胎外，截至2008年6月，共繁殖犊牛119头，其中公犊56头（绝大部分出生后即淘汰），母牛63头，现已有少量种牛推广到广西贺州市和海南，现牛群存栏136头。

二、体形外貌

娟姗牛皮薄，被毛短细、具有光泽，毛色为深浅不同的褐色，以浅褐色为主，少数毛色带有白斑；腹下及四肢内侧毛色较淡，鼻镜及尾帚为黑色，嘴、眼圈周围有浅色毛环。娟姗牛是典型的小型乳用牛，性情温驯，具有细致紧凑的体形，头小而轻，两眼间距离宽，眼大有神，面部中间稍凹陷，耳大而薄。角中等大，呈琥珀色，角尖黑，向前弯曲；颈薄且细，有明显的皱褶，颈垂发达；胸深宽，背腰平直；尾细长，尾帚发达；尻部方平，后腰较前躯发达，侧望呈楔形；全身肌肉发育稍差，四肢端正，骨骼细致，关节明显。母牛乳房容积大，多为方圆形，发育匀称，质地柔软，但乳头略小，乳静脉发达（图1～图3）。

图1 娟姗牛公牛

图2 娟姗牛母牛

图3 4月龄娟姗牛犊牛群

三、体尺和体重

据资料介绍,娟姗牛体格小,成年体重公牛650～750kg,母牛340～450kg;犊牛初生体重23～27kg。成年母牛体高113.5cm左右,体长133cm左右,胸围154cm左右,管围15cm左右。英国的娟姗牛体格较小,而美国的相对较大。

广西畜牧研究所对从新西兰进口的和在广西自繁的头胎娟姗牛进行了测量,其体尺、体重见表1。

表1 娟姗牛体尺、体重

类别	性别	年龄	头数	体高 (cm)	体长 (cm)	胸围 (cm)	管围 (cm)	体重* (kg)
自繁牛	公	初生	26	65.50±2.97	59.35±2.68	65.56±2.82	10.08±0.5	22.78±2.94
		6月龄	7	96.93±5.34	99.71±2.16	120.57±6.88	13.07±0.84	129.14±19.15
		一岁	6	105.83±4.45	122.67±15.16	154.17±8.86	15.17±0.68	272.67±54.27
	母	初生	29	64.21±2.77	58.28±3.48	64.34±2.64	9.40±0.77	20.99±2.94
		6月龄	48	91.11±2.79	97.89±3.96	117.01±4.43	13.00±0.56	126.17±12.22
		一岁	29	103.05±2.81	115.48±5.03	144.93±5.90	13.81±0.76	225.61±27.33
进口牛	母	二岁	98	114.22±3.20	135.09±13.33	167.33±4.23	17.00±0.13	353.84±26.05
		三岁	92	118.32±3.84	141.60±5.18	175.24±8.95	17.85±0.80	404.54±53.07
		四岁	78	119.42±3.95	145.41±4.89	182.18±7.19	18.55±0.78	443.04±62.78

注:* 一岁以上体重为估重,公式为:体重(kg)=胸围^2×体斜长/10 800。

四、生产性能

1.乳用性能 娟姗牛目前每天挤奶两次,统计78头泌乳母牛第一胎305d平均泌乳量为(3 525.24±500.61)kg(2 458.5～4 416.5kg)。第2胎30头305d平均泌乳量为(4 046.17±583.51)kg(2 890～5 212kg)。若每天挤奶3次,产奶量可提高15%左右。娟姗牛奶乳脂率为5.8%、乳蛋白为4.1%,其乳质浓厚,乳脂率高,乳脂肪球大,易于分离,乳脂黄色,风味好,很适用于制作黄油和奶酪。广西畜牧研究所用娟姗牛鲜牛奶135kg加工生产奶酪,得成品24.5kg,成品率18.15%。该所乳品厂用娟姗牛奶生产的纯牛奶及其奶制品很受消费者青睐。

2.繁殖性能　娟姗牛繁殖性能良好，初产牛很少出现难产、死产、胎衣不下等现象，繁殖成活率较高。据广西畜牧研究所饲养观察，母牛常年都有发情，以1~5月居多。对15头处女牛观察，母牛初情期平均为（189.40±21.80）d，统计162头次母牛发情周期平均为（20.91±2.91）d，统计126头母牛妊娠记录，母牛妊娠期平均为（275.79±5.31）d，其中怀公犊妊娠期为（276.63±5.36）d，怀母犊妊娠期为（275.06±5.19）d。统计112头母牛产后发情平均为（47.79±15.43）d，46头母牛产犊间隔平均为（384.76±81.97）d。

3.产肉性能　未做过娟姗牛屠宰试验和肉质性能分析。

五、抗 逆 性

娟姗牛较耐热，同样饲养管理，上午气温28℃和下午气温32℃条件下，随机抽取各8头荷斯坦牛、西门塔尔牛、娟姗牛分别测量呼吸、脉搏、体温变化，比较三项指标下午比上午的增加值，其结果是荷斯坦牛呼吸增加32.71%，脉搏增加14.33%，体温增加2.52%；西门塔尔牛分别为26.24%、14.14%、2.80%；娟姗牛分别为23.82%、5.77%、2.11%，三个品种之间虽然差异不显著，但相比之下，娟姗牛抗热性能较荷斯坦牛、西门塔尔牛好。在炎热夏天，娟姗牛产奶下降速度比荷斯坦牛慢，同等条件荷斯坦牛7月比6月产奶下降15.56%，娟姗牛只下降9.31%。

娟姗牛抗病能力较强，统计2006年1月至2007年7月，牛群发病率2.61%，主要有消化不良、乳房炎、肢蹄病、外伤、犊牛腹泻等，其发病率比荷斯坦牛低，病程也较短。母牛很少出现难产，第一胎产犊81头，只有1头因胎儿过大难产，占1.23%。犊牛早期生长速度也较快，6月龄阶段公、母平均日增重分别为590g、584g。犊牛人工哺乳成活率96.67%（87/90）。

六、饲养管理

娟姗牛性情温驯，易管理，耐粗饲，能很好适应广西气候环境条件，表现出良好的生长发育、生产性能和繁殖性能。

在广西畜牧研究所牛场，娟姗牛实行舍饲。犊牛实行人工哺乳，3月龄断奶，每头犊牛平均耗鲜奶300kg。犊牛出生后一周调教吃精料，10d以后给予青草调喂，公、母犊合群养（绝大部分公犊出生后即淘汰），8月龄左右调育成栏，公、母分开饲养。育成至初产阶段每天每头供应精料2~3kg，青草旺季每天每头供应桂牧一号鲜草30~40kg，其他时间每天每头供应玉米青贮15~20kg，冬季有干草时每天每头2kg。泌乳母牛每日挤奶两次，产仔后一周内用手工挤奶，后转机器挤奶，在每天每头3kg精料的基础上，每产3kg鲜奶再供应精料1kg，青粗饲料自由采食，挤完奶后放运动场自由活动，运动场有水池供牛饮水。

七、品种保护与研究利用现状

广西畜牧研究所依据娟姗牛乳脂率高、荷斯坦牛产奶量高两大优点，开展以娟姗牛公牛冷冻精液配荷斯坦牛母牛的杂交试验，以培育比较耐热、产奶量高而奶质又好的杂交组合，目前试验在进行中。

八、对品种的评价和展望

娟姗牛以乳脂率高而闻名于世，表现出乳质浓厚、乳脂率高、乳房形状好，单位体重产奶量高等特点。通过3年多的饲养观察，娟姗牛在广西具有很好的适应性，其生长发育、生产性能和繁殖性能良好，是广西引进的不可多得的优良奶牛品种。娟姗牛较耐热，特别适应热带及亚热带地区饲养，应大力加以推广和开发利用。

九、附　　录

（一）参考文献

国家畜禽遗传资源委员会．2011．中国畜禽遗传资源志·牛志[M]．北京：中国农业出版社：252-254．
赖景涛，磨考诗．2007．浅谈娟姗牛[J]．广西畜牧兽医(4)：165-166．

（二）撰稿人员

广西畜牧研究所：磨考诗。
广西畜牧总站：苏家联。

短 角 牛

一、品种来源和分布

短角牛（Shorthorn）原产于英格兰东北部的诺森伯兰郡、达勒姆郡、约克郡和林肯郡。因从梯斯河流域的长角牛改良而来，故称改良后的牛为短角牛。短角牛又分为肉用和乳肉兼用两种类型。

世界许多国家都引进短角牛，其中，以美国、澳大利亚、新西兰和欧洲一些国家繁殖、饲养较多。我国于1913年首次引入，此后曾多次进口，分布在河北、内蒙古、吉林、辽宁、黑龙江和我国南方的云南、广西、贵州、四川等地；尤其比较集中于内蒙古自治区昭乌达盟巴林右旗短角牛场、翁牛特旗金山种牛场、阿鲁科尔沁旗道德牧场、乌兰桑布盟江岸牧场、呼和浩特市大黑河奶牛场等地。其中以昭乌达盟头数较多，占全区总数的72.40%。

广西于20世纪40年代初期和1982年有过少量引进（兼用型）短角牛。为解决广西肉牛良种种源问题，促进广西黄牛品改进程，2000年3月，再次从我国云南省引进美国肉用型短角牛共28头，其中公牛3头、种母牛25头，分别落户于广西畜禽品改站、广西畜牧研究所种牛场。经过该所种牛场职工、科技人员4年来辛勤饲养、繁育，由原来25头发展到102头，其中推广、出售种牛、肉牛76头。

我国于1985年培育成功的中国草原红牛为短角牛与吉林、河北和内蒙古等地的7种黄牛杂交选育而成的新品种。

二、体形外貌特征

短角牛头短、额宽，颈短粗而厚，垂皮发达，胸宽而深，肋骨开张良好。鬐甲宽平，背腰宽而平直，腹部呈圆桶型，尻部方正丰满，四肢骨骼细致，腿较短，肢间距离较宽。大部分牛有角，角短、细，角外伸、稍向内弯，角呈蜡黄色或白色，角尖部为黑色。鼻镜为粉红色，眼圈色淡。皮肤细致、柔软。被毛卷曲，以红色为主，红白花其次，红白交杂的沙毛较少，个别全白，部分个体腹下或乳房部有白斑。颈部被毛较长且多卷曲，额顶部有丛生的被毛。母牛乳房发育适度，乳头分布较均匀，性情温驯，早熟，母性好，易产性较好。兼用型短角牛母牛的乳用特征较为明显，乳房发达（图1、图2）。

三、生产性能

1.生长发育　短角牛成年体重公牛900～1 200kg，母牛600～700kg；公、母牛成年体高分别为136cm和128cm左右。犊牛初生重平均30～40kg；180日龄体重达200kg左右。据广西畜牧研究所观察或测试，短角牛各阶段体重、体尺变化表明，按性别区分，公牛比母牛增长速度快；按月龄，从初生至6月龄增长最快，以体重增加为例：从初生至6月龄头均增重202.28kg，头均日增重达1.12kg。

图1 短角牛公牛

图2 短角牛母牛

3岁、4岁母牛体重分别达（610.83±23.85）kg、（707±12.96）kg；成年公牛体重达1 000 ~ 1 200kg。各项指标详见表1、表2。

表1 短角牛母牛各阶段体重

年龄	初生	6月龄	12月龄	18月龄	24月龄	36月龄	48月龄
数量（头）	25	25	25	24	16	12	11
体重（kg）	39.52±4.76	241.8±22.97	298.96±29.88	387.13±41.98	490.44±42.9	610.83±23.85	707.0±12.96

表2 短角牛各阶段体尺

年龄	性别	头数	体高（cm）	体斜长（cm）	胸围（cm）	管围（cm）
初生	公	23	76.58±5.25	69.88±3.61	81.10±6.13	11.76±0.25
	母	23	74.50±4.25	67.37±4.74	74.93±5.44	11.13±1.15
6月龄	公	9	108.17±4.06	116.50±10.29	141.11±8.59	17.25±1.36
	母	20	107.50±3.93	121.50±6.23	140.90±5.30	16.83±1.13
12月龄	公	6	122.64±1.49	130.50±2.43	166.75±1.83	18.13±0.33
	母	19	113.87±4.11	127.32±3.96	158.11±4.97	17.58±0.69
18月龄	公	4	129.00±3.37	140.13±1.03	171.13±2.59	19.50±0.58
	母	18	121.69±3.963	138.39±4.03	169.69±4.17	18.44±0.78
24月龄	公	3	134.00±6.08	146.00±2.64	182.00±7.21	20.33±0.58
	母	18	129.42±5.14	145.89±4.76	181.61±10.22	19.72±0.75
36月龄	母	17	136.12±4.12	156.65±6.49	202.41±24.38	20.91±0.71

据广西畜牧研究所统计，25头肉用型短角牛母牛入场时，头均体重312.88kg，饲养10个月，头均体重481.67kg，头均增重168.79kg，头均日增重0.56kg，范围0.14 ~ 0.98kg。

精料喂量不变，如投喂不同质量的青粗料，增重效果也不同。据统计28头（4 ~ 5月）投喂氨化稻草和象草（含杂草），比例为3：1，饲喂57d，头均增重7.11kg，头均日增重0.14kg。统计25头（4 ~ 10月）投喂桂牧一号象草，饲喂153d，头均增重90.8kg，头均日增重0.59kg。统计25头（11 ~ 12月）投喂玉米秆（含玉米苞）青贮饲料和桂牧一号象草，比例3：1，饲喂60d，头均增重58.76kg，头均日增重0.98kg，是不同粗饲料的3组中增重最高的一组。说明优质草料是养好牛的基础。

2.产肉性能　肉用短角牛早熟性好，肉用性能突出，利用粗饲料能力强，增重快，产肉多，肉质细嫩，脂肪沉积均匀，肉的大理石状纹良好。17月龄活重可达500kg，日增重1kg以上，屠宰率65%左右。由于短角牛性情温驯、不爱活动，尤其放牧吃饱以后常卧地休息，上膘较快，如喂精料，则易育肥，肉质较好。

3.产奶性能　乳肉兼用型短角牛年泌乳量3 000 ~ 4 000kg，乳脂率3.9%左右。肉用型短角牛体重较大，泌乳量较低。

4.繁殖性能　短角牛性成熟年龄公牛10 ~ 16月龄，母牛8 ~ 14月龄。母牛发情周期19 ~ 23d，平均21.9d；青年母牛发情时，体重为成年母牛的75% ~ 80%（约350kg）即可配种。据广西畜牧研究所观察、统计：短角牛初情期（13.98±1.08）月龄（$n=12$），初配（17.36±2.21）月龄（$n=23$），初配体重（382.18±32.93）kg（$n=23$），性周期（19.95±1.80）d（$n=24$），产犊间隔（387.40±39.41）d（$n=20$），妊娠期公牛犊（279.85±6.01）d（$n=20$）、母牛犊（274.20±5.46）d（$n=20$）。

据观察，短角牛无明显发情季节之分，生长发育正常和健康则全年各季节均有发情，但据26头发情母牛的观察表现，有隐性发情5头（约19%）。100%发情母牛在发情后期或排卵后，均有少量带血黏液从阴道流出，俗称排红现象。

在判定母牛发情鉴定和输精适期，采用以摸卵巢卵泡为主的"摸、试、查、看、检"相结合的综合判定方法，效果尚好。2000—2004年冻精配种共102头，受胎94头，受胎率92.16%，其中第一个情期配种102头，受胎55头，受胎率53.92%，详见表3。

表3　短角牛各年份冻精配种受胎情况

年份	配种头数（头）	受胎头数（头）	受胎率（%）	第一情期		
				配种头数	受胎头数（头）	受胎率（%）
2000	25	23	92.00	25	13	52.00
2001	18	17	94.44	18	12	66.67
2002	22	20	90.91	22	12	54.55
2003	25	23	92.00	25	12	48.00
2004	12	11	91.67	12	6	50.00
合计	102	94	92.16	102	55	53.92

广西畜牧研究所对8头短角牛进行了供体超排，共冲出胚胎24枚，其中可用胚胎16枚，并进行了移植。

四、适应性

1.抗病力　广西畜牧研究所对短角牛引进后的疫病防治十分重视，制定了严格防疫措施。在产地对选购好的牛只，用牛O型口蹄疫疫苗注射，单独放栏观察一段时间，待疫苗起免疫作用，再行起运。牛只进场后，继续单独隔离、舍饲、定位饲养和观察。专人昼夜值班看守，出现异常及时处置。严格防疫制度，做到非工作人员谢绝进场，工作人员出入牛场更衣换鞋，车辆和工作人员严格消毒。牛舍、运动场定期用牧康护宝、强力消毒灵等消毒药喷洒消毒。进场时牛体虱较多，先后几次用阿福丁、敌百虫、贝特等药剂驱除，效果显著。进场时60%牛只皮肤长有一种赘生物，经过几次处理，均已痊愈。到场后的4年，每年均用O型口蹄疫疫苗免疫。此外，每年还进行布鲁氏菌病、结核病检疫，结果均呈阴性。

据观察，短角牛抗病力较强。几年来，除因环境改变由在围栏人工草地放牧饲养改为长期舍饲定位喂养，硬质水泥地面的牛床、运动场过于光滑，导致摔伤肢蹄45头次，造成孕牛早产、死胎5头次；或因饲养管理不当，如饲草饲料突然改变，质量问题和气候变化等出现少数牛消化道疾病和犊牛下痢外，其他疾病很少发生。

2.抗热耐寒性　短角牛在我国多分布于黄河以北的河北、内蒙古、吉林、辽宁、黑龙江等省、自治区，耐寒性好。此次，广西畜牧研究所从云南省引进的短角牛，经过几个酷热夏季观察，表现抗热性能较差。据测试，在舍内气温27℃时（$n=9$），体温（39.01 ± 0.21）℃，呼吸平和，采食正常；当舍内气温上升到35℃时，体温上升到（40.29 ± 0.18）℃，呼吸加快，1/3牛只口流白沫，食欲下降或不采食，呈现不同程度热应激反应；尤其是产犊后的母牛，因产后体质下降及初产犊牛，抗热性特别差，炎热季节必须做好防暑降温工作。

3.耐粗性　短角牛适于放牧饲养，在产地终年群牧在围栏的人工改良草地，采食优质牧草，自由饮水，运动和休息。在广西畜牧研究所种牛场，因放牧草地尚未解决，长期采取舍饲、定位饲养，供应的青粗饲料较单一，质量较差，牛群食欲仍旺盛；采食量大，不选食，吃很饱，长膘快。据测试，日头均采食桂牧一号象草和玉米秆（含玉米苞）、象草青贮饲料占体重10.06%，范围8.16%～12.54%。

五、饲养管理特点

短角牛在原产地以放牧为主，昼夜放牧在人工草地。牛群落户广西畜牧研究所种牛场后，因放牧草地尚未解决，采取舍饲、定位饲养。进场后的几天内，给牛只安静休息，消除长途汽车运输疲劳，防止过食暴饮，饲喂原产地饲料。约经一周后，日粮调整为本地饲料，粗饲料以青割桂牧一号象草为主，切碎喂给。冬春季节有氨化稻草、玉米秆（含苞）或象草青贮饲料、青干草补充。成年牛头日均采食青粗饲料占体重8.16%～12.54%。精饲料是外购原料，以自配为主，其配合比例：玉米50%、麦麸21%、豆粕8%、菜籽饼7%、花生麸5%、鱼粉5%、石粉2%、小苏打0.5%、食盐1.5%。不同季节、年龄或原料来源易缺，其配合比例略有改变。精饲料日粮按种牛要求投给，日头均喂量成年牛2.5～3kg、育成牛2～2.5kg、犊牛1～2kg。每日分上、下午两次投放。投料方式，采取先精后粗或精粗料混喂，少给勤添，先喂料后饮水，晚间加补适量夜草。下午饲喂完毕，放入运动场活动，自由饮水、休息。此外，牛只按不同年龄、性别、强弱分别组成成年牛群、育成牛群、小牛群和公牛群进行饲养管理。初生犊牛随母牛同舍，自然哺乳喂养，早日调教采食饲料，3.5～4月龄断奶，断奶后的犊牛，另组成小牛群，精心饲养管理。牛舍、运动场每天除粪、打扫，保持清洁卫生。

六、品种保护与研究利用现状

美国肉用型短角牛目前尚未建立保种场或保种区，也没有建立品种登记制度。只是用于杂交改良广西体形小、生产性能低的本地黄牛。广西畜牧研究所对本品种做了系统引种观察和繁育推广工作。

七、对品种的评价和展望

四年来系统的饲养观察表明，美国肉用型短角牛在一般饲养条件下，牛只生长发育和繁殖性能正常，牛群由引进的25头发展到102头，其中推广、出售种、肉牛76头。表现耐粗饲，采食力强，生长快，性情温驯，易肥好养，饲料利用率高，抗病力强，能适应广西气候环境。但短角牛怕热，对高温适应性较差。因此，炎热季节，对牛群尤其产后体质下降的母牛及初产的犊牛要特别做好防暑降温工作。肉用型短角牛适于放牧饲养，在草原、牧区和有条件的地方，以放牧为主，辅以补饲，这样可降低饲养成本，提高养肉牛经济效益，又可避免以舍饲为主带来的一些负面影响。本品种与本地黄牛杂交，可培育为生产速度较快、产肉率和出栏率较高的肉役兼用牛。

八、附　　录

（一）参考文献

丁可为.1995.肉牛生产指南[M].北京:中国致公出版社:4-5.

国家畜禽遗传资源委员会.2011.中国畜禽遗传资源志·牛志[M].北京:中国农业出版社:267-270.

韩荣生.1998.肉牛饲养技术大全[M].沈阳:辽宁科学技术出版社:17-18.

杨贤钦，莫柳忠，李铭，等.2005.美国肉用型短角牛引种观察报告[J].广西畜牧兽医，21(5):214-216.

张容昶.1985.世界的牛品种[M].兰州:甘肃人民出版社:11-14.

（二）撰稿人员

广西畜牧研究所：杨贤钦。

广西畜牧总站：苏家联。

澳洲楼来牛

一、来源、分布与数量

澳洲楼来牛（Lowline）亦称澳洲矮牛，是澳大利亚Trange研究中心对安格斯牛进行生长速度的选择而逐渐育成。1974年，该研究中心用生长速度较低的安格斯母牛和具同等条件的周岁公牛组成原始核心群，同时还建立了一个快速生长系和一个对照系。原始核心群进行闭锁繁育，所用公牛全部从群内选留。经过近20年的选育，核心群的个体体形在初生到成年的各个阶段，均显著小于其他两系。1992年，澳洲楼来牛正式注册，成为一个小型肉用新品种。目前，澳洲楼来牛主要分布在澳大利亚、新西兰、加拿大等国。我国广东省在1996年首次从新西兰引入5头（2公3母）；广西于2000年从澳大利亚引进21头，截至2007年共繁殖纯种牛120头，其中已推广26头。主要分布在广西贺州市金犊种畜繁育有限责任公司、广西农垦金光实业有限责任公司、广西畜牧研究所等单位饲养。

二、体形外貌特征

楼来牛体形与安格斯牛相似，但体形矮小、体躯宽深、方正，全身肌肉丰满，毛色乌黑，无角。公牛颈部被毛有波浪状卷曲，头较笨重，母牛稍清秀，颜面较短，嘴角宽大，舌前部呈黑色，眼大有神，眼珠呈蓝色，脖颈粗短，鬐甲稍高，颈肩结合良好。胸宽深，肋骨开张，背腰宽广而平直，腹部紧缩不下垂，尻部较平，圆润丰满。四肢矮短，粗壮，蹄大结实（图1～图5）。

图1　楼来牛种公牛

图2　楼来牛种母牛

图3　楼来牛群体　　　　　　　　　　图4　楼来牛杂交公牛

图5　6月龄楼来本地杂牛

三、生产性能

1.生长发育　楼来牛犊初生体重18kg～23kg，6周龄活重可增加1倍，断奶体重113～136kg，性成熟母牛体重227～318kg、公牛体重363～500kg；成年公牛平均体高110cm，体重600kg；成年母牛平均体高100cm，体重400kg。14月龄肉牛体重360kg，平均日增重超过800g，哺乳及生长期平均日增重500～700g。据广西贺州市金犊种畜繁育有限责任公司种牛场测定，楼来牛初生（头胎）平均体重公犊21.50kg，母犊19.70kg；6月龄平均体重公牛148kg，母牛136kg；一岁平均体重公牛263kg，母牛218kg；二岁平均体重公牛385kg，母牛278kg；三岁平均体重公牛533kg，母牛359kg。

2.肉用性能　楼来牛生长速度快，早熟早肥，肉牛日增重超过800g，其胴体丰满，出肉率高，肉质好，眼肌面积大，优质肉多，特别适合快速生产高档牛肉，其屠宰率为60%～65%，在澳大利亚放牧不补料情况下，屠宰率达63%，胴体净肉率达82%。

广西畜牧研究所曾对纯种公牛、杂种公牛各一头，牛龄分别为4岁、3岁，进行产肉性能测定。供试牛未经育肥，与其他牛一样舍饲混养，每天每头供应含粗蛋白17%的混合精料1～2kg，青粗饲料主要是桂牧1号杂交象草及少量青贮玉米苗，不限量，自由采食，固定枷位，采食后，放入运动场，自由饮水、休息。屠宰测定结果见表1。

表1　楼来牛屠宰测定结果

品种	宰前活重 (kg)	胴体重 (kg)	肉重 (kg)	骨重 (kg)	眼肌面积 (cm²)	屠宰率 (%)	净肉率 (%)	胴体产肉率 (%)	骨肉比	熟肉率 (%)
纯种牛	498	308.80	250.67	42.11	92.94	60.40	50.34	83.33	1：5.95	65.00
杂交牛	469	282.50	236.37	37.26	99.64	60.23	50.40	83.67	1：6.34	66.67

从这两头公牛屠宰测定结果来看，在正常饲养条件下未经育肥其膘情达4.5分左右，屠宰率分别达到60.40%和60.23%，表明楼来牛及其杂交牛后代产肉性能良好，若年龄小些并进行育肥，使膘情达到5分，其产肉效果更好。另从肉样测定分析结果来看，楼来牛及其杂交后代眼肌面积比例较大，分别为92.94cm²和99.64cm²，同时8及11肋间肉样块与背最长肌各种成分相当接近，说明其除产肉性能高外，肉质好，优质肉多，特别适合快速生产高档牛肉。

据有关肉牛生产性能分析资料，在相同饲料消耗和成本下，能生产出优质牛肉越多的肉牛品种，养殖效益就越好，详见表2。

表2　肉牛牛肉生产性能分析

品　种	安格斯	西门塔尔	楼来牛
出生日期	1995年9月1日	1995年9月18日	1995年9月2日
体　重	756kg	840kg	310kg
眼肌面积	106cm²	104cm²	74cm²
比率（每百千克眼肌面积）	14.02cm²	12.38cm²	23.87cm²
每日饲料消耗	22.68kg	25.20kg	9.30kg
每日饲料成本	5.67澳元	6.30澳元	2.30澳元
90日饲料成本	510澳元	567澳元	209澳元
单位面积眼肌饲养成本	4.82澳元/cm²	5.45澳元/cm²	2.83澳元/cm²

从表2中可以看出，楼来牛的眼肌面积（cm²）占体重（100kg）的比率最大，为23.87；安格斯牛为14.02，西门塔尔牛为12.38。眼肌面积大，优质牛肉（如牛排）就多，故其料重比高，成本低。

3.繁殖性能　楼来牛母牛初情期10～14月龄，发情周期20d，18～24月龄体重280kg左右即可配种，妊娠期270～285d，产犊间隔11～13个月；公牛18月龄有性欲表现，一般24月龄开始配种。据观察，在自由放牧条件下，母牛初情期为13～16月龄，平均体重215kg，在良好饲养条件下，初情期提前到8～10月龄。发情周期一般为17～19d，也有20～21d的。发情持续时间较长，一般36～48h。良好饲养条件下，初配年龄一般为16～18月龄。妊娠期公犊平均为275d，母犊一般为270d。产后发情在34～90d内，产犊间隔322d。母牛繁殖率高达90%，母性好，连产性强，难产率低。

四、适应性能

楼来牛适应性强，适应的温度范围-10～39℃，因其在澳大利亚经过近20年选育，更为适应于亚热带和温带饲养。该品种牛对环境要求不高，耐粗饲，在干旱地区、雨水较多的地区和饲料较贫乏地区等条件下，长势良好，维持需要较低，生长期料重比高，是利用山坡、丘陵地的良好品种。性情温驯，易于饲养管理。引入广西后通过几年观察，其适应环境能力强，对饲养条件要求不高，耐粗饲，乐意采食当地牧草，在补料很少的[1kg/（头·日）]情况下膘情良好，保持原品种生长发育良好、增重快、抗病力强的优良特点。楼来牛母性好，繁殖性能良好，产犊未有难产现象发生。截至2004年6月犊牛成活率97.30%（36/37）。楼来牛抗热性能与本地黄牛接近，在同栏同等饲养条件下，在不同室温测定其呼吸、脉搏、体温等生理指数与本地黄牛无显著差别。楼来牛很少发病，表现出良好的适应性。

五、饲养管理

楼来牛在原产地以放牧为主，昼夜放牧在人工草地。牛群引入广西，采取舍饲、定位饲养。粗饲料以青割桂牧一号象草为主，切碎喂给。冬春季节有氨化秸秆（稻草）、玉米秆（含苞）或象草青贮饲料、青干草补充。成年牛头日均采食青粗饲料占体重10%左右。精饲料配合比例：玉米50%、麦麸21%、豆粕8%、菜籽饼7%、花生麸5%、鱼粉5%、石粉2%、小苏打0.5%、食盐1.5%。精饲料日粮按种牛要求投给，日头均喂量成年牛2.5～3kg、育成牛2～2.5kg、犊牛1～2kg；一般生产群精饲料的给量按牛只体重的0.5%供给，每日分上、下午两次投给。喂料方式，采取先精后粗或精粗料混喂，少给勤添，先喂料后饮水，晚间加补适量夜草。下午饲喂完毕，放入运动场活动，自由饮水、休息。此外，牛只按不同年龄、性别、强弱分别组成成年、育成、小牛和公牛群进行饲养管理。初生犊牛随母牛同舍，自然哺乳喂养，7日龄调教采食饲料，3.5～4月龄断奶，断奶后的小牛另组成小牛群，精心饲养管理。牛舍、运动场每天除粪、打扫，保持清洁卫生，并做好防疫和定期修蹄护理工作。

六、杂交改良效果

楼来牛引入广西后，至2003年6月，已在贺州、北海、全州、宾阳等市县杂交配种本地黄牛13 712头，已产一代杂种牛2 320头。楼来杂种一代牛被毛初生为黄色，随牛的长大转为黑色；无角；四肢粗壮，背宽腰圆，生长速度较快，肌肉较丰满，肉牛特征较明显。初生犊牛平均体高60cm，体斜长62cm，胸围58cm，管围10cm，体重17kg。1月龄、3月龄、6月龄、12月龄平均体重分别为37kg、69kg、112kg、198kg。与相同饲养条件下本地黄牛初生重10kg、6月龄体重64kg比较，杂交一代初生重、6月龄重分别比本地黄牛提高70%和75%，差异极显著（$p<0.01$）。杂交牛育肥试验，平均日增重712g，料重比高，每千克增重比本地牛节约饲料35%。由于杂交优势明显，在相同饲养条件下，可比本地黄牛提前半年出栏。同时杂种牛具有耐粗饲、适应性强、生长快、抗病力强、温驯易养优点，尤其适应广大农村农户粗放饲养的环境。

七、品种保护与研究利用状况

目前尚未建立保种场或保种区，也没有建立品种登记制度。广西畜牧研究所、广西贺州金犊种畜繁育有限责任公司于2000年7月与农业部签订启动"澳洲楼来牛引种及应用示范"项目，当年从澳大利亚引进21头，至2003年6月底已繁殖澳洲楼来种牛29头，存栏种牛48头，已推广种公牛2头，生产冻精2.88万支，生产胚胎68枚，胚胎移植55头受体牛，受胎26头，已产胚胎牛仔7头。杂交配种本地黄牛13 712头，已产杂交牛2 320头，并对引进种牛进行初步观察。

八、对品种的评价和展望

楼来牛具有生长速度快，早熟早肥，料重比高，屠宰率高，肉质好，耐粗饲，适应性强，性情温驯和易管理好饲养等特点，适合各地引种饲养。本品种与本地黄牛杂交，可培育生长速度较快、产肉率和出栏率较高的肉用牛，是值得推广应用的优良肉牛品种。

九、附　　录

（一）参考文献

《广西家畜家禽品种志》编写组.1987.广西家畜家禽品种志[M].南宁：广西人民出版社.

磨考诗.2005.小型优良肉用牛品种——澳洲楼来牛[J].广西畜牧兽医,21(1):15-17.

张容昶,胡江.2004.肉牛良种引种指导[M].北京：金盾出版社:65-66.

（二）撰稿人员

广西畜牧研究所：杨贤钦。

摩拉水牛

一、一般情况

摩拉水牛（Murrah）也译为么拉牛，是世界最优秀的河流型乳用水牛品种之一，乳用型，体形高大。

（一）中心产区及分布

摩拉水牛（Murrah）原产于印度旁遮普（Punjab）和德里（Delhi）南部，在尤特·伯拉底圩（Uiter Pradesh）的北部经南遮普到信德（Sinb）的广大地区都大量饲养，是印度8个水牛品种中产奶性能最好的。在印度西部和北部，几乎所有大小城市和农村，都用这种牛来生产鲜奶和奶油，国有和民营农场也大量饲养。公牛广泛用来改良当地水牛。中国、东南亚及欧洲许多国家也曾引进过摩拉水牛。1957年，我国从印度引进该品种，并由广西水牛研究所（原广西畜牧研究所水牛研究室）种牛场饲养繁育至今，其种公牛及冻精已遍及我国南方各省水牛改良地区。

（二）原产区自然生态条件

印度位于南亚次大陆，印度半岛位于赤道以北、北回归线以南，东临缅甸、孟加拉，北与尼泊尔、中国相接，西与巴基斯坦为邻，从北到南兼具寒、温、热三种类型的气候，属热带季风气候区和热带森林气候区，但大部分地区属于亚热带气候。这里终年气温偏高，雨量充沛，北部地区河流交错，灌溉出无比广阔肥沃的土地。印度全年可分为六季，即春、夏、雨、秋、冬、凉，但最主要的季节是夏、雨、凉三个季节，5～6月是一年当中最热的时候，人们称它为夏季，其间天气炎热而干旱，气温常达49℃以上，7～8月是雨季，11～12月为凉季，1～2月为春季，这段时间是印度的黄金季节，天气干燥凉爽，不冷不热。印度的纬度低，又加上北面的喜马拉雅山挡住了北方的冷空气。因此，印度世界上最热的国家之一。从地理位置和气候地带看，印度处在信风带上，即在南北纬10°～20°。例如，梅加拉亚邦的乞拉朋齐一地，年降水量达9 000～10 000mm，为世界雨量最大的地方之一。只有印度西北部受印度洋西南季风的影响不大，因此，印度河流域雨量较少，通常年降水量在500～600mm。

摩拉水牛引入我国后的主要产区广西南宁为广西四大盆地之一，平均海拔74～79m，最高处496m。地处南亚热带季风区，主要气候特点是炎热潮湿。年平均气温21.7℃，冬季最冷的1月平均气温12.8℃，夏季最热的7～8月平均气温28.2℃；降水丰富，年降水量为1 300mm左右，相对湿度为79%。境内主要河流为邕江，支流众多。

二、品种来源及发展

（一）品种来源

我国于1957年从印度进口摩拉水牛55头（公牛5头、母牛27头、犊牛23头），分配给广西35头，广东20头。我国现存的摩拉水牛均是这批牛繁殖的后代。分配给广西的35头摩拉水牛全部由广西水牛研究所饲养，至2008年年底共繁殖后代1 605头（公牛794头、母牛811头）。

（二）群体规模

随着社会和经济的发展，引进时分配给广东省的摩拉种牛已全部出售或淘汰，虽有部分在民营养殖场或个体养殖户饲养，但血统已难保纯正。现在广西水牛研究所水牛种畜场是我国唯一拥有摩拉水牛并有种牛供应能力的原种场，其他如广西畜禽品种改良站、云南大理冻精站等则从广西水牛研究所引进种公牛用于生产冻精。截至2006年12月，广西水牛研究所存栏纯种摩拉水牛170头，其中成年母牛85头、成年试情公牛1头、幼龄及青年母牛59头、幼龄公牛25头。

（三）近15～20年群体数量的消长

该品种于1957年引进时只有55头，到2006年共繁殖了3 300头，主要分布在广西、广东、云南、贵州、福建、湖南、湖北等省（自治区）。引入的摩拉水牛经过60年的风土驯化和选育，已完全适应我国南方地区亚热带湿热气候和饲养方式，生长发育和生产性能已达到或超过原产地水平，并已在我国南方作为水牛品种改良的主要畜种之一。摩拉水牛濒危程度为无危险等级。

三、体形外貌

1.体形 摩拉水牛属河流型水牛，体形高大，结构匀称，肌肉发达，四肢强健。以乳用为主，亦可作为肉用。

2.毛色 被毛较短，密度适中，皮肤基础色为黑色，毛色通常黝黑色，尾帚大部分为白色。

3.头部 公牛头粗重，母牛头较小，轮廓分明。前额宽阔略突，脸长，鼻孔开张。角短，角基宽大，角色为黑褐，大部分的角先向后下方再向上前方卷曲，少部分朝角的后方卷曲，另有较少部分为吊角（即角向头下方向颈内弯曲），部分母牛的角甚至卷曲呈圆环或螺旋状。眼突有神，母牛尤甚，眼睑为黑褐色。鼻镜黑褐色，鼻孔开张。耳中等大小，半下垂，耳郭厚，耳端尖。

4.颈部 头颈与躯干部结合良好，颈长宽适中。公牛颈较粗，母牛颈较细长，无垂皮。

5.躯干部 胸部发达深厚，胸垂大，肋骨开张，鬐甲突起，无肩峰。体躯长，母牛前躯轻狭，后躯厚重呈楔形，公牛则前躯较发达。公牛腰直阔，前躯稍高，母牛背腰平直，尻宽而光滑，腰角显露，尻骨突出。母牛尻间宽，公牛尻较窄。腰腹短，腹大，大部分有小脐垂。乳房发达，附着良好，乳静脉弯曲明显，乳头粗细适中，距离宽，分布匀称。公牛睾丸大，阴囊悬垂。

6.尾部 摩拉水牛尾部着生低，尾根粗并渐变尖细，尾尖大部分有一簇白毛，尾端抵飞节以下。

7.四肢 四肢端正结实，蹄黑色而质坚硬。公牛蹄直立，母牛则略倾斜，肢势良好（图1～图4）。

图1 摩拉水牛公牛

图2 摩拉水牛母牛

图3 摩拉水牛犊牛

图4 摩拉水牛牛群

四、体尺和体重

1.体尺和体重 据广西畜禽品种改良站2006年10月对23头成年公牛和广西水牛研究所2006年11月对65头成年母牛的体尺、体重测定，公牛平均体高为145.1cm，体重740.6kg，最高为850kg；母牛体高为136.7cm，体重616.4kg，最高为783kg。详见表1。

表1 摩拉水牛体尺、体重

性别	公	母
头数	23	65
体高（cm）	145.1±5.31	136.7±3.65
体斜长（cm）	158.9±3.26	146.6±6.35
胸围（cm）	210.5±3.41	210.8±9.78
管围（cm）	25.3±1.03	22.5±0.84
体重（kg）	740.6±82.50	616.4±74.06

注：体重为实际称测体重。

经与1987年出版的《广西家畜家禽品种志》所载资料相比较，摩拉水牛母牛（缺公牛体尺资料）

的体重、体斜长、体高均有所降低，而胸围、管围则略有增加。其中体斜长减少最明显，达7.8%，体重也减轻了31.48kg，减重幅度达4.9%。这主要是与摩拉水牛的选育利用有关，我国引进摩拉水牛的主要目的是利用其良好的产奶性能，在选育上也是偏重于乳用性能的选择，而对其肉用性能开发较少。良好的乳用性能不要求太大体重，但胸围（瘤胃容积）则是越大越好。经过多年的不间断选育，现在的摩拉水牛体形更有利于充分开发其乳用性能和潜力。具体见表2。

表2　摩拉水牛体尺、体重变化比较

项目	2006年	1987年	2006年比1987年增减	
			增减	比例（%）
头数（头）	65	28		
体高（cm）	136.7±3.65	138.80±4.56	-2.1	-1.5
体斜长（cm）	146.6±6.35	158.95±.41	-12.35	-7.8
胸围（cm）	210.8±9.78	205.10±23.42	+5.7	+2.8
管围（cm）	22.5±0.84	22.20±0.77	+0.3	+1.4
体重（kg）	616.4±74.06	647.88±5.22	-31.48	-4.9

2.体态结构　摩拉水牛的体长指数、胸围指数、管围指数见表3。

表3　摩拉水牛体形指数

性别	公	母
头数（头）	23	65
体长指数（%）	109.5	107.2
胸围指数（%）	145.1	154.2
管围指数（%）	17.4	16.5

注：体长指数（%）=体斜长÷体高×100%，胸围指数（%）=胸围÷体高×100%，管围指数（%）=管围÷体高×100%。

经与1987年出版的《广西家畜家禽品种志》所载资料相比较，摩拉水牛母牛的体长指数减小，胸围指数及管围指数均增加，即现在牛群与20年前的相比体形较深矮。详见表4。

表4　摩拉水牛体态结构变化比较

项目	2006年	1987年	2006年比1987年增减	
			增减	比例（%）
头数	65	28		
体长指数（%）	107.2	114.5	-7.3	-6.4
胸围指数（%）	154.2	147.8	+6.4	+4.3
管围指数（%）	16.5	16.0	+0.5	+3.1

五、生产性能

摩拉水牛为乳用型水牛，亦可作为肉牛应用，但一般不作役用。

（一）泌乳性能

1.泌乳量 据广西水牛研究所对1979—2005年摩拉水牛620个泌乳期的泌乳资料统计，平均泌乳天数（311.3±91.7）d，泌乳期平均产奶量（1 735.9±697.9）kg，优秀个体305d产奶量达3 417.5kg，其中核心群约占母牛总数的30%，其产奶量达2 500kg以上。据广西水牛研究所测定，摩拉水牛前乳区指数（36.2±4.0）%，后乳区指数（63.8±4.0）%。

2.乳成分 广西水牛研究所乳品研究室2006年对摩拉水牛奶的营养成分进行了分析，其结果见表5。

表5 摩拉水牛乳营养成分

营养成分	全乳固体（%）	乳蛋白（%）	乳脂（%）	乳糖（%）	灰分（%）	Ca（mg/kg）	P（mg/kg）
含量	16.43±1.34	4.40±0.38	6.39±1.41	4.83±0.13	0.80±0.05	2 045.9±145	1 292.7±70

（二）产肉性能

1.屠宰性能 1985年10月，广西水牛研究所选取了2头24月龄育成摩拉公牛进行屠宰测定，其测定结果如表6所示。

表6 摩拉水牛产肉性能

项目	数值
宰前体重（kg）	399.5±4.5
胴体重（kg）	220.7±7.1
屠宰率（%）	55.3±3.4
净肉重（kg）	172.6±6.7
胴体净肉率（%）	78.2
总净肉率（%）	43.2±3.1
骨肉比	1：（1.36±0.1）

注：资料来源于《"乳肉兼用水牛选育及乳品加工利用的研究"课题论文汇编》（1990年）。

2.肉质成分 经广西畜牧研究所分析，摩拉水牛肌肉的主要化学成分如表7所示。

表7 摩拉水牛肌肉主要化学成分

项目	含量
水分（%）	75.10±0.01
干物质（%）	24.90±0.01
粗蛋白质（%）	21.22±0.01
粗脂肪（%）	1.52±0.05
氨基酸（%）	19.61±0.48
粗灰分（%）	1.14±0.03

注：资料来源于《"乳肉兼用水牛选育及乳品加工利用的研究"课题论文汇编》（1990年）。

（三）繁殖性能

性成熟年龄公2岁，母1.5岁；配种年龄公2.5岁，母2岁。据广西畜禽品种改良站资料统计，种公牛的初次采精年龄为（2.8±0.35）岁。据广西水牛研究所统计，摩拉水牛的初产年龄为（1 127.1±162.1）d。全年均可发情，但多集中在9～12月。发情周期为21d（18～25d），妊娠期为305d（290～310d）。据广西水牛研究所统计，摩拉母牛的产犊间隔为（415.1±92.7）d；一胎产犊一头。犊牛初生体重公（38.2±4.6）kg，母（35.1±5.2）kg；犊牛断乳体重（3月龄）公（79.7±9.2）kg，母（80.2±8.4）kg；哺乳期日增重公0.46kg，母0.50kg。犊牛成活率95%，犊牛死亡率5%。

六、饲养管理

摩拉水牛引种初期主要以半放牧、半舍饲方式进行饲养管理，每天挤奶两次，挤奶同时进行补料。早上挤奶后放牧7～8h。随着社会的发展和土地资源的日益紧张，大群放牧已很难实现，现在主要是以舍饲为主，喂饲及挤奶完后在运动场运动及过夜，天气炎热时进行喷淋或赶至水塘泡水以降低体温。

舍饲的摩拉水牛每天两次挤奶、两次喂料，精饲料按每日每头2kg、每产奶2kg加喂精饲料1kg的方法投喂，象草、玉米苗等青粗料则按体重的10%～12%（约50kg）投喂，每天的总干物质采食量应占到体重的2%～2.5%。

犊牛采取人工哺乳，哺乳期3个月，每天喂全脂水牛乳3.5kg，分上、下午两次喂给，15日龄始调教采食精饲料及优质青草等粗饲料，同时加强运动。亦可于10日龄以后用犊牛奶粉代替全奶喂养的方法，以降低犊牛的培育成本。

青年牛每天喂料两次，每天喂精饲料2kg，青粗饲料任意采食。

摩拉水牛根据公母、年龄及生产水平分群管理，喂料完毕将牛赶到运动场运动及过夜，每天运动时间应不低于2h。夏天及气温较高季节应通过淋水或吹风等措施以降低体温，有条件的最好泡水，以减少热应激对生产的影响。

犊牛应单栏喂养，以减少球虫、腹泻等疾病的发生，提高成活率。青年种公牛2.5岁可开始调教采精，青年母牛2岁，体重达到350kg以上开始配种。

成年挤奶母牛集中饲养、统一挤奶，每天挤奶两次。

七、品种保护与研究利用现状

从1958年开始，我国即用引进的摩拉水牛与中国本地水牛进行杂交试验，效果显著。1974年成立全国水牛改良育种协作组，在南方各省大量进行本地水牛杂交改良。杂交组合方式主要有摩×本和尼×摩杂一代（或二代），目前产生的杂交后代主要有摩杂一代、摩杂二代和三品杂（尼×摩×本），无论生长发育及泌乳性能均表现出良好的杂种优势，具体见表8、表9。

表8　摩杂后代母牛各生长阶段体重比较

品代	初生		6月龄		12月龄		成年	
	头数（头）	体重（kg）	头数（头）	体重（kg）	头数（头）	体重（kg）	头数（头）	体重（kg）
本地水牛	53	21.9	8	99.8	11	168.6	112	342
摩杂一代	89	30.1	36	140.8	30	200.4	102	455.8

（续）

品代	初生		6月龄		12月龄		成年	
	头数（头）	体重（kg）	头数（头）	体重（kg）	头数（头）	体重（kg）	头数（头）	体重（kg）
摩杂二代	39	31.4	14	161.7	19	248.6	27	480.2

注：资料来源于《水牛技术资料》（全国水牛育种协作组），1975年。

表9　摩杂后代产奶性能比较

品代	泌乳期数（期）	泌乳天数（d）	泌乳量（kg）	最高日产（kg）	平均日产（kg）
摩杂一代	241	280.1±76.1	1 233.3±529.7	16.50	4.40
摩杂二代	54	303.2±83.1	1 585.5±620.6	13.00	5.22
三品杂	143	311.3±76.6	2 198.4±838.2	18.80	7.06

注：资料来源于《"乳肉兼用水牛选育及乳品加工利用的研究"课题论文汇编》（1990年）。

摩拉水牛未进行过生化或分子遗传测定，亦未建立品种登记制度。

摩拉水牛为我国引进的优良乳用水牛品种，引种的目的是将我国的沼泽型役用水牛改良为乳用为主、乳肉兼用型水牛。自摩拉水牛引进以来，已大量应用于我国南方水牛的品种改良，其种公牛及冻精已推广到南方18个省、自治区、直辖市。广西水牛研究所制定的广西壮族自治区地方标准《摩拉水牛》（DB 45/16—1999）已于1999年7月30日发布，1999年10月1日实施；国家标准《摩拉水牛种牛》（GB/T 27986—2011）于2012年6月1日实施。

广西水牛研究所水牛种畜场为我国唯一饲养有两个外来水牛品种的原种场，现饲养规模已达1 000头。为了解决近亲及品质退化的问题，分别于1993年和1995年分两批从原产地印度引进了冻精300支和2 000支，使摩拉水牛种牛质量得到大幅度提高。

八、对品种的评价和展望

摩拉水牛是世界著名的乳用水牛品种，体格高大，四肢强健，乳房发达，引进我国后表现适应性强、育成率高、疾病少、耐热、抗蜱等优点，生长发育和泌乳性能均远胜本地水牛。其缺点是部分牛胆小偏于神经质，对外界刺激反应灵敏，有时显得脾性倔强，难以调教。

摩拉水牛为世界公认最优秀的乳肉兼用水牛品种之一，其前期生长发育快，产奶性能优良，用于改良中国本地水牛，可大幅度提高杂交后代的生长速度及泌乳性能，从而提高其经济利用价值。实际应用中根据不同地区的不同用途，充分利用摩拉水牛前期生长发育快、产肉性能高、产奶性能优良的特点，在育种上分别侧重于乳用及肉用性能的开发，从而培育出中国的乳用及肉用水牛品种。

九、附　录

（一）参考文献

《广西家畜家禽品种志》编写组.1987.广西家畜家禽品种志[M].南宁：广西人民出版社：99-102.

（二）主要调查人员

广西水牛研究所：杨炳壮、梁辛、莫乃国、梁贤威、李忠权、陈明棠、黄锋、方文远、郑威、蔡启站、曾庆坤、赵朝步、覃广胜、廖朝辉、潘玉红、农恒、罗华、熊小荣，黄海鹏（顾问）。

广西畜禽品种改良站：黄卫红。

（三）撰稿人员

广西壮族自治区水牛研究所：杨炳壮、梁辛、莫乃国。

尼里/拉菲水牛

一、一般情况

尼里/拉菲水牛（Nili/Ravi），乳用型。是由两个不同的品种杂交而成，尼里水牛主要分布在巴基斯坦的苏特里杰河（Sta-Lei）流域，拉菲水牛分布于巴基斯坦拉菲河流域的桑德尔巴尔（Sandal Bar）地区，故又名桑德尔巴尔水牛。近两个世纪以来，由于交通的发展，人畜交往频繁，致使两个品种混杂，后代的外貌特征和生产性能已无明显差异。1950年联合国粮农组织召开的一次会议上，巴基斯坦代表A.Wahid正式提出将这两品种合称为一个品种，定名为尼里/拉菲水牛。

（一）中心产区及分布

尼里/拉菲水牛是世界最优秀的河流型乳用水牛品种之一，原产于巴基斯坦旁遮普省（Punjab）中部，巴基斯坦全国及邻近的印度等国均有分布，而且已向中国、保加利亚等国输出。1974年，我国从巴基斯坦引进该品种，并由广西水牛研究所种牛场饲养繁育至今，其种公牛及冻精已遍及我国南方各省水牛改良地区。

（二）原产区自然生态条件

巴基斯坦位于南亚次大陆的西北部，地处北纬23°30′～36°45′、东经61°～75°31′，南北长1 600多km，南濒阿拉伯海，海岸线长840km，北枕喀喇昆仑山和喜马拉雅山。国土面积约7.96×10⁵km²，人口1.49亿（2004年），山地和平原各约占50%，北部为高山区，即喀喇昆仑山和兴都库什山，一般海拔4 000m左右，有些高峰在7 000m以上，开伯尔山口与阿富汗相通。西部为伊朗高原边缘的山地高原，海拔在600m以上，博朗山口是印度河下游平原通伊朗高原之间的要道。东部是印度河中下游平原，海拔在200m以下，地表平坦，经济富庶。

巴基斯坦大部分地区处于亚热带，气候总的来说比较炎热干燥，每年平均降水量不到250mm，1/4的地区降水量在120mm以下。巴基斯坦最炎热的时节是6～7月，大部分地区中午的气温超过40℃，而在信德和俾路支省的部分地区中午气温则可能高达50℃以上。海拔高度超过2 000m以上的北部山区比较凉爽，且温差大，昼夜平均温差14℃左右。气温最低的时节是12月至次年2月。

巴基斯坦土壤比较贫瘠，印度河流域灌溉区主要为灰钙土，山区及丘陵地带多为栗钙土和棕壤，平原地区则有大量盐碱土，各流域冲积层、风积层以及沙漠边缘则有沙土和细沙土。

巴基斯坦的主要河流有印度河及其4条支流，即杰卢姆河、萨特累季河、奇纳布河和拉维河。印度河纵贯巴基斯坦的东半部，为干燥地区提供了灌溉水源。印度河从北部山区流出后，接纳了许多支流，皆自东北流向西南。各河水位年内有很大变化，每年3～5月春汛，是由高山积雪融化而来；7～8月伏汛，由雨季降水而来；其他各月流量很小，其最大流量和最小流量相差100多倍。

尼里/拉菲水牛中心产区为巴基斯坦旁遮普省（Punjab）中部，即位于东经71°～75°、北纬29.5°～32.5°的地带。产地属热带气候，雨量充沛，雨热同季，平均降水量为760mm，每年降雨集中在7～8月，多暴雨。中心产区极端最高气温为43℃，极端最低气温–1℃。

二、品种来源及发展

（一）品种来源

我国现存的尼里/拉菲水牛是由巴基斯坦政府于1974年赠送的，共50头（公15头、母35头），平均分给广西水牛研究所和湖北省种畜场饲养。这群水牛是由夸德拉巴迪畜牧试验站提供的，质量较好。进口时公牛为19～33月龄，母牛30～54月龄。

（二）群体规模

随着社会和经济的发展，引进时分配给湖北省的尼里/拉菲种牛已全部出售或淘汰，现在广西水牛研究所水牛种畜场是我国唯一拥有尼里/拉菲水牛并有种牛供应能力的原种场，其他如广西畜禽品种改良站、云南大理冻精站等则从广西水牛研究所引进种公牛用于生产冻精。截至2006年12月，广西水牛研究所存栏纯种尼里/拉菲水牛143头，其中成年母牛61头、成年试情公牛1头、幼龄及青年母牛52头、幼龄公牛29头。

（三）近15～20年群体数量的消长

该品种于1974年引进时只有50头，到2008年年底已繁殖了1 021头（公牛523头、母牛498头），主要分布在广西、广东、云南、贵州、福建、湖南、湖北等省（自治区）。

引入的尼里/拉菲水牛经过30多年的风土驯化和选育，已完全适应我国南方地区亚热带湿热气候和饲养方式，生长发育和生产性能已达到或超过原产地水平，并已在我国南方作为水牛品种改良的主要畜种之一。尼里/拉菲水牛濒危程度为无危险等级。

三、体形外貌

1.体形 尼里/拉菲水牛属河流型水牛，体格粗壮，体躯深厚，躯架较矮，胸垂发达。以乳用为主，亦可作为肉用。

2.毛色 被毛较短，密度适中，皮肤基础色为黑色，毛色以黑色为主，前额（部分包括脸部）有白斑，后肢蹄冠或系部或后管下段白色，尾帚为白色。

3.头部 头较长而粗重，前额突起，鼻孔开张。角短，角基宽大，大部分的角先向后下方再向上前方卷曲，少部分朝角的后方卷曲，另有极少部分为吊角（即角向头下方向颈内弯曲），部分母牛的角甚至卷曲呈圆环或螺旋状。眼突有神，母牛尤甚，大部分牛的眼睛为玉石眼，只有少部分为黑色。鼻镜黑褐色，部分牛的嘴唇有白斑。耳中等大小，半下垂，耳郭厚，耳端尖。

4.颈部 头颈与躯干部结合良好，颈宽长适中。公牛颈较粗，母牛颈较细长。

5.躯干部 胸部发育良好，肋骨弓张，胸垂大而突出。躯干长，容积大。背腰平直宽广，腹大，大部分有小脐垂。后躯发达，腰短而宽广，髋骨稍突出。臀宽长而略显倾斜，整个体躯侧望略呈楔形。乳房发达，前伸后展，皮薄而柔软，略显松弛；乳头粗大而长，分布不均匀；乳静脉显露而弯曲，少部分乳房有肉色白斑。公牛睾丸大，阴囊呈悬垂状。母牛外阴较松弛、下垂。

6.尾部 尼里/拉菲水牛尾部着生低，尾巴末端皮肤肉色，尾根粗并渐变尖细，尾端达飞节以下。

7.四肢 四肢较短，骨骼粗壮，蹄质坚实，肢势良好。前蹄黑褐色；后蹄大部分蜡色，蹄冠或系部或后管下段白色，少部分为黑褐色（图1～图4）。

图1 尼里/拉菲水牛公牛

图2 尼里/拉菲水牛母牛

图3 尼里/拉菲水牛犊牛

图4 尼里/拉菲水牛群

四、体尺和体重

1.体尺和体重 据广西畜禽品种改良站2006年10月对24头成年公牛和广西壮族自治区水牛研究所2006年11月对59头成年母牛的体尺体重测定，公牛平均体高为142.7cm，体重726.7kg，最高为850kg；母牛体高为135.8cm，体重610.8kg，最高为755kg。详见表1。

表1 尼里/拉菲水牛体尺、体重

性别	公	母
头数	24	59
体高（cm）	142.7±3.35	135.8±4.50
体斜长（cm）	159.7±8.11	145.2±5.76
胸围（cm）	221.1±6.99	211.4±9.21
管围（cm）	26.9±1.74	22.7±1.03
体重（kg）	726.7±69.37	610.8±65.01

注：体重实际称测体重。

2.体态结构　尼里/拉菲水牛的体长指数、胸围指数、管围指数见表2。

表2　尼里/拉菲水牛体型指数

性别	公	母
头数（头）	24	59
体长指数（%）	111.9	106.9
胸围指数（%）	154.9	155.7
管围指数（%）	18.8	16.7

注：体长指数（%）=体斜长÷体高×100%，胸围指数（%）=胸围÷体高×100%，管围指数（%）=管围÷体高×100%。

五、生产性能

尼里/拉菲水牛为乳用型水牛，亦可作为肉牛应用，但一般不作役用。

（一）泌乳性能

1.泌乳量　据广西水牛研究所对1979—2005年尼里/拉菲水牛676个泌乳期的泌乳资料统计，平均泌乳天数（286.6±90.5）d，泌乳期平均产奶量（1 731.3±820.0）kg，优秀个体305d产奶量达3 103.4kg，其中核心群约占母牛总数的30%，其产奶量达2 500kg以上。据广西水牛研究所测定，尼里/拉菲水牛前乳区指数（35.3±6.1）%，后乳区指数（64.7±6.1）%。

2.乳成分　广西水牛研究所乳品研究室对尼里/拉菲水牛奶进行了营养成分分析，其结果见表3。

表3　尼里/拉菲水牛乳营养成分

营养成分	全乳固体（%）	乳蛋白（%）	乳脂（%）	乳糖（%）	灰分（%）	Ca（mg/kg）	P（mg/kg）
含量	16.34±1.17	4.16±0.20	6.53±1.21	4.77±0.10	0.84±0.05	2 037.1±116.4	1 276.3±159.6

（二）产肉性能

1.屠宰性能　1985年10月，广西水牛研究所选取了2头24月龄育成尼里/拉菲公牛进行屠宰测定，其测定结果如表4所示。

表4　尼里/拉菲水牛产肉性能

项　　目	数　　值
宰前体重（kg）	448.0±17.0
胴体重（kg）	229.6±14.8
屠宰率（%）	51.2±1.9
净肉重（kg）	180.7±16.8
胴体净肉率（%）	78.7

（续）

项　目	数　值
总净肉率（%）	40.2±2.1
骨肉比	1：(3.7±0.7)

注：资料来源于《"乳肉兼用水牛选育及乳品加工利用的研究"课题论文汇编》（1990年）。

2.肉质成分　经广西畜牧研究所分析，尼里/拉菲水牛肌肉的主要化学成分如表5所示。

表5　尼里/拉菲水牛肌肉主要化学成分

项　目	含　量
水分（%）	75.95±0.26
干物质（%）	24.05±0.26
粗蛋白质（%）	21.34±0.40
粗脂肪（%）	1.73±0.12
氨基酸（%）	20.093±0.025
粗灰分（%）	1.09±0.01

注：资料来源于《"乳肉兼用水牛选育及乳品加工利用的研究"课题论文汇编》（1990年）。

（三）繁殖性能

性成熟年龄公2岁，母1.5岁；配种年龄公2.5岁，母2岁。据广西畜禽品种改良站资料统计，种公牛的初次采精年龄为（2.9±0.2）岁。据广西水牛研究所统计，尼里/拉菲水牛的初产年龄为（1 223.3±163.4）d。全年均可发情，多集中在9～12月。发情周期为21d（18～25d），妊娠期305d（290～310d）。据广西水牛研究所统计，尼里/拉菲母牛的产犊间隔为（413.1±90.1）d，一胎产犊一头。犊牛初生体重公（38.9±5.3）kg，母（36.0±5.4）kg；犊牛断乳体重（3月龄）公（74.8±8.4）kg，母（74.4±7.6）kg；哺乳期日增重公0.40kg，母0.42kg。犊牛成活率为95%，犊牛死亡率为5%。

六、饲养管理

参见《摩拉水牛》。

七、品种保护与研究利用现状

从1975年开始，我国即用引进的尼里/拉菲水牛改良中国本地水牛，杂交组合方式主要有尼×本和尼×摩杂一代（或二代），目前产生的杂交后代主要有尼杂一代、尼杂二代和三品杂（尼×摩×本），无论生长发育及乳肉生产均表现出良好的杂交优势，具体见表6～表8。

表6　尼杂后代各生长阶段体重比较

（单位：kg）

品代	初生	6月龄	12月龄	24月龄	36月龄	成年
本地水牛	21.9	99.8	168.6	—	—	342

（续）

品代	初生	6月龄	12月龄	24月龄	36月龄	成年
尼杂一代	36.6±3.4	147.5±12.5	259.2±29.6	478.0±34.2	577.7±50.0	642.6±33.7
尼杂二代	42.5±7.0	163.3±22.5	235.9±39.0	368.9±47.0	467.8±47.5	591.0±46.6
三品杂	36.8±4.5	206.3±29.1	299.8±62.8	480.2±48.6	581.3±71.5	662.1±48.0

注：资料来源于《"乳肉兼用水牛选育及乳品加工利用的研究"课题论文汇编》（1990年）。

表7　尼杂后代产奶性能比较

品代	泌乳期数（期）	泌乳天数（d）	泌乳量（kg）	最高日产（kg）	平均日产（kg）
尼杂一代	34	328.8±95.2	2 098.9±531.9	18.20	6.01
尼杂二代	4	395.3±100.2	2 666.5±293.2	16.5	6.38
三品杂	143	311.3±76.6	2 198.4±838.2	18.80	7.06

注：资料来源于《"乳肉兼用水牛选育及乳品加工利用的研究"课题论文汇编》（1990年）。

表8　尼杂后代公水牛产肉性能比较

品代	头数（头）	宰前重（kg）	胴体重（kg）	净肉重（kg）	屠宰率（%）	净肉率（%）	骨肉比
尼杂一代	2	398.0±38.2	205.6±1.5	165.5±1.7	51.9±5.4	41.8±4.4	1：（4.1±0.1）
尼杂二代	1	361	206.1	173.5	57.1	48.1	1：4.9
三品杂	6	440.7±57.6	230.6±28.4	187.0±26.1	52.4±1.8	42.4±1.5	1：（4.3±0.5）

注：资料来源于《"乳肉兼用水牛选育及乳品加工利用的研究"课题论文汇编》（1990年）。

尼里/拉菲水牛未进行过生化或分子遗传测定，亦未建立品种登记制度。

尼里/拉菲水牛为我国引进的优良乳用水牛品种，引种的目的是将我国的沼泽型役用水牛改良为乳用为主、乳肉兼用型水牛。自尼里/拉菲水牛引进以来，已成为我国南方水牛品种改良的首选父本，其种公牛及冻精已推广到南方18个省、自治区、直辖市。广西水牛研究所制定的广西壮族自治区地方标准《尼里/拉菲水牛》（DB45/15—1999）已于1999年7月30日发布，1999年10月1日实施；国家标准《尼里/拉菲水牛种牛》（GB/T 27987—2011）于2012年6月1日实施。

广西水牛研究所水牛种畜场为我国唯一饲养有两个外来水牛品种的原种场，现饲养规模已达1 000头。为了解决近亲及品质退化的问题，于1999年从原产地巴基斯坦引进了冻精5 000支，使尼里/拉菲水牛种牛质量得到大幅度提高。

八、对品种的评价和展望

尼里/拉菲水牛是世界上最优秀的乳用水牛品种，引进我国后表现适应性强、育成率高、疾病少、性情温驯、耐热等优点，生长发育和泌乳性能均远胜本地水牛、略胜过摩拉水牛，是当前最佳的引进水牛品种。其缺点是乳房较松弛下垂，尾巴及乳头特长，易受创伤和发生断尾等现象，应小心护理。

尼里/拉菲水牛为世界公认最优秀的乳肉兼用水牛品种之一，其前期生长发育快，产奶性能优良，用于改良中国本地水牛，可大大加快其杂交后代的生长速度及泌乳性能，从而提高其经济利用价值。实际应用中根据不同地区的不同用途，充分利用尼里/拉菲水牛前期生长发育快、产肉性能高、产奶性能优良的特点，在育种上分别侧重于乳用及肉用性能的开发，从而培育出中国的乳用及肉用水牛品种。

九、附　　录

（一）参考文献

《广西家畜家禽品种志》编写组 . 1987. 广西家畜家禽品种志 [M]. 南宁：广西人民出版社：103-106.

（二）主要调查人员

广西水牛研究所：杨炳壮、梁辛、莫乃国、梁贤威、李忠权、陈明棠、黄锋、方文远、郑威、蔡启站、曾庆坤、赵朝步、覃广胜、廖朝辉、潘玉红、农恒、罗华、熊小荣，黄海鹏（顾问）。

广西畜禽品种改良站：黄卫红。

（三）撰稿人员

广西壮族自治区水牛研究所：杨炳壮、梁辛、莫乃国。

波尔山羊

一、原产地与引入历史

波尔山羊（Boer goat），是世界上著名的肉用山羊品种，以体形大、增重快、产肉多、耐粗饲而著称。

波尔山羊原产于南非的好望角地区，是由南非本地山羊与从印度、西班牙引进的山羊品种杂交选育而成，波尔山羊是目前世界上唯一被公认的优良肉用山羊品种。20世纪30年代，南非的波尔山羊并不多，而且毛色杂乱，大多数为长毛型。到40年代时，育种工作者才开始制定育种措施，选育波尔山羊新类型。1959年成立了波尔山羊育种者协会。近几十年来，南非波尔山羊保持着相对稳定的数量，约500万只，并分为普通型、长毛型、无角型、土种型和改良型（良种型）五个类型。1995年起，我国陆续从南非、德国、澳大利亚、新西兰等国引入该品种活羊3 500多只及部分冷冻精液，已改良我国山羊产生杂交后代40万只。中国畜牧兽医学会养羊学分会于1999年委托养羊学专家参照南非波尔羊标准并结合我国具休情况起草制定了波尔山羊品种选育标准。1996年起，广西陆续从国内外引入波尔山羊，到2008年共引进波尔山羊500余只，经自繁自养现有各种波尔山羊3 326只，其中成年公羊365只、成年母羊1 752只，现全区各地均有分布。

二、体形外貌

波尔山羊体形大而紧凑，体质强壮，结构匀称、肌肉结实，肉用特征明显。体躯被毛白色，短而有光泽。头和部分颈部为浅或深棕色，额部呈广流星。头颈肩结合良好，额隆起，颈粗壮；鼻部隆起，也称鹰爪鼻，从鼻端至头顶有一条白带或不规则的白斑，耳长、宽、光滑且下垂。公、母羊均有角，公羊角较宽，向后向下弯曲；母羊角较小，向上向外弯曲。眼睛棕色，胸宽深、肩肥厚、背腰宽且平直，肋骨张开良好，腹大而紧凑，后躯发育良好，肌肉发达。尻部宽长，适当倾斜；四肢粗壮，肢势端正，蹄质坚实，步态稳健，腿长与身高比例适中；尾直而上翘。公羊胸颈部有明显皱褶，睾丸发育良好，大小适中。母羊乳房发育良好，柔软而有弹性（图1～图3）。

图1　波尔山羊公羊

图2　波尔山羊母羊

图3　波尔山羊群

三、体尺、体重

参照中国畜牧兽医学会养羊学分会于1999年起草制定的我国波尔山羊品种选育标准，结合广西壮族自治区的实际情况，确定初生公羔体重3.5～4.0kg，母羔3.0～3.5kg。成年羊体尺、体重如表1所示。

表1　波尔山羊体尺、体重

羊群种类	体高（cm）	体长（cm）	胸围（cm）	体重（kg）
成年公羊	74～80	85～95	96～120	85～110
成年母羊	60～65	70～78	86～100	56～70

四、生产性能

1.肉用性能　波尔山羊初生重公羔3.3～4.5kg，母羔2.5～3.5kg；断奶前日增重公羔192～380g，母羔192～319g；断奶重（160d）公羔23.4～41.5kg，母羔22.5～33kg；断奶后日增重公羔74～168g，母羔46～125g；周岁体重公羊50～70kg，母羊45～65kg；成年体重公羊

90 ～ 130kg，母羊60 ～ 90kg。

肉用性能好，屠宰率8 ～ 10月龄48 %、周岁50%、2岁52%、3岁54%、4岁时达56% ～ 60%。其胴体瘦而不干，肉厚而不肥，色泽纯正，膻味小，多汁鲜嫩，肉骨比为（4.5 ～ 4.7）∶1。

2.繁殖性能　波尔山羊性成熟早，通常母羊在5 ～ 6月龄达到性成熟，10月龄时配种，四季发情，有淡、旺季之分。秋季为自然发情高峰期，春、夏季发情表现不明显。多数母羊发情较安静，除食欲下降、爬墙张望、频频摇尾、相互爬跨外，较少鸣叫。发情周期为18 ～ 21d，发情持续期为20 ～ 24h，妊娠期145 ～ 155d，产羔率为160% ～ 220%，寿命为10年。

公羊6 ～ 7月龄时达性成熟，9月龄可开始采精，14月龄时可参加正常配种，除炎热的夏季和寒冷的冬季无性欲或性欲较弱外，春秋，甚至冬初都表现出较强的性欲。精子活力以秋季为最好，春季次之，冬季最差。春、夏两季性欲较低时精子密度下降。

3.泌乳及板皮　泌乳性能好，泌乳期为120 ～ 140d，每只每天泌乳量为1.5 ～ 2.5kg，乳脂率5.6%，总固体为15.7%，乳糖为6.1%。板皮质量好，可与牛皮媲美。

五、饲养管理

波尔山羊在原产地南非共和国，终年露天牧食，食物以灌木枝叶、林间杂草、草原牧草为主。采食性广，喜食鲜嫩脆香的青绿饲料和树叶、短草、灌木及其嫩枝，豆科植物、作物藤蔓、豆荚等干饲料。对饲料滋味的选择，依次是咸、甜、酸、苦，厌食腥膻味。对各种可食性树叶和优质花生蔓保持着永久性的嗜好，不论是冬春枯草期，还是夏秋青草期，羊只喜欢挑食混在饲草中的干树叶和花生蔓。粗硬柔韧的玉米秸秆及禾本科牧草不太受欢迎，对于蒿类则几乎不采食。波尔山羊的择食性还表现在：① 喜新厌旧，② 越吃越馋，③ 越圈越脏。在林丛、荒漠地带、山区陡坡、草场贫瘠的恶劣环境中均可饲养。冬季多觅食地面草和落叶，但不吃污草。

波尔山羊比其他羊采食快，一般在牧草丰富的季节，只需2.5h。采食高峰期在黄昏时，清晨为次高峰期。中午和下午的采食频率较低。反刍多在夜间进行，在较安静的环境下，食后25 ～ 40min开始反刍，每天反刍10次左右。休息时间冬季最长、秋季最短。

波尔山羊在高温条件下，饮水次数和饮水量都有明显增加。长期舍饲的波尔山羊已习惯于盆中饮水，不仅拒饮冷水、脏水，而且拒饮河水、渠水，即在放牧饲养后仍保持盆中饮水的习惯。舍饲波尔山羊除采食外，大部分时间卧地休息，随着舍饲时间的延长，羊只变得更加懒惰，出现呆板症。

波尔山羊合群性和识别能力很强。一般在放牧期间，不会离群独走，也不会混群跑丢。但是胆小易惊，稍有惊动和异声，自动集中聚拢，抬头察看，对着声响和动作方向竖耳、定睛。对生疏环境或暗处，表现胆怯迟疑。平时，领头羊前走，羊群跟随后行；警觉性高，防御能力差。冬季气温较低时，羊只头尾相依，躺卧在一起。夏秋季则分散躺卧在通风较好的门口、墙边、槽下。常常四肢充分伸展，同睡猪一般，呈假死状。对外界声响的反应较迟缓。运动量小，虽然较利于羊只生长，但普遍存在着体质差，易发生感冒、腹泻等病症。

母羊性情温驯。一般情况下相安无事，成年母羊对羔羊比较友善。不过在以下两种情况下，群间会出现争斗现象：①饲喂精料且饲槽较狭窄时；②外来羊只进群或同群羊只隔栏饲养后，群内的不安定现象会持续1 ～ 2个月。种公羊除繁殖季节外，也较温驯，一般情况下不会攻击人。该品种群聚性强。不论公、母羊，单独饲养会表现出极大的不安，甚至鸣叫，不思饮食。同窝羊只或母女之间表现得更为亲近，总是喜欢躺卧在一起。繁殖季节公羊之间相互爬跨，争斗不息，并攻击饲槽、栅栏、墙壁等。当气温达到33 ～ 36℃时，羊只即表现食欲下降、饮水量增加，性行为消失，呼吸，心跳加快。随着气温的继续上升，这些异常行为更加明显。

六、推广利用情况

广西引入波尔山羊后主要进行舍饲圈养，也随本地羊进行放牧饲养，与本地山羊进行杂交，生产商品羊。

据波尔公羊与河西母山羊杂交试验表明，杂交一代产羔率提高8.3%，育成率提高14.2%，双羔率提高5%，三羔率提高1.7%。不同阶段增重率提高45.8%～73.6%，初生重增大50%，3～6月龄体重增加34%～136.3%；体尺的增加幅度为20%～40%。

据波尔公羊与江苏溧水本地山羊杂交试验表明，杂种优势率随F_1羊月龄增长而变大，F_1羊与溧水本地山羊相比，其初生重、1月龄重、2月龄重、6月龄重分别增长41.4%、42.5%、64.7%、104.8%。

据波尔公羊与四川南江黄羊杂交试验表明，F_1公、母羔初生重分别比南江黄羊提高0.78kg和0.71kg，F_1羊8月龄体重分别比南江黄羊提高4.73kg和3.41kg。F_1羊胴体品质较南江黄羊得到改善，同时不会改变南江黄羊原有的肉质特性。

据波尔公羊与山东鲁北白山羊杂交试验表明，F_1公羊初重、3月龄重分别比鲁北白山羊提高58.38%、105.22%；F_1母羊初生重、3月龄重分别比鲁北白山羊提高38.71%、93.91%。

据波尔山羊与黎城大青羊杂交试验表明，杂一代羔羊从初生到6月龄平均日增重比大青羊提高59.55%，屠宰率提高1.9%，净肉率提高1.3%。

据波尔山羊与宜昌白山羊进行杂交试验表明，杂交一代的初生重、2月龄重、4月龄重、6月龄重等指标比地方羊提高36.8%～69.9%。

波尔山羊在全国各地的杂交改良效果显著，广西壮族自治区至今未见有关波尔山羊杂交效果的报道，但有波隆杂交羊干物质、能量、蛋白营养需要量的预测公式的报道。

七、对品种的评价和展望

据资料显示，波尔山羊的抗逆性强，不仅能忍耐炎热环境，也能适应半沙漠和沙漠地带干旱缺水的条件，应当能适应广西喀斯特石山的地理环境条件。波尔山羊采食范围广泛，采食能力强，包括各种牧草和灌木枝叶以及一些木本植物，对灌木的蔓延有一定的控制作用。波尔山羊对寄生虫的感染率低，不感染蓝舌病，抗肠毒血症，也未发现有氢氰酸中毒的病例。对有毒植物有较强的抗性，有利于利用放牧控制技术达到保护、控制生态环境的目的。

八、附 录

（一）参考文献

冯旭芳,常红,贾兆玺.2000.波尔山羊的品种特性及利用途径[J].山西农业科学,28 (4): 68-73.

国家畜禽遗传资源委员会.2011.中国畜禽遗传资源志·羊志[M].北京:中国农业出版社:445-446.

华进联.1998.波尔山羊——肉用山羊的新秀[J].农村实用科技信息(1): 13.

李晓锋,陶克艳,沈忠.2004.波尔山羊纯种繁育报告[J].中国草食动物(专辑):104-106.

梁贤威,杨炳壮,包付银.2008.波尔山羊×隆林杂交羔羊育肥期能量和蛋白质营养需要的研究[J].中国畜牧兽医,35(6): 13-17.

王学天,吕中旺.2008.波尔山羊的品种特征及饲养管理要点[J].中国畜牧兽医,35(7): 139-140.

王学新,王言玉.1999.波尔山羊的品种特性及杂交改良效果[J].畜禽业(8): 44-45.

魏志杰，尹海科，王忠林 . 2000. 波尔山羊生物学特性及行为学观察 [J]. 畜牧兽医杂志，19(5): 40-41.

肖后军，张坚中，陶克艳 . 2000. 波尔山羊品种介绍 [J]. 湖北畜牧兽医 (6): 26-29.

徐廷生，雷雪芹，樊天龙 . 2000. 波尔山羊的品种特征及其开发利用 [J]. 洛阳农业高等专科学校学报，20(4): 35-36.

张泉福 . 2001. 波尔山羊的开发前景及品种选育标准 [J]. 浙江农业科学，4: 212-214.

张永东 . 2002. 波尔山羊杂改河西山羊效果的探讨 [J]. 甘肃畜牧兽医，32(1): 5-6.

周占琴，武和平，陈小强 . 1997. 舍饲条件下的波尔山羊行为习性 [J]. 甘肃农业大学学报，32(2): 129-134.

周占琴 . 1994. 良种肉用羊——波尔山羊简介 [J]. 草食家畜，3(6): 1.

（二）调查人员

广西畜禽品种改良站：许典新、梁云斌。

广西大学：杨膺白、邹知明。

（三）撰稿人员

广西大学：杨膺白。

努比亚山羊

一、原产地与引入历史

努比亚山羊（Nubian）又名纽宾羊，也称之为埃及山羊。以其中心产区位于尼罗河上游的努比亚而得名，属乳肉兼用山羊。

努比亚山羊是用原产于英国的盎格鲁-努比亚羊（Anglo-Nubian）与埃及 Zaraibi 羊、印度 Zamnapari 羊的长耳类群山羊杂交而得，主产于非洲东北部的埃及、苏丹及邻近的埃塞俄比亚、利比亚、阿尔及利亚等国，在英国、美国、印度、东欧及南非等地都有广泛的分布，具有性情温驯、繁殖力强、生长快等特点。经过美国、澳大利亚等国养羊专家几十年的选育，非常适宜在亚热带地区饲养。我国引进本品种的历史可追溯到中华人民共和国成立前，1939年曾引入了几只，饲养在四川成都等地，曾用它改良成都近郊的山羊。现在四川省简阳市的大耳羊含有努比亚羊的血液。20世纪80年代中后期，又从英国和澳大利亚等国引进90余只，分别分配在广西扶绥、四川简阳、湖北房县饲养。

二、体形外貌

其主要特征为体形较大、头短小，额部和鼻梁隆起呈明显三角形，俗称罗马鼻（Roman nose），在两眼及鼻端三点间的区域明显突出。耳大下垂，颈长，两耳宽长下垂至下颌部，躯干较短，尻短而斜。母羊无须、被毛细密而富光泽，毛色较杂，但一般以黑色、棕色、褐白或红白混杂的毛色个体较多；有角或无角，角呈螺旋状。头颈相连处肌肉丰满呈圆形，颈较长而躯干较短，母羊乳房发育良好，多呈球形。四肢细长，性情温驯，繁殖力强，每胎产2～3羔（图1～图3）。

图1　努比亚山羊公羊

图2　努比亚山羊母子

图3　努比亚山羊群

三、体尺、体重

成年公羊平均体重80kg，体高82.5cm，体长85cm；成年母羊平均体重55kg，体高75cm，体长78.5cm。

四、生产性能

1.肉用性能　初生重公羔2.7～3.9kg，母羔2.4～3.4kg；8月龄公羔宰前体重32.2kg，母羔28.8kg；羯羊体重可达75.2kg，肌肉丰满，肉质细嫩，膻味小；各龄羊屠宰率和净肉率都较高。以努比亚山羊为父本对本地山羊进行杂交改良，不论在肉用与乳用方面均有较好表现，其生长性能较本地山羊为优，羊乳中乳脂肪与蛋白质含量高、风味佳。

2.泌乳性能　泌乳期一般5～6个月，产奶量一般300～800kg，盛产期日产奶2～3kg，高者可达4kg以上，乳脂率4%～7%，奶风味好。我国四川省饲养的努比亚山羊，平均一胎泌乳期261d，产奶375.7kg，二胎257d产奶445.3kg。

3.繁殖性能　努比亚山羊繁殖力强，一年可产两胎，每胎2～3羔，四川省简阳市饲养的努比亚山羊，妊娠期149d，各胎平均产羔率190%，其中一胎为173%、二胎为204%、三胎为217%。经测试，努比亚羊的繁殖率为192.8%，双羔率与多羔率占72.9%，随胎次的增加而有增加的倾向。平均妊娠期为（149.6±4.0）d。约有80%的母羊集中在秋季发情配种，初生重公羔（3.3±0.6）kg，母羔（2.9±0.5）kg。

五、饲养管理

1.羊舍建筑　羊舍应建成楼式漏粪高床卫生厩。羊床用木条铺设，离地面0.8m，离屋顶1.8m以上。配备补饲槽。

2.饲养方式　宜采用放牧与补饲相结合的饲养方法，即白天放牧，晚上补饲。所补的精料以玉米、豆类（炒熟）、骨粉、食盐等最佳。

3.管理要点　休闲期的种公羊和妊娠后期、哺乳期的母羊应单独组群饲养，种公羊要求有足够的运动场；配种季节每只公羊饲喂混合精料1～1.5kg，骨粉10g，食盐15～20g，配种旺季可加喂带壳的生鸡蛋2～3个，严禁饲喂发霉、腐败、变质的饲草饲料。

4.常见病防治

（1）传染病　主要有口蹄疫、羊痘病等，均由病毒引起，无特效治疗药物，应定期做好预防工作；

（2）寄生虫病　① 肝片吸虫病　每年两次用硝氯酚片按每千克体重10mg口服驱虫；② 疥螨病　用0.1%～0.2%杀虫脒溶液定期药浴治疗。

六、推广利用情况

努比亚山羊原产于干旱炎热地区，因而耐热性好，但对寒冷潮湿的气候适应性差。四川省成都市于1939年曾引入，1987年广西从澳大利亚引入数十只。努比亚山羊同地方山羊杂交，在提高肉用性能和繁殖性能方面取得了显著效果。

据资料介绍，在发展肉羊生产中，用努比羊改良的效果比较好，杂交后代的体形比较丰满，羔羊也出现双脊背，生长速度快。见表1～表3。

表1　努比山羊在国内的生长性能

产地	公羊		母羊		泌乳期(d)	产奶量(kg)	备注
	体高(cm)	体重(kg)	体高(cm)	体重(kg)			
四川简阳	84.2	68.5	73.1	42.7	257	431.9	1990年以前资料
广西扶绥	89	69	77.87	56.87	173.6	286.4	1990年以前资料
湖北房县	86.8±3.1	77.7±14.6	74.1±2.6	53.2±3.8	未挤乳	—	2000年以后统计资料

表2　努比亚山羊的生长发育情况

产地	性别	初生重(kg)	2月龄重(kg)	4月龄重(kg)	6月龄重(kg)	周岁重(kg)	2岁重(kg)
四川简阳	公	3.3	12.4	19.6	—	44.4	60
	母	2.9	11.2	19.7	—	40.2	45.5
湖北房县	公	3.38±0.72	11.81±1.28	—	32.8±4.1	50.15±6.1	—
	母	3.16±0.34	11.75±1.03	—	25.15±2.4	42.40±3.84	—

表3　努比山羊与马头山羊杂交改良情况

品种	性别	初生重(kg)	1月龄重(kg)	2月龄重(kg)	6月龄重(kg)	周岁重(kg)
四川简阳	公	2.8±0.24	6.24±0.52	11.82±1.12	25.30±3.06	50.15±6.17
	母	1.44±0.18	3.52±0.54	6.53±0.57	15.17±1.47	29.89±3.39
湖北房县	公	2.88±0.31	6.65±0.47	10.28±0.97	22.50±1.88	42.40±3.84
	母	1.39±0.13	3.50±0.33	5.89±0.5	13.91±1.49	26.19±2.89

注：摘自房县畜牧局2001年报告。

七、对品种的评价和展望

　　该品种原产于非洲东北部的埃及、埃塞俄比亚、阿尔及利亚等国，经过美国、澳大利亚等国养羊专家几十年的选育，非常适宜在亚热带地区饲养，具有繁殖力强，生长快的特点，很适合于南方山区饲养，适应性、采食力强，耐热、耐粗饲、性情温驯，多产。努比亚母羊产仔率及三胎率分别高达212.1% 及32.2%。又因其含有热带山羊血缘，不耐寒冷但耐热性能强，是颇能适应我国热带或亚热带气候环境的乳肉兼用羊种。

八、附　　录

（一）参考文献

赵有璋. 2005. 现代中国养羊 [M]. 北京：金盾出版社.

（二）撰稿人员

广西畜禽品种改良站：梁云斌。

萨能奶山羊

一、原产地与引入历史

萨能奶山羊（Saanen Dairy goat），又名莎能奶山羊，是世界上最优秀的乳用型山羊品种之一。具有体格大、产奶多、适应性强、遗传性稳定等特点。

萨能奶山羊原产于气候凉爽、干燥的瑞士伯尔尼州柏龙县的萨能山谷，地处阿尔卑斯山区，产区地势较高、清泉遍布、草地丰茂，适合奶山羊的繁育。现集中分布在英国、以色列、德国等地；除气候炎热的地带和酷寒地区以外，几乎遍布世界各国。

据考证，最初五六头萨能奶山羊于1904年前后由青岛市德国教堂的传教士及其侨民引进；1932年，我国又从加拿大大量引进萨能奶山羊，饲养在河北省定县；1936年和1938年两次从瑞士引进萨能奶山羊，在西北农学院（今西北农林科技大学）建立萨能奶山羊繁育场。经过多年的选育，形成体形大、产奶多、繁殖率高、适应性强，改良地方品种效果显著的优秀乳用山羊品种群。1985年定名为"西农萨能奶山羊"。

1981年以来，我国又由德国、加拿大、英国、日本等国分批引入萨能奶山羊，现主要分布于黄河中下游，以陕西、山东、河南、山西、黑龙江、河北等省较多。1982年，全国奶用山羊达300万只，其中纯种萨能羊3 000余只，其他大部分奶山羊均系萨能奶山羊的改良后代。广西的萨能奶山羊多从陕西引进，主要分布于北海市，2006年年底存栏数量约350头。

二、体形外貌

萨能奶山羊全身被毛为白色短毛，皮肤呈粉红色。具有奶畜典型的楔形体形。体格高大，结构紧凑，体形匀称，体质结实。具有头长、颈长、体长、腿长的特点。额宽，鼻直，耳薄、长，眼大突出。公、母羊均有髯，多数羊无角，有的羊有肉垂。公羊颈部粗壮，前胸开阔，尻部发育好，部分羊肩、背及股部生有少量长毛；母羊胸部丰满，肋骨开张，背腰平直，腹大而不下垂，后躯发达，尻稍倾斜，乳房基部宽广、附着良好、质地柔软，乳头大小适中。公、母羊四肢端正、蹄质坚实、呈蜡黄色（图1、图2）。

三、体尺、体重

萨能奶山羊公羊初生重3.2kg，4月龄断奶重12.4kg；母羊初生重2.9kg，4月龄断奶重10.2kg。成年公羊体高80～90cm，体长95～114cm，胸围95～104cm，体重75～95kg。成年母羊体高70～78cm，平均体长82cm，胸围87～96cm，体重55～70kg。

图1 萨能奶山羊公羊

图2 萨能奶山羊母羊

四、生产性能

1.产奶性能 萨能奶山羊泌乳性能好，乳汁质量高，泌乳期一般为8～10个月，以第三四胎泌乳量最高，年产奶600～1200kg，最高个体产奶纪录3430kg。乳脂率3.8%～4.0%，乳蛋白含量3.3%。

据西北农林科技大学资料，其产乳性能如下：成年母羊一个泌乳期平均产奶300d左右，母羊第三胎产奶量较高，第四胎后逐渐下降，各胎平均产奶量在800kg以上，在饲养管理条件较好的情况下，产奶量可达1000kg以上。日产乳量达3～5kg，最高可达10kg以上。鲜奶成分：乳脂肪3.43%，总蛋白3.28%，乳糖3.92%，灰分0.78%，水分88.59%。

2.繁殖性能 萨能奶山羊母羊3～4月龄达性成熟，体重在18.0～22.0kg时开始配种。发情季节集中在每年的9～10月，发情周期为（20.4±6.4）d，发情持续为（38.12±5.14）h，妊娠期为150.6（141～159）d。产羔率为200%左右，羔羊成活率为90%，母羊一般利用年限为6～8年。公羊4～5个月龄就达性成熟，适配年龄8～10月龄，利用年限为6年。寿命10年以上。

五、饲养管理

萨能奶山羊较容易饲养管理，以半舍饲半放牧的饲养方式居多，舍饲饲料以精料+秸秆为主，饲养水平一般。

六、品种保护与研究利用现状

萨能奶山羊引入后，除进行纯种繁殖外，还用来同当地山羊杂交，是育成我国关中奶山羊和崂山奶山羊的父系品种之一。

七、评价和展望

萨能奶山羊早熟，长寿，繁殖力强，泌乳性能好，皮张质量较柔软，适应性、抗病力都比较强；最适宜于饲养在地势高燥地区，既可在平原农区舍饲，也可以在丘陵地放牧饲养。由于遗传性强，用以改良各地的土种山羊，提高产奶量效果显著，受到养羊户欢迎，应大力发展。但也有奶的膻味浓，产肉产绒性能低的缺点。

八、附　录

（一）参考文献

国家畜禽遗传资源委员会.2011.中国畜禽遗传资源志·羊志[M].北京：中国农业出版社：440-442.

（二）撰稿人员

广西畜禽品种改良站：梁云斌。

新西兰白兔

一、一般情况

新西兰白兔（New Zealand White rabbit）又称白色新西兰兔，是世界最著名、应用范围最广的中型肉用和实验用兔品种。

（一）原产地及分布

新西兰白兔原产于美国，中心产区在美国、德国、新西兰等国家，新西兰白兔在世界大多数国家和地区皆有分布。

（二）生物学特性及生态适应性

新西兰白兔虽然经人类长期的驯化和培育，但仍然保留了其祖先野生穴兔的生活习性。喜欢独居，成年兔群居常打斗。有夜行性，夜间活动多、采食多。听觉嗅觉灵敏，胆小怕惊。

耐寒怕热，成年兔被毛较发达，汗腺较少，能够忍受寒冷而不能耐受潮热。如果外界温度在32℃以上，生长发育和繁殖效果都显著下降，上升到35℃时，成年兔容易中暑甚至死亡，幼兔则可忍受较高的温度。新西兰白兔在较好的饲料条件下，饲料利用率高。该兔适合笼养。

二、品种来源与发展

（一）品种来源

新西兰兔于20世纪初在美国育成。毛色除白色外还有红黄色和黑色，以白色新西兰兔最为著名，而生产性能以白色最高。红黄色新西兰兔1912年前后同时出现在美国加利福尼亚和印第安纳州，一般认为是利用比利时兔和一种白兔杂交育成，由于红棕色与新西兰地方的野兔毛色相似，因而定名"新西兰兔"。白色新西兰兔是用包括弗朗德兔、美国白兔和安哥拉兔在内的几个品种杂交育成的，也叫美国大白兔。黑色品系出现得较晚，它是在加利福尼亚州和美国东部，用包括青紫蓝在内的几个品种杂交育成的。三个颜色品种之间没有遗传关系。

我国20世纪70年代从美国及其他国家多次引入该品种，均为白色新西兰兔，表现良好。90年代各地外贸、畜牧部门多次从美国、德国等国引进该品种，每次引种数量从数百只到上千只不等。目前我国从南到北绝大多数省、自治区、直辖市均有饲养。广西分别从上海、江苏、山东等地引进过白色新西兰兔；据不完全统计，2008年存栏15.7万只，主要分布在蒙山、玉林、兴宾区、青秀区、横县、全州等地。

（二）品种发展

不同国家引入新西兰白兔后，由于选育的目标不同而形成各自的特点。我国饲养新西兰白兔以肉用为主，群体数量较大，有的用于纯种繁殖，有的用作杂交改良的母本，有的用作杂交改良本地家兔的父本。但由于不重视选育或选育不够规范，总体质量比原种有所下降。例如1987年，山西省农业科学院畜牧兽医研究所饲养从德国引进的新西兰白兔，通过3个世代选育之后，在粗蛋白16.13%、粗纤维10.5%中等偏下营养水平条件下，77日龄体重达1 924g，35～77日龄日增重为27.33g，低于德国进口原种兔29.63g的水平，但较原饲养的新西兰白兔24.6g的水平有所提高，而与国外水平相比，仍有较大差距，尚待进一步选育。

三、外貌特征

新西兰白兔体形中等，结构匀称，呈圆柱状，全身被毛为纯白色。在新西兰白兔的群体中，大多数头形略显粗重，头圆额宽，嘴钝圆，双耳较宽厚、短而直立，另有部分兔的头较清秀，两耳稍长。眼球呈粉红色。颈粗短，颌下有肉髯但不发达。肩宽，腰、肋和后躯肌肉丰满。四肢强壮有力，脚毛丰厚（图1～图3）。

图1　新西兰白兔公兔

图2　新西兰白兔母兔

图3　新西兰白兔群体

四、生产性能

1.生长发育 一般仔兔初生重 50 ～ 60g，2 月龄 1.5 ～ 1.8kg，3 月龄 2.2 ～ 2.5kg；成年公兔 4.0 ～ 4.5kg，成年母兔 4.0 ～ 4.6kg。不同生长时期的体重、体尺变化情况，详见表1。

表1 新西兰兔体重、体尺

测定数量	日龄	体重（g）		体长（cm）		胸围（cm）	
		公	母	公	母	公	母
10	30	833.3±90.14	722.22±100.34	—	—	—	—
10	60	1 666.67±129.90	1 494.44±137.94	—	—	—	—
10	90	2 288.89±196.50	1 988.89±169.15	44.89±1.83	42.22±2.99	29.78±0.94	28.00±1.73
10	120	2 678.89±273.42	2 461.11±153.65	46.11±2.67	43.78±2.99	30.22±2.17	29.67±1.73
10	180	3 322.22±318.31	3 233.33±340.03	46.11±2.67	44.67±6.25	30.56±0.88	30.33±1.41
10	成年	3 466.67±222.20	3 438.89±252.21	57.22±2.22	56.67±3.75	32.89±1.36	31.66±1.73
20*	成年	4 173.56±435.22	4 280.02±501.57	40.19±2.36	40.22±2.52	35.25±2.06	35.07±2.65

数据来源：广西大学动物科技学院种兔场，测定人员为邹知明、韦英明、韦登兴、何水玲。品种来源于江苏金陵种兔场，测定日期为2001年1月至2002年12月。*数据由山西省农业科学院畜牧兽医研究所测定。

2.产肉性能 一般70日龄体重可达2kg，90 ～ 100d出栏，体重达到2.4 ～ 2.6kg，90日龄后生长速度呈下降趋势。3月龄前屠宰上市，经济效益最佳。中国农业大学秦应和等对新西兰白兔的早期生长规律研究表明，早期（15 ～ 30d和75 ～ 90d）生长快，平均日增重相对较低（20.2g，19.5g），而在生长早期的中段即31 ～ 74d，平均日增重比较高（32.1g）；常规饲料（粗蛋白17.8%）的料重比为2.35 : 1，显著高于试验饲料（粗蛋白16.06%）的3.54 : 1。

新西兰白兔屠宰率高，肉质比较细嫩。山西省农业科学院畜牧兽医研究所（1996）屠宰测定结果，新西兰白兔全净膛屠宰率为50.6%，分别较刘曼丽（1989）报道的49.5%和金辰生（1990）报道的46.83%提高了2.2%和8.1%。

贵州农学院（1996）测定新西兰白兔90日龄宰前活重1 862g，全净膛屠宰率47.4%，净肉率79.1%；120日龄宰前活重2 587g，全净膛屠宰率47.4%，净肉率82.9%。

窦如海（1995）测定，母兔泌乳力（仔兔21日龄窝重）为1 936.8g。

山东农业大学李同树等（1998）对新西兰兔的胴体及其肌肉理化特性进行了测定，结果全净膛率为51.72%，眼肌面积为3.98cm^2。宰后1h背最长肌pH为6.45，渗水率1.28%，熟肉率62.61%，肌肉水分为75.39%，粗蛋白质为25.77%。

3.繁殖性能 3 ～ 4月龄性成熟，4 ～ 5月龄体成熟，最佳配种年龄5 ～ 6月龄。2岁左右的公、母兔繁殖力最强。年产5 ～ 6窝，每窝产仔7 ～ 9只，以带仔6只成活率最高。在满足母兔泌乳、胎儿发育及母兔本身营养需要的前提下，可以采用频密繁殖。一般母兔的利用年限为2 ～ 3年，实行频密繁殖，母兔使用年限不超过2年。在国外先进配套的饲养管理条件下，每只母兔年提供商品兔45只以上。中国北方每只母兔年提供商品兔25 ～ 35只，南方由于天气炎热影响，每只母兔年提供商品兔18 ～ 20只（表2）。

表2　新西兰兔繁殖性能测定

窝数	受胎率（%）	窝妊娠期（d）	窝产仔数（只）	窝产活仔数（只）	泌乳力（kg）
207	73.93	30.97 ±0.80	7.39 ±1.88	7.09 ±1.92	1.57 ±0.61

数据来源：甘肃省畜牧兽医研究所，测定日期1998年。

五、饲养管理

1.生活习性　家兔属草食性动物，盲肠的圆小囊分泌的碱性肠液可中和分解纤维素所产生的各种有机酸，纤维素消化率高。家兔的饲料中应保证粗纤维的适宜比例（8%～15%），若纤维素不足，易诱发各种疾病。该兔贪食青绿饲料后，易引起肠道代偿性运动增强而使内部机能失去平衡，造成肠道菌群异常增殖而形成腹泻；喜欢凉爽、安静、清洁、干燥、干净、光线柔和、空气清新的环境。

2.饲养方式　目前新西兰白兔采用多层笼养，种兔笼以2～3层为宜，每笼饲养1只；肉兔以3层为宜，每笼饲养3～6只。也可以地面平养，但要注意兔舍的清洁卫生。

3.饲养管理要点

（1）保证家兔营养供应　保证新西兰白兔对营养的需求，才能发挥其生长潜力（表3）。

表3　新西兰白兔营养标准

阶段	消化能（MJ/kg）	粗蛋白（%）	粗纤维（%）	粗脂肪（%）	钙（%）	磷（%）	盐（%）
生长兔	11.12	18	8～10	2～3	0.9～1.0	0.5～0.7	0.5
育肥兔	11.29～12.87	16	14～15	5.3	1	0.3～0.5	0.5
妊娠兔	10.45	15	12～14	2～3	0.7～0.8	0.4～0.5	0.5
泌乳兔	10.50～11.72	18～20	10～12	2～3	0.8～1.1	1～1.4	0.5～0.7

（2）阶段管理要点

①仔兔阶段　初生仔兔的产仔箱内要保持30～32℃，清洁干燥，防止防鼠、猫、狗伤害；提早补食，仔兔从16日龄开始训练吃料，每日喂4～6次，并供足清洁的饮水；仔兔一般30～40日龄断奶，刚断奶仔兔喂料做到定时、定量，随着日龄增长逐渐增加饲料量。

②母兔阶段　加强妊娠母兔的护理工作，保持兔舍内清洁、干燥及通风良好；供给全价日粮，最大限度地满足种兔的营养需要，这是提高种兔繁殖力的重要措施之一；重复配种和适度频密繁殖可提高母兔的繁殖率。

（3）疾病防治　繁殖母兔一年接种2次兔瘟苗。30～50d的幼兔，饲料中定期加防治球虫病药物。30d、60d兔各接种1次兔瘟巴氏杆菌二联苗。

预防兔病：①对兔笼、兔舍、产仔箱等勤清扫、消毒。②防暑、防寒、防潮、防缺水、防霉变饲料和饲料突然更换。③做到饲料净、饮水净、空气净、兔体净，为兔创造一个适宜的生存环境。

六、资源保护及开发利用

由于新西兰白兔适合作为杂交母本，也可以作为杂交父本，可取得良好的杂种优势，又是十分理想的实验用兔，保持其基因的纯度是决定杂交效果、试验效果的关键，开展新西兰白兔的纯种繁殖、提纯复壮十分必要，可以培育成近交品系作实验用兔。

七、品种评价和展望

1.主要遗传特点和优缺点　该兔主要优点是早期生长快，饲料利用率高，性情温驯，易于饲养。产肉性能好，屠宰率高，肉质细嫩。繁殖力强，耐频密繁殖。脚底有粗毛，浓密耐磨，在金属网上笼养不易发生脚皮炎。主要缺点是毛皮品质较差，利用价值低，不够耐粗饲。

2.可供研究、开发和利用的主要方向

（1）杂交利用　引进大型公兔如齐卡兔、哈白兔等作父本，与其进行杂交，可取得良好的杂种优势。用新西兰白兔与中国白兔、日本大耳兔、加利福尼亚兔等杂交，能获得较好的杂种优势。

（2）试验利用　新西兰白兔体形适中、性情温驯，对皮肤刺激及热源等反应敏感而且发热反应典型、恒定，免疫反应性能优良而被广泛应用于生物医学各领域的试验研究。

八、附　　录

（一）参考文献

程园，朱晓彤，肖超能.1997新西兰白兔生长速度和净肉率的测定 [J]. 中国养兔杂志(1): 7-8.

窦如海，葛大伟，杨培林，等. 1995. 繁殖母兔适宜营养水平的研究 [J]. 上海实验动物科学，15(2): 91-93.

国家畜禽遗传资源委员会. 2011. 中国畜禽遗传资源志·特种畜禽志 [M]. 北京：中国农业出版社：73-75.

李同树，李福昌，高秀华，等. 1998. 不同品种肉兔肉用性能综合研究 [J]. 山东畜牧兽医，4: 2-4.

梁全忠，任克冉，侯福安，等. 1997新西兰兔选育研究 [J]. 中国养兔杂志(1): 4-7.

秦应和，李莉，杜玉川. 2000. 德国大白兔与新西兰兔早期生长规律及饲料转化效率的比较 [J]. 中国养兔杂志，2: 18-20.

恽时锋，潘震寰. 1997. 新西兰实验兔体重及体尺增长模式 [J]. 中国养兔杂志，5: 19-21.

张文举. 1998. 三品种肉兔生产性能研究报告 [J]. 甘肃畜牧兽医(6): 3-4.

（二）主要调查人员

广西大学动物科技学院：邹知明。

广西区畜牧总站：苏家联。

（三）撰稿人员

广西大学动物科技学院：邹知明。

广西畜牧总站：苏家联。

加利福尼亚兔

一、一般情况

加利福尼亚兔（Californian rabbit）又称加州兔，俗称八点黑兔，属中型肉用品种，是世界著名的肉用兔品种之一。

（一）原产地及分布

加利福尼亚兔原产于美国加利福尼亚州，中心产区在美国、德国等国家。加利福尼亚兔产肉性能好、适应性强，在美国的饲养量仅次于新西兰白兔，在世界大多数国家有分布，主要用于商品肉兔生产和新品种、配套系培育。由于母性很好，还广泛用作其他品种的保姆兔。

（二）生物学特性及生态适应性

加利福尼亚兔保留了其他家兔的一些生活习性：夜食性、嗜睡性、胆小、喜洁、独居性、啃咬性。

加利福尼亚兔耐寒怕热，成年家兔的被毛较发达，汗腺较少，能够忍受寒冷而不能耐受潮热。如果外界温度在32℃以上，生长发育和繁殖效果都显著下降，上升到35℃时，兔容易中暑甚至死亡，幼兔则可忍受较高的温度。加利福尼亚兔性情十分温驯，易于管理，饲料利用率高，适合笼养。

二、品种来源与发展

（一）品种来源

该兔在美国加利福尼亚州育成，是先用喜马拉雅兔（又称俄罗斯兔）与标准型青紫蓝兔杂交，然后从杂种一代兔中，选用青紫蓝毛色的公兔与新西兰白兔杂交，再选出全身被毛白色，只有两耳、鼻、四爪及尾部为黑色或锈黑色的杂交后代进行横交固定，经多个世代的选育形成。该兔于1975年引入我国，目前我国从南到北绝大多数省份均有饲养。

该兔在原产地外形秀丽，性情温驯，早熟易肥，肌肉丰满，肉质肥嫩，屠宰率高，母兔繁殖性能好，生育能力和毛皮品质优于新西兰白兔，尤其是哺乳力特强，同窝兔生长发育整齐，兔成活率高，故享有"保姆兔"之美誉。该兔的遗传性稳定，在国外多用于与新西兰白兔杂交，利用杂种优势来生产商品肉兔。我国引进后该品种也表现了良好适应性和生产性能，在改良本地肉用兔生产性能方面获得明显的效果，但该兔生长速度略低于新西兰白兔，对断奶前后的饲养条件要求较高。

广西分别从上海、江苏等地引进过该兔，据不完全统计，2008年存栏3.7万只，主要分布在蒙山县、兴宾区、横县等地。

（二）品种发展

　　加利福尼亚兔是一个专门化的中型肉兔品种，于1975年开始多次从美国等国引入中国，几乎全国各地均有饲养。引入后的加利福尼亚兔多数用于纯种繁殖，有的用作杂交改良的母本，有的用作父本杂交改良本地家兔，杂交改良效果良好。但由于引入后缺乏有组织的系统选育，种群混杂，生产性能表现参差不齐，退化严重，总体质量比原种有所下降。一些地方通过有计划的选育，生产性能有所恢复。例如，山西省农业科学院畜牧兽医研究所（1990）对加利福尼亚兔进行3个世代纯种选育后，繁殖性能有了明显的改善。三世代窝产仔数7.73只、产活仔数7.33只、35日龄断奶窝重3 733.64g，分别较零世代提高10.4%、11.6%和69.8%。在粗蛋白16.13%、粗纤维14.5%的营养条件下，四世代77日龄体重达1 915g，35～77d日增重为27.11g，屠宰率达56.2%，兔群整齐度有明显的改善。但与国外水平相比，仍有较大差距，尚待进一步选育。

三、外貌特征

　　体形中等，绒毛丰厚，皮肤紧凑，秀丽美观。头大小适中，耳小直立，耳长10cm左右。眼睛红色，嘴头钝圆，颈粗短，体短宽深，前后躯、肩部和臀部发育良好，肌肉丰满，体质紧凑结实。

　　体躯被毛白色，耳、鼻端、四肢下部和尾部为黑褐色，俗称八点黑，是该品种的典型特征，其颜色的浓淡程度有以下规律：出生后为白色，1月龄色浅，3月龄特征明显，老龄兔逐渐变淡；冬季色深，夏季色浅，春秋换毛季节出现沙环或沙斑；营养良好色深，营养不良色浅；室内饲养色深，长期室外饲养，日光经常照射变浅；在寒冷的北部地区色深，气温较高的南部省份变浅；有些个体色深，有的个体则浅，而且均可遗传给后代（图1～图3）。

图1　加利福尼亚兔公兔

图2　加利福尼亚兔母兔

图3　加利福尼亚兔群体

四、生产性能

1.生长发育　早期生长发育快，初生体重50～55g，40日龄断奶达1.0～1.2kg，60日龄1.4～1.7kg，3月龄体重达2.1～2.3kg。成年公兔3.5～4.0kg，母兔3.6～4.2kg，体长38～46cm，胸围34～37cm。成年兔体尺、体重测定结果见表1。

表1　成年兔体重、体尺

性别	只数	体重（g）	体长（cm）	胸围（cm）
公	35	3 594.71±315.29	38.71±1.25	34.26±1.41
母	40	3 670.25±296.7	38.13±1.56	34.23±1.57

注：数据来源于山西省农业科学院畜牧兽医研究所，测定日期为1989—1990年。

2.产肉性能　90～100d出栏，体重达到2.2～2.5kg，100d后生长速度呈下降趋势。因此，100d左右屠宰上市经济效益最佳（表2）。

表2　加利福尼亚兔育肥性能

只数	始重（g）	末重（g）	平均日增重（g）	料重比
29	775.90±130.05	1 915.34±169.07	27.11±3.0	3.05：1

注：数据来源为山西省农业科学院畜牧兽医研究所，测定日期为1989—1990年。

加利福尼亚兔屠宰率50%～57%，2.5kg以上净肉率60%～80%，肉质鲜嫩，是工厂化和规模养殖理想的肉兔品种（表3）。

表3　加利福尼亚兔屠宰试验结果

只数	宰前重（g）	胴体重（g）	屠宰率（%）
8	1 945.63±86.62	1 029.4±5.74	56.2

注：屠宰率为半净膛屠宰率。数据来源于山西省农业科学院畜牧兽医研究所，测定日期为1989—1990年。

扬州大学畜牧兽医学院（2001）对6只加利福尼亚兔100日龄屠宰性能和肉品质研究，结果表明：屠宰率55.37%，肉骨比5.91：1，净肉率84.86%。兔背最长肌pH在6.40，背最长肌失水率17.96%，背最长肌的熟肉率64.29%。

3.繁殖性能　母兔繁殖力强，3～4月龄性成熟，4～5月龄体成熟，最佳配种年龄5～6月龄，2岁左右的公、母兔繁殖力最强。年产4～5窝，每窝产仔7～8只，泌乳力强，平均断奶窝重3.5kg，是理想的保姆兔。在国外先进配套的饲养管理条件下，每只母兔年提供商品兔40只以上。中国北方每只母兔年提供商品兔20～30只，南方每只母兔年提供商品兔18～20只（表4）。

表4　加利福尼亚兔繁殖性能测定

窝数	受胎率（%）	窝妊娠期（d）	窝产仔数（只）	窝产活仔数（只）	泌乳力（kg）
86	71.67	30.80±0.88	6.94±2.34	6.78±2.27	1.55±0.62

注：数据来源于甘肃省畜牧兽医研究所，测定日期为1998年。

五、饲养管理

1.生活习性 加利福尼亚兔对纤维素消化率高，饲料中应保证适宜的粗纤维比例（8%～16%），若纤维素不足，易诱发各种疾病。该兔喜欢凉爽、安静、清洁、干燥、干净、光线柔和、空气清新的环境。

2.饲养方式 目前加利福尼亚兔采用多层笼养，种兔笼以2～3层为宜，每笼饲养1只；肉兔笼以3层为宜，每笼饲养3～6只。也可以地面平养，但要注意兔舍的清洁卫生。

3.饲养管理要点

（1）保证家兔营养供应 生长兔（断奶至3月龄兔）日粮标准：消化能10.46MJ/kg，粗蛋白质15%～16%，可消化粗蛋白质11%～13%，粗纤维14%，含硫氨基酸0.5%～0.7%，赖氨酸0.66%～0.73%。妊娠兔的日粮标准：消化能10.46MJ/kg，粗纤维14%～15%，粗蛋白质15%～16%。泌乳期母兔日粮标准为：消化能10.88～11.30MJ/kg，粗蛋白质18%，可消化粗蛋白质为13.5%，粗纤维12%～13%，赖氨酸0.91%。种公兔日粮标准：消化能10.04MJ/kg，粗蛋白质17%～18%。

（2）阶段管理要点

① 仔兔阶段 初生仔兔的巢箱内要保持30～32℃，清洁干燥；加利福尼亚兔前期增重快，对哺乳仔兔从16日龄开始训练吃料、吃草。初期补喂的饲料要求营养高、易消化，每日喂4～6次，并供足清洁的饮水；仔兔一般30～40d断奶，刚断奶仔兔饲喂做到定时、定量，随着日龄增长逐渐增加饲料量。

② 母兔阶段 加强妊娠母兔的护理工作，搞好环境卫生、保持兔舍内干燥及通风良好；供给全价日粮，最大限度地满足种兔的营养需要，这是提高种兔繁殖力的重要措施之一；重复配种和频密繁殖可提高母兔的繁殖率。

（3）疾病防治 繁殖母兔一年接种2次兔瘟巴氏杆菌二联苗。30～50d的幼兔，饲料中定期加防治球虫病药物。40～60d兔，要接种2次兔瘟疫苗巴氏杆菌苗。

预防兔病：①对兔笼、兔舍、产仔箱等勤清扫、消毒。②防暑、防寒、防潮、防缺水、防霉变饲料和饲料突然更换。③做到饲料净、饮水净、空气净、兔体净，为家兔创造一个卫生清洁的生存环境。

六、资源保护及开发利用

由于加利福尼亚兔适合作为杂交母本，也可以作为杂交父本，并可取得良好的杂种优势。保持其基因的纯度是决定杂交效果的关键，开展加利福尼亚兔的纯种繁殖、提纯复壮十分必要。

七、品种评价和展望

1.主要遗传特点和优缺点 优点是母兔性情温驯，泌乳力高，繁殖性能好，同窝仔兔生长发育整齐，成活率高，是有名的"保姆兔"；适应性和抗病力强，早熟易肥，肌肉丰满，肉质肥嫩，屠宰率高。该兔遗传性能稳定，可用该兔作母本与其他兔种进行杂交，取得明显的杂交优势。

主要缺点是生长速度略低于新西兰兔。

2.可供研究、开发和利用的主要方向

（1）杂交利用 加利福尼亚兔的遗传性稳定，在国外多用它与新西兰兔杂交，其杂交后代56d体重1.7～1.8kg。在我国的表现良好，尤其是其早期生长速度快、早熟、抗病、繁殖力高、遗传性稳定等，深受各地养殖者的喜爱。该兔适于营养较高的精料型饲料。

（2）作为保姆兔　由于其母性好，泌乳力高，繁殖性能好，同窝仔兔生长发育整齐，成活率高，是引进的优良品种最适宜的"保姆兔"。

八、附　录

（一）参考文献

国家畜禽遗传资源委员会.2011.中国畜禽遗传资源志·特种畜禽志[M].北京:中国农业出版社:76-78.

李宏,魏云霞.2002.家兔日粮营养水平的综合评价及推荐的家兔饲养标准[J].中国草食动物,2(2):38-40.

李宏.1991.妊娠期肉兔能量和蛋白质饲养标准[J].中国养兔杂志(2).

任克良,梁全忠,侯福安.1998.加利福尼亚选育研究[J].中国养兔杂志(6):17-19.

吴信生,王金玉,林大光.2001.四种肉兔及杂交兔屠宰性能和肉品质的研究[J].中国养兔杂志(6):20-23.

张承延,李惠新,田翠,等.1995.繁殖母兔适宜营养水平的研究[J].上海实验动物科学,15(2):91-93.

张文举.1998.三品种肉兔生产性能研究报告[J].甘肃畜牧兽医(6):3-4.

祝素珍,李福昌.2004.2～3月龄肉兔日粮消化能水平对消化代谢和产肉性能影响的研究[J].动物营养学报,16(4):51-57.

（二）主要调查人员

广西大学动物科技学院：邹知明。

广西区畜牧总站：苏家联。

（三）撰稿人员

广西大学动物科技学院：邹知明。

广西区畜牧总站：苏家联。

伊 拉 兔

一、一般情况

伊拉兔（Hyla rabbit）是伊拉配套系肉兔的简称，是目前世界上最优秀的家兔品系之一。

（一）原产地及分布

伊拉兔是法国欧洲兔业公司在20世纪70年代末培育成的杂交配套系品种，它是由9个原始品种经不同杂交组合选育试验后培育出的优良肉用型家兔品种，分为A、B、C、D四个品系，现分布世界各国。

（二）生物学特性及生态适应性

伊拉兔性情特别温驯，母性较强，而且不爱跳栏，适合笼养，易于饲养管理，是开展集约化、规模化养殖理想的家兔品系。

该兔与其他家兔一样，被毛较发达，汗腺较少，成年家兔能够忍受寒冷而不能耐受潮热，喜欢干净、干燥、光线柔和的环境。一般要求温度在5～30℃，最适宜的温度为15～27℃，如果外界温度在32℃以上，生长发育和繁殖效果都受显著影响；外界温度上升到35℃时，成年兔容易中暑甚至死亡。一般要求相对湿度在40%～80%，最适宜的相对湿度是60%～70%。每天需要光照时间14～16h，光照强度以20lx为宜，在冬季光照不足的情况下，可以在兔舍内安装日光灯进行人工补光。

二、品种来源与发展

山东省安丘市绿洲兔业有限公司是我国唯一的一家引进曾祖代种兔的企业，于2000年5月第一次引进法国欧洲兔业公司伊拉曾祖代种兔群560只及其专有技术，逐步在辽宁、陕西、新疆、河北、山西、内蒙古、广西等省、自治区建立存栏父母代种兔200只以上的养殖户100多个，各地都有推广。

广西梧州市亿丰新宇兔业公司（蒙山县）于2006年11月和2007年10月二次引进伊拉兔配套肉兔C系、D系共750只，2007—2008年8月已经生产种兔1万多只。

2008年8月，广西中农联畜牧水产发展有限公司（玉林市）第一批从山东安丘市绿洲兔业有限公司引进了法国欧洲兔业公司的伊拉配套系A系40只、B系160只、C系160只、D系640只的四个品系，2008年10月又引进1 000只，2009年年初开始向社会提供父母代种兔。

三、外貌特征

伊拉兔A系和B系除耳、鼻、肢端和尾是黑色外，全身均为白色；C系和D系兔全身白色。眼睛粉红色，头宽圆而粗短，耳直立，臀部丰满，腰肋部肌肉发达，四肢粗壮有力（图1）。

四、生产性能

1.生长发育 A系公兔与B系母兔杂交生产父母代公兔（AB），C系公兔与D系母兔杂交生产父母代母兔（CD），父母代公、母兔交配得到商品代兔（ABCD）（表1）。

图1 伊拉兔配套系C系

表1 伊拉兔商品兔生长发育情况

月龄	体重（g）	体长（cm）	胸围（cm）	备注
1	629.75±88.16	31.49±1.58	17.84±1.12	测定18只
2	1 812.00±152.39	45.25±1.56	24.17±1.12	测定14只
2.5	2 401.25±139.05	47.33±1.44	26.58±1.16	测定14只
成年公兔	4 243.33±332.12	58.58±3.56	33.83±1.94	测定8只
成年母兔	4 060.83±278.02	58.71±2.42	34.08±2.75	测定14只

注：数据来源为梧州市亿丰新宇兔业公司。参加测定人员为邹知明、苏家联、李开坤、李孝杰、韩祖健。测定日期为2008年8月26日。

2.产肉性能 生长发育快、出肉率高、料重比高是伊拉兔配套系的显著特点。原产地伊拉兔75日龄体重达到2.5kg，净肉量为1.5kg。伊拉兔出肉率在58%～60%，比一般兔子的出肉率高8%～10%（表2）。

表2 商品兔的育肥性能

颜色	全身白色，耳、鼻、肢端和尾端浅黑色
28d断奶重（g）	680
75d体重（kg）	2.5
断奶后日增重（g）	43
料重比	(2.7～2.9)∶1
出肉率（%）	58～60

注：数据来源于山东安丘市绿洲兔业有限公司。

伊拉配套系是法国欧洲兔业公司由九个原始品种经不同杂交组合和选育试验、筛选培育成的杂交品系。伊拉配套系的A、B父系具有生长发育快、料重比高、抗病力强、产仔率高、出肉率高、肉质鲜嫩等特点。C、D母系具有抗病力强、母性好、产仔率高、断奶死亡率低等特点。各配套品系的生产性能指标见表3。

表3　伊拉兔配套系生产性能

品系		A	B	C	D
成年体重（kg）	公	5.0	4.9	4.5	4.6
	母	4.7	4.3	4.3	4.5
日增重（g）		50	50	—	—
平均胎产仔数（只）		8.35	9.05	8.99	9.33
受胎率（%）		76	80	87	81
断奶死亡率（%）		10.31	10.96	11.93	8.08
料重比		3.0∶1	2.8∶1	—	—

注：数据来源于山东安丘市绿洲兔业有限公司。

3.繁殖性能　伊拉兔3～4月龄性成熟，4～5月龄体成熟，最佳配种年龄5～6月龄。2岁左右的公、母兔繁殖力最强。该品种母性较好，产仔数高，一般能达到8～9只，以带仔7～8只为宜，母兔泌乳性能好，成活率一般在90%左右。各品系的繁殖性能见表4。

表4　伊拉配套系繁殖性能

品系	配种受胎率（%）	平均胎产活仔数（只）	断奶死亡率（%）	断奶时成活数（只）
A	76	8.35	10.31	7.48
B	80	9.05	10.96	8.05
C	87	8.99	11.93	7.91
D	81	9.33	8.08	8.57

注：数据米源于山东安丘市绿洲兔业有限公司。

五、饲养管理

1.生活习性　该兔喜欢凉爽、安静、清洁、干燥、干净、光线柔和、空气清新的环境。兔舍内理想的环境指数：温度15～25℃，相对湿度40%～70%，光照20lx，通风0.15～0.5m/s，氨小于30mg/kg，二氧化碳小于3 500mg/kg，硫化氢小于10mg/kg。

兔属草食性动物，盲肠特别发达并有圆小囊，纤维素消化率高，饲料中应保证粗纤维的适宜比例（8%～13%）。

2.饲养方式与工艺　饲养伊拉兔，种兔必须要单笼饲养，每笼面积以0.3～0.36m²[长（50～60）cm×宽60cm]为宜。商品兔每笼面积以0.8～1.0m²[长（100～120）cm×宽80cm）为宜，每笼饲养5～6只，过于拥挤会给兔子造成不良的影响，影响生长速度。

伊拉兔比较温驯，容易饲养，比其他品种需要的人工少，一般每人可饲养母兔100～200只，商品兔500～600只。

3.饲养管理要点

（1）保证兔营养供应　保证营养需求是发挥伊拉兔高产潜力的基础（表5）。

（2）阶段管理要点

①仔兔阶段　初生仔兔的巢箱内要保持30～32℃，清洁干燥，防止防鼠、猫、狗伤害；由于伊

365

表5 伊拉兔的营养标准

阶段	消化能（MJ/kg）	粗蛋白（%）	粗纤维（%）	粗脂肪（%）	钙（%）	磷（%）	盐（%）
生长兔	11.95	18	8～10	2～3	0.9～1.0	0.5～0.7	0.5
育肥兔	11.29～12.87	16	10～12	5.3	1	0.3～0.5	0.5
妊娠兔	10.65	16	12～13	2～3	0.8～1.0	0.5～0.6	0.5
泌乳兔	10.50～11.95	19～20	8～12	2～3	0.9～1.2	1.2～1.4	0.7～0.8

拉兔前期增重快，要提早补食，哺乳仔兔从16日龄开始训练吃料、吃草。初期补喂的饲料要求营养高、易消化，每日喂4～6次，并供足清洁的饮水；仔兔一般28～30日龄断奶，刚断奶仔兔喂量不要太多，做到定时、定量，随着日龄增长逐渐增加饲料量。

②母兔阶段 加强妊娠母兔的护理工作，搞好环境卫生、保持兔舍内干燥及通风良好；供给全价日粮，最大限度地满足种兔的营养需要。

（3）疾病防治 繁殖母兔一年接种2次兔瘟巴氏杆菌二联苗。30～50日龄的幼兔，饲料中定期加防治球虫病药物。40～60日龄兔，各接种一次兔瘟疫苗、巴氏杆菌疫苗。

预防兔病：①对兔笼、兔舍、产仔箱等勤清扫、消毒。②防暑、防寒、防潮、防缺水、防霉变饲料和饲料突然更换。③做到饲料净、饮水净、空气净、兔体净，为家兔创造一个卫生清洁的生存环境。

六、资源保护及开发利用

伊拉兔配套系肉兔是目前国内比较理想的肉兔品种，引进后应进一步进行选育提高，使之成为适应南方的气候特点的优秀品种。

七、品种评价和展望

伊拉兔最显著的优点是出肉率高，平均可达59%，比一般兔子的出肉率高8%～10%，是目前肉兔品种中出肉率最高的。伊拉兔的肉质鲜嫩，富含卵磷脂，而且高蛋白、低脂肪。伊拉兔还具有病害少、料重比高等优点。该兔性情温驯，饲养需要的人工也很少，一般每人可饲养500～600只，比较适宜在规模化兔场饲养，是规模化肉用兔场的理想品系。

虽然伊拉兔生产水平高，但对于中小型养兔场不一定适合，因为肉兔配套系不是一般的品种可以自繁自养，实际上是一种特殊形式的经济杂交，一旦乱交乱配，品种就会退化。伊拉兔对营养的要求较高，营养水平偏低则生产性能难以充分发挥。

八、附 录

（一）参考文献

窦如海，葛大伟，杨培林，等. 1995. 繁殖母兔适宜营养水平的研究[J]. 上海实验动物科学，15(2): 91-93.

李宏，魏云霞. 2002. 家兔日粮营养水平的综合评价及推荐的家兔饲养标准[J]. 中国草食动物，2(2): 38-40.

李同树,李福昌,高秀华,等.1998.不同品种肉兔肉用性能综合研究[J].山东畜牧兽医,4: 2-4.

（二）主要调查人员

广西大学动物科技学院：邹知明。
广西区畜牧总站：苏家联。
玉林市畜牧站：李开坤。
蒙山县水产畜牧局：李孝杰、韩祖健。

（三）撰稿人员

广西大学动物科技学院：邹知明。
广西区畜牧总站：苏家联。

五、蜜蜂品种

MIFENG PINZHONG

中华蜜蜂

一、一般情况

（一）品种名称

中华蜜蜂，是东方蜜蜂（*Apis cerana* Fabricius）的指名亚种，简称中蜂，是广西山区饲养的主要蜂种。经济类型为蜜用型昆虫。

（二）中心产区及分布

广西各地均有分布，贺州、梧州、百色、崇左、河池、桂林、钦州、贵港、玉林、南宁等市分布较多。

（三）产区自然生产条件及对品种的影响

1.地形地貌 广西东经104°26′～112°04′，北纬20°54′～26°24′，面积23.67万km²。广西以山丘陵为主，平地（包括谷地、河谷平原、山前平原、三角洲及低平台山）只占总面积的26.9%，素有"八山一水一分田"之称。广大的山区蕴藏丰富的植物资源，为中蜂的生存和发展提供了良好的自然条件。

2.气候条件 广西属亚热带季风气候区，主要特征是夏天时间长、气温较高、降水多，冬天时间短、天气干暖。年平均气温21.1℃。最热月是7月，月均气温23～29℃；最冷月为1月，月均气温6～14℃。年日照时数1396h。不低于10℃年积温达5000～8300℃，持续日数270～340d。年均降水量在1835mm。良好的气候条件有利于植物生长和中蜂的繁衍生息。

3.蜜源植物 据统计，1992年年底，广西有维管束植物288科1717属8354种，占全国已知植物种数（27800种）的30.05%。广西植物种数仅次于云南和四川，居全国第三位。2004年，广西森林面积9.8191×10⁶hm，森林覆盖率达41.33%。丰富的植物资源为蜜蜂提供了各种各样的蜜粉源，一年四季花开不断。目前，中蜂可利用的蜜源植物很多，常见的有油菜、荔枝、龙眼、乌桕、玉米、桉树、盐肤木、柃（野桂花）、鹅掌柴（八叶五加）以及各种山花等。

二、品种来源与发展

中蜂是自然存在的蜂种，广西从20世纪50年代后期开始逐步推广活框饲养技术。据统计，2007年全区有中蜂27万群，其中采用活框技术饲养的中蜂约16万群，占中蜂总数的59%左右，主要分布在贺州、梧州、钦州、贵港、玉林、南宁等市。土法饲养占约41%，主要分布在百色、崇左、河池、桂林、柳州等市。全区各地还有相当数量中蜂群处于自然野生状态。如果生态环境得不到改善（特别是山区），中蜂的数量将会逐渐减少。

三、品种的特征特性

（一）体形外貌

蜂群有三个类型的个体，即蜂王、工蜂和雄蜂（图1～图3）。

图1　中华蜜蜂蜂王

图2　中华蜜蜂工蜂

图3　中华蜜蜂雄蜂

1.蜂王的形态特征　蜂王体长14～19mm，前翅长9.5mm。头部稍呈圆形，单眼排列于前额部，前翅比工蜂长。第7腹节是最后一个可见环节，末端稍尖。第8腹节呈两块深褐色的膜质几丁质片藏于第9腹节内面。长管状的产卵管藏于第7腹节内，两侧有一产卵瓣伸达产卵管末端，包住产卵管。蜂王的中唇舌短，但上颚比较发达粗壮，边缘密生锐利的小齿，前部宽、中间小，背面着生长短不一的毛，腹面自中间基端部形成一个盆状，蜂土上颚腺附着在上颚基部。蜂王体色有黑色和棕色两种，全身覆盖黑色和深黄色混合短绒毛。

2.工蜂的形态特征

（1）工蜂体长10～13mm，前翅长7.5～9.0mm，喙长4.5～5.6mm。头部一对鞭状触角，一对复眼，三个单眼，口器是嚼吸式的。触角由柄节、梗节和鞭节组成。躯干共10节，胸部由前、中、后胸组成。每1胸节着生一对足，中胸节和后胸节的背侧分别着生一对膜质翅。第1腹节与胸部构成了并胸腹节，腹部呈卵形，前端宽大，后端呈圆锥状。第2腹节前端形成一柄状，前缘与并胸腹节背板的一对关节突起相连接。第2腹节后端突然宽大，形成壁状的背板，腹背板的两侧有一对圆形的气门，第4背板前端两边有一突起。从第4～7腹节前部，即前一节后缘覆盖的部分，各具有一对膜质透明板，称蜡镜，蜡镜下方附着蜡腺。第7腹节是最后一个可见腹节，呈圆锥形。背板及腹板的前端各节没有明显差别，但其后端转化为向下的卵形板。第8节腹节转化为环状，藏于第7节腹节之内，位于两侧的瓣状骨片外，最后一对气门在其上。第9腹节不完整，只剩两侧的背板。

工蜂体色变化较大：工蜂触角的柄节均为黄色，但小盾片有黄、棕、黑3种颜色。处于高山区中蜂腹部的背、腹板偏黑，低纬度和低山、平原区偏黄，全身披灰黄色短绒毛。

（2）形态指标　根据2002年7月对分布于岑溪、平南、百色、上思的中蜂形态（酒精样本）测定，吻长3.99～5.19mm；右前翅长7.98～8.14mm，宽2.89～2.98mm；右前翅面积22.38～25.48mm^2；肘脉指数3.05～4.3；3+4背板总长3.51～3.76mm。

3.雄蜂的形态特征　雄蜂是雄性个体，由未受精卵发育而成，体长11～14mm，前翅长10～12mm，喙长2.31mm，雄蜂头部圆形，颜面稍隆起，一对复眼着生于头部两侧，几乎在头顶上会合，颜面呈三角形，三个单眼挤在前部额上。雄蜂腹眼的小眼数量比工蜂多一倍以上。雄蜂上颚较小，足上无净角器、距、花粉刷。前足跗节具闪光短毛。腹部宽大，可见节为7节，腹板形状与工蜂、蜂王不同，第2腹板两角尖突；第3腹板两尖突细长，中间稍窄，背板宽大，腹部末端为圆形。第8背板已特化为膜质，藏于第7背板内，两侧具一深褐色的骨片，是第9背板表皮的内突，两块大的具毛的骨片，呈鳞状，深藏于腹部末端内，其前端宽阔，后端稍窄为阳茎瓣，阳茎孔开口于两片阳茎瓣的中间，其后侧角连着一块褐色骨片，为阳茎侧片。雄蜂体色黑色或黑棕色，全身披灰色短绒毛。

（二）生物学特性

1.三型蜂发育日历　见表1。

表1　三型蜂发育日历

蜂型	卵期（d）	未封盖幼虫期（d）	封盖期（d）	出房日期（d）
蜂王	3	5	8	16
工蜂	3	6	11	20
雄蜂	3	7	13	23

2.蜂王的活动和行为　蜂王是由受精卵发育而成的生殖器官发育完全的雌蜂。蜂王具有二倍染色体，在蜂群中专职产卵。蜂王幼虫在幼虫期和成蜂期全部饲喂蜂王浆。蜂王羽化后称处女王，第4天开始试飞，第5天后飞向空中交配，婚飞区在蜂场附近10～15m的空中，1只处女王做1～3次交配飞行，每次交配飞行时间为7～50min，须与5～7只雄蜂交配后才能满足终身所需要的精子。蜂王产卵后，除分蜂和迁飞外，一般不再飞出蜂巢。在繁殖季节，蜂王每天可产卵700～1 300粒，8个月到1年的蜂王产卵力较强。通常，除自然分蜂和新老蜂王更替外，一个蜂群只有一只蜂王。

3.工蜂的活动和行为　工蜂是生殖器官发育不完全的雌蜂，是由蜂王产在工蜂房内的受精卵发育而成，具二倍染色体，在蜂群中从事除产卵和交配外的所有工作。工蜂房中的幼虫3日龄内由哺育蜂饲喂蜂王浆，4日龄起饲喂蜂粮（蜂蜜、花粉等混合物）。工蜂羽化后根据不同的日龄从事清洁保温、饲喂蜂王、哺育幼虫、泌蜡筑巢、酿蜜、守卫、采集等工作。采集范围一般在1～2km，蜜源稀少时，采集范围可更远。在生产期，工蜂寿命40～60d。

4.雄蜂的活动和行为　雄蜂由未受精卵发育而成，具单倍染色体，其主要职责是与婚飞的处女王交配。雄蜂出房后大多数8日龄出巢试飞，10日龄性器官成熟，10 ~ 25日龄为最佳交配日龄。雄蜂交尾后，其生殖器官脱离并留在处女王的尾部，不久死亡。雄蜂无螯针，不参加采集，寿命可达6 ~ 7个月。

5.群体特性　蜂群是蜜蜂自然生存和饲养管理的基本单位，由一只蜂王、几千只的工蜂和几百只雄蜂组成，营造双面六角形巢房（称巢脾）为栖息场所，一群蜂有数个巢脾。

蜂群信息的传递是靠蜂王信息素、工蜂招呼信息素、触角传递、声频传递、蜂舞传递、食物传递等来完成的。蜂群的温度一般维持在35℃左右，温度低于7℃时，蜜蜂会出现冻僵状态，外界气温高于40℃，蜜蜂几乎停止采集活动。一个健康的蜂群，子脾之间相对湿度保持在75% ~ 90%。蜂群受到各种不利因素刺激如烟、振动、敌害或周围蜜粉源条件十分缺乏时，会发生迁栖行为。中蜂抗螨、抗美洲幼虫腐臭病。

（三）生产性能

中蜂采用活框技术饲养，在有1 ~ 2种主要蜜源的地方定地养蜂，平均每群每年蜂蜜产量达到15 ~ 40kg。中蜂与意蜂相比在生产性能上具有以下特点：

1.中蜂适合山区定地饲养　中蜂由于嗅觉灵敏，善于发现和利用零星蜜粉源，冬季个体安全飞行的临界温度比意蜂低，采集时早出晚归，消耗饲料少，行动敏捷，更易躲避胡蜂。因此，中蜂比意蜂更适合山区定地饲养。

2.中蜂可就地取材　广西的广大山区和林区蕴藏着大量的野生中蜂，且蜜粉源植物丰富，当地群众很容易诱捕到野生中蜂群，只要稍加驯养，即可带来经济收益。

此外，中蜂还具有抗蜂螨能力强，爱分蜂和迁飞，易起盗，繁殖期易感染囊状幼虫病和欧洲幼虫病，清巢性弱，对巢脾喜新厌旧，常受巢虫侵害，蜂王产卵力弱，失王后易出现工蜂产卵等特点。

（四）繁殖性能

中蜂产卵育虫能适应蜜粉源的变化，分蜂性强，5脾左右出现分蜂热，在兼顾生产条件下，一个蜂群一年能繁殖出一个新蜂群。

四、饲养管理

广西中蜂大多数是定地饲养，少数在区内小转地放蜂，管理技术主要包括：蜂箱排列、蜂群检查、蜂群合并、人工分蜂、蜂王诱入、自然分蜂及飞逃蜂团的收捕、蜂群的饲喂、造脾技术、从自然蜂巢过渡到活框饲养的过箱、蜂病防治、蜂蜜的生产等管理技术环节。结合当地的气候、蜜源情况，利用这些基础技术对蜂群进行四季管理。

饲养中蜂要取得好的经济效益，首先要做到蜂脾相称，及时更换老脾，防止巢虫侵害；其次是留足饲料，度夏及非分蜂季节少开箱检查；再次是勤换工，一年1 ~ 2次（图4 ~ 图6）。

图4　中华蜜蜂巢脾1

图5　中华蜜蜂巢脾2　　　　　　　　　　图6　中华蜜蜂横县中蜂场

五、资源保护与研究利用

　　有过建立广西中蜂自然保护区的设想。2004年，农业部曾抽样进行生化或分子遗传测定，但至今未得结果。没有建立过品种登记制度。

六、品种评价和展望

　　(1) 中华蜜蜂是我国自然生态体系中不可缺少的重要环节。
　　(2) 西方蜜蜂不能替代中华蜜蜂，该蜂种能利山区零星蜜源，生产原生态产品。
　　(3) 中华蜜蜂是具有独特遗传基因的蜂种，如抗螨、抗美洲幼虫腐臭病、采集零星蜜粉源植物、耐寒等。

　　建议把中蜂作为地方品种进行保护。

七、附　　录

（一）参考文献

《中国农业百科全书》总编辑委员会.1993.中国农业百科全书·养蜂卷[M].北京:农业出版社:6.

陈耀春.1993.中国蜂业[M].北京:农业出版社:7.

龚一飞,张其康.2000.蜜蜂分类与进化[M].福州:福建科学技术出版社:5.

杨冠煌.2001.中华蜜蜂[M].北京:中国农业科学技术出版社:3.

（二）参加调查人员及单位

广西养蜂指导站：胡军军、李紫伦。

广西畜牧总站：苏家联。

（三）撰稿人员

广西养蜂指导站：胡军军、秦汉荣。

广西畜牧总站：苏家联。

意大利蜂

一、一般情况

（一）品种名称

意大利蜂，是西方蜜蜂（*Apis mellifera*）的一个亚种，简称意蜂，是广西养蜂业的主要蜂种。学名：*Apis mellifera ligustica* Spinola，1806。

经济类型为蜜用型昆虫。

（二）中心产区及分布

全区各地均有分布，在生产季节，意蜂场大多集中在主要蜜源分布地饲养。

（三）产区自然生产条件及对品种的影响

1.地形地貌 广西地形地貌参见《中华蜜蜂》。计划进行定地饲养的意蜂应选择平原地区，在广大山区，由于胡蜂为害严重，不利于意蜂定地饲养。

2.气候条件 参见《中华蜜蜂》。

3.蜜源植物 蜜源植物概况参见《中华蜜蜂》。目前，意蜂可利用的大宗蜜源植物主要有油菜、柑橘、荔枝、龙眼、乌桕、玉米、桉树、盐肤木、龙须藤、枣、香薷、枧、鹅掌柴等10多种。意大利蜂善于利用大宗蜜源，不善于利用零星蜜源，外界缺乏蜜源时不利于其发展。

二、品种来源及发展

意蜂于1932年引进广西。据资料记载，1935年春，梧州有意蜂195群、邕宁168群、桂林150群、贵县（含贵港市）100群、容县10群。由于意蜂具有维持群势大，蜂蜜、蜂王浆单产高等特点，深受养蜂者欢迎，发展较快。特别是20世纪60年代末期，浙江、湖北、江苏等省外的养蜂专业户到广西过冬和春繁，受他们影响，区内意蜂养殖户逐年增多，饲养技术水平不断提高。目前，全区有意蜂约11万群，养蜂专业户1000多户。区内饲养的意蜂多为本意（本地意蜂，即中国意蜂），全区一半以上的蜂产品来自意蜂。

三、品种的特征特性

（一）体形外貌

1.蜂王的形态特征 蜂王体长16～17mm，腹部多为黄色至暗棕色，尾部黑色，只有少数全部是黄色。

2.工蜂的形态特征

（1）工蜂体长12～13mm，吻长6.3～6.6mm，腹部几丁质颜色鲜明，第2～4腹节的背板有棕黄色环带，黄色区域的大小和颜色深浅有很大的变化，一般以两个黄环为最多，体表绒毛淡黄色。

（2）形态指标 2006年12月，对分布广西的咔、本意杂交一代蜂，本地意蜂，国蜂213、本意杂交一代蜂各30只工蜂进行测定。

①咔、本意杂交一代蜂 吻长（6.40±0.12）mm；翅钩（21.03±1.63）mm；右前翅长（9.26±0.09）mm，宽（3.18±0.07）mm，面积（14.74±0.38）mm²，肘脉指数2.54±0.21；跗节长（2.11±0.06）mm，宽（1.26±0.03）mm，指数59.92±1.78；首蜡镜长（2.43±0.07）mm，宽（1.49±0.04）mm，面积（2.84±0.12）mm²；背板四背突（4.86±0.12）mm，3+4背板总长（4.73±0.10）mm。

②本地意蜂 吻长（6.60±0.14）mm；翅钩（21.00±1.72）mm；右前翅长（9.40±0.08）mm，宽（3.30±0.07）mm，面积（15.49±0.37）mm²，肘脉指数2.71±0.46；跗节长（2.06±0.07）mm，宽（1.21±0.03）mm，指数58.92±1.58；首蜡镜长（2.32±0.08）mm，宽（1.49±0.04）mm，面积（2.72±0.13）mm²；背板四背突（4.74±0.13）mm，3+4背板总长（4.69±0.11）mm。

③国蜂213、本意杂交一代蜂 吻长（6.41±0.12）mm；翅钩（20.90±1.3）mm；右前翅长（9.12±0.12）mm，宽（3.21±0.05）mm，面积（14.63±0.36）mm²，肘脉指数2.28±0.28；跗节长（2.02±0.05）mm，宽（1.20±0.02）mm，指数59.69±1.70；首蜡镜长（2.34±0.07）mm，宽（1.47±0.05）mm，面积（2.70±0.15）mm²；背板四背突（4.81±0.12）mm，3+4背板总长（4.58±0.10）mm。

3.雄蜂的形态特征 毛色为淡黄色，腹部背板金黄色带有黑斑，体粗壮。雄蜂体长14～16mm（图1～图3）。

图1 意大利蜂蜂王

图2 意大利蜂工蜂

图3 意大利蜂雄蜂

（二）生物学特性

1.发育日历 见表1。

表1　意大利蜂发育日历

蜂型	卵期（d）	未封盖幼虫期（d）	封盖期（d）	出房日期（d）
蜂王	3	5	8	16
工蜂	3	6	12	21
雄蜂	3	7	14	24

2.生物学特性　意大利蜂性情温驯，产卵力强，育虫节律平缓，分蜂性弱，能维持大群。工蜂勤奋，采集力强，善于利用流蜜期长的大宗蜜源，分泌王浆能力强，产蜡多、采胶多、造脾快，保卫和清巢力强。能抗巢虫。主要缺点是：盗性强，定向力差，消耗饲料多，对蜂螨抵抗力弱。

（三）生产性能

在定地结合短途转地的放蜂条件下，一般每群年产蜜50～70kg，长途转地放蜂的可达100～150kg。

（四）繁殖性能

在不影响生产的前提下，一个群体每年可以按1∶1分群。

四、饲养管理

意大利蜂的饲养管理主要包括以下环节：蜂箱排列，蜂群检查，蜂群合并，人工分蜂，蜂王诱入，蜂群的饲喂，造脾技术，蜂病防治，蜂蜜、王浆、蜂花粉、蜂胶等产品的生产等技术环节。结合放蜂地点的气候、蜜源情况，对蜂群进行管理。

饲养意大利蜂要取得好的经济效益，必须把握好三个环节：①做好蜂螨的防治工作，②选择理想的转地放蜂路线，③养蜂生产过程中蜂群留足饲料（图4～图6）。

图4　意大利蜂巢脾

图5　北流意大利蜂蜂场

图6　阳朔意大利蜂蜂场

五、资源保护及开发利用

没有进行过生化或分子遗传测定，没有提出过保护和利用计划，没有建立品种登记制度。

六、品种的评价和展望

该蜂种是广西蜂产品主要来源的品种，产量高，适合行业规模化、产业化发展，但不能替代中华蜜蜂。

七、附　　录

（一）参考文献

陈耀春 . 1993. 中国蜂业 [M]. 北京：农业出版社：7.

龚一飞，张其康 . 2000. 蜜蜂分类与进化 [M]. 福州：福建科学技术出版社：5.

杨冠煌 . 2001. 中华蜜蜂 [M]. 北京：中国农业科学技术出版社：3.

（二）参加调查人员及单位

广西养蜂指导站：胡军军、李紫伦。

广西畜牧总站：苏家联。

（三）撰稿人员

广西养蜂指导站：胡军军、秦汉荣。

广西畜牧总站：苏家联。

大 蜜 蜂

一、一般情况

（一）品种名称

大蜜蜂，也称排蜂。学名 *Apis dorsata* Fabricius，1793。经济类型为野生授粉昆虫。

（二）中心产区及分布

大蜜蜂主要分布在广西南部，曾在百色、巴马、上思、龙州等地发现。

（三）产区自然生产条件及对品种的影响

1.地形地貌　参见《中华蜜蜂》。

2.气候条件　参见《中华蜜蜂》。

3.蜜源植物　参见《中华蜜蜂》。大蜜蜂在灌木丛或乔木树枝营巢生活，周围自然生态条件好，原始森林更适合其生活。

（四）大蜜蜂生物学特性

独立的蜂群营造单一垂直巢脾，通常在高大阔叶乔木的树杈上营造蜂巢，在同一棵树上常聚集许多蜂群，形成声势浩大的群落。巢脾长1.0～2.0m，宽0.6～1.2m，巢脾中、下部为繁殖区，上部和两侧为贮蜜、粉区，王台建造在巢脾一侧下方，雄蜂房和工蜂房差别不大。

蜂群由一只蜂王、几百只雄蜂、6 000～10 000只工蜂组成。Viswanathan（1950）测出子脾中心温度维持在27.3～28.3℃。春季繁殖新蜂王，新蜂王交尾后在原群附近营造新巢。雄蜂与处女王交配发生在黄昏时刻，这时雄蜂集体发出的"嗡嗡"声吸引处女王，交配在原群附近进行。受蜜源植物状况和气候变化影响，大蜜蜂有迁移的习惯。

工蜂具强烈的攻击性，当人畜离蜂巢2m时，工蜂集体发出"唰唰"的警告声，再靠近蜂巢，工蜂便主动攻击入侵者，夜晚较安定，攻击性弱，即使用手拨动工蜂也不会受攻击。发现有小蜂螨寄生。

二、品种来源及发展

大蜜蜂是南亚热带地区自然存在的蜂种，由于森林里高大的乔木被砍伐，使大蜜蜂失去营巢场所而影响蜂群的繁殖发展，目前分布区日益缩小，蜂种处于濒危状态。

三、品种的特征特性

（一）体形外貌

工蜂节背板橘黄色，其余褐黄色，第2～5节背板基部各有一条明显的银白色绒毛带；唇基点刻稀；触角基节及口器黄褐色；上唇、下唇及足色泽较浅，呈栗褐色；前翅黑褐色并具有紫色光泽。雄蜂体色全黑，体较工蜂短，蜂王体色与工蜂相同。

（二）体尺和体重

工蜂体长16～17mm，初生重122mg；雄蜂初生重平均为155mg；蜂王平均体长20.10mm。

（三）生产性能

每年每群大蜜蜂可收蜂蜜10～20kg，它是热带雨林的重要授粉昆虫，其授粉价值远大于产品的价值。

（四）繁殖性能

无具体的研究、观察数据（图1～图3）。

图1　大蜜蜂工蜂

图2　野生大蜜蜂巢脾1

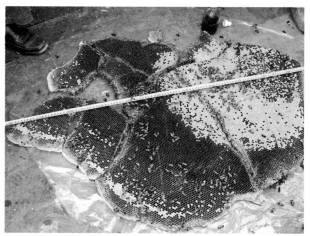

图3　野生大蜜蜂巢脾2

四、饲养管理

由于工蜂攻击性太强，目前无法人工饲养。

五、资源保护及开发利用

对该品种没有提出过保护和利用计划，没有建立过品种登记制度，也没有进行过生化或分子遗传测定。

六、对品种的评介和展望

该蜂种在养蜂生产上无太大利用价值。

七、附　　录

（一）参考文献

陈耀春.1993.中国蜂业[M].北京:农业出版社:7.
龚一飞,张其康.2000.蜜蜂分类与进化[M].福州:福建科学技术出版社:5.
杨冠煌.2001.中华蜜蜂[M].北京:中国农业科学技术出版社:3.

（二）参加调查人员及单位

广西养蜂指导站：胡军军。
广西畜牧总站：苏家联。

（三）撰稿人员

广西养蜂指导站：胡军军、秦汉荣。
广西畜牧总站：苏家联。

小 蜜 蜂

一、一般情况

（一）品种名称

小蜜蜂，也称黄小蜜蜂、小挂蜂、小草蜂。学名 *Apis florea* Fabricius，1787。
经济类型为野生授粉昆虫。

（二）中心产区及分布

分布在广西南部，在南宁、上思、巴马、崇左市均有发现，蜂群数量比大蜜蜂多。

（三）产区自然生产条件及对品种的影响

1.地形地貌 参见《中华蜜蜂》。
2.气候条件 参见《中华蜜蜂》。
3.蜜源植物 参见《中华蜜蜂》。

小蜜蜂常在半山坡、溪间旁、草丛或灌木丛中筑巢，环境十分隐蔽，南亚热带地区自然生态条件好、有蜜源的地方都适合其生活。

（四）小蜜蜂生物学特性

小蜜蜂栖息在海拔1 900m以下，年平均温度在15 ～ 22℃的地区，常在半山坡、溪间旁、草丛或灌木丛中筑巢，环境十分隐蔽，营造单一巢脾，宽15 ～ 35cm，高15 ～ 27cm，厚16 ～ 19.6mm，上部形成一近球状的巢顶，将树干包裹其内为贮蜜区，中下部为育虫区，3型巢房分化明显，工蜂房位于中部，径2.7 ～ 3.1mm，深6.9 ～ 8.2mm；雄蜂房位于下部或两下侧，径4.2 ～ 4.8mm，深8.9 ～ 12.0mm；王台多造在下沿，长13.5 ～ 14.0mm，基部宽8.5 ～ 10.0mm。

工蜂发育期平均为20.5d，雄蜂22.5d，蜂王16.5d。分蜂期多在3 ～ 4月，9 ～ 10月也可发生分蜂。王台数一般在3 ～ 13个，在气温18 ～ 42℃时，育虫区中心温度为33 ～ 38℃。

小蜜蜂护脾力强，常有3层以上工蜂爬覆在巢脾上，当暴风雨袭击时，结成紧密的蜂团保护巢脾。蜜源丰富时性温驯，蜜源枯竭时性凶猛。发现有小蜂螨寄生。

随着季节蜜源的变化，小蜜蜂由平原到山区往返迁徙，受蜡螟或蚂蚁等敌害侵袭，常导致全群弃巢飞逃。

二、品种来源及发展

小蜜蜂是南亚热带地区自然存在的蜂种，蜂群数量比大蜜蜂多，但由于自然生态环境受到破坏，分布区日益缩小，蜂群数量也在逐步减少。

三、品种的特征特性

（一）体形外观

工蜂体黑色，腹部第1～2节背板红褐色，头略宽于胸。唇基点刻细密；上颚顶端红褐色；后单眼距大于复后眼距；颚眼距宽度明显大于长度。小盾片及腹部第3～6节背板均黑色。体毛短而少；颜面及头部下表面毛灰白色；颅顶毛黑褐色。胸部披灰黄色短毛；腹部背板披黑褐色短毛，第3～6节背板基部各具一鲜明银白色绒毛带。腹部腹面披细而长的灰白色毛。后足胫节及基跗节背面两侧披白毛。螫刺的螫针和中针上的逆齿较疏。

蜂王腹部第1～2节背板、第3节背板基半部及第3～5节背板端缘均为红褐色，其余黑色，颚眼距宽度与长度几乎相等，后单眼距、复后眼距为9：5；触角第3节稍长于第4节，第4～9节各节长与宽相等。

雄蜂体黑色，颚眼距长，胫节内侧的叶状突起较长，略超过胫节全长的2/3。

（二）形态指标

工蜂体长7～8mm，蜂王13～15mm，雄蜂11～13mm。

（三）生产性能

每年每群平均可取蜜1kg，主要是为植物授粉。

（四）繁殖性能

无具体的研究、观察数据（图1～图3）。

图1 小蜜蜂

中国畜禽遗传资源名录

一、猪

序号	品种名称	序号	品种名称	序号	品种名称
			一、地方品种		
1	马身猪	21	皖南黑猪	41	华中两头乌猪（沙子岭猪、监利猪、通城猪、赣西两头乌猪、东山猪）
2	河套大耳猪	22	圩猪	42	宁乡猪
3	民猪	23	皖浙花猪	43	黔邵花猪
4	枫泾猪	24	官庄花猪	44	湘西黑猪
5	浦东白猪	25	槐猪	45	大花白猪
6	东串猪	26	闽北花猪	46	蓝塘猪
7	二花脸猪	27	莆田猪	47	粤东黑猪
8	淮猪（淮北猪、山猪、灶猪、定远猪、皖北猪、淮南猪）	28	武夷黑猪	48	巴马香猪
9	姜曲海猪	29	滨湖黑猪	49	德保猪
10	梅山猪	30	赣中南花猪	50	桂中花猪
11	米猪	31	杭猪	51	两广小花猪（陆川猪、广东小耳花猪、墩头猪）
12	沙乌头猪	32	乐平猪	52	隆林猪
13	碧湖猪	33	玉江猪	53	海南猪
14	岔路黑猪	34	大蒲莲猪	54	五指山猪
15	金华猪	35	莱芜猪	55	荣昌猪
16	嘉兴黑猪	36	南阳黑猪	56	成华猪
17	兰溪花猪	37	确山黑猪	57	湖川山地猪（恩施黑猪、盆周山地猪、合川黑猪、罗盘山猪、渠溪猪、丫杈猪）
18	嵊县花猪	38	清平猪	58	内江猪
19	仙居花猪	39	阳新猪	59	乌金猪（柯乐猪、大河猪、昭通猪、凉山猪）
20	安庆六白猪	40	大围子猪	60	雅南猪

（续）

序号	品种名称	序号	品种名称	序号	品种名称
一、地方品种					
61	白洗猪	67	保山猪	73	汉江黑猪
62	关岭猪	68	高黎贡山猪（2010）	74	八眉猪
63	江口萝卜猪	69	明光小耳猪	75	兰屿小耳猪
64	黔北黑猪	70	滇南小耳猪	76	桃园猪
65	黔东花猪	71	撒坝猪	77	丽江猪（2015）
66	香猪	72	藏猪（西藏藏猪、迪庆藏猪、四川藏猪、合作猪）		
二、培育品种					
1	新淮猪	13	光明猪（1999）	25	滇陆猪（2009）
2	上海白猪	14	深农猪（1999）	26	松辽黑猪（2010）
3	北京黑猪	15	大河乌猪（2003）	27	苏淮猪（2011）
4	伊犁白猪	16	冀合白猪（2003）	28	天府肉猪（2011）
5	汉中白猪	17	中育猪（2005）	29	湘村黑猪（2012）
6	山西黑猪	18	华农温氏Ⅰ号猪（2006）	30	龙宝1号猪（2013）
7	三江白猪	19	滇撒猪（2006）	31	苏姜猪（2013）
8	湖北白猪	20	鲁莱黑猪（2006）	32	晋汾白猪（2014）
9	浙江中白猪	21	鲁烟白猪（2007）	33	川藏黑猪（2014）
10	苏太猪（1999）	22	鲁农Ⅰ号猪（2007）	34	江泉白猪（2015）
11	南昌白猪（1999）	23	渝荣Ⅰ号猪（2007）	35	温氏WS501猪（2015）
12	军牧1号白猪（1999）	24	豫南黑猪（2008）		
三、引进品种					
1	大白猪	3	杜洛克猪	5	皮特兰猪
2	长白猪	4	汉普夏猪	6	巴克夏猪

二、鸡

序号	品种名称	序号	品种名称	序号	品种名称
一、地方品种					
1	北京油鸡	8	溧阳鸡	15	萧山鸡
2	坝上长尾鸡	9	鹿苑鸡	16	淮北麻鸡
3	边鸡	10	如皋黄鸡	17	淮南麻黄鸡
4	大骨鸡	11	太湖鸡	18	黄山黑鸡
5	林甸鸡	12	仙居鸡	19	皖北斗鸡
6	浦东鸡	13	江山乌骨鸡	20	五华鸡
7	狼山鸡	14	灵昆鸡	21	皖南三黄鸡

（续）

序号	品种名称	序号	品种名称	序号	品种名称
一、地方品种					
22	德化黑鸡	52	东安鸡	82	高脚鸡
23	金湖乌凤鸡	53	黄郎鸡	83	黔东南小香鸡
24	河田鸡	54	桃源鸡	84	乌蒙乌骨鸡
25	闽清毛脚鸡	55	雪峰乌骨鸡	85	威宁鸡
26	象洞鸡	56	怀乡鸡	86	竹乡鸡
27	漳州斗鸡	57	惠阳胡须鸡	87	茶花鸡
28	安义瓦灰鸡	58	清远麻鸡	88	独龙鸡
29	白耳黄鸡	59	杏花鸡	89	大围山微型鸡
30	崇仁麻鸡	60	阳山鸡	90	兰坪绒毛鸡
31	东乡绿壳蛋鸡	61	中山沙栏鸡	91	尼西鸡
32	康乐鸡	62	广西麻鸡	92	瓢鸡
33	宁都黄鸡	63	广西三黄鸡	93	腾冲雪鸡
34	丝羽乌骨鸡	64	广西乌鸡	94	他留乌骨鸡
35	余干乌骨鸡	65	龙胜凤鸡	95	武定鸡
36	济宁百日鸡	66	霞烟鸡	96	无量山乌骨鸡
37	鲁西斗鸡	67	瑶鸡	97	西双版纳斗鸡
38	琅琊鸡	68	文昌鸡	98	盐津乌骨鸡
39	寿光鸡	69	城口山地鸡	99	云龙矮脚鸡
40	汶上芦花鸡	70	大宁河鸡	100	藏鸡
41	固始鸡	71	峨眉黑鸡	101	略阳鸡
42	河南斗鸡	72	旧院黑鸡	102	太白鸡
43	卢氏鸡	73	金阳丝毛鸡	103	静原鸡
44	淅川乌骨鸡	74	泸宁鸡	104	海东鸡
45	正阳三黄鸡	75	凉山崖鹰鸡	105	拜城油鸡
46	洪山鸡	76	米易鸡	106	和田黑鸡
47	江汉鸡	77	彭县黄鸡	107	吐鲁番斗鸡
48	景阳鸡	78	四川山地乌骨鸡	108	麻城绿壳蛋鸡（2012）
49	双莲鸡	79	石棉草科鸡	109	太行鸡（2015）
50	郧阳白羽乌鸡	80	矮脚鸡		
51	郧阳大鸡	81	长顺绿壳蛋鸡		
二、培育品种					
1	新狼山鸡	4	京海黄鸡（2009）	7	良凤花鸡（2009）
2	新浦东鸡	5	皖江黄鸡（2009）	8	金陵麻鸡（2009）
3	新扬州鸡	6	皖江麻鸡（2009）	9	金陵黄鸡（2009）

（续）

序号	品种名称	序号	品种名称	序号	品种名称
二、培育品种					
10	京红1号蛋鸡（2009）	23	弘香鸡（2010）	36	光大梅黄1号肉鸡（2014）
11	京粉1号蛋鸡（2009）	24	新广铁脚麻鸡（2010）	37	粤禽皇5号蛋鸡（2014）
12	雪山鸡（2009）	25	新广黄鸡K996（2010）	38	桂凤二号肉鸡（2014）
13	苏禽黄鸡2号（2009）	26	五星黄鸡（2011）	39	金陵花鸡（2015）
14	墟岗黄鸡1号（2009）	27	凤翔青脚麻鸡（2011）	40	大午金凤蛋鸡（2015）
15	皖南黄鸡（2009）	28	凤翔乌鸡（2011）	41	天农麻鸡（2015）
16	皖南青脚鸡（2009）	29	振宁黄鸡（2012）	42	新杨黑羽蛋鸡（2015）
17	岭南黄鸡3号（2010）	30	潭牛鸡（2012）	43	豫粉1号蛋鸡（2015）
18	金钱麻鸡1号（2010）	31	金种麻黄鸡（2012）	44	温氏青脚麻鸡2号（2015）
19	大恒699肉鸡（2010）	32	大午粉1号蛋鸡（2013）	45	农大5号小型蛋鸡（2015）
20	新杨白壳蛋鸡（2010）	33	苏禽绿壳蛋鸡（2013）	46	科朗麻黄鸡（2015）
21	新杨绿壳蛋鸡（2010）	34	天露黄鸡（2014）		
22	南海黄麻鸡1号（2010）	35	天露黑鸡（2014）		
三、引进品种					
1	隐性白羽肉鸡	3	来航鸡	5	贵妃鸡
2	矮小黄鸡	4	洛岛红鸡		

三、鸭

序号	品种名称	序号	品种名称	序号	品种名称
一、地方品种					
1	北京鸭	13	文登黑鸭	25	建昌鸭
2	高邮鸭	14	淮南麻鸭	26	四川麻鸭
3	绍兴鸭	15	恩施麻鸭	27	三穗鸭
4	巢湖鸭	16	荆江鸭	28	兴义鸭
5	金定鸭	17	沔阳麻鸭	29	建水黄褐鸭
6	连城白鸭	18	攸县麻鸭	30	云南麻鸭
7	莆田黑鸭	19	临武鸭	31	汉中麻鸭
8	山麻鸭	20	广西小麻鸭	32	褐色菜鸭
9	中国番鸭	21	靖西大麻鸭	33	缙云麻鸭（2011）
10	大余鸭	22	龙胜翠鸭	34	马踏湖鸭（2015）
11	吉安红毛鸭	23	融水香鸭		
12	微山麻鸭	24	麻旺鸭		
二、培育品种					
1	苏邮1号蛋鸭（2011）	2	国绍Ⅰ号蛋鸭（2015）		

（续）

序号	品种名称	序号	品种名称	序号	品种名称
		三、引进品种			
1	咔叽-康贝尔鸭	2	番鸭		

四、鹅

序号	品种名称	序号	品种名称	序号	品种名称
			一、地方品种		
1	太湖鹅	11	广丰白翎鹅	21	乌鬃鹅
2	籽鹅	12	莲花白鹅	22	阳江鹅
3	永康灰鹅	13	百子鹅	23	右江鹅
4	浙东白鹅	14	豁眼鹅	24	定安鹅
5	皖西白鹅	15	道州灰鹅	25	钢鹅
6	雁鹅	16	鄱县白鹅	26	四川白鹅
7	长乐鹅	17	武冈铜鹅	27	平坝灰鹅
8	闽北白鹅	18	溆浦鹅	28	织金白鹅
9	兴国灰鹅	19	马岗鹅	29	伊犁鹅
10	丰城灰鹅	20	狮头鹅	30	云南鹅（2010）
			二、培育品种		
1	扬州鹅	2	天府肉鹅（2011）		

五、特　禽

序号	品种名称	序号	品种名称	序号	品种名称
			一、地方品种		
1	闽南火鸡	3	塔里木鸽	5	枞阳媒鸭
2	石岐鸽	4	中国山鸡	6	天峨六画山鸡
			二、培育品种		
1	左家雉鸡	2	神丹1号鹌鹑（2012）		
			三、引进品种		
1	尼古拉斯火鸡	6	非洲黑鸵鸟	11	绿头鸭
2	青铜火鸡	7	红颈鸵鸟	12	鹧鸪
3	美国王鸽	8	蓝颈鸵鸟	13	蓝孔雀
4	朝鲜鹌鹑	9	鸸鹋	14	珍珠鸡
5	迪法克FM系肉用鹌鹑	10	美国七彩山鸡		

六、黄 牛

序号	品种名称	序号	品种名称	序号	品种名称
一、地方品种					
1	秦川牛（旱胜牛）	19	锦江牛	37	黎平牛
2	南阳牛	20	渤海黑牛	38	威宁牛
3	鲁西牛	21	蒙山牛	39	务川黑牛
4	晋南牛	22	郏县红牛	40	邓川牛
5	延边牛	23	枣北牛	41	迪庆牛
6	冀南牛	24	巫陵牛	42	滇中牛（2010）
7	太行牛	25	雷琼牛	43	文山牛
8	平陆山地牛	26	隆林牛	44	云南高峰牛
9	蒙古牛	27	南丹牛	45	昭通牛
10	复州牛	28	涠洲牛	46	阿沛甲咂牛
11	徐州牛	29	巴山牛	47	日喀则驼峰牛
12	温岭高峰牛	30	川南山地牛	48	西藏牛
13	舟山牛	31	峨边花牛	49	樟木牛
14	大别山牛	32	甘孜藏牛	50	柴达木牛
15	皖南牛	33	凉山牛	51	哈萨克牛
16	闽南牛	34	平武牛	52	台湾牛
17	广丰牛	35	三江牛	53	皖东牛（2015）
18	吉安牛	36	关岭牛		
二、培育品种					
1	中国荷斯坦牛	5	中国草原红牛	9	蜀宣花牛（2012）
2	中国西门塔尔牛	6	夏南牛	10	云岭牛（2014）
3	三河牛	7	延黄牛		
4	新疆褐牛	8	辽育白牛（2010）		
三、引进品种					
1	荷斯坦牛	5	安格斯牛	9	南德文牛
2	西门塔尔牛	6	娟姗牛	10	皮埃蒙特牛
3	夏洛来牛	7	婆罗门牛	11	短角牛
4	利木赞牛	8	德国黄牛		

七、水 牛

序号	品种名称	序号	品种名称	序号	品种名称
一、地方品种					
1	海子水牛	5	江淮水牛	9	信丰山地水牛
2	盱眙山区水牛	6	福安水牛	10	信阳水牛
3	温州水牛	7	鄱阳湖水牛	11	恩施山地水牛
4	东流水牛	8	峡江水牛	12	江汉水牛

（续）

序号	品种名称	序号	品种名称	序号	品种名称
一、地方品种					
13	滨湖水牛	18	涪陵水牛	23	德宏水牛
14	富钟水牛	19	宜宾水牛	24	滇东南水牛
15	西林水牛	20	贵州白水牛	25	盐津水牛
16	兴隆水牛	21	贵州水牛	26	陕南水牛
17	德昌水牛	22	槟榔江水牛		
二、引进品种					
1	摩拉水牛	2	尼里/拉菲水牛		

八、牦　牛

序号	品种名称	序号	品种名称	序号	品种名称
一、地方品种					
1	九龙牦牛	5	娘亚牦牛	9	甘南牦牛
2	麦洼牦牛	6	帕里牦牛	10	天祝白牦牛
3	木里牦牛	7	斯布牦牛	11	青海高原牦牛
4	中甸牦牛	8	西藏高山牦牛	12	金川牦牛（2014）
二、培育品种					
1	大通牦牛	2	巴州牦牛		

九、大　额　牛

序号	品种名称	序号	品种名称	序号	品种名称
一、地方品种					
1	独龙牛				

十、绵　羊

序号	品种名称	序号	品种名称	序号	品种名称
一、地方品种					
1	蒙古羊	8	乌冉克羊	15	大尾寒羊
2	西藏羊	9	乌珠穆沁羊	16	太行裘皮羊
3	哈萨克羊	10	湖羊	17	豫西脂尾羊
4	广灵大尾羊	11	鲁中山地绵羊	18	威宁绵羊
5	晋中绵羊	12	泗水裘皮羊	19	迪庆绵羊
6	呼伦贝尔羊（2010）	13	洼地绵羊	20	兰坪乌骨绵羊
7	苏尼特羊	14	小尾寒羊	21	宁蒗黑绵羊

（续）

序号	品种名称	序号	品种名称	序号	品种名称
一、地方品种					
22	石屏青绵羊	29	贵德黑裘皮羊	36	多浪羊
23	腾冲绵羊	30	滩羊	37	和田羊
24	昭通绵羊	31	阿勒泰羊	38	柯尔克孜羊
25	汉中绵羊	32	巴尔楚克羊	39	罗布羊
26	同羊	33	巴什拜羊	40	塔什库尔干羊
27	兰州大尾羊	34	巴音布鲁克羊	41	吐鲁番黑羊
28	岷县黑裘皮羊	35	策勒黑羊	42	叶城羊
二、培育品种					
1	新疆细毛羊	10	巴美肉羊	19	兴安毛肉兼用细毛羊
2	东北细毛羊	11	彭波半细毛羊	20	内蒙古半细毛羊
3	内蒙古细毛羊	12	凉山半细毛羊（2009）	21	陕北细毛羊
4	甘肃高山细毛羊	13	青海毛肉兼用细毛羊	22	昭乌达肉羊（2012）
5	敖汉细毛羊	14	青海高原毛肉兼用半细毛羊	23	苏博美利奴羊（2014）
6	中国美利奴羊	15	鄂尔多斯细毛羊	24	察哈尔羊（2014）
7	中国卡拉库尔羊	16	呼伦贝尔细毛羊	25	高山美利奴羊（2015）
8	云南半细毛羊	17	科尔沁细毛羊		
9	新吉细毛羊	18	乌兰察布细毛羊		
三、引进品种					
1	夏洛米羊	4	德国肉用美利奴羊	7	特克赛尔羊
2	考力代羊	5	萨福克羊	8	杜泊羊
3	澳洲美利奴羊	6	无角陶赛特羊		

十一、山　羊

序号	品种名称	序号	品种名称	序号	品种名称
一、地方品种					
1	西藏山羊	11	戴云山羊	21	伏牛白山羊
2	新疆山羊	12	福清山羊	22	麻城黑山羊
3	内蒙古绒山羊	13	闽东山羊	23	马头山羊
4	辽宁绒山羊	14	赣西山羊	24	宜昌白山羊
5	承德无角山羊	15	广丰山羊	25	湘东黑山羊
6	吕梁黑山羊	16	尧山白山羊	26	雷州山羊
7	太行山羊	17	济宁青山羊	27	都安山羊
8	乌珠穆沁白山羊	18	莱芜黑山羊	28	隆林山羊
9	长江三角洲白山羊	19	鲁北白山羊	29	渝东黑山羊
10	黄淮山羊	20	沂蒙黑山羊	30	大足黑山羊

（续）

序号	品种名称	序号	品种名称	序号	品种名称
一、地方品种					
31	酉州乌羊	41	美姑山羊	51	宁蒗黑头山羊
32	白玉黑山羊	42	贵州白山羊	52	云岭山羊
33	板角山羊	43	贵州黑山羊	53	昭通山羊
34	北川白山羊	44	黔北麻羊	54	陕南白山羊
35	成都麻羊	45	凤庆无角黑山羊	55	子午岭黑山羊
36	川东白山羊	46	圭山山羊	56	河西绒山羊
37	川南黑山羊	47	龙陵黄山羊	57	柴达木山羊
38	川中黑山羊	48	罗平黄山羊	58	中卫山羊
39	古蔺马羊	49	马关无角山羊	59	牙山黑绒山羊（2012）
40	建昌黑山羊	50	弥勒红骨山羊		
二、培育品种					
1	关中奶山羊	4	陕北白绒山羊	7	柴达木绒山羊（2010）
2	崂山奶山羊	5	雅安奶山羊	8	罕山白绒山羊（2010）
3	南江黄羊	6	文登奶山羊（2009）	9	晋岚绒山羊（2011）
三、引进品种					
1	萨能奶山羊	3	波尔山羊		
2	安哥拉山羊	4	努比亚山羊		

十二、马

序号	品种名称	序号	品种名称	序号	品种名称
一、地方品种					
1	阿巴嘎黑马	11	贵州马	21	岔口驿马
2	鄂伦春马	12	大理马	22	大通马
3	蒙古马	13	腾冲马	23	河曲马
4	锡尼河马	14	文山马	24	柴达木马
5	晋江马	15	乌蒙马	25	玉树马
6	利川马	16	永宁马	26	巴里坤马
7	百色马	17	云南矮马	27	哈萨克马
8	德保矮马	18	中甸马	28	柯尔克孜马
9	甘孜马	19	西藏马	29	焉耆马
10	建昌马	20	宁强马		
二、培育品种					
1	三河马	6	渤海马	11	张北马
2	金州马	7	山丹马	12	新丽江马
3	铁岭挽马	8	伊吾马	13	伊犁马
4	吉林马	9	锡林郭勒马		
5	关中马	10	科尔沁马		

（续）

序号	品种名称	序号	品种名称	序号	品种名称
三、引进品种					
1	纯血马	4	卡巴金马	7	阿拉伯马
2	阿哈-捷金马	5	奥尔洛夫快步马	8	新吉尔吉斯马
3	顿河马	6	阿尔登马	9	温血马

十三、驴

序号	品种名称	序号	品种名称	序号	品种名称
一、地方品种					
1	太行驴	9	苏北毛驴	17	佳米驴
2	阳原驴	10	淮北灰驴	18	陕北毛驴
3	广灵驴	11	德州驴	19	凉州驴
4	晋南驴	12	长垣驴	20	青海毛驴
5	临县驴	13	川驴	21	西吉驴
6	库伦驴	14	云南驴	22	和田青驴
7	泌阳驴	15	西藏驴	23	吐鲁番驴
8	庆阳驴	16	关中驴	24	新疆驴

十四、骆　　驼

序号	品种名称	序号	品种名称	序号	品种名称
一、地方品种					
1	阿拉善双峰驼	3	青海骆驼	5	新疆准噶尔双峰驼
2	苏尼特双峰驼	4	新疆塔里木双峰驼		
二、引进品种					
1	羊驼				

十五、兔

序号	品种名称	序号	品种名称	序号	品种名称
一、地方品种					
1	福建黄兔	3	四川白兔	5	九疑山兔（2010）
2	万载兔	4	云南花兔	6	闽西南黑兔（2010）
二、培育品种					
1	中系安哥拉兔	6	塞北兔	11	康大2号肉兔（2011）
2	苏系长毛兔	7	豫丰黄兔	12	康大3号肉兔（2011）
3	西平长毛兔	8	浙系长毛兔（2010）	13	川白獭兔（2015）
4	吉戎兔	9	皖系长毛兔（2010）		
5	哈尔滨大白兔	10	康大1号肉兔（2011）		

(续)

序号	品种名称	序号	品种名称	序号	品种名称
			三、引进品种		
1	德系安哥拉兔	4	比利时兔	7	力克斯兔
2	法国安哥拉兔	5	新西兰白兔	8	德国花巨兔
3	青紫蓝兔	6	加利福尼亚兔	9	日本大耳白兔

十六、犬

序号	品种名称	序号	品种名称	序号	品种名称
			一、地方品种		
1	北京犬	5	蒙古犬	9	哈萨克牧羊犬
2	巴哥犬	6	藏獒	10	西林矮脚犬
3	山东细犬	7	沙皮犬	11	贵州下司犬
4	中国冠毛犬	8	西施犬		
			二、培育品种		
1	昆明犬				
			三、引进品种		
1	德国牧羊犬	8	大白熊犬	15	圣伯纳犬
2	史宾格犬	9	吉娃娃犬	16	贵宾犬
3	拉布拉多犬	10	边境牧羊犬	17	英国可卡犬
4	罗威纳犬	11	阿富汗犬	18	喜乐蒂牧羊犬
5	马里努阿犬	12	比格犬	19	老英国牧羊犬
6	杜宾犬	13	阿拉斯加雪橇犬	20	萨摩耶德犬
7	大丹犬	14	比雄犬		

十七、鹿

序号	品种名称	序号	品种名称	序号	品种名称
			一、地方品种		
1	吉林梅花鹿	2	东北马鹿	3	敖鲁古雅驯鹿
			二、培育品种		
1	四平梅花鹿	5	双阳梅花鹿	9	伊河马鹿
2	敖东梅花鹿	6	西丰梅花鹿	10	琼岛水鹿
3	东丰梅花鹿	7	清原马鹿		
4	兴凯湖梅花鹿	8	塔河马鹿		
			三、引进品种		
1	新西兰赤鹿				

十八、毛皮动物

序号	品种名称	序号	品种名称	序号	品种名称
一、地方品种					
1	乌苏里貉				
二、培育品种					
1	吉林白貉	4	山东黑褐色标准水貂	7	金州黑色标准水貂
2	吉林白水貂	5	东北黑褐色标准水貂	8	明华黑色水貂（2014）
3	金州黑色十字水貂	6	米黄色水貂		
三、引进品种					
1	银蓝色水貂	3	北美赤狐	5	北极狐
2	短毛黑色水貂	4	银黑狐		

十九、蜂

序号	品种名称	序号	品种名称	序号	品种名称
一、地方品种					
1	北方中蜂	6	海南中蜂	11	东北黑蜂
2	华南中蜂	7	阿坝中蜂	12	新疆黑蜂
3	华中中蜂	8	滇南中蜂	13	珲春黑蜂
4	云贵高原中蜂	9	西藏中蜂		
5	长白山中蜂	10	浙江浆蜂		
二、培育品种					
1	喀（阡）黑环系蜜蜂品系	4	国蜂213配套系	7	晋蜂3号配套系
2	浙农大1号意蜂品系	5	国蜂414配套系	8	中蜜一号蜜蜂配套系（2015）
3	白山5号蜜蜂配套系	6	松丹蜜蜂配套系		
三、引进品种					
1	意大利蜂	4	卡尼鄂拉蜂	7	喀尔巴阡蜂
2	美国意大利蜂	5	高加索蜂	8	塞浦路斯蜂
3	澳大利亚意大利蜂	6	安纳托利亚蜂		
四、其他蜜蜂遗传资源					
1	大蜜蜂	4	黑小蜜蜂	7	切叶蜂
2	小蜜蜂	5	熊蜂	8	壁蜂
3	黑大蜜蜂	6	无刺蜂		

注：本名录收录品种为《中国畜禽遗传资源志》（2011年版）收录的品种及截至2015年年末农业部公告认定的品种。

国家级畜禽遗传资源保护名录

（中华人民共和国农业部公告第2061号）

根据《畜牧法》第十二条的规定，结合第二次全国畜禽遗传资源调查结果，我部对《国家级畜禽遗传资源保护名录》（中华人民共和国农业部公告第662号）进行了修订，确定八眉猪等159个畜禽品种为国家级畜禽遗传资源保护品种。

特此公告。

附件：国家级畜禽遗传资源保护名录

农业部
2014年2月14日

国家级畜禽遗传资源保护名录

一、猪

八眉猪、大花白猪、马身猪、淮猪、莱芜猪、内江猪、乌金猪（大河猪）、五指山猪、二花脸猪、梅山猪、民猪、两广小花猪（陆川猪）、里岔黑猪、金华猪、荣昌猪、香猪、华中两头乌猪（沙子岭猪、通城猪、监利猪）、清平猪、滇南小耳猪、槐猪、蓝塘猪、藏猪、浦东白猪、撒坝猪、湘西黑猪、大蒲莲猪、巴马香猪、玉江猪（玉山黑猪）、姜曲海猪、粤东黑猪、汉江黑猪、安庆六白猪、莆田黑猪、嵊县花猪、宁乡猪、米猪、皖南黑猪、沙乌头猪、乐平猪、海南猪（屯昌猪）、嘉兴黑猪、大围子猪

二、鸡

大骨鸡、白耳黄鸡、仙居鸡、北京油鸡、丝羽乌骨鸡、茶花鸡、狼山鸡、清远麻鸡、藏鸡、矮脚鸡、浦东鸡、溧阳鸡、文昌鸡、惠阳胡须鸡、河田鸡、边鸡、金阳丝毛鸡、静原鸡、瓢鸡、林甸鸡、怀乡鸡、鹿苑鸡、龙胜凤鸡、汶上芦花鸡、闽清毛脚鸡、长顺绿壳蛋鸡、拜城油鸡、双莲鸡

三、鸭

北京鸭、攸县麻鸭、连城白鸭、建昌鸭、金定鸭、绍兴鸭、莆田黑鸭、高邮鸭、缙云麻鸭、吉安红毛鸭

四、鹅

四川白鹅、伊犁鹅、狮头鹅、皖西白鹅、豁眼鹅、太湖鹅、兴国灰鹅、乌鬃鹅、浙东白鹅、钢鹅、溆浦鹅

五、牛马驼

九龙牦牛、天祝白牦牛、青海高原牦牛、甘南牦牛、独龙牛（大额牛）、海子水牛、温州水牛、槟榔江水牛、延边牛、复州牛、南阳牛、秦川牛、晋南牛、渤海黑牛、鲁西牛、温岭高峰牛、蒙古牛、雷琼牛、郏县红牛、巫陵牛（湘西牛）、帕里牦牛、德保矮马、蒙古马、鄂伦春马、晋江马、宁强马、岔口驿马、焉耆马、关中驴、德州驴、广灵驴、泌阳驴、新疆驴、阿拉善双峰驼

六、羊

辽宁绒山羊、内蒙古绒山羊（阿尔巴斯型、阿拉善型、二狼山型）、小尾寒羊、中卫山羊、长江三角洲白山羊（笔料毛型）、乌珠穆沁羊、同羊、西藏羊（草地型）、西藏山羊、济宁青山羊、贵德黑裘皮羊、湖羊、滩羊、雷州山羊、和田羊、大尾寒羊、多浪羊、兰州大尾羊、汉中绵羊、岷县黑裘皮羊、苏尼特羊、成都麻羊、龙陵黄山羊、太行山羊、莱芜黑山羊、牙山黑绒山羊、大足黑山羊

七、其他品种

敖鲁古雅驯鹿、吉林梅花鹿、中蜂、东北黑蜂、新疆黑蜂、福建黄兔、四川白兔

广西壮族自治区畜禽遗传资源保护名录

(广西壮族自治区水产畜牧兽医局公告〔2011〕第2号)

一、猪

陆川猪、环江香猪、巴马香猪、东山猪、隆林猪、德保猪

二、鸡

广西三黄鸡、霞烟鸡、南丹瑶鸡、龙胜凤鸡、广西乌鸡、广西麻鸡

三、鸭

靖西大麻鸭、广西小麻鸭、龙胜翠鸭、融水香鸭

四、鹅

右江鹅、狮头鹅（合浦鹅）

五、牛

富钟水牛、西林水牛、涠洲黄牛、南丹黄牛、隆林黄牛

六、羊

隆林山羊、都安山羊

七、其他品种

德保矮马、天峨六画山鸡